非常规油气开发教程

郭肖 编著

科学出版社

北 京

内 容 简 介

本书主要讲述非常规油气藏的地质特征及开发特征、渗流物理、气藏工程方法、开采技术以及开发应用实例。

本书可作为大专院校相关专业学生的教材,同时也可为油气田开发研究人员以及油气田开发管理人员提供参考。

图书在版编目(CIP)数据

非常规油气开发教程 / 郭肖编著. —北京:科学出版社,2018.6
(2022.8 重印)
ISBN 978-7-03-056645-4

Ⅰ. ①非… Ⅱ. ①郭… Ⅲ. ①油气田开发 Ⅳ. ①TE3

中国版本图书馆 CIP 数据核字 (2018) 第 038631 号

责任编辑:罗 莉 / 责任校对:彭 映
责任印制:罗 科 / 封面设计:墨创文化

科 学 出 版 社 出版

北京东黄城根北街16号
邮政编码:100717
http://www.sciencep.com

四川煤田地质制图印刷厂印刷
科学出版社发行 各地新华书店经销
*

2018年6月第 一 版 开本:787×1092 1/16
2022年8月第二次印刷 印张:22 1/2
字数:538 000
定价:68.00 元
(如有印装质量问题,我社负责调换)

前　言

全球非常规油气资源分布广泛，种类繁多。非常规石油资源主要包括致密油、页岩油、稠油、油砂、油页岩等，非常规天然气主要包括致密气、页岩气、煤层气、天然气水合物等。致密油气、页岩油气、煤层气和天然气水合物是我国油气工业勘探开发最有价值的潜力资源。

非常规油气藏的地质特征、成藏机理以及开发开采技术有别于常规油气藏。本书主要讲述非常规油气藏的地质特征及开发特征、渗流物理、气藏工程方法、开采技术以及开发应用实例。第一章为绪论，主要阐述非常规油气分布、开发现状以及开发的科学问题。第二章为非常规油气藏地质特征及开发特征，主要阐述煤层气、页岩气藏以及致密气藏的地质特征和开发特征。第三章为非常规油气藏渗流物理，主要阐述煤层气开采机理、吸附等温线特征以及在煤层中的扩散机理与扩散模式，页岩气吸附特征、解吸特征与扩散机理，致密气藏的非达西渗流实验、应力敏感与启动压力梯度实验以及水锁实验。第四章为非常规气藏工程方法，主要阐述煤层气物质平衡方程与数值模拟原理，页岩气藏压裂井稳态产能评价、试井分析与数值模拟方法，致密气藏的产能评价、试井分析与数值模拟方法。第五章为非常规油气藏开采技术，主要阐述煤层气有效开发技术、页岩气藏体积压裂与微地震监测技术、天然气水合物固态流化开采技术、油页岩加热裂解技术等。第六章为非常规油气藏开发实例，主要阐述煤层气开发实例，页岩气藏数值模拟和产能评价研究实例，页岩气藏开发设计案例以及致密气藏开发实例。

本书可作为大专院校相关专业学生的教材，同时也可为油气田开发研究人员以及油气田开发管理人员提供参考。本教程已在西南石油大学 2014 级石油工程等本科专业试用一届，根据课堂教学反馈情况对部分内容和章节进行了补充完善。由于编著者的水平和时间有限，本书难免存在不足和疏漏之处，恳请同行专家和读者批评指正。

编著者
2018 年 1 月

目　　录

第一章 绪 论

非常规油气藏在全球分布广泛且种类繁多。其中非常规石油资源主要包括致密油、页岩油、稠油、油砂、油页岩等,非常规天然气主要包括致密气、页岩气、煤层气、天然气水合物等。非常规油气藏的地质特征、成藏机理及开采技术有别于常规油气藏(图 1-1)。

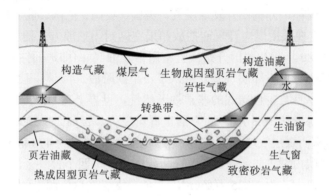

图 1-1 非常规油气地质构造示意图

我国非常规油气资源储量丰富。根据美国能源信息署(Energy Information Administration, EIA)在 2013 年公布的《页岩油和页岩气技术可采资源量》数据,中国页岩气的技术可采储量为 31.6 万亿 m³,居全球第一位,是全球最有潜力的页岩气生产国;页岩油的技术可采资源量为 43.7 亿 t,占全球总量的 9%。此外,我国埋深 2000m 的煤层气资源量约为 35 万亿 m³;油砂资源量约 1000 亿 t,可采资源量可达 100 亿 t;致密气技术可采资源量 9 万亿~13 万亿 m³;天然气水合物储量约 78 万亿 m³;致密油可采资源量为 13 亿~14 亿 t。

从政策规划角度来看,我国高度重视非常规油气开发。目前,我国制定了诸多扶持政策:《全国矿产资源规划(2008—2015 年)》指出,要积极推进油砂、油页岩等非常规能源矿产的勘查开发利用;《国家中长期科学和技术发展规划纲要(2006—2020 年)》指出,重点开发复杂环境与岩性地层类油气资源勘探技术;"十二五"规划纲要明确指出,要推进煤层气、页岩气等非常规油气资源开发利用;国家发展和改革委员会《关于建立保障天然气稳定供应长效机制的若干意见》表明,中国将加大对天然气尤其是页岩气等非常规油气资源勘探开发的政策扶持力度,有序推进煤制气示范项目建设。除此之外,《煤层气(煤矿瓦斯)开发利用"十二五"规划》《页岩气发展规划(2011—2015 年)》《石油发展"十三五"规划》《天然气发展"十三五"规划》等政策都在整体规划上对非常规油气开发给予了有力支持。

第一节　煤层气开发

一、煤层气全球分布

煤层气又称为"瓦斯"，是一种与煤炭伴生的非常规天然气，主要成分是甲烷（甲烷含量>85%），是以吸附在煤基质颗粒表面为主、部分游离于煤孔隙中或溶解于煤层水中的烃类气体。

全球埋深浅于 2000m 的煤层气资源约为 240 万亿 m³，是常规天然气探明储量的两倍多，世界主要产煤国都十分重视开发煤层气。美国、英国、德国、俄罗斯等国煤层气的开发利用起步较早，主要采用煤炭开采前抽放和采空区封闭抽放方式抽放煤层气，产业发展较为成熟。20 世纪 80 年代初美国开始试验应用常规油气井（即地面钻井）开采煤层气并获得突破性进展，标志着世界煤层气开发进入了一个新阶段。

煤层气是煤层本身自生自储式的非常规天然气，世界上有 74 个国家蕴藏着煤层气资源，中国煤层气资源量达 36.8 万亿 m³，居世界第三位。目前，中国煤层气可采资源量约 10 万亿 m³，累计探明煤层气地质储量 1023 亿 m³，可采储量约 470 亿 m³。全国 95%的煤层气资源分布在晋陕内蒙古、新疆、冀豫皖和云贵川渝等四个含气区，其中晋陕内蒙古含气区煤层气资源量最大，为 17.25 万亿 m³，占全国煤层气总资源量的 50%左右。

根据国际能源机构（International Energy Agency，IEA）估计，全球煤层气资源总量可达 260 万亿 m³，俄罗斯、加拿大、中国、美国和澳大利亚均超过 10 万亿 m³（表 1-1）。

表 1-1　世界主要产煤国煤层气资源

国家	煤层气资源/万亿 m³	国家	煤层气资源/万亿 m³
俄罗斯	17~113	波兰	3
加拿大	6~76	英国	2
中国	30~35	乌克兰	2
美国	11.3~19	哈萨克斯坦	1
澳大利亚	8~14	印度	0.8
德国	3	南非	0.8

资料来源：IEA，有修改；中国新一轮油气资源评价，2006。

二、煤层气开发现状

世界上已经投入煤层气勘探和开发的国家有美国、加拿大、澳大利亚、中国、印度、英国、德国、波兰、西班牙、法国、捷克、新西兰等十几个国家。近年来，美国、加拿大、澳大利亚的煤层气产业发展迅速。其中，20 世纪 70 年代，美国通过地面钻孔的方式，第一次将煤层气作为资源开采，是世界上煤层气商业化开发最成功的国家，迄今为止煤层气产量位居全球第一。加拿大一些研究机构根据本国以低变质煤为主的特点，开展了一系列的技术研究工作，在多分支水平井、连续油管压裂等技术方面取得了进展，降低了煤层气开采成本。澳大利亚的煤层气勘探开发以井下定向井开发为主，借助比较发达的天然气管网系统，产量增长较快，煤层气产量已成为天然气产量的重要组成部分。

美国研究开发出一套适合煤层气勘探开发的工艺技术，对经济有效地开发煤层气起到了巨大的促进作用。美国从 20 世纪 80 年代初开始进行煤层气的勘探和开发，在西部洛基山造山带和东部阿帕拉契亚造山带的两个重要含煤盆地群中进行了全面的煤层气成藏条件的探索，最后选择西部的圣胡安和中部的黑勇士盆地为研究和勘探基地，通过现场和实验室工作的紧密配合，首先形成了关于煤层气产出"排水—降压—解吸—扩散—渗流"过程的认识突破，率先建立了中阶煤煤层气成藏与开发的系统理论，在此指导下，美国形成了以沉积、构造、煤化作用、含气性及渗透率为考察主体的煤层气评价及开发模式，并成功地建成了以圣胡安和黑勇士盆地为中心的煤层气产业基地，分布于 13 个盆地中，已经钻探煤层气井 82000 多口。煤层气的稳定产量为 550 亿～556 亿 m^3，这一产量水平已经稳定保持了近十年。

我国煤层气地质构造复杂，部分含煤盆地后期改造较强，构造形态多样，煤层及煤层气资源赋存条件在鄂尔多斯等大中型盆地较为简单，在中小盆地较为复杂。东北赋煤区：部分上覆地层厚度较大或煤层气封盖条件较好，有利于煤层气开发。华北赋煤区：吕梁山以西的鄂尔多斯盆地东缘及吕梁山与太行山之间的山西断隆（包括沁水盆地），构造条件有利于煤层气开发；太行山以东的华北盆地，煤层气开发困难。西北赋煤区：西北塔里木陆块、准噶尔及伊犁盆地，煤层气开发条件较好。华南赋煤区：煤层气资源开发条件较复杂。滇藏赋煤区：煤层气保存的构造条件差。

我国煤层气储层压力以欠压煤储层为主，部分煤储层压力较高，储层压力梯度最低为 2.24kPa/m，最高达 17.28kPa/m。我国煤层渗透率较低，平均为 0.002～16.17mD。其中，渗透率小于 0.10mD 的占 35%；0.1～1.0mD 的占 37%；大于 1.0mD 的占 28%；大于 10mD 的较少。2012 年煤层气的产量只有 33.9 亿 m^3，2016 年煤层气产量直接翻倍，为 74.8 亿 m^3。国家能源局发布了《煤层气（煤矿瓦斯）开发利用"十三五"规划》，作为煤层气产业的第三个五年专项规划，该规划是指导"十三五"时期我国煤层气开发利用工作的纲领性文件，规划确定了 2020 年煤层气地面产量 100 亿 m^3 的目标。

三、煤层气开发的科学问题

根据首席科学家宋岩从事的 973 项目"高丰度煤层气富集机制及提高开采效率基础研究"，煤层气开发主要解决三个科学问题：高丰度煤层气富集区形成机理及分布预测、煤层气开采过程中地质效应及机理、煤层气不同开发方式及压裂增产机理。

1. 高丰度煤层气富集区形成机理及分布预测

煤层气勘探是以寻找高丰度富集区为目标。高丰度煤层气富集区形成机制的研究和分布预测，是煤层气地质研究的关键问题，也是煤层气地质理论中的重要问题。高丰度煤层气富集指位于含煤盆地中煤层气每平方千米资源量大于 1.0 亿 m^3 的煤层气富集区，具有较好的煤层气开发前景，其形成受沉积、构造、水文地质、盖层、煤储层等因素的综合控制。

针对高丰度煤层气富集区,目前国内尚未从机理和规律的理论高度进行系统研究,因此项目需要利用地质学的基本理论和方法,根据煤层气储存和聚集的特点,研究高丰度煤层气富集区的形成与主要控制因素、高丰度煤层气富集区的分布规律及预测方法。

2. 煤层气开采过程中地质效应及机理

在排水降压开发煤层气的过程中,煤储层空间结构、流体系统、应力场随流体介质的采出呈现出连续变化,导致煤储层不同尺度孔裂隙结构中煤层气的压力、浓度及解吸、扩散、渗流的协同变化。煤层气开采过程中煤层气的解吸、渗流特征是选择煤层气开发工艺和控制煤层气井产能的关键因素。目前不同煤级储层有效应力、煤基质收缩对渗透率的综合作用及其在井网中的叠加效应尚不明了,大面积排水降压、解吸效果还不十分明显,必须从煤储层空间结构、流体系统的相互作用过程来研究单井、井组排采条件下煤层气解吸、渗流的动态变化规律,建立流体在煤储层这一变形介质中的扩散、渗流耦合模型,数值模拟不同压力控制下的煤层气排采效应,为煤层气平衡开发提供理论基础。

3. 煤层气不同开发方式及压裂增产机理

在煤层气开发过程中,煤层气开发方式优化和增产改造措施可以人为地改变煤储层空间结构、流体系统、应力场,增强井间干扰效应,改善煤层气渗流通道,提高单井产量。由于煤层气压力传递规律、气产量、含气量、渗透率随时空的变化规律复杂,对直井井网和多分支水平井开发、压裂增产、储层伤害和储层保护机理认识不清,煤层气开发方式优选以及煤储层的改造达不到预期的目的,大面积的排水降压解吸效果较差,制约了煤层气的商业性开发。提高煤层气开采效率的基础理论研究,是实现我国煤层气经济、高效开发的关键。

第二节　页岩气开发

一、页岩气开发利用现状

页岩气是赋存于以富有机质页岩为主的储集岩系中的非常规天然气,是连续生成的生物化学成因气、热成因气或二者的混合,可以游离态存在于天然裂缝和孔隙中,以吸附态存在于干酪根、黏土颗粒表面,还有极少量以溶解状态储存于干酪根和沥青质中,游离气比例一般在20%~85%,成分以甲烷为主。

随着美国页岩气开发革命的成功,全球非常规油气开发获得战略性突破,页岩气的勘探开发同时也成为世界关注的焦点,新的世界能源格局开始出现。据美国能源信息署(EIA)在2013年6月发布的全球页岩油气资源评价结果显示,页岩气资源在全球分布广泛,主要分布在北美、拉美、中亚、中国、非洲南部和中东等国家和地区。美国和加拿大已经实现了页岩气的商业性开发,中国、欧洲、拉美和中亚等其他国家正在加紧相关的研究工作。全球页岩气的技术可采资源量排名前十位的资源国页岩气资源量合计达163万亿m^3,约占全球页岩气资源总量的79%,如表1-2所示。

表 1-2　2013 年全球页岩气技术可采资源量排名前十位的国家（EIA 发布，2013 年）

国家	页岩气技术可采资源量/万亿 m³	国家	页岩气技术可采资源量/万亿 m³
中国	31.57	墨西哥	15.43
阿根廷	22.71	澳大利亚	12.37
阿尔及利亚	20.02	南非	11.04
美国	18.83	俄罗斯	8.07
加拿大	16.23	巴西	6.94

　　美国是率先对页岩气进行大规模商业性开采的国家，早在 1821 年美国第一口工业性页岩气井钻采成功，标志着美国开始进入页岩气开发的初始阶段。目前，美国的页岩气主要产自五个盆地的页岩层，分别是沃思堡盆地(Fort Worth Basin)的巴尼特(Barnett)页岩、伊利诺伊盆地(Illinois Basin)的新奥尔巴尼(New Albany)页岩、密西根盆地(Michigan Basin)的安特里姆(Antrim)页岩、圣胡安盆地(San Juan Basin)的刘易斯(Lewis)页岩、阿巴拉契亚盆地(Appalachian Basin)的俄亥俄(Ohio)页岩，其中沃思堡盆地的巴尼特页岩是美国进行页岩气开采的主力层位。21 世纪以来，随着美国在页岩气勘探开发理念认识上的突破，以及多段压裂、水平井等开发技术的创新与进步，美国的页岩气产量占天然气总产量的比重从 2000 年的 2.1%上升至 2011 年的 28%，预计在未来十年，页岩气所占比重将会达到 50%左右。2015 年，美国页岩气产量超过 4382 亿 m³，约占全美天然气产量的 48%。

　　加拿大作为北美地区的第二大天然气产出国，同时也是世界上第二个成功对页岩气进行商业性开发的国家。蒙特尼(Montney)页岩已于 2001 年开始进行商业性生产，最近几年受美国页岩气大规模开采的启发，加拿大部分科研工作者对其西部的部分盆地进行了深入研究。目前，蒙特尼页岩和位于不列颠哥伦比亚的霍思河(Horn River)盆地内的马斯夸(Muskwa)页岩已成为加拿大的页岩气开采热点地区，其中马斯夸页岩得到了大规模开发，而霍思河盆地内的马斯夸页岩还处于开发早期阶段，仅这两个页岩层在 2009 年的产量就达到了 72.3 亿 m³。据预测，到 2020 年，加拿大的页岩气年产量将达到 620 亿 m³，占加拿大天然气总产量的一半左右。

　　欧洲页岩气资源分布广泛，但不均匀，主要分布在法国、乌克兰、波兰和保加利亚，四国的技术可采资源总量约为 13 万亿 m³。2009 年初，德国国家地学实验室启动了"欧洲页岩项目"，对欧洲的页岩气资源储量进行评估。2010 年，欧洲又新增启动了多个页岩气勘探开发项目。德国、波兰和乌克兰等国家均已开展不同程度的页岩气开发研究和试验性开采，多个跨国公司开始在欧洲展开页岩气勘探开发工作。2010 年，埃克森美孚公司在匈牙利部署了第一口页岩气探井，法国道达尔石油公司与美国戴文(Devon)能源公司建立合作关系，获得了在法国钻探页岩气的许可；波兰天然气公司于 2014 年对页岩气资源实现了工业性开采。

　　我国页岩气资源量虽然十分丰富，但由于我国对页岩气藏的勘探开发起步较晚，还处于初级阶段，页岩气勘探和开采的许多关键技术还不够成熟。近年来，我国加大了对页岩气的勘探开发力度，我国页岩气主要分布在四川、陕西、重庆等地，中国石油天然气集团有限公司(中石油)、中国石油化工集团公司(中石化)等企业相继在长宁、威远、涪陵和昭通等地取得重大突破。其中，涪陵、长宁-威远、昭通三个页岩气勘探开发区为国家页岩气开发示范区。

长宁-威远国家级页岩气产业示范区位于四川省内江市、宜宾市境内。2010 年 4 月，西南油气田在威远钻成国内第 1 口页岩气井威 201 井；同年 9 月，在长宁钻成宁 201 井，两口井均获气，证实长宁、威远区块页岩气的存在，由此圈定长宁、威远为页岩气勘探开发有利区。2012 年 3 月，国家发展和改革委员会及国家能源局批准中石油建设长宁-威远页岩气产业化示范区，探索页岩气规模效益开发方法，建立页岩气勘探开发技术标准体系，由西南油气田公司组织实施。长宁区块有利区块面积 2050km²，资源量 9200 亿 m³，其中，优质页岩厚度大于 30m、埋深小于 4000m，建产区面积 1200km²，资源量 5380 亿 m³；威远区块有利开发区面积 4216km²，资源量 18900 亿 m³，其中，优质页岩厚度大于 30m、埋深小于 4000m，建产区面积 1000km²，资源量 4483 亿 m³。2016 年示范区生产页岩气 10.11 亿 m³，较上年同期增产 8.24 亿 m³，其中长宁区块产气 4.69 亿 m³，威远区块产气 5.42 亿 m³。目前，长宁-威远地区页岩气示范区建设正按部署有序推进。截至 2016 年 9 月 20 日，长宁区块投入试采井 23 口，日产气 243.63 万 m³，历年累计生产页岩气 4.63 亿 m³；威远区块投入试采井 32 口，日产气 214.44 万 m³，历年累计生产页岩气 1.75 亿 m³。

浙江油田公司目前在建的昭通国家级页岩气示范区已经成为国内第三大页岩气主力产区，已建成 26 口水平井，年页岩气产能达到 5.5 亿 m³。"十三五"期间有望建成年产20 亿 m³ 的大气田。

涪陵页岩气田位于重庆市东部，作业者为中石化江汉油田分公司。目的层为志留系龙马溪组富有机质页岩，已在焦石坝建成一期 50 亿 m³/a 的产能，并初步落实二期 5 个有利目标区，埋深小于 4000m，面积 600km²，地质资源量 4767 亿 m³。2014 年 3 月 24 日中石化宣布，中石化页岩气勘探开发取得重大突破，已在 2017 年年底，建成中国首个年产百亿立方米页岩气田——涪陵页岩气田。这标志着中国页岩气开发实现重大战略性突破，提前进入规模化商业化发展阶段。2015 年 10 月，经国土资源部油气储量评审办公室评审认定，涪陵页岩气田焦石坝区块新增探明储量 2739 亿 m³。至此，这一国内首个大型页岩气田探明储量增加到 3806 亿 m³，含气面积扩大到 383.54km²，成为全球除北美之外最大的页岩气田。2016 年涪陵页岩气产量为 50 亿 m³，2017 年年底建成 100 亿 m³ 产能。

近几年我国在页岩气开发生产过程中取得了丰富的经验和认识，在页岩气开采技术方面取得了一系列重大的突破。2014 年，我国自主研发用于地下水平井进行分段的"分割器"——桥塞商用成功，这使我国成为世界上第三个能使用自主研发技术装备对页岩气进行商业开采的国家，中国已经进入了页岩气开发技术研究的热点阶段。尤其是，中石化立足自主创新，形成了中国南方海相页岩气富集规律新认识和勘探开发核心技术及关键装备，发现并成功开发了我国首个也是目前最大的页岩气田——涪陵页岩气田，使我国成为北美之外第一个实现规模化开发页岩气的国家，走出了中国页岩气自主创新发展之路。创新形成海相页岩气勘探理论和开发技术系列，为我国大规模勘探开发页岩气奠定了理论和技术基础。

（1）创新形成中国南方海相页岩气富集规律新认识。率先发现中国南方深水陆棚相页岩具有高碳富硅正相关耦合规律，揭示了页岩气"早期滞留，晚期改造"的动态保存机理，形成"深水陆棚相优质页岩发育是页岩气'成烃控储'的基础,良好的保存条件是页岩气'成藏控产'的关键"的新认识,建立了页岩气战略选区评价体系,明确了突破方向,指导了涪陵气田的发现。

(2)创新形成海相页岩气地球物理预测评价关键技术。突破川南地区碳酸盐岩山地页岩气地震采集、处理技术瓶颈,获得高信噪比、高分辨率、高保真度地震成像资料;创新形成有机碳含量、脆性指数、含气量高精度地震预测技术系列和页岩六性测井评价体系,实现了页岩气层参数的精细预测和计算,预测高产富集带 326km^2,94.4%的井获日产超 10 万 m^3 高产页岩气流。

(3)创新形成页岩气开发设计与优化关键技术。构建了两种赋存状态、三种流动机制下的多因素耦合流动数学模型,建立了多流态、多区域孔缝耦合流动的页岩气非稳态产能评价技术,首次提出了山地丛式水平井交叉布井模式,编制了我国首个 50 亿 m^3 产能页岩气田开发方案,开发井成功率 100%。

(4)创新形成页岩气水平井高效钻井及压裂关键工程技术。揭示了海相页岩井壁失稳、裂缝起裂扩展机理,研发低成本高稳定性油基钻井液、弹韧性水泥浆、速溶减阻水体系,构建了水平井组优快钻完井技术和山地井工厂作业模式,建立了"控近扩远、混合压裂、分级支撑"的缝网改造模式,创新了水土资源保护和废弃物处理技术。支撑了涪陵气田高效、绿色开发。

(5)创新研制页岩气开发关键装备和工具。创新千吨级 360°快速自走式钻机、井控压力 70MPa 高压大负载带压作业、6200m 大容量连续油管等地面作业成套装备,首次研制页岩专用 PDC 钻头和耐油螺杆、8kN 大功率测井牵引器、105MPa 易钻桥塞系列井下工具,实现规模应用,形成页岩气装备与工具一体化解决方案,提升了山地"井工厂"、长水平井施工能力和效率。

涪陵大型海相页岩气田示范区建成了我国第一个实现商业开发、北美以外首个取得突破的大型页岩气田。示范区高水平、高速度、高质量的开发建设,是我国页岩气勘探开发理论创新、技术创新、管理创新的典范,对我国页岩气勘探开发具有很强的示范引领作用,显著提升了页岩气产业发展的信心,展示了页岩气勘探开发的良好前景。

二、页岩气藏开发的科学问题

页岩气作为一种典型的非常规能源,在全球范围内分布广泛,开发潜力巨大。与北美相比,南方海相页岩储层具有构造改造强、地应力复杂、埋藏较深、地表条件特殊等复杂特征。

页岩气以游离气和吸附气赋存于微—纳米级孔隙及裂缝中,开采过程中存在吸附、滑脱、扩散等物理化学现象,同时由于压力场、温度场以及地应力场耦合作用,引起了一系列非线性渗流复杂问题。常规测试手段不能正确揭示内在规律,传统意义上经典的渗流理论不再适应页岩气藏,建立在传统渗流理论基础上的数值模拟技术难以预测开发动态。

如何实现页岩气高效开发,一般需要解决四项科学问题,即页岩气储层多尺度定量描述与表征、纳米级孔隙及微裂隙流体渗流规律、页岩气水平井井壁稳定机理、页岩气储层体积改造理论。为解决这些科学问题，需要开展 6 个方面的基础研究和技术攻关，即页岩气储集空间定量描述与表征方法、页岩气藏非线性多场耦合渗流理论研究、页岩气储层水平井钻完井关键基础研究、页岩气储层增产改造基础理论研究、页岩气气藏工程理论与方法研究以及南方古生界典型区块开发先导试验及关键技术应用研究(图 1-2)。

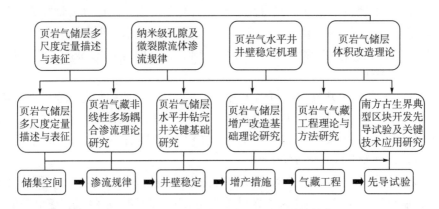

图 1-2　页岩气研究涉及科学问题和关键技术

(一)页岩气储集空间定量描述与表征方法

通过对页岩多重孔隙介质观测、宏观页岩岩相分析、岩石物理及岩石力学实验等的研究工作，解决多尺度多属性页岩储层表征参数体系与方法难题，揭示页岩储层孔隙、裂缝分布特征及控制因素、不同页岩岩相与物性参数间的关系、不同页岩的可改造程度、遇水膨胀性，建立页岩储层多尺度多属性表征方法、储层优选的物性参数体系、工程应用的判别标准及页岩储层地质建模方法，形成一套适合我国的页岩储层表征方法。

(二)页岩气藏非线性多场耦合渗流理论研究

针对影响页岩气藏开采的多尺度流体流动机理、多场耦合作用机理和分段压裂水平井非线性渗流理论等关键问题进行深入的研究。揭示页岩气纳米、微米、裂隙介质尺度流动规律，搞清页岩裂隙介质气、水非线性渗流特征；阐明页岩介质在渗流场、应力场、温度场共同耦合作用机理；建立页岩气多尺度流动多场耦合非线性渗流理论，构建页岩储层多级压裂水平井非线性渗流理论，形成多场耦合非线性渗流数值模拟方法。

(三)页岩气储层水平井钻完井关键基础研究

通过对页岩力学参数和地应力、页岩理化性能及井壁围岩受力状态的分析，结合室内实验及机理模拟，综合研究多种因素耦合作用下的页岩井壁稳定性影响规律，揭示页岩井壁失稳机理；同时深入开展页岩水平井地质导向、钻井液、固完井相关基础理论研究，形成能够确保钻成优质页岩水平井眼的基础理论及关键技术。

(四)页岩气储层增产改造基础理论研究

针对我国南方页岩储层特征，开展页岩室内模拟和数值模拟研究以及现场测试研究，揭示页岩气储层压裂裂缝起裂与扩展机理，认识形成压裂缝网的储层条件及其工程可控因素；通过室内岩心实验分析，阐明压裂流体与页岩储层作用机理，研发新型环保低损害、低成本压裂液体系；建立包括井层评估、改造体积优化和提高储层改造体积的页岩气藏设计方法；形成包括微地震裂缝诊断与解释、测斜仪测试及压裂压力分析的压后评估基础理论。

(五)页岩气气藏工程理论与方法研究

面向国内纳米级别渗透性的页岩气藏，立足于非常规井型的非规则井网立体式开发特点，通过试井基础理论、单井数值模拟方法、产能预测方法以及储层动用表征研究，建立适合我国页岩气高效开发的气藏工程基础理论与方法，力争在页岩气气藏工程理论上有突破，页岩气储层动用评价指标与方法上有创新，实现页岩气藏高效开采。

(六)南方古生界典型区块开发先导试验及关键技术应用研究

结合南方海相页岩气示范区页岩储层特征，采用自主研发与借鉴国外页岩气开发经验相结合，重点针对页岩气储层评价技术、页岩气储层有利区域优选现场试验、页岩气藏压裂技术、配套工艺技术及工具、压裂液体系等关键科学问题开展技术攻关及现场试验，加大关键工艺技术自主研发力度，最终形成具有自主知识产权的页岩气增产改造关键技术系列及配套工艺技术系列，突破提高单井产量的技术瓶颈，为页岩气规模有效开发提供技术支撑。

第三节 致密气开发

一、致密气分布

致密气是指渗透率小于 0.1mD 的砂岩地层天然气，一般无自然产能或自然产能较低，需要经过特殊作业才具有开采价值。据美国联邦地质调查局研究结果，全球已发现或推测发育致密气的盆地大约有 70 个，资源量大约为 210 万亿 m^3，亚太、北美、拉丁美洲、俄罗斯、中东-北非等地区均有分布，其中亚太、北美、拉丁美洲分别拥有致密气资源为 51.0 万亿 m^3、38.8 万亿 m^3、36.6 万亿 m^3，占全球致密气资源的 60%以上。

我国致密气技术可采资源量 9 万亿～13 万亿 m^3，目前累计探明地质储量 3.3 万亿 m^3，约占全国天然气总探明地质储量的 40%；可采储量 1.8 万亿 m^3，约占全国天然气可采储量的 1/3。2013 年我国致密气产量达到 340 亿 m^3。预计到 2020 年，致密气年产量有望达到 800 亿 m^3 左右，约占全国天然气总产量的 29%。

二、北美致密气开采

目前，全球已有美国、加拿大、澳大利亚、墨西哥、委内瑞拉、阿根廷、印度尼西亚、中国、俄罗斯、埃及、沙特阿拉伯等十几个国家和地区进行了致密气藏的勘探开发。其中，北美地区的美国和加拿大在致密气资源勘探开发方面处于世界领先地位。

致密气最早在美国获得突破。1980 年，非常规天然气只占美国天然气产量的 2%，这些非常规天然气大都是致密砂岩气。美国致密气产量已连续 10 年达到 1000 亿 m^3 以上，到

2010 年,美国已在 23 个盆地发现约 900 个致密气田,剩余探明可采储量超过 5 万亿 m^3,生产井超过 10000 口,美国非常规天然气产量达到全美天然气产量的 58%,其中致密砂岩气占 29%。2011 年美国致密气年产量达到 1690 亿 m^3,约占天然气总产量的 26%,成为美国天然气产量构成中重要的组成部分。目前,美国进行致密气开发的盆地主要是落基山地区的大格林河盆地、丹佛盆地、圣胡安盆地、皮申斯盆地、保德河盆地、尤因他盆地、阿巴拉契亚盆地和阿纳达科盆地。

加拿大致密气主要储集在西部地区阿尔伯达盆地深盆区,故称深盆气。1976 年加拿大钻成第一口工业致密气井,从而揭开了致密气勘探开发新局面,同时开辟了一个新的含油气领域。随后发现的霍德利气田、米尔克河气田进一步证实了该区致密气良好的发展前景,最终促成特大型致密气田的发现。仅艾尔姆沃斯、霍德利两大致密气田的可采储量就达到了 6490 亿~6780 亿 m^3。目前,加拿大致密气分布面积达 6400km² 左右,地质储量大约为 42.5 万亿 m^3。

其中,艾伯塔盆地致密砂岩气藏的特征如下:

(1)多分布于向斜盆地轴部或构造下倾部位。艾伯塔盆地深盆气藏分布位于落基山东侧盆地西部最深凹陷的深盆区,中生界厚度达 4600m,在其中发现 20 多个产气层段,含气面积 62160km²。深盆气藏多分布于向斜盆地轴部或构造下倾部位,而这些盆地多属于前陆盆地或山间盆地,特殊的构造沉积环境是深盆致密砂岩气藏形成的有利场所。

(2)气源供应充足。艾伯塔盆地深盆致密气藏的气源岩,主要是富含有机质的暗色页岩、泥岩、粉砂质页岩、煤层及其共同组合,特别是煤系烃源岩成为深盆气源的主要贡献者。以海陆过渡相含煤地层为主。含煤层系的厚度中心与深盆气主体分布区是相互吻合的,煤层在艾尔姆沃斯气田范围内厚度最大,在下白垩统地层中储存有大约 1640 亿 t 的煤炭资源。深盆区气源供应充足,时至今日,煤层中仍在继续生成天然气。

(3)储层发育致密。艾伯塔盆地深盆气储层主要发育在白垩系碎屑岩层段中。低渗透性致密砂岩分布区主要以三角洲前缘、三角洲平原、冲积扇和滨岸相致密砂岩为主体。这类储层以致密层状和透镜状砂岩为代表,常埋藏于较深部位,是理想的深盆气储层。艾尔姆沃斯气田、米尔克河气田和霍得利气田的深盆气储层分别以下白垩统致密砂岩、上白垩统米尔克河组致密砂岩和下白垩统海绿石砂岩为主。

(4)气水分布关系倒置。气水倒置是深盆气藏的重要标志之一。深盆气藏表现为在同一储层中在构造的上倾方向为饱含水层,下倾方向为饱含气层,气与水之间存在气水过渡带,气水边界不受构造等高线控制。艾伯塔盆地西侧深盆中分布有巨大的天然气资源,气层段和水层段之间没有岩性或构造阻隔,仅表现为气、水含量百分比的逐渐过渡。

(5)地层流体压力异常。从已发现的世界范围内深盆气藏气层压力的发育特征来看,多数深盆气藏具有异常地层压力。艾伯塔盆地的白垩系深盆气藏多具异常低压特征。

(6)常发育富气的"甜点"。由于储层物性的非均质性以及沉积成岩作用和地质流体影响,在致密储层内部形成局部的相对高孔隙度、高渗透性地层带,当深盆气在致密储层中排替自由孔隙水运聚成藏时,这些物性好的储层段中会优先充满天然气,就形成了富气点——"甜点"。

通过对美国、加拿大两个典型致密气田发展历程的剖析发现,关键技术突破是致密气得以快速发展的基本前提。

(1)美国皮申斯盆地的鲁里森致密气田。皮申斯盆地为一典型的前陆——克拉通盆地,面积为 1.4 万 km^2,天然气资源量为 5.6 万亿~8.4 万亿 m^3。1952 年举汉 1 井在盆地发现了弗德台地(Mesa verde)地层含气,从而发现了鲁里森气田,但因缺乏有效技术手段,随后钻探的多口井均无产能。后经长期实验室分析、现场压裂试验以及不同井距生产井开采试验等,到 1993 年终于突破了商业性开采关,之后产量快速增长,2008 年产量达到 32.5 亿 m^3。鲁里森气田面积为 21~52km^2,气藏埋深为 1780m,气层厚度为 700m,可开采储量为 324 亿 m^3。

(2)加拿大艾伯塔盆地艾尔姆沃斯致密气田。1953~1976 年,在针对白垩纪岩性地层圈闭勘探过程中,曾有几百口井钻遇到致密砂岩气层,但当时主要勘探目的层是密西西比系,加之气层压力比较低、储层致密、井筒伤害等原因,一直没有获得商业性发现。1976年,经技术人员仔细的岩石学分析和系统的测试资料对比,发现了下白垩系大量开采气层,艾尔姆沃斯气田得以发现。艾尔姆沃斯气田面积为 5000km^2,气藏埋深 1500m,气层厚度为 1000m,可开采储量 4760 亿 m^3,2008 年该气田产量已达到 88 亿 m^3。

三、中国致密气开采

(一)三个阶段

探索起步阶段(1995 年以前)。按照致密气的概念及评价标准,我国早在 1971 年就在四川盆地川西地区发现了中坝致密气田,之后在其他含油气盆地中也发现了许多小型致密气田或含气显示。但早期主要是按低渗-特低渗气藏进行勘探开发,进展比较缓慢。

快速发展阶段(1996~2005 年)。20 世纪 90 年代中期开始,鄂尔多斯盆地上古生界天然气勘探取得重大突破,先后发现了乌审旗、榆林、米脂、大牛地、苏里格、子洲等一批致密气田,特别是 2000 年以来,按照大型岩性气藏勘探思路,高效、快速探明了苏里格大型致密气田。

快速发展阶段(2006 年至今)。2005 年以来,按照致密气田勘探开发思路,长庆油田实现合作开发模式,采用新的市场开发体制,走管理和技术创新、低成本开发之路。集成创新了以井位优选、井下节流、地面优化技术为重点的 12 项开发配套技术,实现了苏里格气田经济有效开发,从而推动苏里格地区致密气勘探开发进入大发展阶段。

(二)致密气开发主要成果

2011 年致密气产量达 256 亿 m^3,约占全国天然气总产量的 1/4,成为我国天然气勘探开发中重要的领域。2012 年,中国致密气产量达到 300 亿 m^3,几乎占到全国天然气总产量的 1/3。

1. 鄂尔多斯盆地上古生界苏里格气田

鄂尔多斯盆地天然气大规模勘探开始于 20 世纪 80 年代末,目前已经发现气田 9 个。近年来,新增天然气探明储量以致密气为主,年均增长 1000 亿 m^3 以上。苏里格、大牛地、乌审旗、神木、米脂等 5 个探明储量超千亿立方米的大型气田均为致密气田，主力气层为上古生界石盒子组、山西组和太原组。苏里格地区位于鄂尔多斯盆地西北部，有利勘探面积为 5.5 万 km^2，远景资源量约为 5 万亿 m^3。自 2005 年引入市场竞争机制，加快开发步伐以来，通过依靠科技、创新机制、简化开采、走低成本开发路线，勘探开发取得重大进展，累计探明和基本探明地质储量 3.2 万亿 m^3，产量快速增长。2010 年产量突破 100 亿 m^3，2011 年产量达到 137 亿 m^3，从而超越克拉 2 气田成为我国第一大气田。

2. 四川盆地川中须家河组气田

四川盆地广安区致密气藏勘探经历了复杂历程，1967 年广 19 井就发现了须家河组致密气藏。但在随后近 40 年的勘探开发历程中，却因地下条件复杂以及地质认识与工艺技术的限制，以构造圈闭勘探为主，发现了 7 个构造圈闭气藏和一些含气构造以及部分零星分布的高产气井。2005 年 3 月广安 2 井须六段射孔完井试油测试获日产天然气 4.2 万 m^3，获得高产工业气流。紧接着，广安 3 井、广 108 井等也获得工业气流，开启了广安地区低渗透砂岩气藏勘探的新篇章，相继发现了合川、安岳等千亿立方米大气田，从而掀起了川中地区须家河组致密气勘探开发热潮。2006～2011 年川中地区须家河组合计新增探明地质储量 5971 亿 m^3，2011 年须家河组致密气产量超过 15 万亿 m^3。

3. 塔里木盆地库车地区克深气田

库车拗陷面积为 2.3 万 km^2，远景资源量约为 3 万亿 m^3，继 2000 年探明克拉 2 气田、2001 年迪那 2 井突破之后，4 年间钻井 18 口均未成功。分析制约勘探的关键：一是地表和地下情况复杂，构造难以落实；二是勘探集中于中浅层，构造保存条件相对较差。普遍认为前陆冲断带深层发育大构造，但储层物性可能较差，即使发现储量也难以开发。这一认识，阻碍了对深层大构造的探索。近年来，持续坚持"三低"地震攻关与研究，深层构造得到进一步落实，2007 年优选克深 2 号构造上钻 6573～6697m 获得日产 46 万 m^3 高产气流，突破了克深构造带深层勘探。

第二章　非常规油气藏地质特征及开发特征

第一节　煤层气的地质特征及开发特征

一、煤层气地质特征

煤层既是煤层气的源岩，又是其储集层。煤层中的裂缝和孔隙为煤层气提供了赋存空间，同时也为其提供了运移通道。煤层的特殊性使得气体和水的储集、开采机理有别于常规储集层。煤的孔隙体积和孔隙大小的分布决定着开采时甲烷从内孔隙结构扩散出来的难易程度。

(一)煤储层的孔隙结构

煤层孔隙可分为原生孔隙、次生孔隙和裂缝三大类。煤层中的孔隙相差极大，大到数微米级的裂缝，小到连氮分子都无法通过。根据煤的孔隙直径大小，煤孔隙可分为微孔、中孔和大孔。煤的孔径分布主要与煤级有关，褐煤中以大孔为主，可占43%，随着煤级升高，大孔减少，中孔和微孔数量增加；无烟煤中以微孔为主，可高达70%。煤的孔隙度变化在2%～18%，一般小于10%，其大小主要受煤化程度影响。

由于煤层中甲烷储集的主要机理是吸附在孔隙的表面，因此煤中大部分气体储集在微孔隙中，在压力作用下呈吸附状态。又由于煤的微孔隙极其发育，具有特别大的比面，因此煤比常规砂岩具有更高的储气能力。煤的孔隙结构分基质孔隙和裂缝孔隙，构成煤的双重孔隙结构。煤基质中发育有大量的微孔隙，其孔径可小至0.5～1.0nm，水分子难以进入。煤基质具有极大的比表面积，对甲烷具有极强的吸附能力，因此煤层气的绝大部分储集在微孔隙中，在压力作用下呈吸附状态。裂缝孔隙是指割理系统和其他的天然裂隙。

煤层的割理孔隙主要是由煤化作用过程中煤物质结构、构造等的变化而产生的裂隙。根据形态和特征可分为面割理孔隙和端割理孔隙。割理孔隙度随着煤层孔隙压力的降低而变小。端割理与面割理构成了近似正交的裂缝网络，这是煤层气的主要运移通道。

(二)煤储层的渗透性

煤层的渗透性是反映煤层中气、水等流体渗透性能的重要参数，是影响煤层气井生产能力极为重要的因素。煤储层具有相当的渗透能力是煤层气开发成功的前提条件，高含气量区并非高产区。煤的渗透性主要由裂缝网络提供，相互连通的裂缝网络构成了煤层气流动的通道。煤层渗透率通常较小，一般通过试井测试获取。我国由于受多期构造活动的影响，同一煤田不同部位裂隙的发育程度相差甚远，从而导致同一煤田不同部位煤层的渗透率相差极大，此外，煤层的渗透率除了具有各向异性外，还表现出极大的非均质性。

煤层的渗透率除了随埋深的增大而降低外，在煤层气开采过程中，一方面随着煤储层裂缝系统内压力的降低，有效应力增加，裂缝孔隙度降低，导致煤储层的渗透性变差；另一方面，由于煤基质内部吸附气体的解吸释放，导致煤基质块收缩，使裂缝孔隙度增加，从而使煤储层的渗透率得以改善。根据美国有关资料显示，后者的作用比前者大得多。随着开采的不断进行，储层压力降低，而渗透率逐渐增大，这一特点和常规天然气储层明显不同。此外，煤层的渗透率大小还与煤储层裂隙的发育程度有关。

二、煤层气开发特点

煤层气是一种非常规天然气资源。由于煤层气储存特性与常规天然气有较大区别，从而使煤层气开发具有一定的特殊性。煤层气开发的特点主要体现在以下四个方面：

(1)煤层气开发难度大。煤层气是新兴的产业，其开发技术正在不断完善。另外，煤层气主要以吸附状态存在于煤层中，随着煤层中含水排出和压力降低，煤层气才被解吸出来，而天然气则能自发逸出。

(2)煤层气单井产量低。煤层气井初期产量通常只有天然气井产量的 1/10～1/20，煤层气在开始 1～4 年中，产量逐渐增加并达到最大值，然后缓慢下降。天然气井初期产量很高，但随时间迅速下降。煤层气井达产后，其单井平均产量为 3000～5000m³/d，而常规天然气井单井平均日产量超过 1 万 m³，有的甚至高达几十万立方米。

(3)初期投入大，运行成本高。由于煤层气储层的特殊性，决定了煤层气开采必须多打井，从而加大了初期投入。另外，煤层气开发项目还需要增加井下泵、水分离器和水处理装置等特殊设备。煤层气井一般比较浅，单井投资低于天然气井，但生产作业和维护费用较高。浅井的钻井和完井费用为 10 万～12 万美元/井，而深井为 25 万～35 万美元/井。煤层气都要依靠外部动力采出，排水费、加压输送费和净化费都较高。而一般天然气井的生产过程是限压、自喷，管理极为简单，生产费用很低。

(4)投资回收期长。天然气井产量一开始就很高，因而能给投资者带来很高的回报率，一般只需要 2～3 年就能收回投资。煤层气井的产量一般需 4 年时间达到峰值，而且产量较低，投资回报期需要 6～12 年。

(一)我国煤层气储层的基本关键特点

刘贻军等(2004)在我国近二十年来取得的煤层气研究、勘探、先导性开发试验等实践经验的基础上，总结出了我国煤层气储层的基本关键特点。

(1)成煤期后构造破坏强烈，使煤的原生结构遭到严重破坏，构造煤发育，严重阻碍了煤层气的解吸，并且难以有效实施储层的增产措施。中国的含煤盆地具有复杂的演化史和变形史，构造样式多样、盆地原型众多、后期改造严重。含煤盆地在中、新生代经历了印支运动、燕山运动和喜马拉雅山运动三大构造运动，在中、西部受特提斯构造体系域控制，在东部受环西太平洋构造体系域的控制。在中-西部主要为前陆盆地演化阶段，构造变形以台阶状逆断层及其相关褶皱为特征；中部以克拉通内拗陷为主体；东部以裂谷盆地发育为主体，伴有强烈的岩浆活动。其中对煤层气的形成和保存起关键作用的是燕山运动，这一阶段是中国煤层气的主要生气期，也是控制煤变质程度的主要阶段。

因此，美国在没有经过强烈构造变形的含煤原型盆地发展起来的煤层气勘探、开发理论和技术，不完全适用于中国复杂原型的含煤盆地，需要找到适合我国复杂含煤盆地煤层气开发的理论和技术。

(2)煤层气储层低含气饱和度、低渗透率、低压力的"三低"特性极大地制约了煤层气的开发。含气饱和度、渗透性和储层压力是控制煤层气可采性最重要的地质参数，"三低"是导致我国煤层气单井和先导性开发试验井组稳定日产气量低的最重要因素。如何解决"三低"的制约是当前煤层气研究和开发的关键。

(3)煤层气储层的原地应力比较大。煤层气储层的原地应力比较大，阻碍了裂隙的发育以及割理和裂隙之间的连通，降低了储层的渗透性，影响排水采气效果。我国鄂尔多斯盆地东缘河东地区原地应力比较低，储层渗透性比较好，而滇东黔西地区原地应力比较高，导致储层渗透性比较低。

(4)中阶煤和高阶煤是目前我国煤层气勘探和开发的主要煤阶。我国低阶煤(褐煤和长焰煤等)和高阶煤(贫煤和无烟煤)的煤层气资源量占全国煤层气资源总量的 2/3 以上，而中阶煤(气煤、肥煤、焦煤和瘦煤)的煤层气资源量仅占 1/3 或更少。开发高阶煤和低阶煤煤层气资源潜力巨大，而且在沁水盆地勘探、开发高阶煤(无烟煤)煤层气已取得非常宝贵的经验，获得了比较理想的成果，同时也在探索低阶煤区煤层气的开发。

中阶煤虽然在我国煤层气资源总量中所占的分量比较低，但它主要位于华北石炭—二叠纪和华南二叠纪赋煤地层中，主要分布在华北地台中西部的鄂尔多斯盆地东南缘的河东煤田和渭北煤田、华北地台东南部的两淮煤田，以及华南的上扬子地台的滇东黔西地区，煤层气地质条件好，是我国目前煤层气勘探、开发最活跃的地区。

因此，开发中阶煤煤层气可以借鉴美国煤层气开发的成功经验，开发高阶煤煤层气可以参考美国的经验，主要依靠自力更生。

(5)煤储层具有非常强烈的非均质性。煤层气储层的非均质性主要指在小范围内煤层气储层特性发生改变，即含气性、渗透性、压力系统等发生变化。由沉积特征控制的煤层本身以及由构造特征控制的小规模构造边界是造成煤层气储层非均质性的两个主要因素。沉积特征控制包括对煤层厚度、煤质、煤阶等煤层气储层参数的控制，这些参数的变化可以导致煤层气储层的非均质性出现。构造特性主要是指在成煤期后由于构造运动在煤层气储层内部以及贯穿邻层形成了小型断层，也包括一些大的节理系统，这些构成了小规模构造边界。主要因为煤层气储层与常规砂岩储层相比，厚度很小，敏感性很强，这些小型构造边界能够引起渗透性、含水性和压力系统的改变。

煤层气储层的非均质性导致同一煤层在一小范围内的储层特性发生改变，引起井网的井间干扰效应降低，在有限的开发范围内不能够形成有效的压降漏斗，达不到预期的干扰效果，使井网内单井产量相差很大，这在沁南地区表现得比较明显。

(二)煤基质收缩或膨胀特征

煤层气的产量有时会出现第二次增加，这是由于甲烷解吸后引起的煤基质体积收缩，裂隙宽度增加，相应的煤储层绝对渗透率增大引起的。煤层气解吸后引起的煤储层绝对渗透率的增大是很重要的，因为它能影响产气量，从而影响煤层气开采总的经济情况。另一方面，在没有煤基质收缩的情况下，当流体压力下降时，由于孔隙体积的可压缩性，煤层中的裂隙网络会自行封闭。在这种情况下，要准确地进行储层模拟和生产预测，都需要对渗透率的瞬时变化有透彻的了解。

　　国外许多学者已经对煤基质收缩进行了研究，他们通过实验得到了煤基质膨胀系数（表 2-1），基质收缩系数为 $8.62 \times 10^{-7} \sim 6.55 \times 10^{-4} \mathrm{psi}^{-1}$。Moffat 和 Weale（1955）研究了挥发性煤和半无烟煤吸附气体后的膨胀情况，认为煤在 200 个大气压下的膨胀系数是 $1.7 \times 10^{-6} \mathrm{psi}^{-1}$。Gunther（1968）研究了煤阶从高挥发性煤 A 到无烟煤吸附甲烷和二氧化碳的膨胀系数，认为膨胀系数为 $2.76 \times 10^{-6} \sim 6.90 \times 10^{-6} \mathrm{psi}^{-1}$，吸附二氧化碳的膨胀系数大于吸附甲烷的膨胀系数。Vinckurova（1978）发现煤基质吸附甲烷后低煤阶煤基质的膨胀量比高煤阶煤基质的膨胀量更大，但是他没有说明煤基质膨胀系数的大小。Wubben 等（1986）研究无烟煤和沥青质煤，得出膨胀系数为 $1.4 \times 10^{-6} \sim 6.90 \times 10^{-6} \mathrm{psi}^{-1}$。Reucroft 和 Patel（1986）研究美国阿巴拉契亚（Appalachian）盆地的煤吸附氮气、二氧化碳和氢气的膨胀系数，得出二氧化碳的膨胀系数是 $6.55 \times 10^{-6} \mathrm{psi}^{-1}$，Huntgen（1990）报告了吸附甲烷的膨胀系数为 $2.57 \times 10^{-4} \mathrm{psi}^{-1}$。但是，许多实验的压力低于煤层气藏的压力，没有一个实验是在煤层气藏的温度或者是煤层气藏的湿度条件下测定的数据，也没有一个实验提供煤样的灰分含量，灰分含量影响气体吸附量进而强烈影响煤基质的膨胀或收缩。这些实验结果，没有代表性，不能应用到煤层气的数值模拟中去。一般计算时均取估计值（Huntgen，1990；Sawyer et al.，1990）。

表 2-1　煤基质膨胀系数

文献	膨胀系数/psi^{-1}	文献	膨胀系数/psi^{-1}
Moffat 和 Weale（1955）	1.7×10^{-6}	Reucroft 和 Patel（1986）	6.55×10^{-5}
Gunther（1968）	$2.76 \times 10^{-6} \sim 6.90 \times 10^{-6}$	Gray（1987）	8.62×10^{-7}
Vinckurova（1978）	—	Huntgen（1990）	2.57×10^{-4}
Wubben et al.（1986）	$1.4 \times 10^{-6} \sim 6.9 \times 10^{-6}$	Harpalani 和 Scraufnagel（1990）	6.2×10^{-6}

注：$1\mathrm{psi} = 6.89476 \times 10^{3} \mathrm{Pa}$。

（三）煤基质收缩或膨胀机理

　　当煤基质中不含瓦斯气体时，孔隙表面暴露，煤基质孔隙周围的表面层分子（或原子）失去引力平衡，只受到相对孔隙表面的长程力作用，与本体相中的分子相比存在势能差，即为表面自由能（简称表面能）。从而使得经过足够长时间后，煤基质孔隙表面层分子（或原子）重新达到其平衡位置，距本体相中相邻分子的距离 r_1 小于本体相中的分子间距 r［见图 2-1（a），黑点表示煤分子］。有效表面能是形成裂隙的相对两个表面间势能的积分值，又同时取决于具有表面活性的气态和液态介质的特性。由能量最低原理可知，系统的能量越低越稳定，所以煤表面总是力图吸引其他物质以降低它的表面能。当煤基质吸附瓦斯后，煤基质的表面能降低，一方面，表面层附近气体分子对煤分子产生引力，当表面层中的煤分子重新达到引力平衡后，表面层中的煤分子距相邻煤分子的距离 $r_2 > r_1$。一般情况下，固体分子间作用力大于固体与气体之间的作用力，所以 $r_2 < r$［见图 2-1（b），圆圈表示瓦斯分子］。这样，当煤基质孔隙吸附煤层气后，煤的孔隙表面层厚度增加（$r_2 - r_1$）。另一方面，

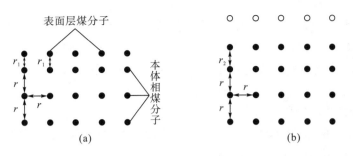

图 2-1　煤体吸附瓦斯前、后表面层结构

由于瓦斯压力 p 的作用，孔隙气体抵抗煤基质沿孔隙表面外法线方向发生变形，使孔隙体积减少受阻，从而力求使变形朝本体相内部方向发生，即游离瓦斯力求使孔隙体积扩大。因此吸附气体后使煤体发生膨胀变形。反之，吸附气体解吸后使煤基质发生收缩变形。

当孔隙气体的压力增大时，吸附气体量增加，引力增大，r_2 增大，煤基质的表面能降低。另一方面，压力 p 越大，变形越不易朝孔隙内部方向发生。因而在宏观上表现为：随着孔隙气体压力的增高，煤基质体积增大；反之，随着压力降低，煤基质体积减小。

煤基质对气体的吸附性越强，即意味着该种气体分子对表面层中煤物质分子的引力越大，吸附瓦斯后表面层煤物质分子与本体相中相邻分子间的距离 r_2 越大，因而煤体膨胀变形量越大。反之，当吸附瓦斯的煤基质在压力降低后，瓦斯气体解吸，煤基质就收缩，压力越低，煤基质收缩变形量越大。

(四)煤基质收缩和膨胀模型

一些学者(张群，2003；Recroft et al.，1986；Somerton et al.，1990；Reznik et al.，1978；McKee et al.，1988)对煤储层渗透率和煤岩压缩系数进行了研究，认为储层渗透率随着应力增加呈指数形式下降。在随后的几年里有很多人对煤基质收缩进行了理论和试验研究。其中，建立的理论模型具有代表性和实用性的有两个：第一个是 ARI 模型，由 ARI 公司提出来，并由 Sawyer 等在 1990 年发表；第二个是 P&M 模型，由 Palmer 和 Mansoori 在 1996 年提出。

这两个模型计算煤基质收缩对储层孔隙度和渗透率变化值的精度强烈地取决于煤体收缩系数和弹性模量的准确性。煤基质收缩系数和弹性模量在不同煤阶之间的变化很大，煤体的弹性模量变化不大，在 $n \times 10^3$ MPa 数量级。Levine(1996)研究表明，煤级、煤岩组成、矿物质含量以及吸附物组成是控制煤体收缩系数和弹性模量的主要影响因素。同时，测量这两个参数也存在一定的困难，测量费用是昂贵的，测量结果往往存在较大的误差。Sawyer(1990)、Palmer 和 Mansoori(1996)等的研究模型仅仅考虑了纯甲烷对煤体收缩变形的影响，没有考虑多元气体吸附对煤体收缩变形的影响。

付玉等(2003)基于 Bangham 固体变形理论与固体表面能理论，建立了一种新的煤基质收缩变形与煤储层裂隙渗透率和孔隙度关系的数学模型。该模型避免了直接用煤体收缩系数和 ε_l/β 来计算煤裂隙的孔隙度和渗透率产生的误差，因此该模型能克服文献研究中煤基质收缩系数不易获得的困难。其推导过程见后文。

煤基质收缩模型的假设条件：①假定煤储层由面割理和端割理被理想化地切割成若干

个立方体基质块；②煤层气在解吸、扩散、渗流过程中保持煤储层的温度不变；③在裂隙内不考虑滑脱效应的影响；④煤储层的围压保持不变；⑤忽略颗粒的压缩性。

Bangham 认为固体的膨胀变形与其表面能降低值成正比，即

$$\varepsilon = \lambda \Delta \gamma \tag{2-1}$$

式中，ε——固体相对变形量，小数；

　　　　λ——比例系数，Bangham 认为其与比表面积 S 成正比，即 $\lambda = KS$；

　　　　K——比例常数，$K = \rho_{煤} / E$；

　　　　$\rho_{煤}$——煤基质的密度，t/m^3；

　　　　E——弹性模量，MPa；

　　　　$\Delta \gamma$——表面能降低值，$\Delta \gamma = \gamma_0 - \gamma$，$kg \cdot m^2/s^2$；

　　　　γ_0——固体在真空条件下的表面自由能，$kg \cdot m^2/s^2$；

　　　　γ——固体吸附气体后的表面自由能，$kg \cdot m^2/s^2$。

吸附气体引起煤表面自由能降低，由吉布斯公式

$$-\mathrm{d}\gamma = RT\Gamma \mathrm{d}(\ln p) \tag{2-2}$$

$$\Gamma = \frac{V}{V_0 S} \tag{2-3}$$

式中，$\mathrm{d}\gamma$——表面自由能增量，$kg \cdot m^2/s^2$；

　　　　R——普适气体常数，$MPa \cdot m^3/(kmol \cdot K)$；

　　　　T——热力学温度，K；

　　　　p——实际气体压力，MPa；

　　　　Γ——表面超量，mol/m^2；

　　　　V——煤层气吸附量，$\times 10^{-3} m^3/kg$；

　　　　V_0——气体摩尔体积，标准条件 22.4L/mol。

对式(2-2)从煤层气压力为 0 积分到压力 p，得到

$$\Delta \gamma = \frac{RT}{SV_0} \int_0^p \frac{V}{p} \mathrm{d}p \tag{2-4}$$

将式(2-4)代入式(2-1)，则得

$$\varepsilon = \frac{KRT}{V_0} \int_0^p \frac{V}{p} \mathrm{d}p \tag{2-5}$$

当吸附层为纯甲烷时，气体吸附服从 Langmuir 方程，式中 $V = \frac{V_L bp}{1 + bp}$。对式(2-4)从 p 到 p_0 积分得煤基质收缩量为

$$\Delta \varepsilon = -\frac{a \rho_{煤} RT}{EV_0} \ln \frac{1 + bp_0}{1 + bp} \tag{2-6}$$

煤层气中除了含有甲烷外，还有少量的氮气和二氧化碳等其他气体，用一元气体计算煤体收缩变形，不符合煤层气藏的实际情况，因此计算时要考虑多元气体吸附的情况。对于多元气体的吸附，煤基质的吸附量用扩展 Langmuir(1918)方程描述，如下式：

$$V_i = \frac{V_{Li} b_i p_i}{1 + \sum_{i=1}^{n} b_i p_i} \tag{2-7}$$

式中，V_{Li}——煤层气中 i 组分的 Langmuir 体积，m^3/t；

b_i——煤层气中 i 组分的 Langmuir 压力，MPa^{-1}。

式中各组分的分压 p_i 与煤储层的压力 p 关系为

$$p_i = y_i p \tag{2-8}$$

式中，y_i——煤层气组分中 i 组分的摩尔分数，分数。

把式(2-7)和式(2-8)代入式(2-5)重新积分得到新的煤体收缩变形公式：

$$\Delta\varepsilon = \sum_{i=1}^{n} \frac{V_{Li} b_i y_i \rho_{煤} RT}{E V_0 \sum_{i=1}^{n} b_i y_i} \left[\ln\left(1 + p\sum_{i=1}^{n} b_i y_i\right) - \ln\left(1 + p_0\sum_{i=1}^{n} b_i y_i\right) \right] \tag{2-9}$$

随着储层压力的降低，吸附气体开始解吸，在表面张力的作用下煤体开始收缩，同时裂隙内的有效应力增加，煤体也产生膨胀变形，则总变形量为

$$\Delta\varepsilon' = \sum_{i=1}^{n} \frac{V_{Li} b_i y_i \rho_{煤} RT}{E V_0 \sum_{i=1}^{n} b_i y_i} \left[\ln\left(1 + p\sum_{i=1}^{n} b_i y_i\right) - \ln\left(1 + p_0\sum_{i=1}^{n} b_i y_i\right) \right] - C_p\left(p - p_0\right) \tag{2-10}$$

用式(2-10)替换 Seidle 模型，由裂隙压缩系数计算的变形量，得到新的孔隙度与煤基质收缩变形的数学模型：

$$\frac{\phi_f}{\phi_{fi}} = 1 + \left(1 + \frac{2}{\phi_{fi}}\right)\Delta\varepsilon' \tag{2-11}$$

利用火柴棍模型中裂隙的渗透率与裂隙的孔隙度关系(Reiss，1980)，得到新的煤裂隙渗透率与煤体收缩变形的新数学模型：

$$\frac{K_f}{K_{fi}} = \left(1 + \left(1 + \frac{2}{\phi_{fi}}\right)\Delta\varepsilon'\right)^3 \tag{2-12}$$

如果在煤层气藏的裂隙孔隙度和压力已知的情况下，裂隙的孔隙度和渗透率可以作为压力的函数来计算。

为了更好地理解煤储层与常规砂岩储层之间的差异，表 2-2 对煤储层与常规砂岩储层进行了对比。

表 2-2　常规天然气砂岩储层与煤层气储层的比较

比较项目	常规天然气砂岩储层	煤层气储层
储层岩石成分	矿物质	有机质为主
生气能力	无	有
气源	外源	本层
储气方式	圈闭	吸附为主
储气能力(相对)	较低	较高
孔隙度	好、很好：15%～25%；中等：10%～15%；较低：5%～10%	除最低阶的煤以外，一般小于 10%

比较项目	常规天然气砂岩储层	煤层气储层
孔隙大小	大小不等	多为中孔和微孔。多属毛细管孔范围
孔隙结构	单孔隙结构或双孔隙结构	双重孔隙结构
裂隙	发育或不发育	独特的割理系统
渗透性	高低不等,对应力不敏感,开采稳定	一般低于 $1×10^{-3}um^2$,对应力敏感,强非均匀性
毛管压力	可成为油气排出的动力或阻力	微毛细管发育,使水的相对渗透率急剧下降
比面	一般砂岩约为 $5.8×10^{-4}m^2/g$	1 克煤的内表面积可达 $100～400m^2$
储量估算	可用孔隙体积法	孔隙体积法不适用
开采范围	圈闭以内	较大面积连片开采
井距	大	小
断裂	可起圈闭作用	可起连通作用,提高渗透率
层中的水	推进气的排出,不需先排水	阻碍气的产生,要先排水
开采深度	不等	小于 200m 为宜
气产量	高(相对)	低
气的输送	增压输送或不必增压	需加压后输入管线
储层压力	产气的动力,同样的压降采出量	储层降压后,达到高峰后缓慢下降,持续很长的开采期
生产曲线	下降曲线	产气量先上升,达到高峰后缓慢下降,持续很长的开采期
机械性质	胶结好,较致密,杨氏模数比煤高,泊松比比煤低	易碎,易受压,杨氏模数比砂页岩低
压裂	低渗透储层才需要压裂,容易产生新的裂缝,处理压力相对低	压裂后使原有裂缝变宽,处理压力高
井间干扰	通过邻井注水,保持压力稳定	通过邻井排水压力均衡下降,产出更多的气
井孔稳定性	好	差,易坍塌,易堵塞
泥浆水对储层厚度侵害	相对较弱	严重,须尽力避免

注:据钱凯等(1996),有修改。

第二节　页岩气的地质特征及开发特征

一、页岩气藏基本特征

　　页岩气是以吸附态、游离态为主要方式,存在于暗色泥页岩或高碳泥页岩中的天然气聚集。在页岩气藏中,天然气也存在于夹层状的粉砂岩、粉砂质泥岩、泥质粉砂岩,甚至砂岩地层中,是储集在页岩层中自生自储式的天然气,这是天然气生成后在烃源岩层内就近聚集的结果(张金川等,2008b)。页岩气储层具有不同于常规天然气储层的特殊性,页岩气层中的富烃页岩不仅是天然气的烃源岩,也是储存和富集天然气的储集岩和盖层,是生物成因、热成因或者两者混合的多成因的连续性聚集,无运移或运移距离很短,为典型的"自生自储、原地滞留"聚集模式。天然气在页岩储层中的赋存状态多种多样,其中游离态气体赋存于页岩基质孔隙或有机质纳米孔隙中，吸附态气体则主要吸附在干酪根、黏土矿物颗粒和孔隙内表面(徐国盛等，2011)。广泛分布的富有机质页岩按沉积环境分为海相富有机质页岩、海陆过渡相与煤系富有机质页岩、湖相富有机质页岩。本节主要从页岩气藏成因、储层基本特征和形成、储集条件来分析，并总结对比国内外页岩储层开发的评价标准。

(一)页岩气藏的成因

页岩气藏中的天然气在演化阶段与常规油气藏存在差异。北美发现的页岩气藏存在三种气源成因(图 2-2)，即生物成因、热成因以及二者的混合成因。其中以热成因为主(最典型代表是沃思堡盆地的巴尼特页岩气藏)，生物成因及混合成因仅存在于美国东部个别盆地(密歇根盆地安特里姆页岩的生物成因气藏、伊利诺伊盆地新奥尔巴尼页岩的混合成因气藏等)(陈更生等，2009)。

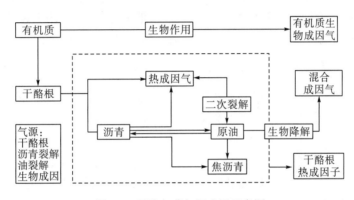

图 2-2　页岩气藏气源成因示意图

热成因型页岩气由埋藏较深或温度较高的干酪根通过热降解作用或低熟生物气再次裂解作用形成，以及油和沥青达到高成熟时二次裂解生成(米华英等，2010)。热成因型页岩气可分为三个亚类：①高热成熟度型，如美国沃思堡盆地的巴尼特页岩气藏；②低热成熟度型，如伊利诺伊盆地的新奥尔巴尼页岩气藏；③混合岩性型，即大套页岩与砂岩和粉砂岩夹层共同储气，如东得克萨斯盆地的博西尔页岩气藏。页岩的热成熟度(R_o)是热成因页岩气成藏的主控因素，成熟度不仅决定天然气的生成方式，还决定气体的组分构成。绝大部分巴尼特页岩气井分布在 $R_o \geq 1.1\%$ 的范围内。当 $0.6\% \leq R_o < 1.1\%$ 时，页岩会产正常的黑色石油。由于石油分子直径较大，容易阻塞页岩孔喉，不利于页岩气的成藏。在 $R_o \geq 1.1\%$ 的区域，发现存在裂解气。这不仅提供了新的气源，而且使页岩孔喉更加畅通。

生物成因型页岩气由埋藏阶段的早期成岩作用或侵入的大气降水中富含的厌氧微生物活动生成。生物成因型页岩气藏分两类：①早成型，气藏的平面形态为毯状，从页岩沉积形成初期就开始生气，页岩气与伴生地层水的绝对年龄较大，可达 66Ma，如美国威利斯顿盆地上白垩统卡莱尔页岩气藏；②晚成型，气藏的平面形态为环状，页岩沉积形成与开始生气间隔时间很长，主要表现为后期构造抬升埋藏变浅后开始生气，页岩气与伴生地层水的绝对年龄接近现今，如美国密歇根盆地的安特里姆页岩气藏。

生物成因型页岩气藏以安特里姆页岩气藏最有代表性，安特里姆页岩为晚泥盆世海相深水页岩，厚约 244m，埋深 0～1 006m。该页岩由富含有机质的黑色页岩、灰色和绿色页岩以及碳酸盐岩互层构成，自下而上可分为 4 个小层：诺伍德、帕克斯顿、拉钦和上安特里姆，其中下部的 3 个小层又称为安特里姆下段。诺伍德和拉钦层为页岩气主力产层，平均叠合厚度约 49m，干酪根属 II 型，总有机碳含量(total organic carbon，TOC)为 0.5%～24%，石英含量 20%～41%，含有丰富的白云岩和石灰岩团块及碳酸盐岩、硫化物和硫酸盐胶结物；帕克斯顿段为泥状灰岩和灰色页岩互层，TOC 为 0.3%～8%，硅质含量 7%～30%。安特里姆页岩在盆地北部边缘的 R_o 为 0.4%～0.6%，在盆地中心可达 1.0%。主力产层平均基质孔隙度为 9%，平均基质渗透率为 $0.1×10^{-3}μm^2$。表现有双重成因，即干酪根经热成因而形成的低熟气和甲烷菌代谢活动形成的生物成因气(李登华等，2009)。

混合成因型页岩气是生物成因作用和热成因作用形成的天然气共同存在于页岩中，也就是低成熟度和高成熟度有机质形成的气体同时存在于页岩中。美国伊利诺伊盆地新奥尔巴尼页岩的有机质成熟度随着埋深的不同存在高、低成熟度混合，为典型的混合成因页岩，其南部深层的天然气是热成因，北部的浅层则是热成因和生物成因的混合。

(二)页岩储层的储集空间特征

页岩气储层的储集空间包括基质孔隙和裂缝，其中基质孔隙可细分为残余原生孔隙、有机质生烃形成的微孔隙、黏土矿物形成的微孔隙和不稳定矿物溶蚀形成的溶蚀孔等。目前有研究认为，页岩孔隙以有机质生烃形成的微孔隙(有机质孔隙)为主，其直径一般为 0.01～1μm(图 2-3)。干酪根在降解过程中会形成次生微孔和微裂缝，储层的孔隙度变大。黏土矿物之间的相互转化会形成微孔隙，如在蒙皂石转化为伊利石的过程中，储层孔隙体积会逐渐减小而形成微孔隙。同时，地层流体在储层流动过程中会与不稳定矿物发生溶蚀作用而形成溶蚀孔。

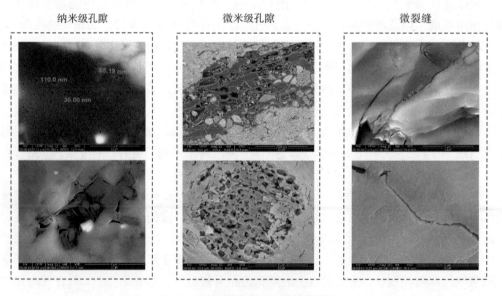

图 2-3　页岩气藏储层孔隙结构特征

页岩储层中的裂缝多以微裂缝形式存在，裂缝的发育可为页岩气提供充足的储集空间，同时裂缝也是页岩气流入井筒的唯一通道。裂缝的产生可能与有机质生烃时产生的使储层破裂的压力有关，同时也有可能与断层和褶皱等构造运动及差异水平压力有关(屈策计等，2013)。微裂缝的发育对页岩气的产能影响很大，首先微裂缝的发育大大增加了储层中游离气的含量，气井的初始产气量高，同时也加速了吸附气的解吸；其次地层水会通过微裂缝进入页岩储层，使气井发生水淹，含水率上升，从而降低页岩气井的产量。

(三)页岩的岩石矿物特征

页岩岩石矿物特征在很大程度上影响了页岩基质孔隙和微裂缝的发育程度、压裂改造方式及储层的含气性。页岩储层中的矿物主要有黏土矿物和石英、长石、云母、方解石、黄铁矿等脆性矿物，其中黏土矿物因具有较大的微孔隙体积和比表面积，能吸附大量的天然气，基质系统内吸附气含量的高低很大程度上取决于黏土矿物含量的多少；石英等脆性矿物含量越多，页岩对气体的吸附能力越低，但岩石的脆性会越高，天然裂缝和诱导裂缝越容易形成，越有利于进行人工压裂形成有效的网状结构缝，有利于页岩气的开采(杨恒林等，2013)。

美国产气页岩中矿物组成中石英含量达 28%～52%、碳酸盐含量达 4%～16%、总脆性矿物含量达 46%～60%。但各盆地主要产气页岩的矿物组成存在不同程度上的差异，例如：沃思堡盆地的巴尼特页岩，其脆性矿物主要为石英、长石和黄铁矿，总含量为 20%～80%，其中石英含量最高，达到了 40%～60%；碳酸盐矿物含量低于 25%，黏土矿物含量通常小于 50%，以伊利石为主。博西尔页岩中石英、长石和黄铁矿含量低于 40%，碳酸盐岩含量大于 25%，黏土矿物低于 50%。费耶特维尔页岩硅质含量达 14%～35%，钙质含量达 30%～50%(朱彤等，2014)。

中国海相、湖相和海陆过渡相三类页岩的脆性矿物含量总体较高，均达到 40%以上。如四川盆地须家河组中石英等脆性矿物含量高达 22%～86%，十分有利于进行储层压裂；鄂尔多斯盆地中生界湖相页岩中仅石英一种脆性矿物的含量就为 27%～47%，脆性矿物总含量达到了 58%～70%。四川盆地龙马溪组和筇竹寺组页岩储层的黏土矿物组成也是以伊利石为主，其中筇竹寺组页岩储层的伊利石含量很高，平均值为 83.5%。岩石矿物组成对页岩气后期开发中的压裂改造等工作至关重要，脆性矿物和黏土矿物含量的高低在一定程度上决定了该页岩是否具有商业开发价值，一般要求其页岩中的黏土矿物含量要低于30%，含气丰富，脆性矿物含量要高于40%，易于形成裂缝(王伟锋等，2013)。

(四)页岩的有机质特征

页岩气储层中含有丰富的有机质，其中有机质的类型、有机质丰度和有机质的成熟度对页岩气的资源量具有重要影响。TOC 是衡量页岩有机质丰度的重要指标，有经济开发价值的页岩油气区的最低 TOC 一般在 2%以上。TOC 不仅是页岩生气的物质基础，决定页岩的生烃强度，也是页岩吸附气的载体之一，决定页岩的吸附气量的大小，同时还是页岩孔隙空间增加的重要因素之一，决定页岩新增游离气的能力。TOC 的高低很大程度上决定了储层中吸附气含量的多寡，页岩气含量与 TOC 具有较好的正相关性。以美国五大含气页岩层为例，页岩中的 TOC 均较高，其中巴内特页岩中的 TOC 为 2%～7%，安特里姆和新奥尔巴尼页岩中的 TOC 部分甚至超过了 20%。中国上扬子地区寒武系筇竹寺组、志留系龙马溪组黑色页岩是目前海相页岩较为有利的勘探开发区块，其中寒武系筇竹寺组页岩的 TOC 为 0.14%～22.15%，平均为 3.50%～4.71%；志留系龙马溪组页岩 TOC 为 0.51%～25.73%，平均为 2.46%～2.59%。

有机质类型的研究对于确定页岩气的有利远景区带是必不可少的，其与 TOC 和成熟度共同决定着烃源岩的生气潜力。研究普遍认为，富氢有机质主要生油，而含氢量较低的有机质以生气为主，且不同类型干酪根在不同演化阶段生气量有较大区别。海洋或湖泊环境下形成的有机质类型主要以 I 型和 II 型为主，易于生油；海陆过渡相环境下形成的有机质类型主要以 II 型和III型为主，易于生气。

有机质成熟度也是衡量有机质是生油还是生气或有机质向烃类转化程度的关键指标，镜质体反射率(R_o)反映了有机质成熟度的高低。北美主要产气页岩的成熟度指标 R_o 通常为 0.4%～4.0%，中国古生界海相页岩的成熟度普遍很高，R_o 值一般为 2.0%～4.0%，处于过成熟阶段，主要生干气(蒋裕强等，2010)。页岩气成因包括生物成因、热成因和两种混合成因，以干酪根热裂解、原油热裂解等热成因为主，有机质的成熟度越高，储层的含气量与产气量就越大。

(五)页岩的物性特征

页岩气储层具有孔隙度低和渗透率极低的物性特征。岩石孔隙是储存油气的主要空间，平均 50%左右的页岩气储存在页岩的基质孔隙中，孔隙度是衡量游离气含量的重要参数。页岩储层的孔隙度一般低于 10%，渗透率一般低于 0.1mD(许长春，2012)。页岩储层以发育多种类型微米级和纳米级孔隙为特征，主要包括粒间微孔、粒内溶蚀孔、颗粒溶孔和有机质孔等，中国富有机质黑色页岩的微孔—纳米孔十分发育，主要为粒内孔、粒间孔和有机质孔三种类型。美国主要产气页岩储层的岩心分析孔隙度主要为 2.0%～14.0%，平均为 5.36%，测井孔隙度为 1.0%～7.5%，平均为 5.2%。

我国页岩的基质孔隙度为 0.5%～6.0%，众数多为 2%～4%。四川盆地威远地区龙马溪组页岩孔隙度为 2.43%～15.72%，平均 4.83%；筇竹寺组页岩孔隙度为 0.34%～8.10%，平均 3.02%。鄂尔多斯盆地中生界陆相页岩实测孔隙度为 0.4%～1.5%，渗透率 $0.012×10^{-3}$～$0.653×10^{-3}\mu m^2$。中国海相富有机质页岩微米—纳米孔十分发育，既有粒间孔，也有粒内孔和有机质孔，尤其有机质成熟后形成的纳米级孔喉甚为发育，这些纳米级孔喉是页岩气赋存的主要空间(谢小国等，2013)。

裂缝既可以为页岩气提供一定的储集空间，也可以为页岩气在储层中的运移提供通道，从而有效提高页岩气产量。石英等脆性矿物含量的高低影响着裂缝的发育程度，石英含量越高，页岩脆性越好，裂缝发育程度就越高。中国海相、海陆过渡相和湖相页岩的脆性矿物含量较高，均具有较好的脆性特征。页岩气勘探过程中，必须寻找易于压裂形成复杂网状裂缝的页岩储层，即要求页岩的脆性矿物含量丰富，以及黏土矿物含量足够低，一般要求低于 50%。

页岩储层有无裂缝直接影响渗透率大小。例如，四川盆地龙马溪组和筇竹寺组表面有裂缝的页岩岩样渗透率为 0.0421～0.863mD；表面无裂缝的页岩岩样渗透率为 5.08nD～0.0178mD，平均渗透率为 0.00456mD（表 2-3）。

表 2-3 龙马溪组和筇竹寺组岩样渗透率

井号	岩心编号	层位	渗透率/mD	备注
龙山 2 井	LS2-2-1	筇竹寺	0.0519	有裂缝
龙山 2 井	LS2-9-2	筇竹寺	0.0421	有裂缝
龙山 1 井	LS1-14-2	筇竹寺	0.1118	有裂缝
龙山 2 井	LS2-8-1	筇竹寺	0.2328	有裂缝
黔江 2 井	LS2-12	龙马溪	0.8633	有裂缝
龙山 1 井	LS1-7-4	筇竹寺	0.0051	无裂缝
龙山 1 井	LS1-3-2	筇竹寺	5.078E-06	无裂缝
龙山 1 井	LS1-2-5	筇竹寺	2.179E-05	无裂缝
龙山 1 井	LS1-15-4	筇竹寺	7.833E-05	无裂缝
龙山 1 井	LS1-3-5	筇竹寺	0.0039	无裂缝
龙山 1 井	LS1-8-2	筇竹寺	0.0031	无裂缝
龙山 1 井	LS1-12-3	筇竹寺	0.0045	无裂缝
黔江 1 井	QJ1-6	龙马溪	0.0107	无裂缝
黔江 1 井	QJ1-4	龙马溪	0.0004	无裂缝
黔江 2 井	QJ2-7	龙马溪	0.0178	无裂缝

（六）页岩气的赋存特征

页岩气的成分以甲烷为主，含有少量轻烃气体。在裂缝和孔隙构成的泥页岩储集空间中，页岩气存在多种赋存相态，包括吸附态、游离态和溶解态，但以吸附态和游离态为主要赋存形式，溶解态的气体仅少量存在。大量的吸附态页岩气吸附于有机质颗粒、干酪根颗粒、黏土矿物颗粒以及孔隙表面之上，游离态的页岩气主要分布在孔隙和裂缝中，少量的溶解态气体则溶解于干酪根、沥青质、残留水及液态原油中（邹才能等，2010）。在不同的页岩层系中，吸附气、游离气和溶解气所占的比例存在一定的差异，在异常高压气藏中，以游离气为主；在埋藏较浅的低压气藏中，则以吸附气为主，据统计，吸附态页岩气的含量可以占页岩气总含量的 20%～85%。气体在页岩储层中以何种相态存在，很大程度上还取决于流体饱和度的大小，当储层中的气体处于未饱和状态时，只存在吸附态和溶解态的气体；当气体一旦达到饱和之后，储层中就会出现游离态的气体。页岩气在生成过程中首先会以吸附态的形式吸附在有机质和岩石颗粒表面，随着吸附气和溶解气的饱和，富余的天然气就会以游离态在孔隙和裂缝中运移、聚集。

（七）页岩的沉积分布特征

中国主要有八套页岩地层，由三大海相页岩（南方古生界海相页岩、华北地区下古生界海相页岩和塔里木盆地寒武-奥陶系海相页岩）和五大陆相页岩（松辽盆地白垩系湖相页岩、准噶尔盆地中-下侏罗系湖相页岩、鄂尔多斯盆地上三叠统湖相页岩、吐哈盆地中-下侏罗统湖相页岩和渤海湾下第三系湖相页岩)组成。按沉积环境将富有机质页岩分为三大类:海相富有机质页岩、海陆过渡相与煤系富有机质页岩、湖相富有机质页岩(邹才能等,2011)。

海相富有机质页岩主要发育在前古生代及早古生代,区域上分布于华北、南方、塔里木和青藏4个地区,层系上为盆地的下部层位。古生代是中国海相富有机质页岩发育的最主要时期,形成了多套海相富有机质页岩,其中早古生代寒武纪和志留纪页岩最为典型。寒武纪在扬子台地、塔里木台地和华北台地三大主要海相沉积区,都发育了较好的页岩地层,例如南方扬子地区的筇竹寺组页岩(或沧浪铺组、牛蹄塘组、水井沱组、巴山组、荷塘组、幕府山组页岩)和塔里木盆地玉尔吐斯组与萨尔干组页岩。志留纪页岩在扬子地区发育较好,以早志留世龙马溪组页岩为主,分布于整个扬子地区,是四川盆地五百梯、罗家寨、建南等石炭系气田的主力烃源岩。

煤系富有机质页岩主要为中生代三叠—侏罗系浅湖、沼泽沉积环境下形成的含煤页岩。这类页岩的共同特征是有机质以陆源高等植物为主,页岩与煤层共存、砂岩与页岩互层。三叠—侏罗系煤系页岩是四川盆地、塔里木盆地、吐哈盆地重要的烃源岩,已发现了克拉2号、迪那2号、新场等一批与此相关的大气田,在吐哈盆地发现了大量工业性油藏。石炭—二叠纪是中国大陆沉积环境由海向陆转化的重要阶段,在中国大陆形成了广泛的海陆交互相富有机质页岩。目前,石炭—二叠纪页岩已被证实为准噶尔盆地陆东—五彩湾、鄂尔多斯盆地苏里格、渤海湾盆地苏桥、四川盆地普光、罗家寨等气田的主要烃源岩。

湖相富有机质页岩主要形成于二叠纪、三叠纪、侏罗纪、白垩纪和新近纪、古近纪的陆相裂谷盆地、拗陷盆地。二叠纪湖相富有机质页岩发育在准噶尔盆地,分布于准噶尔盆地西部—南部拗陷,包括风城组、夏子街组、乌尔禾组3套页岩。三叠纪湖相页岩发育在鄂尔多斯盆地,为晚三叠世大型拗陷湖盆沉积。侏罗纪在中—西部地区为大范围含煤建造,但在四川盆地为内陆浅湖—半深水湖相沉积,早—中侏罗世发育了自流井组页岩,在川中、川北和川东地区广泛分布。白垩纪湖相页岩发育在松辽盆地,包括下白垩统青山口组、嫩江组、沙河子组和营城组页岩,在全盆地分布。古近纪湖相页岩在渤海湾盆地广泛发育,以沙河街组为主,分布于渤海湾盆地各凹陷,黄骅和济阳拗陷存在孔店组页岩。湖相富有机质页岩为中国陆上松辽、渤海湾、鄂尔多斯、准噶尔等大型产油区的主力源岩。

二、页岩气的形成、储集与保存

依据富有机质页岩生烃能力、排烃有效厚度及页岩气勘探开发要求,普遍认为形成商业价值页岩气具有"五高"特征,即高有机碳含量(TOC>2%)、高热演化程度(R_o大于2.5%)、高石英含量、高脆性(易于水力压裂人工造缝,脆度>80%)和高吸附气含量。

(一)页岩气的形成条件

1. TOC含量

TOC是衡量岩石有机质丰度的重要指标和页岩气形成的基础,也是衡量生烃强度和生烃量的重要参数。TOC随岩性变化而变化,对于富含黏土的泥页岩来说,由于吸附量很大,TOC最高,因此,泥页岩作为潜力源岩的TOC下限值就高,而当烃源岩的有机质类型好，热演化程度高时，相应的 TOC 下限值就低。对于泥质油源岩中 TOC 的下限标准，目前国内外的看法基本一致，为 0.4%～0.6%，而泥质气源岩 TOC 的下限标准则有所不同。美国五大页岩气盆地的含气页岩 TOC 含量一般为 1.5%～20%。安特里姆页岩与新奥尔巴尼页岩的 TOC 是五套含气页岩中最高的，其最高值可达 25%；刘易斯页岩的 TOC 最低，也可达到 0.45%～2.5%，一般认为 TOC 在 0.5% 以上就是有潜力的源岩。有经济开采价值的页岩气远景区带的页岩必须富含有机质。页岩气藏烃源岩多为沥青质或富含有机质的暗色、黑色泥页岩和高碳泥页岩类，TOC 大于 2% 的富有机质页岩地层比例高达 4%～30%，是常规油气烃源岩的 10～20 倍。页岩气的富集与成藏需要丰富的气源基础，对富有机质页岩中的 TOC 要达到一定标准。

2. 有机质类型

尽管 TOC 和成熟度是决定源岩生气潜力的关键因素，但普遍认为富氢有机质主要生油，氢含量较低的有机质以生气为主，且不同干酪根、不同演化阶段生气量有较大变化。因此在确定页岩气有利远景区带时，有机质类型研究仍必不可少。海洋或湖泊环境下形成的有机质（Ⅰ 型和 Ⅱ 型）易于生油。随热演化程度增加，原油裂解成气；陆相环境下形成的有机质（Ⅲ 型）主要生气，中间混合型（尤其是 Ⅱ 型和 Ⅲ 型）在海相页岩中最为普遍，产气潜力大。特别注意的是，当热演化程度较高时，所有类型有机质都能生成大量天然气。北美产气页岩有机质类型主要为 Ⅱ 型，中国古生界海相页岩有机质类型为 Ⅰ～Ⅱ 型、中新生代录相页岩有机质类型为 Ⅱ～Ⅲ 型、石炭-二叠系与三叠-侏罗系炭质页岩有机质类型为 Ⅲ 型（表 2-4），均可有较好的产气潜力，成为形成页岩气的有利领域。

表 2-4　中国三类页岩有机地球化学参数

页岩类型	地区	地层及岩性	TOC/%		R_o/%	干酪根类型
			范围	平均		
海相	四川盆地	寒武系黑色页岩	1.00～5.50		2.30～5.20	Ⅰ～Ⅱ₁
		志留系龙马溪组黑色笔石页岩	2.00～4.00		1.60～3.60	Ⅰ～Ⅱ₁
	塔里木盆地	寒武系深灰色泥灰岩、黑色页岩	0.18～5.52	2.28	1.90～2.04	Ⅰ～Ⅱ₁
		下奥陶统黑色泥岩	0.17～2.13	1.15	1.74	
	上扬子东南缘	五峰组—龙马溪组底部	1.73～3.12	2.64	1.83～2.54	Ⅰ
海陆过渡相	河西走廊	石炭系暗色泥岩	0.19～37.98	4.20	0.60～1.90	Ⅲ
		炭质泥岩	0.27～50.52	5.44		Ⅲ
	鄂尔多斯盆地	黑色、深灰色炭质页岩	2.68～2.93		1.10～2.50	
湖相	鄂尔多斯盆地	三叠系延长组长 7 段黑色页岩	6.00～22.00	14.00	0.90～1.16	Ⅱ₁～Ⅲ
	松辽盆地	白垩系青山口组黑色页岩	0.50～4.50		0.60～1.20	Ⅱ₁～Ⅲ

3. 有机质成熟度

有机质成熟度是确定有机质生油、生气或有机质向烃类转化程度的关键指标。$R_o \geqslant 1.0\%$ 为生油高峰，$R_o \geqslant 1.3\%$ 为生气阶段。自然界中不同类型干酪根进入湿气和凝析油阶段的温度或热成熟界限有一定差异，但一般 R_o 变化范围为 1.2%～1.4%。例如沃思堡盆地巴尼特页岩气主体生成于热成熟度大于 1.1%的生气窗内。中国古生界海相页岩成熟度普遍较高，R_o 一般为 2.0%～4.0%，处于高—过成熟、生干气为主的阶段；而中新生界陆相页岩成熟度普遍偏低，成熟度 R_o 一般为 0.8%～1.2%，处于成熟—高成熟、以生油为主的阶段，兼生气。有机质成熟度决定着页岩气的生成方式：对于热成因型页岩气藏，随着页岩成熟度 R_o 的增高，含气量将会逐渐增大，R_o 为 1.1%～3%的范围是热成因型页岩气藏的有利分布区。对于生物成因型页岩气藏，页岩热演化程度 R_o 越高，TOC 含量越低，越不利于生物气的形成，根据密歇根盆地安特里姆页岩气藏和伊里诺伊盆地新奥尔巴尼页岩气藏的分布规律，生物成因型页岩气藏主要分布在 R_o<0.8%的范围内。有机质热演化程度还决定页岩气的组分构成以及气体的流动速度。随着成熟度的增大，气体的产生速度也加快，因为高成熟度的干酪根和已生成的原油均裂解产生大量天然气(张田等，2012)。

4. 页岩气含气性

页岩含气量包括游离气、吸附气及溶解气。目前北美商业开发的页岩含气量最低约为 1.1m³/t 页岩，最高达 9.91m³/t 页岩。实测发现，四川盆地寒武系筇竹寺组黑色页岩含气量为 1.17～6.02m³/t 页岩，平均为 1.9m³/t 页岩；龙马溪组黑色页岩含气量为 1.73～5.1m³/t 页岩，平均为 2.8m³/t 页岩，与北美产气页岩的含气量相比，均达到了商业性页岩气开发的下限，具备商业开发价值。

5. 有效页岩厚度

若要形成商业性页岩气，页岩气有效厚度需达到一定的下限，以保证有足够的有机质及充足的储集空间。页岩厚度可由有机碳含量的增大和成熟度的提高而适当降低，实践证明：当有效页岩厚度大于 30～50m(有效页岩连续发育时超过 30m 即可，断续发育或 TOC 含量低于 2%时，累计厚度须超过 50m)时，足以满足商业开发需要。有效页岩厚度越大，尤其是连续有效厚度越大，有机质总量越高，天然气生成量越多，页岩气富集程度越高。北美页岩气富集区内有效页岩厚度最小为 6m(费耶特维尔页岩)，最厚达 304m(马塞勒斯页岩)，页岩气核心产区厚度都在 30m 以上。中国上扬子区寒武系筇竹寺组与志留系龙马溪组黑色页岩中 TOC 含量高于 2.0%的富有机质页岩厚度为 80～180m。

6. 矿物组成

页岩一般具有高含量的黏土矿物，但是暗色富有机质页岩的黏土矿物含量通常较低。页岩气勘探必须寻找能够压裂成缝的页岩，即页岩的黏土矿物含量足够低(<50%)、脆性矿物含量丰富，使其易于成功压裂。具备商业性开发价值的页岩，脆性矿物含量要高于40%，黏土矿物含量小于 30%。

7. 孔渗特征与微裂缝

岩石孔隙是储存油气的重要空间，孔隙度是确定游离气含量的主要参数。有平均 50%左右的页岩气存储在页岩基质孔隙中。页岩储层为特低孔、渗储集层，孔隙小于 2μm，比表面积大，结构复杂，丰富的内表面积可以通过吸附方式储存大量气体。一般页岩的基质孔隙度为 0.5%～6%，大多数为 2%～4%。裂缝的发育可以为页岩气提供充足的储集空间，也可以为页岩气提供运移通道，更能有效提高页岩气产量。中国海相页岩、海陆交互相炭质页岩和湖相页岩均具有较好的脆性特征，均发育较多的裂缝系统。

（二）页岩气的储集条件

页岩既是源岩又是储集层，因此页岩气具有典型的"自生自储"成藏特征，这种气藏是在天然气生成之后在源岩内部或附近就近聚集的结果。由于储集条件特殊，天然气在其中以多种相态赋存。通常足够的埋深和厚度是保证页岩气储集的前提条件。页岩具有较低的孔隙度和渗透率，但天然裂缝的存在会改善页岩气藏的储集性能（姜文斌等，2011）。

1. 页岩的埋深及厚度

美国页岩气盆地有关资料表明，页岩气储层的埋藏深度范围比较广泛。埋深从最浅的76m 到最深的 2439m，主要范围为 762～1372m。一般地，页岩的厚度为 91.5～183m，页岩的厚度和埋深是控制页岩气成藏的关键因素（白兆华等，2011）。泥页岩必须达到一定的厚度并具有连续分布面积，提供足够的气源和储集空间，才能成为有效的烃源岩层和储集层。页岩越厚，对气藏形成越有利。页岩厚度可由有机碳含量的增大和成熟度的提高而适当降低，到目前为止，具有经济价值的页岩气藏的页岩厚度下限还没有被明确提出来。足够的埋藏深度能够保证有机质具备向油气转化所必需的温度和压力，多期的抬升与深埋使得页岩中有机质可以多次进入生烃门限，因此许多盆地中的页岩气是多期生成的。泥页岩的埋深不但影响页岩气的生产和聚集，还直接影响页岩气的开发成本。

2. 页岩孔隙度与渗透率

孔隙度是确定游离气含量和评价页岩渗透性的主要参数。作为储层，含气页岩显示出低的孔隙度（<10%），低的渗透率（通常<0.001um^2）。Chalmers 等（2007）认为孔隙度与页岩气的总含量之间具有正相关性，也就是说页岩气的总含量随页岩孔隙度的增大而增大。微孔对吸附态页岩气存储具有重要影响，微孔体积越大比表面积越大，对气体分子的吸附能力也就越强。渗透率在一定程度上影响页岩气的赋存形式，主要影响游离态气体的存储。页岩气渗透率越大，游离态气体的储集空间就越大。

3. 页岩的裂缝和不整合面

裂缝和不整合面为页岩气提供了聚集空间，也为页岩气的生产提供了运移通道。Hill 等（2004）认为，由于页岩中极低的基岩渗透率，开启的、相互垂直的或多套天然裂缝能增加页岩气储层的产量。导致能系数和渗透率升高的裂缝，可能是由干酪根向烃类转化的热成熟作用（内因）、构造作用力（外因）或是两者产生的压力引起。页岩气储层中倘若发育大量的裂缝群，那就意味着可能会存在足够进行商业生产的页岩气。阿巴拉契亚盆地产气量高的井，都处在裂缝发育带内，而裂缝不发育地区的井，则产量低或不产气，说明天然气生产与裂缝密切相关。储层中压力的大小决定裂缝的几何尺寸，通常集中形成裂缝群。控制页岩气产能的主要地质因素为裂缝的密度及其走向的分散性，裂缝条数越多，走向越分散，连通性越好，页岩气产量越高。

4. 页岩气富集规律

页岩气藏为典型自生自储式的连续型气藏,控制页岩气藏富集程度的关键因素主要包括页岩厚度、有机质含量和页岩储层空间(孔隙、裂缝)三大因素;①富有机质页岩厚度越大,气藏富集程度越高;②有机碳含量越高,气藏富集程度越高;③页岩孔隙与微裂缝越发育,气藏富集程度越高。

(三)页岩气的保存条件

页岩是一种致密的细粒沉积岩,本身可以作为页岩气藏的盖层,上覆或下伏的致密岩石也可对页岩气具一定的封盖作用,使得页岩气难以从页岩中逸出。页岩气边形成边赋存聚集,不需要构造背景,为隐蔽圈闭气藏,它们在大面积内为天然气所饱和。由于致密页岩具有超低的孔隙度和渗透率,页岩体可以形成一个封闭不渗漏的储集体将页岩气封存在页岩层中,相当于常规油气藏中的圈闭。构造作用对页岩气的生成和聚集有重要的影响,主要体现在以下几个方面:首先,构造作用能够直接影响泥页岩的沉积作用和成岩作用,进而对泥页岩的生烃过程和储集性能产生影响;构造作用还会造成泥页岩层的抬升和下降,从而控制页岩气的成藏过程;构造作用可以产生裂缝,可以有效改善泥页岩的储集性能,对储层渗透率的改善尤其明显。由于大约半数的页岩气是以吸附方式存在,而页岩又具有最优先的聚集和保存条件,因此它具有较强的抗构造破坏能力,能够在一般常规气藏难以形成或保存的地区形成工业规模聚集。即使在构造作用破坏程度较高的地区,只要有天然气的不断生成,就仍会有页岩气的持续存在。

(四)页岩气储层评价标准

页岩气储层评价标准主要有有机质丰度、有机质成熟度、页岩含气量、岩石力学性质、页岩物性、页岩矿物成分和储层厚度七个方面(图2-4)。

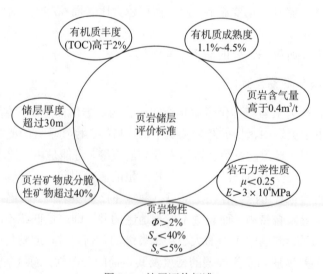

图 2-4　储层评价标准

据巴尼特和海恩斯维尔等北美主要页岩气藏的地质特点,页岩气优质储层一般具备如表 2-5 所示的特点。中国页岩勘探开发尚处起步阶段,页岩气地质条件与美国相比既有相似性,也存在着很多差异,中国页岩储层评价标准不能完全照搬北美页岩储层评价标准。四川盆地下古生界筇竹寺组和龙马溪组页岩储层的有机碳含量普遍大于 2%,R_o 值最低都大于 2%,石英及方解石等脆性矿物含量均超过 40%,黏土矿物含量低且不含蒙皂石,其渗透率和含水饱和度均满足下限标准,高伽马值黑色页岩厚度也在 30m 以上,因此四川盆地筇竹寺组和龙马溪组海相黑色页岩显示良好的勘探开发价值。根据中国南方海相和北方海陆交互相页岩气富集特征,从厚度、地化指标、脆性矿物含量、储层物性、孔隙流体和力学性质(于炳松,2012)等方面确定的中国页岩储层评价标准(表 2-6)为:厚度超过 30m,热成熟度为 1.1%~4.5%,有机碳含量超过 2%,具有较好脆性,有效孔隙度在 2% 以上,含油饱和度低于 5%,岩石杨氏弹性模量在 3.03MPa 以上,泊松比小于 0.25。

表 2-5 北美主要产气页岩储层特征

主要参数	基本标准
目的层埋深	干气窗的最浅深度
页岩厚度	>30m
热成熟度	>1.4%
有机质含量	>2%
干酪根类型	I,II_1
矿物组成	石英或方解石大于 40%
	黏土含量小于 30%
	膨胀能力低
	生物和碎屑成因硅质
裂缝结构和类型	水平或垂直走向
	未充填或硅质、钙质充填
内部垂向非均质性	越小越好
气体填充孔隙度	>2%
渗透率	$>10^{-4}$Md
含水饱和度	<40%
含油饱和度	<5%
杨氏模量	$>3.03\times10^4$MPa
泊松比	<0.25

表 2-6 中国页岩气储层评价标准

主要参数	基本标准	四川盆地龙马溪组	四川盆地筇竹寺组
页岩厚度	>30m	30~50m	30~66m
热成熟度	1.1%~4.5%	2.4%~3.3%	2.33%~4.12%
有机质含量	>2%	2%~8%	2%~9.1%

主要参数	基本标准	四川盆地龙马溪组	四川盆地筇竹寺组
矿物组成	石英、方解石等脆性矿物含量 大于40%	石英、方解石等脆性矿物含量 40%～57%	石英、方解石等脆性矿物含量 47%～62%
	黏土含量小于30%	黏土含量26.5%～48.5%	黏土含量10.2%～43%
有效孔隙度	>2%	1.1%～7.9%	1.2%～6.0%
含水饱和度	<40%	<40%	<40%
含油饱和度	<5%	不含油	不含油
杨氏模量	>3.0×10⁴MPa	1.2×10⁴～3.6×10⁴MPa	1.9×10⁴～4.3×10⁴MPa
泊松比	<0.25	0.12～0.22	0.12～0.29

第三节　致密气的地质特征及开发特征

一、致密气藏开采实例

致密气是指渗透率小于 0.1 mD 的砂岩天然气藏，一般无自然产能或自然产能较低，需要经过大型水力压裂，或者采用水平井、多分支井，才能产出工业气流，具有开采价值。

致密气藏几乎存在于所有的含油气区，最早于 1927 年发现于美国的圣胡安盆地，1976年在加拿大艾伯塔盆地西部深拗陷区北部发现了大型的艾尔姆沃斯致密砂岩气田。我国自1971 年发现川西中坝气田之后，也逐步系统地开始了对致密砂岩含气领域的研究。

美国致密气开发的盆地主要是落基山地区的格林河盆地、丹佛盆地、圣胡安盆地、皮申斯盆地、保德河盆地、尤因他盆地、阿巴拉契亚盆地和阿纳达科盆地。在 23 个盆地大约发现 900 个致密气田，2011 年致密气年产量达到 1690 亿 m³，约占天然气总产量的 26%，美国致密气产量已连续 10 年达到 1000 亿 m³ 以上。

我国大牛地气田位于鄂尔多斯盆地，天然气资源量 8237 亿 m³。2005 年大牛地气田10 亿 m³ 产能建设正式启动，实现向北京、山东、河南、内蒙古供气，已成为中石化重要的天然气生产基地。2016 年 11 月，大牛地气田累计外输天然气 265.931 亿 m³，突破 265 亿 m³大关。2017 年大牛地气田计划生产天然气 36 亿 m³。并争取在"十三五"期间，气田年产气量稳定在 35 亿 m³ 左右。

苏里格气田位于鄂尔多斯盆地北缘，是目前中国产气量最大的整装气田，年产气量超过 230 亿 m³。苏里格气田是中国首个探明储量超万亿立方米的大气田，属于国际上罕见的"三低"（低渗、低压、低产）气田，难以用常规技术实现有效开发。为缓解北京天然气快速增长的需求，2005 年，长庆油田公司与中石油 5 家未上市企业按照"5+1"模式合作开发，使这个中国陆上探明储量最大的低渗透整装气田，在被发现 5 年之后即投入规模开发。

克深气田地处塔里木盆地克拉苏构造带，气田勘探开发面临超深、超高压、超高温、巨厚砾石层、高压盐水层、蠕变膏盐层和目的层高陡裂缝、地表生态环境脆弱等难题，是世界罕见的超深超高压裂缝性致密砂岩气藏。2013 年 5 月，目前国内单套处理能力最大的克深气田投产，2015 年建成年产 50 亿 m³ 配套产能，当年产量达 43.26 亿 m³。克深气田日产天然气 1493 万 m³，向西气东输和南疆供气 149.6 亿 m³，成为继克拉 2、迪那 2 等气田之后，向西气东输供气的又一优质气源。

中石油塔里木油田克拉 2 气田，位于新疆阿克苏地区拜城县境内，是目前中国最大的特高产、超高压的特大型整装天然气田。克拉 2 气田也是国家"西气东输"的主要气源地，是"西气东输"的源头。克拉 2 气田的厉害之处是单井产量非常之高：气田共有 19 口有气井，其中 6 口的产量占到总产量的 69%。目前该气田的克拉 2-2 井、克拉 2-7 井、克拉 2-4 井累计产量都突破了 100 亿 m³。

二、致密气藏的地质特征

致密砂岩气藏评价需要从岩心、测井和钻井记录以及试井分析中获取数据。

(一)影响储集层特征的构造因素

(1)断层断裂活动引起一系列构造、地层的变化，改变储集层埋藏条件，引起流体性质和压力系统的变异。

(2)透镜体在低渗致密砂岩中占相当大的比重，如何准确确定透镜状砂层的大小、形态、方位和分布，是成功开发这类气藏的关键。

(3)裂缝低渗致密储集层的渗透能力低，但只要能与裂缝搭配，就能形成相对高产，裂缝主要对油气渗流做贡献，裂缝孔隙度一般不会超过 2%。国内外大量资料表明，在一定埋藏深度下，天然裂缝在地下一般呈闭合状态，缝宽多为 10~50μm，基本上表现为孔隙渗透特征。这些层不压裂往往无产能。

(二)致密气藏储集层特征

(1)非均质性强物性的各向异性非常明显，产层厚度和岩性都不稳定，在很短距离内就会出现岩性、岩相变化甚至尖灭，以至在井间较难进行小层对比。

(2)低孔低渗孔隙结构研究能揭示储层内部的结构，它是微观物理研究的核心。一般这类储层孔隙有粒间孔隙、次生孔隙、微孔隙和裂缝四种基本类型。粒间孔隙越少，微孔隙所占比例越大，渗透率就越低。低渗致密砂岩受后生成岩作用影响明显，它以次生孔隙(包括成因岩作用新生的孔隙和经改造后的原生孔隙两部分)为主，并且往往伴随着大量的微孔隙。不论何种成因，不论其性质有何差异，这类砂岩都具有孔隙连通但喉道细小的特征，一般喉道小于 2μm。泥质含量高，并伴生大量自生黏土，这是低渗致密砂岩的又一明显特征。

常规实验室测定的气体渗透率与实际储集层条件下的渗透率差别很大，这对低渗致密气藏尤为突出。因此要尽量模拟地层条件测定其渗透率，渗透率随埋深的加大、压力的增高而急剧地减小，并且在压力卸载后，渗透率恢复不到原值。

(3)含水饱和度高。致密储层的毛细管压力高，从而导致地层状态下含水饱和度较高。含水饱和度增加导致气体相对渗透率大幅度下降，而水的相对渗透率也上不去，岩石一般为弱亲水到亲水。

三、致密气藏开发特征

(1) 单井控制储量和可采储量少，供气范围小，产量低，递减快，气井稳产条件差，采取大规模钻井、井间接替方式保持相对稳产。

(2) 气井的自然产能低，大多数气井需经加砂压裂和酸化才能获得较高的产量或接近工业气井的标准。投产后的递减率高。

(3) 气藏内主力气层采气速度较大，采出程度较高，储量动用充分，非主力气层采气速度低，储量基本未动用，若为长井段多层合采则层间矛盾更加突出。

(4) 一般不出现分离的气水接触面，储集层的含水饱和度一般为 30%～70%，因此井筒积液严重，常给生产带来影响。

(5) 气井生产压差大，采气指数小，生产压降大，井口压力低，可供利用的压力资源有限。

(6) 由于孔隙结构特征差异大，毛管压力曲线都为细歪度型，细喉峰非常突出，喉道半径均值很小，使排驱压力很高，也存在着启动压力和应力敏感现象。

(7) 致密气藏在有效应力影响下存在应力敏感。在评价致密砂岩气时，需要应用地层条件下的基质渗透率(不包含裂缝)，即覆压校正后的岩心渗透率。

(8) 致密气藏单相渗流存在低压下的克氏渗流和高速下的紊流效应。

(9) 致密气藏大多属裂缝-孔隙型边水气藏，由于边水沿裂缝向气区侵入，会严重影响气藏开发效果。

以中坝须二气藏为例，阐述致密气藏地质特征和开发特征。

中坝须二气藏开发初期由于未充分认识到地层水对气藏开发的影响，采速过高导致地层水沿裂缝发生水窜。之后经历了十余年的动态监测及调整，深入认识了地层水活动规律，实施了"北排南控"的排水采气方案，使得气藏开发形势发生了根本性逆转，气藏开发取得了显著的效果。

(一) 中坝气田须二气藏地质特征

中坝须二气藏是一个具有边水的砂岩气藏。气藏属同一压力系统。原始地层压力(折算至补心海拔-2000m)为 27.0MPa。气藏地层温度为 73.05℃。气藏的驱动类型为边水能量有限的气压驱动。产层属上三叠统须家河组第二段(Tx2)，埋深 2400～2650m，段厚 300～400m。气藏圈闭是由断层与背斜组成的复合型圈闭。背斜长轴 6.7～19.5km，短轴 1.5～3.2km，闭合面积 7.76～49.1km^2，闭合度 236～830.0m。背斜的北、东、西三面被三条逆断层(双河逆断层、彭明逆断层、江油逆断层)所包围，断距 500～1000m。东、西逆断层为倾轴逆断层，使背斜成地垒式。这三条逆断层对气藏边水水域和天然气的聚集分布范围具有一定的控制作用。背斜轴线走向为北偏东向。两翼倾角略不对称，南-东翼略陡于北-西翼。南-东翼 28°，北-西翼 20°。气藏原始气水界面海拔为-2200m，含气面积为 24.5km^2，含气高度 544m。

产层岩性为浅褐灰色的中粒岩屑石英砂岩，属辫状河三角洲前缘相沉积，由不同时期的河道砂体与河口坝砂体叠覆或交互切割而成。砂体形态呈席状分布。根据岩性、物性和含气性在纵向上的变化，可将须二段大致划分为上、下两段(但无明显的划分标志)，上段100m 为主产气段，下段为致密层段即非储层段。产层以非均质微细喉道，低孔、低渗，高排驱压力，中等有效孔隙度为特征。根据 6 口井 342 个岩心压汞样品分析资料统计，其排驱压力在 0.04~15MPa，其中属高—特高排驱压力的样品数为 301 个，占样品总数的88.01%。其对应的最大连通孔喉半径为 18.75~0.05μm。产层孔隙结构以微细喉道为主。根据 11 口井 2324 个岩心孔隙度样品分析统计，其平均孔隙度为 6.62%，孔隙度大于 8.0%的样品 426 块，占样品总数的 18.3%，而孔隙度小于 8.0%的样品占 81.7%。根据中 64 井生产动态测井资料确定的有效孔隙度下限为 8.0%。

产层的储集空间以粒间孔为主。根据岩心、铸体、声波测井、生产动态测井、不稳定试井、压汞、岩心孔渗实验测定及钻井显示等资料综合分析判断结果，储层属于裂缝-孔隙型。裂缝主要发育分布在构造的南东翼弧突及北鞍部的枢纽带。裂缝是产层流体渗流的主要通道，是气井高产的重要条件。根据 13 口井须二段岩心样品的孔渗分析资料统计，有裂缝样品 53 块，测定的平均孔隙度为 4.8%，平均渗透率 $16.67\times10^{-3}\mu m^2$；而无裂缝的基质所对应的平均渗透率仅为 $0.152\times10^{-3}\mu m^2$。平均裂缝孔隙度为 0.87%，平均裂缝渗透率为 $16.519\times10^{-3}\mu m^2$。显然，裂缝对渗透率和产能的贡献较大。产层岩性、物性及有效厚度在平面上的变化较大。有效厚度为 8.5~123.8m($\varphi>8.0\%$)。

(二)中坝气田须二气藏开采特征

须二气藏从 1973 年 8 月投产以来，在气藏的不同部位，由于储层物性和裂缝发育程度及开采强度等方面的差异，使气藏不同部位的开采特征具有明显的不同。主要表现在气藏不同部位的地层压力下降速度和水侵影响程度等不同。

(1)气藏的南、北地层压力发生逆转，出现南高北低。气藏 1992 年开展阻水排水采气后，南、北地区的地层压力已发生逆转，出现南高北低的局面。目前气藏南部与北部的平均地层压力对比，2000 年 6 月南部的平均地层压力为 16.321MPa，而北部的平均地层压力为 11.544MPa，南部比北部高 4.777MPa，二者差异还比较大。

气藏的地层压力分布趋势是由南往北逐渐降低。南端中 17 井 2000 年 6 月的地层压力为 20.966MPa，再往北中 2 井的地层压力为 16.165MPa，南部顶部中 29 井的地层压力为15.910MPa，再往北部中 62 井和中 19 井的地层压力分别为 14.02MPa、13.66MPa，中 3井和中 4 井的地层压力最低，分别只有 7.67MPa 和 8.31MPa。所以目前气藏的地层压力分布特点是由南往北逐渐降低的。

(2)气藏南部南端低渗透区的地层压力高于南部和北部地区的地层压力，而南部西翼低渗透区的地层压力与顶部中高渗透区的地层压力已趋于平衡。气藏南端低渗透区中 17井的地层压力比南部地区平均地层压力高 4.645MPa，比北部地区平均地层压力高9.422MPa。目前南部西翼低渗透区的地层压力与南部顶部和东翼地区的地层压力的差异已经不明显了。2000 年 6 月南部西翼低渗透区中 16 井的地层压力为 15.355MPa，而顶部中 9 井和中 29 井的地层压力分别为 14.564MPa 和 15.910MPa，东翼中 65 井的地层压力为14.966MPa。

(3)气藏北部水侵区的地层压力下降速度明显加快,出现地层压力下降异常。气藏北部水侵区的地层压力出现下降加快异常的原因,不能简单地分析认定是因为北部开展排水造成的地层压力下降加快。有以下几方面的原因:①从1992年1月以来,气藏开展了"阻水"排水采气,因而,使进入气藏的水侵量明显减少。因为气藏内部的气水同产井的日产水减少就说明了进入气藏的水侵量在减少;②边水在向气藏推进的过程中,由于产层是亲水的,而且在产层的喉道中,因地层水进入产层喉道,由于"水锁"效应和吸附作用,形成水封气,天然气流不到井底。这是地层压力下降的重要因素;③在边水水侵过程中和气井见水后,产层的渗流通道和井壁的渗流通道可能被新生的 $CaCO_3$ 沉淀堵塞。这可能是导致气水同产井的地层压力下降加快的主要原因。这是从中19井和中64井于2000年修井换油管时发现筛管孔全部被堵死而得到的启示。

(4)边水不活跃,属弹性能量有限的边水。须二气藏的边水能量弱,表现不活跃。其主要动态依据是:①主要水侵方的水层压力与气藏的地层压力同步下降。气藏2000年6月的平均地层压力为15.24MPa左右,总压降11.76MPa,主要水侵方向的中22井的水层压力为14.85MPa,与1978年1月的24.81MPa对比,该井地层压力下降9.96MPa。目前主要水侵方向水层压力已经低于气藏的平均地层压力,而且只比相邻水侵区的中19井和中35井分别高1.19MPa和0.79MPa。②气藏从1992年1月到2000年12月开展阻水排水采气以来,水侵区内的气水同产井和边部两口阻水排水采气井的日产水量都是下降的。如中4井1992年的日均排水量为44.25m³,而2000年的日平均排水量已下降到19.3m³;中19井1996年的日平均排水量为163.7m³,而2000年的日平均排水量已下降到87.36m³。③目前主要水侵方向的中22井的水层压力与水侵区中19井和中35井的地层压力已经接近。这说明边水的能量是有限的。气藏的边水可能主要属于裂缝封闭的弹性能量有限的边水,水体不大。

2000年6月中22井的水层压力为14.85MPa,而水侵区中19井和中35井的地层压力分别为13.66MPa、14.06MPa。前者只比后者略高1.19MPa和0.79MPa,已经很接近了。

(5)边水的主要水侵方向为北偏东中22井方向。因为只有北偏东中22井的水层压力与气藏的地层压力同步下降最明显,说明边水有能量释放,有向气藏发生水侵的作用存在。该井从1978年1月到2000年6月地层压力已下降9.96MPa。而西翼的水区观察井中11井和中14井及南东翼水区的观察井中32井的地层压力不与气藏的地层压力同步下降,而是长期保持不降。如中11井和中14井2000年12月的中部地层压力分别为22.972MPa和31.395MPa。目前已经有6年时间不升不降了。动态分析中坝须二气藏水侵前缘推进见图2-5。

(6)边水的主要水侵方式为沿裂缝水窜。边水沿裂缝水窜的主要依据是:①中4井生产测井解释的产水层段为2571~2579m,与在钻井中发生井喷、井漏的裂缝显示段2571~2579m相吻合。②气水同产井在关井后恢复生产的初期日产水量很大,之后逐渐下降直到稳定。这是边水沿裂缝发生水侵的有力证据。如中4井1988年5月采用气举恢复生产初期日产量在240m³以上,之后逐渐下降到150m³左右,大约15天后,日产水量再降到100m³左右,最后稳定在60~70m³/d。这是先从大裂缝出水到中小裂缝出水的规律。③气水同产井关井后无静液面存在,因地层水关井后又退回到地层的裂缝中。

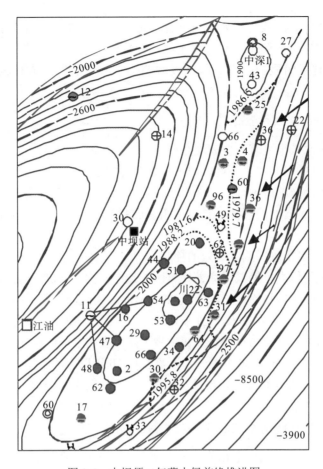

图 2-5　中坝须二气藏水侵前缘推进图

(7)须二气藏产层存在多组系裂缝系统的动态特征反映。从中 19 井和中 35 井这两口阻水排水井在排水过程中，气藏内部的气水同产井的反映表明，须二气藏的产层存在多组系的裂缝系统。如中 19 井在 1996～2000 年基本实现连续排水的过程中，只有中 31 井反应明显，而北部的中 4、中 3、中 36 等井无反应。但中 35 井连续排水半年时间以后，北部的中 3、中 4、中 36 等井就有了明显的反应。这就表明气藏产层可能存在多组系的裂缝系统。因此，这两口阻水排水井必须同时连续排水，这样气藏的排水效果才最佳。

(三)须二气藏的排水效果分析

1. 须二气藏的排水历程回顾

(1)"点式"排水阶段(1981～1991 年 12 月)。所谓"点式"排水即只在气藏内部的见水气井中开展排水采气的排水方式。这种排水方式属于拉水线式排水，气藏排水量越多，水侵量越大。因此，造成气藏早期的排水效果较差。

(2)"联合"排水阶段(1992 年 1 月～至今)。所谓"联合"排水，即不仅在气藏内部的见水气井中排水采气，而且还在主要水侵方向上的气水边界附近的见水气井中或在原始气水边界附近的水井中开展"阻水"排水。在这种排水方式下，使进入气藏的水侵量减少或完全被阻隔，不仅使"水封气"能够得到充分释放，而且由于使进入气藏内部的水侵量减少或被完全阻隔了，使边水水线前缘推进得到了有效控制。因此，使须二气藏的排水效果得到了明显的改善。须二气藏的排水采气的巨大成功也在于开展了"联合"排水采气。

2. 须二气藏的排水效果显著

须二气藏的排水效果显著主要表现在以下几个方面：

（1）气水同产井的日产水量下降，日产气量和井口压力上升。表明"水封气"获得释放，在水侵区挖潜增产的潜力较大。从 1992 年 1 月至 2000 年 12 月底，排水采气累计增产天然气 3.5729 亿万 m³，阶段累计排水量为 90.2329 万 m³。显然，排水采气取得了明显的经济效益。

（2）边水水线前缘推进得到了有效的控制。

①水侵区的地层压力已经低于南部纯气区的地层压力。2000 年底北部水侵区的平均地层压力比南部纯气区的平均地层压力低 4.777MPa。因此，"北水南进"已经不可能。

②从 1989 年中 37 井见水以来，在主要水侵方向上的水线前缘，没有出现新的见水气井。

③气藏内部的见水气井的日产水量在逐步下降，表明水侵区内的净剩水量在减少。

（3）边部的阻水排水井中 19 井是一口水淹长达 10 年以上的水淹井。从 1992 年开展气举排水，到 1997 年 8 月开始变为自喷带水采气。目前日产 5.0 万～6.0 万 m³，日产水 90m³ 左右。

（4）气藏内部的一口见水气井中 37 井变为纯气井。

3. 气藏在开展排水采气中存在的主要问题

（1）电潜泵排水工艺，无论国产的还是引进的电潜泵都存在这样那样的问题，不能连续开展排水。从国产电潜泵在中 35 井的使用情况来看，主要存在的问题是井下气水分离器的气水分离效果差，使电潜泵欠载停机，中断排水。引进的电潜泵由于电缆质量太差，被烧断也中断排水。因此电潜泵排水工艺的使用效果较差，不能连续排水，因此不宜采用。

（2）气举工艺排水：在 1999 年前，由于气举管线太长，气源气未经气液分离，使气举管线在冬季经常被水合物堵塞而中断排水。2000 年针对气举管线冰堵问题，在动力源井井场安装高压分离器进行气液分离后，使气举管线冰堵的问题就解决了。目前中 35 井在冬天也能连续气举排水了。

从须二气藏的排水采气实施情况来看，要使气藏的排水效果显著，边部的两口阻水排水井（中 35 井和中 19 井）必须连续开展排水，不能中断排水。

第三章　非常规油气藏渗流物理

第一节　煤层气的渗流物理

一、煤层气赋存、运移、产出特征

煤层气的赋存状态、运移规律和开采机制有别于常规天然气，传统意义上经典的常规气藏渗流规律不再适用于煤层气藏。煤层气和常规气藏开采也有较大的区别，如图 3-1 所示。煤层气藏本身具有典型的双孔隙结构，即基质孔隙系统和割理孔隙系统。煤层气主要以吸附状态形式储集于煤基质孔隙内表面。

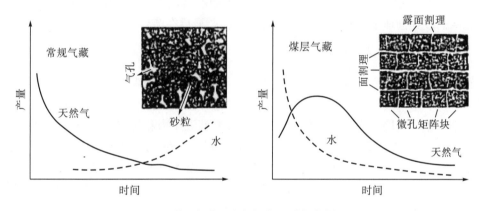

图 3-1　煤层气藏和常规气藏开采曲线的区别

当储层压力降到低于解吸压力时，煤层气由煤基质表面解吸，并扩散至割理孔隙系统，在割理孔隙系统运移，直至由煤层气井中采出，经历了一个解吸、扩散、渗流的复杂过程，如图 3-2 所示。

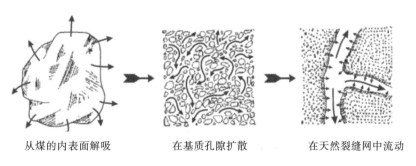

从煤的内表面解吸　　　在基质孔隙扩散　　　在天然裂缝网中流动

图 3-2　煤层气在储层中的运移机理

二、煤层气开采机理

煤层气在煤层中的存在状态有三种：吸附态、溶解态和游离态，其中吸附态所占比例最大，煤层气的产出机理为给排水—降压—解吸—扩散—渗流。煤层气井主要通过控制产水量达到稳定降压目的，避免排采过快造成的裂缝闭合和出粉，油气井通过控制油嘴和产量达到控制压力的目的。普通的气井只要有压差气体就可以流动，而煤层气是以吸附的形式存在于煤层气中的，割理中饱和的是水，所以必须要先排水，将煤层气的压力降到气体的临界解吸压力，才会有气体产出，所以，煤层气有压差也不一定产气，而且煤层气的渗透率极低，只有压裂才会产气，这也是和普通气藏的不同之处。煤层气直井的增产措施目前主要是依靠压裂，不压裂的井几乎没有产量。油气田开发叫采油采气，而煤层气开发叫排采。可以看出，投产后，油气田直接见产，而煤层气投产要靠排水降压到一定程度，然后解吸出甲烷气，即先排后采。

煤储层压力的降低是导致煤层气解吸、运移的直接原因。通常，煤层气井通过排水来降低储层压力，这使得甲烷分子从煤基质的内表面解吸，进而在浓度差的作用下由基质中的微孔隙扩散到割理中，然后在割理系统中运移，最后在流体势的作用下流向生产井筒。

（一）煤层气的解吸机理

解吸是吸附的完全逆过程，当煤储层压力降低时，吸附在煤基质微孔隙内表面上的气体就会解吸下来，重新回到微孔隙空间成为自由气体，其过程同样可用 Langmuir 等温吸附定律来描述。煤层气的解吸过程(图 3-3)由临界解吸压力和初始煤层压力的大小控制，二者越接近，煤层气从基质孔隙表面解吸之前的降压幅度越小。当临界解吸压力等于初始煤层压力时，这种煤层称为饱和煤层；含有游离气的饱和煤层，又称为过饱和煤层；当临界解吸压力小于初始煤层压力时，这种煤层称为欠饱和煤层。欠饱和煤层往往是在漫长的地质年代中由于地质运动造成吸附气散失而又未得到补充所造成的。

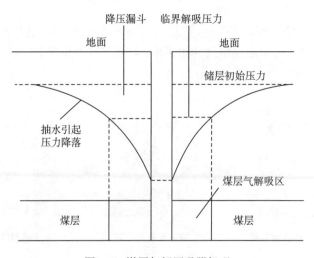

图 3-3　煤层气解压吸附机理

(二)煤层气的扩散机理

由于煤基质块中孔隙的孔径很小，渗透率极低，煤层气在其中的达西渗流非常微弱，可以忽略不计，所以一般认为煤层气在煤基质块孔隙中运移或质量传递方式主要是扩散作用。煤层气解吸之后将向渗透性裂隙扩散，扩散实质上是甲烷分子从高浓度区向低浓度区的运动过程。如图 3-4 所示，微孔隙中的扩散可以是以下三种不同机理单独或共同作用的结果：体积扩散、努森扩散与二维表面扩散。扩散过程可按遵从 Fick 第一定律的拟稳态扩散和遵从 Fick 第二定律的非稳态扩散两种模式进行处理。

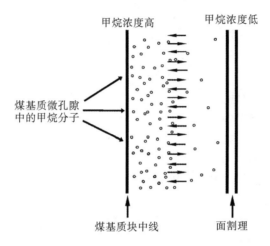

图 3-4　煤基质块中甲烷分子扩散示意图

(三)煤层气的渗流机理

煤层气在煤储层中流动的主要通道是裂隙，扩散到煤层裂隙中的甲烷分子，以及裂隙中的水分子，在压力梯度的驱动下以各自独立的相态沿煤层裂隙混相运移，这一过程符合达西定理。

1. 达西渗流

煤储层的裂隙宽度较小，流体流速慢，大多数研究认为裂隙中煤层气的运移属层流，符合达西定律。达西定律用下式来描述：

$$K_f = \frac{Q_f \mu L}{wh\Delta p_f} \tag{3-1}$$

式中，Q_f——在压差 Δp_f 下，通过裂隙的流量，m^3/s；

　　　w——裂隙的宽度，m；

　　　h——裂隙的高度，m；

　　　μ——流体黏度，mPa·s；

　　　Δp_f——裂隙中的压力差，MPa；

　　　L——裂隙的长度，m；

　　　K_f——裂隙的渗透率，$\times 10^{-3}\mu m^2$。

2. 非达西渗流

当气体在多孔介质中流动时，由于流体的黏滞性，造成接近固体表面的层流速度近于零。但对有些气体不存在这种现象，而是存在分子滑移现象，由 Klinkenberg 效应所致。该效应是由 Klinkenberg 于 1941 年提出的，可由下式进行定量描述：

$$k = k_i \left(1 + b / p_m\right) \tag{3-2}$$

式中，k_i——原始绝对渗透率，$\times 10^{-3} \mu m^2$；

$\quad$ p_m——平均气体压力，MPa；

$\quad$ k——视绝对渗透率，$\times 10^{-3} \mu m^2$；

$\quad$ b——Klinkenberg 系数，MPa^{-1}。

$$b = \frac{16c\mu}{w} \sqrt{2RT / \pi M} \tag{3-3}$$

式中，c——常数（多取 0.9）；

$\quad$ μ——气体黏度，$mPa \cdot s$；

$\quad$ M——气体分子量，kg；

$\quad$ w——气体通道宽度，m；

$\quad$ R——普适气体常数，$MPa \cdot m^3 / (kmol \cdot K)$；

$\quad$ T——热力学温度，K。

可见 b 不仅与气体的性质有关，而且与储层特性和温度有关。由上式可知，由 Klinkenberg 效应造成渗透率的增量为

$$k_{滑移} = k_i b / p_m \tag{3-4}$$

综合以上三种因素，对煤储层渗透率的影响程度，因煤自身的性质不同而不同。对低收缩率或不收缩的煤层，主要受有效应力影响，随有效应力增加渗透率下降；而高收缩率煤储层，基质收缩占主导地位，随着气体解吸量的增加收缩量也相应地增加，裂隙的孔隙度和渗透率也就增加。

（四）煤层气的产出机理

煤层气的开采是通过排水降压实现的，这与常规油气的开采明显不同。煤层气从煤基质进入生产井筒分为三个阶段(图 3-5)。

第一阶段：称为单相流阶段。在储层压力未达到临界解吸压力之前，井筒附近压力不断下降，只有水产生。由于此时压降不大，故井附近只有单向流。

第二阶段：称为非饱和单相流阶段。当储层压力进一步下降到临界解吸压力之后，在井筒附近有一定数量的煤层气从基质块的微孔隙表面解吸，在浓度梯度的驱动下向裂隙系统扩散，在裂隙系统中形成互不连续的气泡并阻碍水的流动，因而水的相对渗透率下降。此时虽已存在气、水两相，但水中的含气量尚未达到饱和程度，因此尚未形成气相的连续流动。

第三阶段：称为气-水两相流阶段。当储层压力降至临界压力之后，随着排水降压的不断进行，有更多的气体解吸出来。在水中含气量达到饱和状态以后，便形成了气相的连

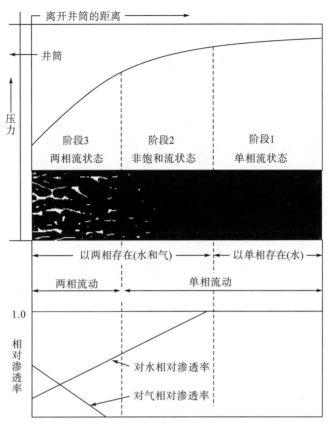

图 3-5　煤层气采出的三个阶段示意图

续流动，气的相对渗透率大于零；随着储层压力下降和水饱和度降低，水的相对渗透率不断下降，气的相对渗透率逐渐上升，气产量亦随之增加，达到了开采中的两相流阶段。

就同一煤层区域而言，在压力下降过程中，这三个阶段是随时间连续发生的。就整个煤层而言，某一阶段是由井筒附近开始，逐渐向周围煤层中推进的，这是一个递进的过程，而且脱水降压时间越长，受影响的面积就越大，随之煤层气解吸和排泄的面积也越大。

三、吸附等温线

(一)吸附等温线的类型及功用

煤对气体的吸附量是温度和压力的函数，即 $V=f(p, T)$，通常用单位质量煤吸附的气体体积来表示。吸附态煤层气可用吸附状态方程来表达，但最直观的是吸附等温线，即状态方程的图示形式。煤层的等温吸附线是评价煤层气储量的重要特性曲线，可由实验测得。为了实验方便起见，习惯上在恒温条件下，测定不同压力下煤对气体的吸附量，绘制吸附量与压力的关系曲线，所得曲线称为吸附等温线(adsorption isothermal)。

Brunauer (1945)将吸附等温曲线归纳为五种类型，如图 3-6 所示。其中类型 I 表示单分子层物理吸附；类型 II 表示在低压时形成单分子层吸附，但随压力增高，产生多分子层

吸附甚至凝聚现象，使得吸附量急剧增加；类型III表示从起始就是多分子层吸附，在压力
达到某值后，发生凝聚，吸附量也趋于无限大；类型IV表示低压时单分子吸附，压力增加
产生毛细凝聚，最后达到饱和；类型V表示在低压时多分子吸附，压力增加产生毛细凝聚，
最后达到饱和。

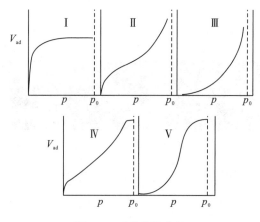

图 3-6 吸附等温曲线

煤层吸附等温线主要有以下功用：

（1）估算煤层气含气量。如果煤层中气体吸附处于饱和状态，就可以利用等温吸附线
估算煤层气含气量。在已知压力和温度条件下，在吸附等温线图上查出地层温度和压力条
件下对应的吸附量即为理论气量。理论的含气量并不代表真实的含气量，只是说明煤层中
可能吸附的最大气量；通过取心直接测定的含气量才是可靠的，称为实际含气量。

典型的吸附等温曲线示意图如图 3-7 所示。如果实际含气量高于理论含气量，表明有
相当数量的游离气存在，为过饱和煤层气藏，如 A 点所示；如果等于理论气量，则为饱和
煤层气藏，如 B 点所示；如果低于理论含气量，则为欠饱和煤层气藏，如 C 点所示。

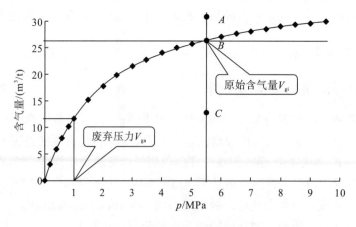

图 3-7 吸附等温曲线示意图

（2）确定煤层气的临界解析压力与含气饱和度。临界解析压力是指煤层降压过程中气体开始解吸点所对应的压力值。对于过饱和煤层气藏，只要煤层储层压力下降，就有吸附气从煤层解析出来。所以，可以根据临界解吸压力与煤层储层压力了解煤层气早期排采动态，即临界解吸压力越接近地层压力，排水采气中需要降低的压力越小，越有利于气体降压开采。据此可为制定煤层气排采的方案提供重要依据。临界解吸压力按下列公式计算：

$$p_{cd} = \frac{V_m \cdot p_L}{V_L - V_m} \tag{3-5}$$

式中，p_{cd}——临界解吸压力，MPa；

V_m——实际含气量，m^3/t；

V_L——Langmuir 体积，m^3/t；

p_L——Langmuir 压力，MPa。

临界解吸压力也可直接由吸附等温线求得。

含气饱和度是实测含气量与原始储层压力对应的吸附气量的比值。含气饱和度按下列公式计算：

$$S_g = \frac{V_m}{V_L} \cdot \frac{p_L + p_f}{p_f} \tag{3-6}$$

式中，S_g——含气饱和度，%；

p_f——煤储层压力，MPa。

含气饱和度也可直接由吸附等温线求得。

（3）估算最大采收率。根据预测煤层气井所能达到的最低储层压力，即煤层气井的枯竭压力，可通过吸附等温线估算出残余气量，实际含气量减去残余气量即为可采气量，进而估算最大采收率。理论最大采收率为

$$R_f = \frac{V_{gi} - V_{ga}}{V_{gi}} \tag{3-7}$$

由于

$$V_{gi} = \frac{V_L p_{cd}}{p_{cd} + p_L} \tag{3-8}$$

$$V_{ga} = \frac{V_L p_{ad}}{p_{ad} + p_L} \tag{3-9}$$

因此

$$R_f = 1 - \frac{p_{ad}(p_L + p_{cd})}{p_{cd}(p_L + p_{ad})} \tag{3-10}$$

式中，R_f——煤层气采收率；

V_{gi}——原始储层条件下的煤层气含量，m^3/t；

V_{ga}——废弃压力条件下的煤层气含量，m^3/t；

p_{ad}——枯竭压力，MPa。

（4）煤层气储层模拟。在煤层气储层模拟中，需使用吸附等温线参数，如解吸时间、解析压力、含气量、残余气量等参数，结合地质参数及其他工程参数，确定开采模式，预

测产能。

(二)吸附等温线数学描述

1. 单分子吸附理论——Langmuir 方程

Langmuir 模型是用于描述煤对气体吸附等温线最广泛的模型,它是根据汽化和凝聚的动力学平衡原理建立起来的单分子层吸附模型。该理论适合物理吸附和化学吸附,描述 I 型吸附等温线,是目前广泛应用于煤层气吸附的状态方程。其表达式为

$$V = \frac{V_L p}{p_L + p} \tag{3-11}$$

式中,V——吸附量,m^3/t;

$\qquad V_L$——吸附常数,称为 Langmuir 体积,m^3/t;

$\qquad p_L$——吸附常数,称为 Langmuir 压力,MPa。

V_L 表征煤具有的吸附煤层甲烷的最大能力;p_L 是解吸速度常数,反映煤内表面对气体的吸附能力。当压力等于 Langmuir 压力时,煤的吸附量等于 Langmuir 体积的二分之一。V_L 和 p_L 的大小取决于煤的性质,由等温吸附实验结果求得。

2. 扩展 Langmuir 方程

煤层对混合气体吸附量的大小不仅与煤层对混合气体中的各组分的吸附性强弱有关,而且还与各组分的分压有关。分压越大,则煤层对该气体的吸附量越大,在吸附混合气体时各组分间的相互影响、吸附量(C_2)与压力的关系可以用扩展 Langmuir 等温吸附方程表示,即

$$C_i\left(p_i\right) = \frac{V_L p_i}{p_L\left[1 + \sum_{i=1}^{n}\left(\dfrac{p}{p_i}\right)_i\right]}, i = 1, 2, \cdots, n \tag{3-12}$$

式中,p_i——某一气体组分的分压,它与理想气体方程与总压力 p 相关,即

$$p_i = px_i, i = 1, 2, \cdots, n \tag{3-13}$$

$\qquad n$——多元混合气体中组分的数目;

$\qquad x_i(i = 1, 2, \cdots, n)$——游离相中 i 组分的摩尔分数,并且满足:

$$\sum_{i=1}^{n} x_i = 100\% \tag{3-14}$$

上述方程表明,总压力是所有分压之和,即

$$p = \sum_{i=1}^{n} p_i \tag{3-15}$$

根据扩展 Langmuir 方程,煤层对每种气体组分的吸附量可以根据其分压直接计算出来。而 Langmuir 常量 V_L 和 p_L 一般使用纯气体的吸附常量,无须使用混合气体的吸附常量。这样,就可以根据扩展 Langmuir 方程,计算出煤样对每种气体组分的吸附量,进而计算出煤样对混合气体的总吸附量。

3. 多分子层吸附理论——B.E.T 方程

动力学理论的另一分支是多分子层吸附理论，是 Langmuir 单分子层吸附理论的扩展，该理论将 Langmuir 对单分子层假定的动态平衡状态，用于各不连续的分子层。另外假设第一层中的吸附是靠固体分子于气体分子之间的范德瓦耳斯力，而第二层以外的吸附是靠气体分子间的范德瓦耳斯力，吸附是多分子层的，每一层都是不连续的。这种吸附称 B.E.T 吸附，由 B.E.T 方程描述：

$$\frac{V}{V_m} = \frac{cx}{(1-x)\left[1+(c-1)x\right]} \tag{3-16}$$

式中，$x=p/p_0$；

　　　　p——蒸汽压力，Pa；

　　　　p_0——饱和蒸汽压力，Pa；

　　　　c——与气体吸附热和凝结有关的常数。

将式(3-16)改写为

$$\frac{x}{V(1-x)} = \frac{1}{cV_m} + \frac{(c-1)x}{cV_m} \tag{3-17}$$

以 $x/[V(1-x)]$ 对 x 作图，由斜率和截距可求出 V_m 和 c。

式(3-16)是假设吸附层数是无限的，但对多层吸附而言，由于受孔径限制，吸附层只能为 n 层，则导出 B.E.T 的三常数方程

$$V = \left(\frac{V_m cx}{1-x}\right)\left[\frac{1-(n+1)x^n+nx^{n+1}}{1+(c-1)x-cx^{n+1}}\right] \tag{3-18}$$

该式在给定不同条件时，可得出所有五种等温线方程。

4. Gibbs 型吸附模型

Gibbs 型吸附模型是把吸附相处理成可由二位状态方程控制的二维膜，利用状态方程对 Gibbs 吸附等温式进行积分而得到的。分别利用不同的界面状态方程，如理想气体型、范德华型、维里型等，可得到相应的吸附等温式(表 3-1)。

表 3-1　吸附模型的吸附等温式

状态范程序号	吸附等温式
I	$\dfrac{1}{\delta}\ln[kp_B^\alpha p_c^\beta] = \ln\theta + \sum_i C_i(1+1/i)b^{-1}\theta^i$
II	$\dfrac{1}{\delta}\ln[kp_B^\alpha p_c^\beta] = \dfrac{\theta}{1-\theta} + \ln\dfrac{\theta}{1-\theta} - \dfrac{2\alpha_0}{RTb}\theta$
III	$\dfrac{1}{\delta}\ln[kp_B^\alpha p_c^\beta] = \dfrac{\theta}{1-\theta} + \ln\dfrac{\theta}{1-\theta} - \dfrac{3\alpha_0}{2RTb^2}\theta$
IV	$\dfrac{1}{\delta}\ln[kp_B^\alpha p_c^\beta] = \dfrac{\theta}{1-\theta} + \dfrac{1}{2}\ln\dfrac{\theta}{1-\theta} - \dfrac{\alpha_0}{2RTb}\theta$
V	$\dfrac{1}{\delta}\ln[kp_B^\alpha p_c^\beta] = \dfrac{\theta}{1-\theta} + \dfrac{2}{3}\ln\dfrac{\theta}{1-\theta} - \dfrac{5}{2}\dfrac{\alpha_0}{RT^{5/3}b^{4/9}}\theta^{4/9}$

5. 基于 Polanyi 位势理论的吸附模型

(1)纯组分气体吸附等温式。对于具有微孔结构的吸附剂,吸附机理主要是微孔充填。Dubinin 等在 Polanyi 表面吸附位势理论的基础上,发展了一个由吸附等温线的低中压部分估计微孔体积的方法,由此得到的吸附等温式特别适用于活性炭之类的吸附剂。Dubinin 和 Radushkevitch 假设孔径分布为正态分布,导得了 D-R 吸附等温式:

$$\ln \theta = -D\left(\ln \frac{p^*}{p}\right)^2 \tag{3-19}$$

式中,D——与吸附剂、吸附质及温度有关的常数。

(2)混合气体吸附等温式。Dubinin-Polanyi 位势理论的主要优点是在同一吸附剂的不同温度和表面覆盖率下,测出不同气体组分的吸附位势曲线,经选用适当的亲和系数可归结成简单的曲线,并利用它来求取混合物的吸附平衡,其关键在于如何假设混合物各组分的特性位势值。Bering 等将 D-R 方程直接展开,从而扩展到混合气体吸附,可得到:

$$\Gamma = \sum_{i=1}^{N} \Gamma_i = \frac{W_0}{\sum_{i=1}^{N} x_i^{(\sigma)} V_{mi}} \exp\left[-\frac{KT^2}{\sum_{i=1}^{N} \left(x_i^{(\sigma)} \beta_i\right)^2}\left(\sum_{i=1}^{N} x_i^{(\sigma)} \ln \frac{p_i^*}{p_i}\right)^2\right] \tag{3-20}$$

式中,V_{mi}——吸附相中组分 i 的摩尔体积;

$\quad\quad W_0$——吸附空间的极限体积,它等于微孔体积;

$\quad\quad \beta_i$——组分 i 的亲和能系数;

$\quad\quad K$——Boltznman 常数。

(三)吸附等温线影响因素

对煤层甲烷等温吸附线的影响因素主要有煤阶、压力(深度)、温度、煤层中其他物质成分。

1. 煤阶

煤阶是控制煤的吸附能力的主要因素之一。通常随煤阶的增高煤的吸附能力经历一个由低到高又到低的变化过程。煤阶对吸附能力的影响实质是煤化作用引起的煤的孔隙、结构、表面物理化学性质作用的结果。

2. 煤岩的水分含量

由于水分子占据了孔隙的一部分内表面积和孔隙容积,因此随着煤中水分的增加,其吸附甲烷的量就减少。在开发评价中,应采用原始含水分的储层(煤样)进行实验,以求取相应的等温吸附常数(a,b)值及等温吸附曲线。

3. 煤层气藏温度

随着温度的升高,煤对瓦斯气体的吸附量将降低,如图 3-6 所示。温度对吸附等温线的影响作用可以从分子运动方面的理论进行解释。瓦斯在煤物质表面包括孔隙表面上的吸附是一个放热过程,解吸是一个吸热过程。自由气体分子的碰撞或温度升高都能够为脱附提供能量。瓦斯气体分子的热运动越剧烈，其动能越高，吸附瓦斯分子获得能量发生脱附的可能性越大，也表现为吸附性越弱。瓦斯气体温度增高，以动能增加的形式表现出来，瓦斯温度越高，瓦斯气体分子的动能越大，吸附瓦斯分子获得高于吸附势能量的机会越多，其在孔隙表面上停留的时间越短，瓦斯吸附量就越少。

4. 煤层气气体成分

煤层对不同气体组分的吸附能力存在差别，煤对 CH_4 的吸附能力大于对 N_2 的吸附能力，而小于对 CO_2 的吸附能力。此外，由于煤中多元气体的相互作用与替代机理实质上就是多元气体相互影响、竞争吸附和相互替代的过程，因此多组分气体被吸附性能受原始组分含量、分子直径、临界温度、分子极性、扩散速率，以及煤的变质程度等因素影响，导致吸附作用之间的相互竞争，进而影响到总吸附量及各组分吸附量的大小。

5. 煤层气藏压力

压力对吸附作用有明显的影响。通常情况下，当压力较低时，吸附量随压力的增高几乎成直线增加；此后，随压力的升高吸附量缓慢增加。当压力增加到一定程度后，吸附量增加的幅度很小；最终煤的吸附量达到饱和值，即使压力继续增高，吸附量也不再增加。

四、煤层中的扩散机理和扩散模式

从分子运动论的观点看，气体扩散的本质是气体分子不规则热运动的结果。影响甲烷扩散的因素主要是甲烷浓度、扩散距离、平均自由程和煤岩孔隙分布。煤是一种典型的多孔介质，根据气体在多孔介质中的扩散机理的研究，可以用表示孔隙直径和分子运动平均自由程相对大小的诺森数（K_n）来表示分子扩散：

$$K_n = \lambda / d \tag{3-21}$$

式中，d——孔隙平均直径，m；

λ——气体分子的平均自由程，m。

将扩散分为一般的菲克（Fick）型扩散、诺森（Knudse）型扩散和过渡型扩散。当 $K_n \leq 0.1$ 时，孔隙直径远大于瓦斯气体分子的平均自由程，这时瓦斯气体分子的碰撞主要发生在自由瓦斯气体分子之间，而分子和毛细管壁的碰撞机会相对较少，此类扩散仍然遵循菲克定理，称为菲克型扩散；当 $K_n \geq 10$ 时，分子的平均自由程大于孔隙直径，此时瓦斯气体分子和孔隙壁之间的碰撞占主导地位，而分子之间的碰撞退居次要地位，此类扩散不再遵循菲克扩散，而为诺森扩散。当 $0.1 < K_n < 10$ 时，孔隙直径与瓦斯气体分子的平均自由程相似，分子之间的碰撞和分子与面的碰撞同样重要，因此此时的扩散是介于菲克型扩散与诺森扩散之间的过渡型扩散，见图 3-8。

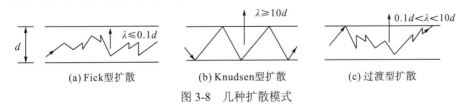

（a）Fick型扩散　　　　（b）Knudsen型扩散　　　　（c）过渡型扩散

图 3-8　几种扩散模式

由于多孔特性及其大分子结构，煤是一种良好的吸附剂，当瓦斯气体分子被强烈地吸附于煤的固体表面时，就产生表面扩散。对吸附性极强的煤来说，表面扩散占有很大比重。当孔隙直径与瓦斯气体分子尺寸相差不大，压力足够大时，瓦斯气体分子就会进入微孔隙中以固溶体存在，发生晶体扩散，在煤体扩散中一般比较小。

1. Fick 型扩散

当 $K_n \leq 0.1$ 时，由于孔隙直径远大于瓦斯气体分子的平均自由程，因此扩散是由于瓦斯气体分子之间的无规则运动引起的，可以用经典的 Fick 扩散定律去描述，即

$$J = -D_f \frac{\partial C}{\partial X} \tag{3-22}$$

式中，J——瓦斯气体通过单位面积的扩散速度，$kg/(s \cdot m^2)$；

$\frac{\partial C}{\partial X}$——沿扩散方向的浓度梯度；

D_f——Fick 扩散系数，m^2/s；

C——瓦斯气体的浓度，kg/m^3。

由于孔道是弯曲的各种形状，同时又是相互连通的通道，所以扩散路径因孔隙通道的曲折而增长，孔截面收缩可使扩散流动阻力增大(孔截面扩大引起的影响较小)，从而使实际的扩散通量减少，考虑以上因素，瓦斯气体分子在煤层内有效扩散系数可定义为

$$D_{fe} = D_f \theta / \tau \tag{3-23}$$

式中，D_{fe}——瓦斯气体在煤层内的有效(Fick)扩散系数，m^2/s；

θ——有效表面孔隙率；

τ——曲折因子，τ 是为修正扩散路径变化而引入的。

很显然，对于给定状态的某种瓦斯气体来讲，Fick 型扩散的扩散系数大小取决于煤本身的孔隙结构特征。

2. 诺森型扩散

当 $K_n \geq 10$ 时，瓦斯气体在煤层中的扩散属于诺森型扩散，根据分子运动论，在半径为 r 的孔隙内，由于壁面的散射而引起的瓦斯分子扩散系数为

$$D_k = \frac{2}{3} r \sqrt{\frac{8RT}{\pi M}} \tag{3-24}$$

式中，D_k——诺森扩散系数；

r——孔隙平均半径，m；

R——普适气体常数；

T——热力学温度，K；

M——瓦斯气体分子量。

若考虑有效表面孔隙率、曲折因子半径变化等因素，则有效扩散系数为

$$D_{ke} = \frac{D_k \theta}{\tau} = -\frac{4\theta}{3s\rho} \sqrt{\frac{8RT}{\pi M}} = \frac{8\theta^2}{3\tau sp} \sqrt{\frac{2RT}{\pi M}} \tag{3-25}$$

式中，s——煤粒的比表面积，m^2/kg；

　　　ρ——煤密度，kg/m^3。

从上式中可以看出，诺森扩散系数与煤的结构和煤层的温度等有关。

3. 过渡型扩散

当 $0.1<K_n<10$ 时，孔隙直径与瓦斯气体分子的平均自由程相近，分子之间的碰撞和分子与壁面的碰撞同样重要，扩散过程受两种扩散机理的制约，在恒压下其有效扩散系数与菲克扩散和诺森扩散系数的关系为

$$\frac{1}{D_{Pe}} = \frac{1}{D_{fe}} + \frac{1}{D_{ke}} \tag{3-26}$$

4. 表面扩散

对于凸凹不平的煤粒表面，具有表面势阱强度，即表面能量 E_a。当瓦斯气体分子的能量等于表面能 ΔE_a 时，气体分子在煤表面形成表面扩散，见图 3-9。

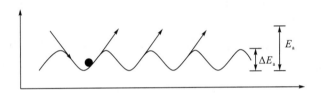

图 3-9　瓦斯气体在煤表面的表面扩散

表面扩散有效系数为

$$D_{se} = D_{so} \exp\left(-\frac{E_a}{RT}\right) \tag{3-27}$$

式中，D_{se}——有效表面扩散系数；

　　　D_{so}——与气体及多孔介质本身有关的常数；

　　　E_a——表面吸附势阱深度。

由式 (3-27) 可以看出，表面扩散的大小与煤的表面特征、表面粗糙度、煤的表面吸附势阱深度以及煤层的温度等因素有关。表面扩散经常同普通的菲克型扩散在煤层较大孔隙中同时进行，使扩散的总通量增大；另一种情况是当瓦斯气体被煤表面强烈吸附时，吸附层增厚使得瓦斯气体扩散通量减少。

5. 晶体扩散

煤晶体内的扩散阻力较大，扩散通量较小。由煤大分子结构可知，煤是由周边联结有多种原子基团的缩聚芳香稠环、氢化芳香稠环通过各种桥键和交联键合边联结而成，在其中含有各种缺陷、位错或空位。当瓦斯气体压力较低时，不易进入到芳香层之间或碳分子之间；而当瓦斯压力较高时，瓦斯气体分子则可能进入芳香层缺陷或煤物质大分子之间，发生晶体扩散。当孔隙半径与瓦斯气体分子大小相差不大，且压力足够大时，瓦斯气体分子可以进入到煤微孔隙中以固溶体(取代式固溶体、填隙式固溶体)形式存在，且不易脱附。

晶体扩散通量与瓦斯气体分子的化学位梯度成比例，即

$$J = -BC\frac{\partial u}{\partial x} = -BRT\frac{\partial \ln p}{\partial \ln c} \cdot \frac{\partial C}{\partial x} \qquad (3-28)$$

化学位可用瓦斯气体的活度 a 或分压 p 代替，由 Darken 关系式：

$$D(C) = D^0(C)\frac{\partial \ln a}{\partial \ln C} = D^0(C)\frac{\partial \ln p}{\partial \ln C} \qquad (3-29)$$

式中，B——迁移率；

D——自扩散系数，即由于瓦斯气体与煤的物理化学性质具有相似性，瓦斯在煤体中的扩散系数：$D^0(C) = BRT$。

（一）菲克型拟稳态和非稳态扩散模型

平衡吸附模型不能描述气体流经煤基质所需要的时间（解吸时间），只能用来预测最大气体采收率，而非平衡吸附模型则考虑了解吸时间。根据扩散过程处理方法的差异，又可将非平衡吸附模型进一步细分为拟稳态模型和非稳态模型。拟稳态模型遵从 Fick 第一定律，非稳态模型遵从 Fick 第二定律。

在拟稳态扩散模式中，假设在煤基质块内，煤层气在扩散过程中每一个时间段都有一个平均煤层气浓度。根据 Fick 第一扩散定律，在浓度差的作用下，煤基质块中煤层气向外扩散量的数学表达式为

$$q_m = D\sigma V_m \left[C_m - C(p) \right] \qquad (3-30)$$

式中，q_m——从煤基质块中扩散出来的煤层气量，m^3/d；

D——扩散系数，m^2/d；

σ——煤基质块的 Warren 和 Root 形状因子，m^{-2}；

V_m——煤基质块体积，m^3；

C_m——煤基质块的平均煤层气浓度，m^3/m^3；

$C(p)$——煤基质块与煤中裂隙界面上的煤层气浓度，m^3/m^3。

式(3-30)中的形状因子与煤基质块的尺寸大小和形状有关，对于不同几何形态的煤基质块，其取值见表 3-2。

表 3-2　形状因子与煤基质形状的关系

	圆柱状	球状	板状
σ/ft^{-2}	$8/a^2$	$15/a^2$	$3/a^2$

注：a 是圆柱、球的半径，或板的半宽。

由于煤的扩散系数测试较困难，并且真实的煤基质块几何形态难以确定，所以在煤储层数值模拟过程中，通常不直接使用煤的扩散系数这一参数，而是采用由煤芯解吸试验获得的吸附时间 τ。吸附时间定义为在煤芯密封于解吸罐进行解吸时，解吸出的气体体积达到初始气体体积的 63%时所对应的时间，单位是天(d)。吸附时间与扩散系数、形状因子的关系表达式为

$$\tau = \frac{1}{D\sigma} \tag{3-31}$$

测试结果表明，我国部分煤的吸附时间变化范围为 1~38 天，通常为 2~10 天。其大小与煤级、煤岩组成、灰分含量等因素有关。

在非稳态扩散模式中，认为煤基质孔隙内气体浓度从中心到边缘是变化的，并且中心的浓度变化率为零；基质块边缘浓度就是储层压力控制的等温吸附浓度，随着煤层气开采过程中储层压力的变化，煤基质块的浓度也发生变化。用 Fick 第二定律进行计算，采用下面的偏微分方程描述煤基质块孔隙内煤层气的扩散过程：

$$\frac{\partial C}{\partial t} = D\frac{\partial^2 C}{\partial x^2} \tag{3-32}$$

式中，C——浓度，m^3/t；

x——距离，m；

t——时间，d；

D——扩散系数，m^2/d。

该模式能较客观地表示煤基质块中煤层气浓度的时空变化，反映煤层气的扩散过程。但是求解方法复杂，计算工作量大。

(二)煤层气扩散方程解析解

假定煤粒为球形，在球坐标系下，Fick 第二定律为

$$\frac{\partial C}{\partial t} = D\left(\frac{\partial^2 C}{\partial r^2} + \frac{2}{r}\frac{\partial C}{\partial r}\right) \tag{3-33}$$

初始条件满足：$0<r<r_0$，$C|_{t=0} = C_0 = abp_0/(1+bp_0)$ (3-34)

颗粒中心处内边界条件：

$$\frac{\partial C}{\partial t}|_{r=0} = 0 \tag{3-35}$$

颗粒表面处外边界条件：

$$\begin{cases} -D\dfrac{\partial C}{\partial r} = \alpha(C - C_f)|_{r=r_1} \\ C_f = p_f/RT \end{cases} \tag{3-36}$$

综合数学模型、初始条件和边界条件，得到球坐标系下煤层气扩散定解问题的数学模型：

$$\begin{cases} \dfrac{\partial C}{\partial t} = D\left(\dfrac{\partial^2 C}{\partial r^2} + \dfrac{2}{r}\dfrac{\partial C}{\partial r}\right) \\ t = 0; 0 < r < r_0; C = C_0 = abp_0/(1+bp_0) \\ t > 0; \dfrac{\partial C}{\partial t}|_{r=0} = 0 \\ -D\dfrac{\partial C}{\partial r} = \alpha(C - C_f)|_{r=r_0} \end{cases} \tag{3-37}$$

应用分离变量法求解得

$$\frac{C - C_f}{C_0 - C_f} = \frac{2r_0}{r} \sum_{n=1}^{\infty} \frac{\sin \beta_n - \beta_n \cos \beta_n}{\beta_n^2 - \beta_n \sin \beta_n \cos \beta_n} \sin\left(\frac{\beta_n r}{r_0}\right) e^{-\beta_n^2 F_0'} \tag{3-38}$$

由球坐标积分可计算出任意时刻 t 煤粒累积扩散量为

$$Q_t = \iiint_V (C_0 - C) \mathrm{d}V = \frac{4}{3}\pi r_0^3 (C_0 - C_f)\left[1 - 6\sum_{n=1}^{\infty} \frac{(\beta_n \cos \beta_n - \sin \beta_n)^2}{\beta_n^2(\beta_n^2 - \beta_n \sin \beta_n \cos \beta_n)} e^{-\beta_n^2 F_0'}\right] \tag{3-39}$$

当 $t \to \infty$，得到煤层气极限扩散量：

$$Q_{\infty} = \lim_{t \to \infty} Q_t = \frac{4}{3}\pi r_0^3 (C_0 - C_f) \tag{3-40}$$

(三)煤层气解吸时间确定

煤层气解吸时间也称吸附时间，是衡量煤层气解吸或吸附速度的重要参数，在煤层气非平衡动力学模型中处于十分重要的位置。在使用煤层气非平衡动力学模型评价、预测煤层气井的产量时，解吸时间的正确与否，直接影响到气井早期产量的预测精度。

在浓度差的作用下，煤基质块中煤层气向外扩散服从 Fick 第一扩散定律：

$$\begin{cases} \dfrac{\partial C}{\partial t} = \dfrac{1}{\tau}[C(t) - C(p)] \\ C(t) = C_i, t = 0 \\ C(t) = C(p), t > 0 \\ C(t) \in \Gamma \end{cases} \tag{3-41}$$

式中，$\tau = \dfrac{1}{D\sigma}$；

    C_i——初始气浓度，$\mathrm{m^3/t}$；

    Γ——煤基质块的边界；

    $C(t)$——煤基质中煤层气的平均浓度，$\mathrm{m^3/t}$；

    D——扩散系数，$\mathrm{m^2/d}$；

    σ——形状系数。

经求解可得

$$C(t) = C(p) + [C_i - C(p)]e^{-t/\tau} \tag{3-42}$$

$$C_i - C(t) = [C_i - C(p)] - [C_i - C(p)]e^{-t/\tau} \tag{3-43}$$

令

$$V_t = C_i - C(t), \quad V_m = C_i - C(p)$$

则

$$\frac{V_t}{V_m} = \frac{C_i - C(t)}{C_i - C(p)} = 1 - e^{-t/\tau} \tag{3-44}$$

式中，V_t——t 时刻的解吸量，$\mathrm{m^3/t}$；

    V_m——总解吸量，$\mathrm{m^3/t}$。

当 $t = \tau$ 时，

$$\frac{V_\tau}{V_m} = \frac{C_i - C(\tau)}{C_i - C(p)} = 1 - \frac{1}{e} = 0.63 \tag{3-45}$$

由式(3-45)可以看出，煤层气的解吸时间是指在一定的解吸压力下，当煤层气的解吸量达到总解吸量的63%时的时间。根据上述论述，煤层气的解吸时间即可利用煤层气的解吸记录曲线图，采用图解法来确定。

(四)煤层气扩散系数的测定

在球坐标系下，任意时刻t煤粒累积扩散量为

$$Q_t = \iiint_V (C_0 - C)\mathrm{d}V = \frac{4}{3}\pi r_0^3 (C_0 - C_f)\left[1 - 6\sum_{n=1}^{\infty}\frac{(\beta_n\cos\beta_n - \sin\beta_n)^2}{\beta_n^2(\beta_n^2 - \beta_n\sin\beta_n\cos\beta_n)}e^{-\beta_n^2 F_0'}\right] \tag{3-46}$$

煤层气极限扩散量：

$$Q_\infty = \lim_{t\to\infty}Q_t = \frac{4}{3}\pi r_0^3 (C_0 - C_f)$$

任意时刻t煤粒累积扩散量与煤层气极限扩散量比值为

$$\frac{Q_t}{Q_\infty} = 1 - 6\sum_{n=1}^{\infty}\frac{(\beta_n\cos\beta_n - \sin\beta_n)^2}{(\beta_n^2 - \beta_n\sin\beta_n\cos\beta_n)}e^{-\beta_n^2 F_0'} \tag{3-47}$$

当$F_0' \geq 0$时，上式收敛速度加快，取第一项可以满足工程误差精度需要，则式(3-47)变为

$$1 - \frac{Q_t}{Q_\infty} = \frac{6(\beta_1\cos\beta_1 - \sin\beta_1)^2}{\beta_1^2(\beta_1^2 - \beta_1\sin\beta_1\cos\beta_1)}e^{-\beta_1^2 F_0'} \tag{3-48}$$

对式(3-47)两边取对数得到

$$\ln\left(\frac{1-Q_t}{Q_\infty}\right) = -\beta^2\frac{Dt}{r_o^2} + \ln\left[\frac{6(\beta_1\cos\beta_1 - \sin\beta_1)^2}{\beta_1^2(\beta_1^2 - \beta_1\sin\beta_1\cos\beta_1)}\right] \tag{3-49}$$

令

$$A = \frac{6(\beta_1\cos\beta_1 - \sin\beta_1)^2}{\beta_1^2(\beta_1^2 - \beta_1\sin\beta_1\cos\beta_1)}, \lambda = \beta_1\frac{D}{r_0^2} \tag{3-50}$$

则式(3-47)变为

$$\ln(1 - Q_t / Q_\infty) = -\lambda t + \ln A \tag{3-51}$$

由此可见，$\ln(1 - Q_t / Q_\infty)$与t成线性关系。作$\ln(1 - Q_t / Q_\infty)$与t的关系曲线，可以得到曲线斜率m和截距n分别为

$$m = -\beta_1\frac{D}{r_0^2}$$

$$n = \ln\frac{6(\beta_1\cos\beta_1 - \sin\beta_1)^2}{\beta_1^2(\beta_1^2 - \beta_1\sin\beta_1\cos\beta_1)} \tag{3-52}$$

在已知煤样粒度的情况下，可以确定出煤层气扩散系数

$$D = -\frac{mr_0^2}{\beta_1} \tag{3-53}$$

例如，应用此方法确定抚顺龙凤矿煤样的煤层气扩散系数为 $D = 9.33 \times 10^{-13}\, \mathrm{m^2/s}$。

第二节 页岩气的赋存-运移机理

一、页岩气藏气体赋存方式

页岩气藏中气体的存在方式包括：吸附态、游离态以及溶解态。页岩气的赋存方式不仅影响着页岩气储量的预测，同时还对页岩气藏开发方式的选择及页岩气井产量具有一定程度的影响。页岩气在页岩储层中的赋存方式具有多样化，既可以以吸附态存在，同时也可以以游离态的形式存在，甚至还存在少量溶解态的页岩气，不同地域或相同地域的不同区块页岩气的赋存方式也会不一样。页岩气的赋存方式还与诸多因素有关，如有机碳含量、岩石矿物成分、孔隙结构、渗透率以及地层压力和温度等方面的因素。

许多学者针对页岩气赋存形式这一问题进行了深入研究。Curtis（2002）在给出页岩气概念时指出：页岩中吸附气量约占页岩气总量的 20%（巴尼特页岩）～85%（刘易斯页岩），安特里姆页岩中的游离气含量占到气体总量的 25%～30%（Martini et al.，1998），这是因为吸附作用在页岩气成藏过程中占据主导地位。潘仁芳等（2011）指出，吸附态是页岩中气体的主要存在状态，有些区域吸附态气体超过 80%。我国有学者（张金川等，2003）指出，页岩气的主要赋存形式是游离态和吸附态，页岩气最初吸附在岩石颗粒表面，吸附态和溶解态均饱和后，游离态才会出现。胡文瑄等（1996）进行甲烷-二氧化碳-水三元体系实验发现，溶解态气体含量仅占 1%；王飞宇等（2011）指出，若页岩处于过成熟阶段，则在该阶段溶解态气体含量会很低。张金川（2008a）认为页岩固体颗粒表面（包括有机质颗粒、黏土矿物颗粒及干酪根等）和孔隙表面存在大量吸附态气体，尽管吸附态气体能够提高气体的稳定性以及赋存能力，但同时会降低页岩气产能；游离态气体大量存在于页岩孔隙和裂缝中，页岩气赋存机理见图 3-10。

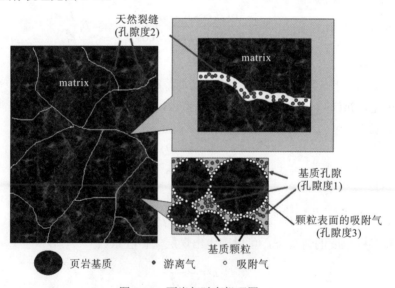

图 3-10 页岩气赋存机理图

(一) 页岩气赋存机理

气体在页岩储层中以何种相态存在，很大程度上还取决于流体饱和度的大小，当储层中的气体处于未饱和状态时，只存在吸附态和溶解态的气体；当气体一旦达到饱和之后，储层中就会出现游离态的气体。页岩气在生成过程中首先会以吸附态的形式吸附在有机质和岩石颗粒表面，随着吸附气和溶解气的饱和，富余的天然气就会以游离态在孔隙和裂缝中运移、聚集。

页岩气的赋存形式还会对页岩气井的初期产量及寿命具有一定影响，在页岩气藏开发的不同阶段，吸附气和游离气比例对页岩气产量的贡献程度不同，尤其是在开发的初期和后期。在气藏开发初期，气井产出气以游离气为主，随着开采过程中地层压力的降低，吸附气逐渐被解吸出来，吸附气所占的比例升高，在开发后期则以吸附气为主。因此，游离气含量在很大程度上决定了页岩气井的初始产量，而吸附气含量则决定了页岩气井的生产时间。

在计算页岩储层含气量时，三种状态的气体是重要的组成部分，根据不同赋存状的气体含量，我们可以评估储层含气量大小，确定气藏规模。总体气体含量公式可表示为

$$G_t = G_f + G_{ad} + G_s \tag{3-54}$$

式中，G_t——页岩气含量，m^3/t；

$\quad\quad G_f$——游离气含量，m^3/t；

$\quad\quad G_{ad}$——吸附气含量，m^3/t；

$\quad\quad G_s$——溶解气含量，m^3/t。

1. 溶解气的储集

页岩中存在大量的生烃有机质，这是页岩气烃类物质产生的初始环境；另外，大量微孔隙内饱含地层水，在一定温度压力下，一部分气体溶解在地层水中，页岩孔隙水中的溶解气可占到游离气的 2.2%～8.6%(周秦，2013)。虽然溶解气含量相对较小，但仍是计算页岩气藏储量不可忽略的一部分。亨利定律用于描述溶解态气体的溶解程度，在温度不变、气体组分不变情况下，气体分压与气体的溶解度成正相关性关系。

$$C = K_H p_g \tag{3-55}$$

式中，C——气体在溶解剂(有机质或地层水)中的溶解度，m^3/m^3；

$\quad\quad p_g$——气体压力，MPa；

$\quad\quad K_H$——亨利常数，大小与气体组分及温度相关，MPa^{-1}。

考虑页岩溶解气的赋存环境，溶解气量由有机质溶剂和地层束缚水两部分中溶解的气体组成，因此，溶解气含量公式可表示为

$$G_s = \frac{\phi C_w \cdot s_{wi} + (1-\phi) C_o \cdot TOC}{\rho_r} \tag{3-56}$$

式中，ϕ——页岩总孔隙度，%；

$\quad\quad s_{wi}$——束缚水饱和度，%；

$\quad\quad C_{i|i=w、o}$——地层水或有机质中的气体溶解度，m^3/m^3；

TOC——有机质含量，%；

ρ_r——页岩岩石密度，t/m^3。

从式(3-56)看出，页岩储层中的溶解气含量与束缚水饱和度和有机质含量之间存在正相关关系。

2. 吸附气的储集

页岩储层中大量的微孔隙空间为气体提供了巨大的吸附场所，吸附态气体含量可占到气体总含量的 20%～85%，可以说吸附气是页岩气能持续开发的重要组成部分。气体吸附是一种物理吸附现象，它是在气体分子与固体表面之间的综合作用力下吸附在固体表面上。Langmuir 等温吸附方程是计算吸附气含量大小的重要公式：

$$G_{ad} = G_L \frac{bp}{1+bp} \tag{3-57}$$

考虑到孔隙中地层水的存在，根据式(3-57)得出页岩吸附气量计算公式：

$$G_{ad} = G_L \frac{bp}{1+bp}(1-s_w) \tag{3-58}$$

式中，G_L——Langmuir 气体体积，m^3/t；

b——吸附平衡系数，MPa^{-1}；

p——储层压力，MPa。

由式(3-58)可以看出，随着页岩储层压力的增大，吸附气量增加；一旦压力降低，吸附态的气体将脱离页岩内部吸附质表面转变为游离态气体。另外，页岩储层的含水饱和度增大，将减少吸附气量。

3. 游离气的储集

大量的游离态气体富集在页岩的微裂缝和微孔隙中，当存在压力梯度时，游离气就可以发生运移。鉴于吸附气会占据一定的孔隙空间，我们可利用吸附气量计算出吸附气占据的孔隙度：

$$\phi_{ad} = 4.462 \times 10^{-5} M_g \frac{\rho_r}{\rho_{ag}} V_{ad} \tag{3-59}$$

式中，M_g——气体分子质量，g/mol；

ρ_{ag}——吸附气密度，t/m^3。

那么，页岩游离气含量计算公式可表示为

$$G_f = 0.9072 \times \frac{\phi s_g - \phi_{ad}}{\rho_r B_g} \tag{3-60}$$

气体体积系数 B_g 可由气体状态方程表示：

$$B_g = Z \frac{T}{T_{sc}} \frac{p_{sc}}{p} \tag{3-61}$$

式中，ϕ_{ad}——吸附气体占据的的孔隙度，%；

s_g——含气饱和度，%；

T——页岩储层温度，K；

T_{sc}、p_{sc}——标况下的温度和压力，K、MPa；

p——页岩储层气体压力，MPa；

Z——气体压缩因子。

联立式(3-58)～式(3-61)可得到页岩游离气含量计算表达式：

$$G_f = 0.9072 \times \frac{\phi s_g - 4.462 \times 10^{-5} M_g \dfrac{\rho_r}{\rho_g} V_L \dfrac{bp}{1+bp}(1-s_w)}{\rho_r Z \dfrac{T}{T_{sc}} \dfrac{p_{sc}}{p}} \tag{3-62}$$

从式(3-62)看出游离气含量与吸附气含量之间存在此消彼长的关系，这是二者都需要赋存空间的表现。

(二)赋存方式的影响因素

页岩中气体赋存形式受多个因素的控制。

1. 页岩气成因的影响

页岩气的成因不同，赋存形式也会有差异。页岩气的组分随成因的不同而发生改变，从微生物降解成因气到混合成因气，再到热裂解成因气，组分中的高碳链烷烃(乙烷、丙烷)逐渐增加，导致吸附剂吸附甲烷能力降低。

2. 岩石物质组成的影响

1)有机碳含量的影响

页岩的有机碳含量是影响页岩吸附气体能力的主要因素之一。页岩的总有机碳含量(TOC)越高，则页岩气的吸附能力就越大。其原因主要有两方面：一方面是 TOC 值高，页岩的生气潜力就大，则单位体积页岩的含气率就高；另一方面，由于干酪根中微孔隙发育，且表面具亲油性，对气态烃有较强的吸附能力，同时气态烃在无定形和无结构基质沥青体中的溶解作用也有不可忽视的贡献(张林晔等，2009)。

2)矿物成分

页岩的矿物成分比较复杂，除伊利石、蒙脱石、高岭石等黏土矿物以外，常含有石英、方解石、长石、云母等碎屑矿物和自生矿物，其成分的变化影响了页岩对气体的吸附能力。黏土矿物往往具有较高的微孔隙体积和较大的比表面积，吸附性能较强。

3)含水量的影响

含水量的变化对页岩气的吸附能力有很大的影响。在页岩层中，含水量越高，水占据的孔隙空间就越大，从而减少了游离态烃类气体的容留体积和矿物表面吸附气体的表面位置，因此含水量相对较高的样品，其气体吸附能力就较小。

3. 岩石结构的影响

1)岩石结构的影响

岩石孔隙的容积和孔径分布能显著影响页岩气的赋存形式。胡爱军等(2007)认为当孔径较大(大孔和介孔)时,气体分子存储于孔隙之中,此时游离态气体的含量增加。孔隙容积越大,则所含游离态气体含量就越高。相对于大孔和介孔而言,微孔对吸附态页岩气的存储具有重要的影响。微孔总体积越大,比表面积越大(钟玲文等,2002;许满贯等,2009),对气体分子的吸附能力也就越强,主要是由于微孔孔道的孔壁间距非常小,吸附能要比更宽的孔高,因此表面与吸附质分子间的相互作用更加强烈。

2) 渗透率

渗透率在一定程度上影响页岩气的赋存形式,主要影响页岩层中游离态气体的存储。页岩层渗透率越大,游离态气体的储集空间就越大。

4. 温度压力的影响

1) 温度

温度是影响页岩气赋存形式的因素之一。气体吸附过程是一个放热的过程,随着温度的增加,气体吸附能力降低。

2) 压力

压力与页岩气吸附能力呈正相关关系。Raut 等指出在压力较低的情况下,气体吸附需达到较高的结合能,当压力不断增大,所需结合能不断减小,气体吸附的量随之增加。

(三)页岩气吸附-解吸

页岩纳微米孔隙表面吸附着大量的页岩气,在开发过程中,随着地层压力的降低,被吸附的气体分子从岩石孔隙表面解吸出来成为游离气。这是开发页岩气藏中不同于常规气藏的一个重要特征,因此在模拟页岩气流动时必须考虑吸附气的解吸作用。

1. 吸附等温线的类型

如图 3-11 所示,1985 年 IUPAC 在 BDDT 吸附等温线分类的基础上,将多孔性吸附体系的吸附等温线统一为 6 个类型,成为现在广泛使用的吸附等温线分类方法。

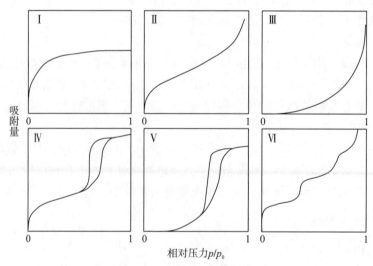

图 3-11 等温物理吸附类型

I 型等温吸附曲线：单分子层吸附，一般在压力较低时固体表面就吸满了单分子层，即使压力再升高，吸附量也不会再增加。例如：常温下氨在炭上的吸附、氯乙烷在炭上的吸附等。

II 型等温吸附曲线：在低压时形成单分子层，但随着压力的升高，开始发生多分子层吸附。

III型等温吸附曲线：从曲线可看出当压力较低时就发生多分子层吸附，因此该吸附类型并不常见。

IV 型等温吸附曲线：当压力较低时为单分子层吸附，随着压力继续增加，吸附剂的中孔中产生毛细凝聚，吸附量急剧增大，直至毛细孔装满吸附质后才达到吸附饱和。

V 型等温吸附曲线：低压下就已形成多分子层吸附，随着压力增加开始出现毛细凝聚，在较高压力下吸附量趋于极限值。

VI 型等温吸附曲线：均质无孔材料表面的阶梯式地多分子层吸附。

2. 等温吸附实验

实验采用 HKY-II 型全自动吸附气含量测试系统进行了页岩的等温吸附实验，实验装置如图 3-12 所示，主要由样品缸、参考缸、压力传感器、温度传感器以及恒温装置组成。实验压力范围在 0～40MPa，温度范围为室温到 95℃。压力传感器的计量精度为 0.001MPa，水浴锅温度计量精度可达到 0.1℃。样品缸和参考缸由不锈钢材料制成，容积分别为 152ml 和 85ml。实验采用高纯度甲烷(99.99%)对页岩进行了等温吸附实验，测试过程中温度保持在 40℃。

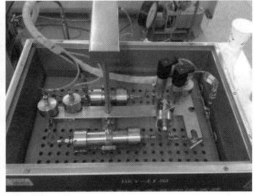

图 3-12　实验设备

页岩样品取自四川盆地 QJ2 井龙马溪组，页岩中气体吸附量的测定方法参考 GB/T 19560—2008 煤的高压等温吸附测定国家标准。

(1)首先将岩样粉碎筛选制得 60～80 目的粉末，并在 60℃下烘干 48 个小时除去样品中的水分，然后将样品放进样品缸体系抽真空 2 小时。

(2)利用氦气测定样品缸内自由空间体积。

(3)将甲烷气体充入已知体积的参考缸中记录参考缸的压力。打开样品阀，待体系压力达到平衡后，记录体系压力值，计算此时体系中的气体吸附量。重复此步骤，逐步升高实验压力，完成吸附测试实验。

　　按照前面所述的实验流程和数据处理步骤，对编号为 QJ2-3 的页岩样品进行纯 CH$_4$ 等温吸附解吸实验研究，实验结果如图 3-13 所示。该吸附类型符合等温吸附曲线基本类型中的 I 型等温吸附曲线，其吸附规律可以用 Langmuir 单分子层吸附理论来描述。国内外大多数研究学者都认为，煤体对煤层气的吸附，以及页岩中的有机质和黏土矿物对页岩气的吸附均属于单分子层物理吸附。

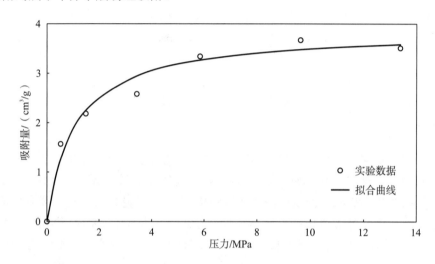

图 3-13　四川盆地 QJ2 井龙马溪组页岩等温吸附实验

二、页岩气吸附模型

　　国外研究人员从 20 世纪 80 年代就开始了对页岩气吸附现象的研究。21 世纪初，美国的"页岩气革命"，使得页岩气这一非常规油气资源在全世界范围内受到重视，而我国直到最近几年才开始页岩气吸附现象的相关研究工作(白兆华等，2011)；通常认为页岩气的吸附是一种物理吸附(孔德涛等，2013)，甲烷在页岩表面的吸附能力随压力呈单调递增趋势，并可以使用 Langmuir 模型进行描述。许多研究者基于 Langmuir 理论对页岩气的吸附展开了研究，如国内的张志英等(2012)根据物质平衡原理，用自行设计的页岩气吸附解吸实验装置对取自鄂尔多斯盆地的 3 个页岩岩样进行吸附及解吸规律研究，研究表明：对黏土含量较大的页岩，Langmuir 模型拟合效果较差。同年，林腊梅等(2012)对常见的泥页岩储层等温吸附曲线异常现象进行了归纳，发现高压测试曲线明显偏离 Langmuir 等温吸附模型，且特征参数失真，甚至会出现负值，因此后人对 Langmuir 模型进行了一定的修改和加工，从而创造出了 Freundlich 模型、Langmuir-Freundlich 模型、Toth 模型、E-L 模型、双 Langmuir 模型、BET 模型等。

　　目前，常用的吸附理论及模型主要可分为(熊健等，2015)：①Langmuir 单分子层吸附模型及其扩展模型或经验公式，主要有 Langmuir 模型(L 模型)、Freundlich 模型(F 模型)、Extended-Langmuir 模型(E-L 模型)、Toth 模型(T 模型)和 Langmuir-Freundlich 模型(L-F

模型）；②BET 多分子层吸附模型，主要有 2 参数 BET 模型和 3 参数 BET 模型；③基于吸附势理论，主要有 Dubinin-Radushkevich 体积填充模型（D-R 模型）和 Dubinin-astakhov 最优化体积填充模型（D-A 模型）。

（一）单组分吸附模型

1. Langmuir 模型

Langmuir 模型是法国化学家 Langmuir 在 1916 年研究固体表面的吸附特性时，从动力学观点出发，提出的单分子层吸附的状态方程（江楠等，2015），是最常用的吸附等温线方程之一。Langmuir 方程表示的是一种理想吸附，理论假设吸附为单分子层吸附且各吸附位点能量均匀，由于页岩气的吸附等温线与单分子层的等温线形式相同，所以可运用 Langmuir 模型来计算吸附气含量。

假定条件：

(1)吸附剂表面均匀光洁，固体表面能量均一，具有剩余价力的每一个表面原子或分子仅仅吸附一个气体分子，仅形成单分子层。

(2)单层吸附是气体分子在固体表面的主要吸附形式。

(3)吸附的过程是动态的，经受热运动影响的被吸附分子可以重新回到气相。

(4)吸附过程比较类似于气体的凝结过程，解吸类与液体的蒸发过程类似。当达到吸附平衡时，吸附速度与解吸速度是相等的。

(5)气体分子在固体表面的凝结速度与该组分的气相分压成正比。

(6)吸附在固体表面的气体分子之间是没有相互作用力的，吸附平衡时处于一种动态平衡。

假设吸附剂表面覆盖率为 θ，以 N 表示固体表面上具有吸附能力的总的晶格位置数，即吸附位置数，那么气体的吸附速率 $V_{吸附}$ 与剩余吸附位置数 $(1-\theta)N$ 和气体分压 $p/(\mathrm{MPa})$ 是成正比的，表示为

$$V_{吸附}=K_{a}p(1-\theta)N \tag{3-63}$$

气体的解吸速率 $V_{解吸}$ 正比于固体表面上被覆盖的吸附位置数 θN，故可以表示为

$$V_{解吸}=K_{d}\theta N \tag{3-64}$$

当达到吸附平衡时，吸附速率与脱附速率是相等的，则

$$V_{吸附}=V_{解吸} \tag{3-65}$$

即

$$K_{a}p(1-\theta)N=K_{d}\theta N \tag{3-66}$$

由上式化简可得到 Langmuir 吸附等温式：

$$\theta=\frac{bp}{1+bp} \tag{3-67}$$

其中，b 为吸附作用的平衡常数，也称作吸附系数（1/MPa），可以表示为

$$b=\frac{K_{a}}{K_{d}} \tag{3-68}$$

式中，K_a——吸附速率常数；

K_b——解吸速率常数。

b 是一个与吸附剂、吸附质的本性及温度有关的系数，b 越大，则表示吸附能力越强。

以 V 代表覆盖率为 θ 时的平衡吸附量(m^3/t)。在较低压力的情形下，θ 应随平衡压力的升高而增大；当压力足够高时，气体分子将会在固体表面挤满整整一层，此时的 θ 趋于 1，即吸附量达饱和状态，与之相对应的吸附量称为饱和吸附量 V_L。

$$\theta = \frac{V}{V_L} \tag{3-69}$$

式中，V_L——吸附质覆盖吸附剂表面所有吸附点时的吸附量，即饱和吸附量(m^3/t)。

式(3-69)整理后，可得单分子层吸附的 Langmuir 方程：

$$V = \frac{V_L bp}{1+bp} \tag{3-70}$$

虽然 Langmuir 方程很好地描述了低、中压力(<15MPa)范围内的吸附等温线，但当气体中吸附质分压接近饱和蒸汽压时，此方程则会产生偏差。原因是这时的吸附质可能会在微细的毛细管中冷凝，有关单分子层吸附的假设是不成立的，此外该方程难以体现页岩中干酪根和黏土矿物吸附能力的差异。

2. Freundlich 模型

Freundlich 通过研究提出了一种吸附等温方程，该等温吸附方程是半经验式的。将此式看作 Henry 吸附式的扩展(杨峰等，2013a)，其形式为

$$V = K_b p^m \tag{3-71}$$

式中，K_b——与吸附剂和吸附质种类性质有关的经验常数；

m——反映吸附作用的强度，通常 m 是小于 1 的。m 越偏离常数 1，等温吸附线的非线性越强。

在特定温度下固体颗粒表面的气体吸附量和压力呈指数关系，压力增至某个门限值后，气体吸附量随压力的增长趋势变缓，因此，Freundlich 指数等温吸附定律也仅在低压条件下的小范围内才适用。

3. Langmuir-Freundlich 模型

Langmuir-Freundlich 方程也是一种半经验方程。该方程是以 Langmuir 方程为基础的，当引入指数形式后，Freundlich 方程可以用来表示吸附剂表面的非均质性(于洪观等，2004)，其表达式为

$$V = \frac{V_L (bp)^m}{1+(bp)^m} \tag{3-72}$$

式中，m——表示吸附剂非均质性的一个参数。在通常情况下，若 m 越小，则吸附剂表面越不均匀；当为具有理想表面的吸附剂时($m=1$)，Langmuir-Freundlich 方程则变成 Langmuir 方程。

4. Henry 模型

Henry 吸附等温式在化学领域的吸附计算中应用广泛，其表达式为(赵天逸等，2014)：

$$V = K_b p \tag{3-73}$$

式中，K_b——结合常数；

　　b——常数，是温度的函数且与吸附热相关；

　　p——气体压力，MPa 。

Henry 模型，在指定温度下固体颗粒表面的气体吸附量是压力的线性函数，随压力增加，气体吸附量增加；该模型的假设条件是吸附气体为理想气体，吸附等温线呈直线形式，仅在压力较低时适用。

5. Toth 模型

任何吸附等温线在低压情况时都接近直线，近似符合 Henry 定律。D-R 方程和 Freundlich 方程在压力极低时，均不符合 Henry 定律，并且 Freundlich 方程随着压力的增大是极限值的，为了克服上述这些问题，所以提出了一个半经验式的方程，即 Toth 方程 (Grieser et al.，2009)。表达式为

$$V = \frac{V_L bp}{\left[1 + (bp)^K\right]^{1/K}} \tag{3-74}$$

式中，K——与吸附剂不均匀性相关的参数。

6. D-R (Dubinin-Radushkevich) 模型

D-R 方程表达式为(江楠等，2015)：

$$n = n_0 \exp\left[-D \ln^2(p_0/p)\right] \tag{3-75}$$

式中，n——1g 吸附剂所吸附的吸附质的物质的量；

　　n_0——饱和吸附量(m^3/t)，即微孔发生完全填充时的吸附量；

　　p——吸附平衡压力值(MPa)；

　　p_0——吸附质的饱和蒸气压(MPa)；

　　D——模型参数，满足 $D=(RT/E)^2$，E 为特征吸附能。

D-R 模型的优越性：形式相对复杂；功能多，可计算出吸附剂微孔体积、吸附容量和相关吸附热数据，预测结果准确。D-R 模型的缺陷性：不能直接得到组分吸附量数据；涉及吸附质亲和力系数的计算；不适用于低压下和含有超临界组分的预测。

7. D-A 模型

D-A 方程表达式为(赵天逸等，2014)：

$$V = V_0 \exp\left[-\left(\frac{RT}{\beta E} \ln \frac{p_0}{p}\right)^n\right] \tag{3-76}$$

式中，β——亲和性系数，K；

　　n——吸附失去的自由能，J/mol；

　　V_0——饱和吸附量，m^3/t；

E——吸附特征能，J/mol。

D-A 方程适用范围较宽，当吸附剂具有较高吸附能力时，模型拟合效果最好；方程中的参数 E 是影响吸附曲线类型的重要因素，对决定微孔岩石的亲水疏水性质有重要影响。刘鹏等在研究超高交联吸附树脂对三氯乙烯气体的吸附中发现，D-A 方程对三氯乙烯气体静态吸附平衡数据拟合系数达 0.998。

（二）多组分吸附模型

1. E-L（Extended-Langmuir）模型

Extended-Langmuir 模型方程为（江楠等，2015）：

$$q_i = \frac{q_{e,i} b_i c_i}{1 + \sum_j b_j c_j} \tag{3-77}$$

式中，q_i——混合气体中 i 组分的吸附量，m^3/t；

$q_{e,i}$——组分 i 的平衡吸附量，m^3/t；

c_i——i 组分在气相中的分浓度。

E-L 模型的优越性：该方程能够很好地关联吸附数据且方程形式也很简单；当吸附多组分混合气体 Langmuir 方程失效时此方程仍可使用；该方程可以计算出具体吸附剂对混合气体的总吸附量，而 Langmuir 方程不能。

2. 双 Langmuir 模型

设吸附质表面有 n 种类型的吸附点，N_i 代表气体在第 i 种吸附质表面的吸附量，则气体总吸附量为各个吸附量的总和，即

$$N_{ads} = \sum_{i=1}^n N_i \tag{3-78}$$

假设 f_i 为第 i 种吸附质在单分子覆盖面 N_{mi} 上的吸附比例，则有

$$\frac{N_{ads}}{N_m} = \sum_{i=1}^n \left(\frac{N_i}{N_{ni}}\right)\left(\frac{N_{mi}}{N_m}\right) = \sum_{i=1}^n \theta_i f_i \tag{3-79}$$

式中，N_{mi}——第 i 种吸附质覆盖的表面积；

N_m——单分子层的表面积；

θ_i——第 i 种吸附质的相对吸附量，该值满足 Langmuir 吸附假设。

页岩中的黏土和干酪根（有机质）是影响气体吸附的主要因素，假设黏土和干酪根这两种物质为均一吸附质，综合上述两式，得到如下关系式：

$$\frac{N_{ads}}{N_m} = f_1 \frac{k_1(T)p}{1 + k_1(T)p} + f_2 \frac{k_2(T)p}{1 + k_2(T)p} \tag{3-80}$$

其中，$f_1 + f_2 = 1$，则

$$N_{ads} = \frac{f_1 N_m p}{\dfrac{1}{k_1(T)} + p} + \frac{f_2 N_m p}{\dfrac{1}{k_2(T)} + p} = \frac{V_{L1} p}{p_{L1} + p} + \frac{V_{L2} p}{p_{L2} + p} \tag{3-81}$$

该模型描述的是吸附质具有两种独立的能量分布的气体吸附模型。上式分两部分，一

部分表示的是气体在黏土矿物质表面的吸附，另一部分表示的是气体在有机质表面的吸附。上述模型为双 Langmuir 吸附模型（Martini et al.，1998）。双 Langmuir 模型的优越性：对于黏土含量较大的页岩，双模型比 Langmuir 模型更加适用；对于非均质吸附质而言，双 Langmuir 模型比 Langmuir 模型拟合结果更加准确。

3. BET 模型

目前最著名的多层吸附模型是在 1938 年，Brunauer、Emmett 和 Teller 三人在 Langmuir 单分子层吸附理论的基础上，提出的多层吸附理论，简称 BET 理论（赵天逸等，2014）。BET 理论接受了 Langmuir 的假设，并补充了假设，综合起来如下：

（1）吸附可以是多分子层的，该理论认为，在物理吸附中，吸附质与吸附剂及其本身之间都存在范德瓦耳斯力，被吸附分子可以吸附气相中的分子，呈多分子层吸附态。

（2）固体表面是均匀的，多分子层吸附中，各层都存在吸附平衡，因此被吸附分子解吸时不受同一层其他分子的影响。

（3）同一层分子之间无相互作用。

（4）除第一层外，其余各层的吸附等于吸附质的液化热。

因此，当固体表面吸附了一层分子后，在范德瓦耳斯力的作用下继续进行多层吸附。在一定温度下，当吸附达到平衡时，得到 BET 吸附等温方程，即

$$V = \frac{V_{\mathrm{m}}cp}{(p^0-p)\left[1+(c-1)\dfrac{p}{p^0}\right]} \tag{3-82}$$

式中，V、V_{m} 和 p 与 Langmuir 等温吸附方程一样；

c——与吸附热有关的常数；

p^0——实验温度下吸附质的饱和蒸汽压力。

BET 模型的优越性，BET 等温方程能确定催化表面的最大值；它适用于多层吸附，即物理吸附（吸附分子以类似于凝聚的物理过程与表面结合，即以弱的范德瓦耳斯力相互作用）的情形，它比 Langmuir 等温方程能更好地拟合实验数据。同时 BET 理论模型也有其自身的缺陷，它对大多数中孔吸附剂是有效的，对于小孔或者微孔等吸附剂则不理想。

4. IAS 模型

IAS 模型由 Myers 提出，是各种预测多组分吸附平衡模型中的经典方法，其表达式为

$$\pi(p) = \frac{RT}{A}\int_0^p q\,\mathrm{d}\ln p \tag{3-83}$$

$$\pi^* = \frac{\pi A}{RT}\int_0^p \frac{q}{P}\,\mathrm{d}p \tag{3-84}$$

IAS 模型的优越性：计算简便，在国内外二元混合气和三元的多组分气体在活性炭、分子筛和沸石上的吸附中应用广泛，结果表明其预测值和实验数据拟合程度很高。但是该模型需要求解非线性方程组，同时对一些非理想性体系的预测偏差较大。

5. 半空宽吸附模型

页岩储层多为微孔及纳米孔的多孔介质，且具有不规则的孔径分布，因此很难对孔的几何特征做出确切的描述，一般用半孔宽 r 表征孔的尺寸。根据 1939 年 Weibull 提出的统计分布模型（Weibull 模型），将其用来表征页岩多孔介质半孔宽 r 的分布函数（郭为等，2013a），函数表示为

$$f(r) = \begin{cases} 0, r < 0 \\ \dfrac{\alpha}{\beta} r^{\alpha-1} \exp\left(-\dfrac{r^\alpha}{\beta}\right), r > 0 \end{cases} \tag{3-85}$$

式中，r——孔径变量，nm，分布区间为 0 到无穷；

$f(r)$——孔径分布密度；

α——控制分布形状的参数；

β——控制分布峰位和峰值的尺度参数。

尽管影响吸附量的因素很多，但从分子动力学上分析，决定性因素还是吸附质与吸附剂之间在分子尺度上的势能，它可以用 Steel10-4-3 势能模型表示。

$$\begin{cases} \phi_{si}(z_{si}) = \dfrac{5}{3}\phi_0 \left[\dfrac{2}{5}\left(\dfrac{\sigma_{si}}{z_{si}}\right)^{10} - \left(\dfrac{\sigma_{si}}{z_{si}}\right)^4 - \dfrac{\sigma_{si}}{3\Delta(0.61\Delta + z_{si})^3} \right] \\ \phi_0 = 1.2\pi\rho_s\varepsilon_{si}\sigma_{si}^2\Delta \\ \sigma_{si} = \dfrac{\sigma_{ss} + \sigma_{ii}}{2} \\ \varepsilon_{si} = \sqrt{\varepsilon_{ss} + \varepsilon_{ii}} \end{cases} \tag{3-86}$$

式中，s——固体原子；

i——气体分子；

z_{si}——气体分子页岩表面的作用距离；

ε_{si}、σ_{si}——气体分子与页岩原子之间的势阱深和有效作用直径；

ε_{ss}、σ_{ss}——页岩原子之间的势阱深和有效作用直径；

ε_{ii}、σ_{ii}——气体分子之间的势阱深和有效作用直径；

$\rho_s = 144\text{nm}^{-3}$，$\Delta = 0.335$。

由式（3-86）可以知道，气体在固体表面上的覆盖过程是从最小孔的表面开始到最大孔的表面。因此，气体在页岩空隙表面的吸附可以表示为

$$f(r) = \begin{cases} 0, \quad r < r_a \\ \dfrac{\alpha}{\beta}(r - r_a)^{\alpha-1} \exp\left[-\dfrac{(r - r_a)^\alpha}{\beta}\right], r > r_a \end{cases} \tag{3-87}$$

式中，r_a——吸附质分子直径；

α 和 β——与吸附作用有关的常数。

因此从中可以看出，只有当 $r > r_a$ 时，页岩表面才会发生对气体分子的吸附。在给定的平衡条件（T、p）下存在一个临界值 $r_c (r_a < r_c < \infty)$，使得一切 $r < r_c$（r_c 为气体吸附在页岩表面临界作用距离）的孔被吸附质分子覆盖，而一切 $r > r_c$ 的孔没有被覆盖，吸附量可以用

Weibull 函数表示:

$$V = \int f(r)\mathrm{d}r \tag{3-88}$$

该条件下气体的表面覆盖率计算如下所示:

$$\theta = \frac{\int_{r_a}^{r_c} f(r)\mathrm{d}r}{\int_{r_a}^{\infty} f(r)\mathrm{d}r} \tag{3-89}$$

因气体分子的直径 r_a 非常小(例如, CH_4 直径为 0.38nm, CO_2 直径为 0.33nm), 属于 0.1 纳米级的, 于是 $r_a \approx 0$, 则

$$\begin{aligned}
\int_{r_a}^{\infty} f(r)\mathrm{d}r &= \int_0^{\infty} \frac{\alpha}{\beta}(r-r_a)^{\alpha-1}\exp\left(-\frac{(r-r_a)^{\alpha}}{\beta}\right)\mathrm{d}r \\
&= -\int_0^{\infty} \mathrm{d}\exp\left(-\frac{(r-r_a)^{\alpha}}{\beta}\right) \\
&= 1
\end{aligned} \tag{3-90}$$

所以

$$\theta = \frac{\int_{r_a}^{r_c} f(r)\mathrm{d}r}{\int_{r_a}^{\infty} f(r)\mathrm{d}r} = \int_{r_a}^{r_c} f(r)\mathrm{d}r \tag{3-91}$$

代入式(3-91)积分得

$$\theta = 1 - \exp\left[-\frac{(r_c-r_a)^{\alpha}}{\beta}\right] \tag{3-92}$$

如果覆盖率为 θ 时吸附量是 V, 则在 $\theta = 1$ 时为饱和吸附, 吸附量为 V_0。上式可以表示成:

$$V = V_0\left[1 - \exp\left(-\frac{(r_c-r_a)^{\alpha}}{\beta}\right)\right] \tag{3-93}$$

如果温度恒定, 则给定的吸附剂-吸附质系统的 r_c 值仅由压力 p 决定。假设 $(r_c-r_a) \propto p$, 设 $b = 1/\beta$, 则上式变为

$$V = V_0[1 - \exp(-bp^{\alpha})] \tag{3-94}$$

式中, V——辨识吸附量, cm^3/g;

V_0——饱和吸附量, cm^3/g;

p——平衡压力, MPa;

b,α——与吸附有关的常数。

6. VSM 模型

VSM 模型(赵天逸等, 2014)由 Suwanaywen 和 Danner 提出, 考虑了 "空位" 与吸附质之间的相互作用, 引入 Wilson 参数与压力趋于零时的 herry 常数, 后人又在此基础上提出了 FH-VSM 模型。点阵溶液模型由 Lee 于 1973 年提出, 它适用于所有的微孔吸附剂。但是在极性分子和分子尺寸相差较大的混合气模拟中, 该模型不适用。

7. 2D-EOS 模型

2D-EOS（2D Equation of State）模型（宇馥玮等，2015）的最初假设是吸附剂是热惰性的并且表面为均质表面，该模型主要应用于描述多组分的吸附，最初在煤层气的吸附方面有着很好的适用性，后来被 Chareonsuppanimit 应用于页岩气，其方程表达式为

$$\left[A\pi + \frac{\alpha n_{at}^2}{1 + U\beta n_{at} + W(\beta n_{at})^2}\right]\left[1 - (\beta n_{at})^m\right] = n_{at}RT \tag{3-95}$$

2009 年，Gasem 在研究中提出，经过修正后的 2D-PR-EOS 模型相较其他模型更适用于对多组分气体吸附的描述。

（三）页岩气吸附模型对比

目前普遍认为甲烷在页岩上的吸附属于物理吸附，多形成单分子层吸附。其中，Langmuir 吸附模型应用最为广泛，是页岩气模型拟合中的经典理论。该模型中各个参数有明确的物理意义，不但方程形式简单、求解方便，而且误差可满足工程需要。除此之外，常用的吸附理论及模型还有 Freundlich 经验公式、E-L 模型、Langmuir-Freundlich 模型和 Toth 吸附模型等。运用吸附模型来表达吸附性能，主要体现在对吸附等温线的拟合效果上，赵天逸等分别用 Freundlich 经验公式、Langmuir 模型、E-L 模型、Toth 吸附模型和 Langmuir-Freundlich 吸附模型对页岩 CH_4 吸附实验数据进行拟合，检验实验数据的拟合程度。其中所选岩样 A 组、B 组数据引自文献（李武广等，2012），见表 3-3、表 3-4、图 3-14。

表 3-3　A 组页岩实验数据参数表

温度 (303K)		温度 (313K)		温度 (323K)	
压力/MPa	吸附量/(m^3/t)	压力/MPa	吸附量/(m^3/t)	压力/MPa	吸附量/(m^3/t)
0.01	0.02358	0.05	0.03541	0.17	0.03535
0.48	0.48318	0.59	0.41279	0.55	0.24802
1.52	1.09669	1.77	0.88535	1.55	0.73205
3.04	1.69925	3.21	1.47601	3.05	1.24045
5.01	2.29078	5.18	1.96168	5.29	1.73834
7.03	2.57655	6.93	2.27051	6.93	1.89404
9.01	2.76812	8.87	2.39141	9.02	2.09753
10.78	2.86521	10.62	2.50023	10.99	2.19498

表 3-4　B 组页岩实验数据参数表

温度 (303K)		温度 (313K)		温度 (323K)	
压力/MPa	吸附量/(m^3/t)	压力/MPa	吸附量/(m^3/t)	压力/MPa	吸附量/(m^3/t)
0.12	0.32963	0.02	0.03545	0.07	0.09426
0.19	0.72977	0.19	0.62389	0.18	0.61232
0.48	1.21259	0.49	1.05968	0.53	0.91856

温度(303K)		温度(313K)		温度(323K)	
压力/MPa	吸附量/(m³/t)	压力/MPa	吸附量/(m³/t)	压力/MPa	吸附量/(m³/t)
1.01	1.78995	1.02	1.60174	1.04	1.39001
1.69	2.26171	1.73	2.04999	1.75	1.83825
2.46	2.65121	2.52	2.39251	2.56	2.18097
3.29	2.95851	3.39	2.67632	3.43	2.40579
4.25	3.20717	4.34	2.84264	4.37	2.64267
5.21	3.38525	5.29	2.99716	5.33	2.82075
6.17	3.50451	6.24	3.13992	6.31	2.95181
7.13	3.64731	7.21	3.21215	7.28	3.04755
8.12	3.80191	8.21	3.31969	8.27	3.10804
9.14	3.85069	9.23	3.35671	9.28	3.14503
10.17	3.87594	10.22	3.35835	10.27	3.13493
11.16	3.88937	11.21	3.37181	11.29	3.13665
12.08	3.91101	12.21	3.34995	12.25	3.13827
13.09	3.90438	13.19	3.32808	13.24	3.05758

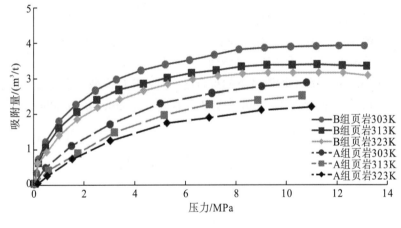

图 3-14　页岩等温吸附线

通过采用 Freundlich 经验公式、Langmuir 模型、E-L 模型、Toth 吸附模型和 Langmuir-Freundlich 吸附模型分别对以上实验数据进行拟合，拟合后的特征参数见表 3-5 和表 3-6。

表 3-5　二参模型拟合特征参数

温度/K	样品	Freundlich		Langmuir	
		K_b	N	V_L	B
303	A 组页岩	0.958	0.483	3.875	0.271
303	B 组页岩	1.801	0.336	4.377	0.673
313	A 组页岩	0.751	0.536	3.728	0.205

温度/K	样品	Freundlich		Langmuir	
		K_b	N	V_L	B
313	B 组页岩	1.688	0.301	3.743	0.756
323	A 组页岩	0.635	0.543	3.22	0.204
323	B 组页岩	1.516	0.318	3.582	0.653

表 3-6　三参模型拟合特征参数

温度/K	样品	E-L 模型			Toth 模型			L-F 模型		
		V_L	K_b	n	V_L	K_b	n	V_L	K_b	n
303	A 组	3.632	0.267	-0.145	3.694	0.267	1.096	3.859	0.267	1.002
303	B 组	5.135	0.889	0.678	4.917	0.893	0.734	5.197	0.553	0.844
313	A 组	2.536	0.205	-0.666	2.914	0.203	1.651	2.777	0.259	1.136
313	B 组	3.976	0.845	0.237	3.899	0.856	0.875	4.01	0.698	0.91
323	A 组	2.11	0.206	-0.717	2.531	0.205	1.619	2.073	0.288	1.227
323	B 组	3.515	0.635	-0.064	3.565	0.645	1.016	3.627	0.645	0.985

通过以上五种等温吸附模型的拟合对比，由表 3-5 和表 3-6 可以看出，模型的拟合标准差和平均相对偏差(表 3-7)呈规律性变化；页岩三参模型拟合度均高于二参模型。二参模型中，Langmuir 模型对页岩拟合度较好；其中三参模型对页岩拟合精度都很高，Langmuir-Freundlich 模型在平均温度下的拟合度最好，E-L 模型拟合度较差。总体来看，对页岩拟合度由好到差的顺序为：Toth 模型>E-L 模型>Langmuir-Freundlich 模型>Langmuir 模型>Freundlich 经验公式。

表 3-7　模型拟合平均相对偏差

温度/K	样品	不同模型平均相对偏差/%				
		F 模型	L 模型	E-L 模型	T 模型	L-F 模型
303	A 组页岩	2.1643	0.1839	0.2612	0.2717	0.1887
303	B 组页岩	16.6096	0.6433	0.1983	0.1974	0.1049
313	A 组页岩	2.3927	4.5198	0.5251	0.519	0.4784
313	B 组页岩	3.9668	0.2742	0.131	0.1178	0.0757
323	A 组页岩	8.8114	4.881	0.024	0.0558	0.0194
323	B 组页岩	4.7701	0.1417	0.1752	0.1566	0.1159

三、页岩气的运移产出机理

页岩气藏的特殊孔隙结构和储层特征决定了页岩气具有特殊的渗流方式，从宏观和微观流动特征分析，页岩气在双重介质中的流动是一个复杂的多尺度流动过程，运移产出机理特殊，同时页岩储层压力的降低是使页岩气解吸和运移的直接动力。

Nelson (2009)通过对原来文献中发表的常规气藏岩石、致密砂岩以及页岩的孔隙和孔喉尺寸数据整理，绘制了一个连续性图，从图中可知页岩孔喉直径范围为 0.005～0.1μm，致密砂岩孔喉直径范围为 0.03～2μm，常规气藏岩石孔喉直径>2μm。根据图 3-15 可以描述勘探开发气藏中气体在微小孔隙的流动过程，从岩石孔喉直径看出页岩的孔喉直径明显低于致密砂岩，其气体运移机理与常规气藏不同。

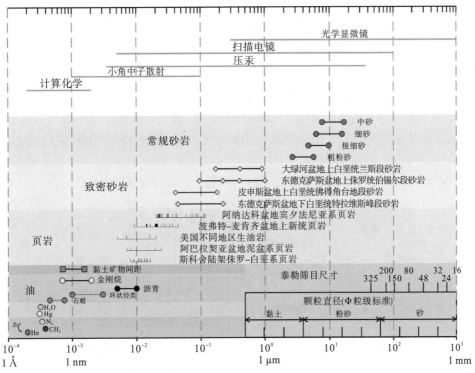

图 3-15　不同岩石中的孔喉大小和分子大小尺度

（一）页岩气藏微观运移特征

页岩气的解吸、扩散以及渗流在页岩气微观运移过程中相互影响，相互制约，其中页岩气在基质及微孔隙中的扩散作用极其重要。根据气体分子运动的平均自由程以及固体颗粒孔道大小，多孔介质中的气体扩散可分为：Fick 扩散、Knudsen 扩散、表面扩散及晶体扩散。气体扩散主要受到多元气体性质和状态、孔隙形状、大小、连通性等因素影响，扩散速率随扩散系数增大而提高。页岩气藏有机物和无机物基质的孔径分布范围较大，所以页岩气在基质中的运移可能同时存在上述四种扩散，但仍以 Knudsen 扩散为主。目前，国外对页岩气微观运移过程主要有以下几种描述：

（1）地层压力下降时，存在于大孔隙、裂缝中的游离气被采出，从而吸附孔隙中气体浓度高于渗流孔隙中气体浓度，使得页岩颗粒表面的吸附气开始解吸，通过页岩基质解吸气向微裂缝及裂缝扩散，最后页岩气通过微裂缝及裂缝流入页岩气井井眼。

（2）Javadpour 等(2007)认为，地层压力下降时，由于采出游离气，页岩基质吸附气和溶解气发生运移，并将页岩气微观运移分为以下几个过程(图 3-16)。

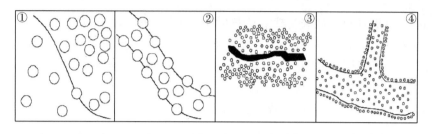

图 3-16　页岩气微观运移过程

①页岩干酪根/泥岩内部的溶解气向其表面扩散。Fisher 通过实验测得该阶段的气体扩散系数为 $2\times10^{-10}m^2/s$，该阶段气体扩散属于表面扩散或晶体扩散。

②存在于干酪根表面的页岩吸附气向孔隙中解吸。

③纳米孔隙中的页岩气流动服从 Knudsen 扩散，理论计算的扩散系数为 $4\times10^{-7}m^2/s$。

④页岩气在孔隙中流动，该流动取决于原始页岩压力，可以用 Fick 扩散或达西定律描述。

Kang 等(2001)总结了页岩气微观运移机理模型，如图 3-17 所示。

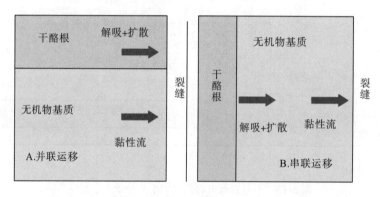

图 3-17　页岩气微观运移两个概念模型(杨峰等，2013)

(1)有机物基质(干酪根)、无机物基质和裂缝并联连接。页岩气在干酪根中发生解吸后扩散到裂缝中，而页岩气在无机物孔隙中则以达西流方式运移到裂缝中。

(2)有机物基质(干酪根)、无机物基质与裂缝串联连接。干酪根中页岩气解吸并扩散到无机物基质中，再以达西流动方式从无机物基质运移到裂缝。在干酪根孔壁上页岩气为吸附态，吸附气解吸后以表面扩散方式沿着孔道壁运移；在孔隙中页岩气为游离态，自由气在孔隙中以 Knudsen 扩散方式运移。

(二)页岩气储层的多尺度流动

页岩储层中含有丰富的有机质，气体在页岩储层中的储存形式主要有三种：连通微孔隙裂缝中的游离气、有机质和黏土表面的吸附气以及固体有机质中的溶解气。在页岩基质纳米孔隙中，自由气、吸附气和溶解气共同构成了页岩气纳米孔隙气体流动物理模型。

页岩气藏的体积改造技术的裂缝起裂与扩展不单单是裂缝的张性破坏，而且还存在剪切、滑移、错断等复杂的力学行为，通过体积改造形成的是复杂的网状裂缝系统。网状裂缝和页岩纳米孔隙共同控制了页岩气藏的气体流动，改造后的人工裂缝网络由支撑主缝、天然裂缝剪切滑移引起的自支撑裂缝和沟通毛细裂缝组成，裂缝网络与基质的微纳米级渗流通道形成页岩气藏复杂的多尺度流动，页岩的吸附解吸特性，进一步增加了页岩气储层气体流动的复杂性。气体在页岩气藏中的流动分为宏观尺度、中尺度、微米尺度、纳米尺度、分子尺度等 5 个尺度。

1. 页岩气产出顺序

气体在不同尺度下页岩气的产出顺序，包括4个过程，类似于煤层气的流动过程(图3-2)。
(1)气体分子开始向低压区流动，首先产出的是来自大孔隙的游离气。
(2)接着是较小孔隙中的游离气。
(3)在储层能量衰减过程中，由于热力学平衡发生改变，气体从干酪根/黏土表面解吸到孔隙中。
(4)页岩干酪根体中的溶解气向干酪根表面扩散。

2. 多尺度流动表观渗透率模型

Javadpour(2009)建立了泥页岩中考虑滑脱和克努森扩散的气体运移模型，并提出了页岩表观渗透率的概念；Beskok 和 Karniadakis (1999)推导了适用于连续流、滑脱流、过渡流和扩散流的气体流动方程，建立了能较好地描述页岩气流动多尺度效应的表观渗透率模型。然而，上述经典模型均忽略了应力敏感和气体吸附对页岩表观渗透率的影响，与生产实际不符。

在页岩气藏的开发过程中，应力敏感和吸附作用均会对气体的流动产生影响。郭为等(2012)研究了吸附对页岩气流动规律的影响，结果表明在孔径小于 10nm 时，考虑气体吸附时表观渗透率较不考虑吸附时偏大；李治平等(2012)引用固体变形理论研究了纳米级孔隙结构和吸附对页岩渗透率的影响。Bustin、张睿等(2014)通过实验发现页岩存在强应力敏感性，且毛管半径随有效应力的变化同样符合指数关系。

但上述研究均未考虑应力敏感和吸附综合作用对页岩气表观渗透率的影响，郭肖等(2015)在 Beskok-Karniadakis 模型基础之上，建立了考虑应力敏感和气体吸附的页岩表观渗透率模型。考虑应力敏感和吸附后克努森数可以表示为

$$K_{n,e} = \frac{\lambda}{r_e} \tag{3-96}$$

等效管道半径 r_e 对应的等效固有渗透率可以表示为

$$k_e = \frac{N\pi r_e^4}{8A} = \frac{r_e^4}{r_0^4} \frac{N\pi r_0^4}{8A} = \frac{r_e^4}{r_0^4} k_\infty \tag{3-97}$$

考虑应力敏感和气体吸附的表观渗透率为

$$k_a = \frac{r_e^4}{r_0^4} \left[1 + \frac{128}{15\pi^2} \tan^{-1}\left(4K_{n,e}^{0.4}\right) K_{n,e} \right] \left(1 + \frac{4K_{n,e}}{1+K_{n,e}} \right) k_\infty \tag{3-98}$$

为分析各参数对页岩气表观渗透率的影响，定义渗透率修正系数为

$$\varepsilon = \frac{k_a}{k_\infty} = \frac{r_e^4}{r_0^4}\left[1+\frac{128}{15\pi^2}\tan^{-1}(4K_{n,e}^{0.4})K_{n,e}\right]\left(1+\frac{4K_{n,e}}{1+K_{n,e}}\right) \tag{3-99}$$

基于上述建立的页岩表观渗透率计算模型，选取适当参数，分析应力敏感、吸附对页岩气表观渗透率的影响。

(1)应力敏感对表观渗透率的影响。

对比不同压力条件下渗透率修正系数与孔径的关系，如图 3-18 所示。应力敏感的存在会使气体流动空间减小，页岩固有渗透率降低，但流动空间减小会增强气体滑脱效应。当孔隙半径大于 5nm 时，压力越低，页岩受到的有效应力越大，固有渗透率下降越多，同时由于孔径偏大而滑脱效应较弱，综合表现为渗透率修正系数越小。当孔隙半径小于 5nm 时，压力越低，滑脱效应越强，应力敏感引起流动空间减小进一步增强气体的滑脱，甚至出现扩散流动，其流量贡献大于流动空间减小引起的流量损失，故在图中表现为压力越低渗透率修正系数越大。

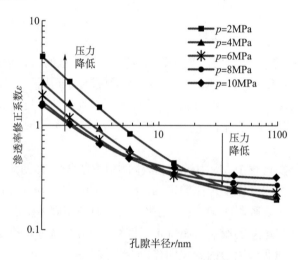

图 3-18　考虑应力敏感时不同孔径下渗透率修正系数

(2)吸附对气体流动的影响。

保持储层其他参数不变，对比研究不同压力条件下吸附对渗透率的影响，如图 3-19 所示。图中实线考虑了吸附，虚线不考虑吸附。压力为 20MPa 时，考虑吸附和不考虑吸附时修正系数较为接近，而随着压力降低，考虑吸附和不考虑吸附时的渗透率修正系数差值越来越大。气体解吸增大了流动空间，同时也减弱了滑脱效应。对吸附而言，流动空间增大引起流量的增加大于滑脱减弱引起的流量损失，综合作用下表现为气体表观渗透率的增大。

(3)应力敏感和吸附的综合作用。

图 3-20 为不同孔隙半径下渗透率修正系数随压力的变化曲线。当孔隙半径大于 5nm 时，页岩渗透率随着压力的下降而下降，说明此时应力敏感对表观渗透率的影响占主导地位，表现出明显的应力敏感特征。而当孔隙半径小于 5nm 时，渗透率修正系数均在 1 之上，吸附作用对表观渗透率的影响占主导地位，曲线出现渗透率修正系数随着压力降低而

增大的现象。

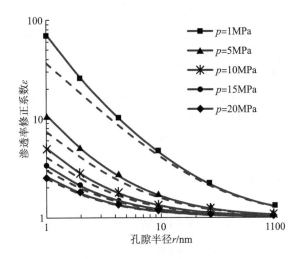

图 3-19　考虑吸附时不同孔径下渗透率修正系数

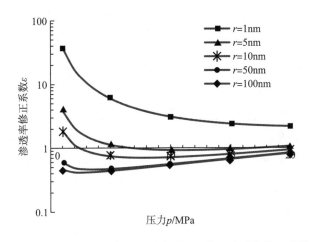

图 3-20　考虑应力敏感和吸附时不同压力下渗透率修正系数

分析应力敏感和吸附综合作用下页岩表观渗透率的变化趋势如下：

(1)应力敏感对页岩表观渗透率的影响程度和页岩孔径有关。在孔隙半径大于5nm时，应力敏感会使页岩表观渗透率随压力降低而降低，而当孔隙半径小于 5nm 时，应力敏感会时页岩表观渗透率随压力降低而增加。

(2)考虑吸附时，页岩表观渗透率随压力和孔径的变化而变化。孔径越小，压力越低，吸附对表观渗透率的影响越明显。

(3)当孔隙半径大于 5nm 时，页岩表观渗透率随压力降低呈现出先降后升的趋势。当孔隙半径小于 5nm 时，页岩渗透率随压力降低而增大。

（三）页岩气的达西渗流

游离气在页岩储层中的主要流动通道是裂缝，在裂缝中页岩气主要以渗流的方式进行运移，遵循达西定律。在裂缝系统中，气体和水是以互不相溶各自独立的相态流动，达西定律的应用需要考虑两种流体的有效渗透率。

由压力梯度所产生的气体连续流动，称为对流。对流流动是商业气开采中天然气的主要驱动力，在常规气藏中通常用达西定律来表示。

1856 年，达西通过实验得到了水流速度与管子截面积、入口端与出口端压差间的关系式，被称为达西定律。达西定律广泛应用于油气渗流中，它是油气渗流的基本规律。对单相、一维流动来说，该定律可以用微分方程描述为

$$v_x = -\frac{k_x}{\mu}\frac{\mathrm{d}\Phi}{\mathrm{d}x} \tag{3-100}$$

式中，v_x——x 方向的渗流速度，m/s；

Φ——流体势。

对三维流动而言，达西定律的微分形式描述为

$$v = -\frac{k}{\mu}\nabla\Phi \tag{3-101}$$

根据势梯度的定义（$\nabla\Phi = \nabla p - \gamma\nabla Z$），忽略重力势的影响，上式写为

$$v = -\frac{k}{\mu}\nabla p \tag{3-102}$$

在使用达西定律时，还需要注意一些隐含的假设及限制条件，即：

(1)流体为均质、单相的牛顿流体。

(2)流体与多孔介质间没有发生化学反应。

(3)流动主要为层流。

(4)渗透率是多孔介质的特征，与压力、温度及流动流体无关。

(5)没有考虑滑脱现象。

（四）页岩气的解吸机理

在页岩气藏未开发之前，基质中气体的吸附和解吸过程处于一个动态平衡状态，即同一时间内的气体吸附量和解吸量相等。当压力减小后，气体解吸量与吸附量出现差值，直到压力稳定，二者达到新的平衡状态。

目前，常用的吸附理论及模型主要可分为：①Langmuir 单分子层吸附模型及其扩展模型或经验公式，主要有 Langmuir 模型（L 模型）、Freundlich 模型（F 模型）、Extended-Langmuir 模型（E-L 模型）、Toth 模型（T 模型）和 Langmuir-Freundlich 模型（L-F 模型）；②BET 多分子层吸附模型，主要有 2 参数 BET 模型和 3 参数 BET 模型；③基于吸附势理论，主要有 Dubinin-Radushkevich 体积填充模型（D-R 模型）和 Dubinin-astakhov 最优化体积填充模型（D-A 模型）。

页岩气开采中发生的甲烷脱附顺序正好与吸附顺序相反。在某一温度下，当达到吸附平衡时，吸附量与游离气相压力之间的关系曲线称为等温吸附曲线。当储层的含气量和压力所对应的点位于曲线之上时，基质系统表面对气体的吸附已达到饱和状态，压力一旦开始下降，吸附态气体就开始出现解吸。

脱附首先发生在黏土矿物大孔表面，然后是干酪根的中孔。吸附气在干酪根超微孔中较难脱附。假设气藏温度不变，只有孔隙压力低于某一临界压力，超微孔中吸附气才有可能发生脱附。生产实践表明，页岩气藏开采初期以游离气为主，随地层压力下降，脱附速率逐渐变大，继而产出气主要来自脱附作用。由此可知，在中长开采期内脱附气主要来自中孔和大孔，超微孔表面吸附气难以采出(盛茂等，2014)。

（五）页岩气的扩散机理

页岩储层中可能的运移机理包括：①对流，其驱动力为压力差；②Knudsen 扩散；③分子扩散；④表面扩散；⑤构型扩散。其中，最主要的包括分子扩散和 Knudsen 扩散。当页岩中气体密度及浓度分布不均匀时，天然气分子就会由高浓度区域运移至低浓度区域，这种现象称为扩散现象，它是由分子的浓度梯度所引起的。而在多孔介质中，气体分子除了与其他分子碰撞产生传输作用外，还与介质发生碰撞，前者称为分子扩散，后者称为 Knudsen 扩散。

1. 分子扩散

1）摩尔扩散通量

在页岩孔隙介质中，气体分子与分子间碰撞所产生的扩散传输现象称为分子扩散。

在多组分气体扩散中，不同气体分子的运移速度不同，假设系统中有 m 种气体分子作净移动，v_i 为气体组分 i 的绝对速度(m/s)，C_i 为单位体积内所含 i 组分的摩尔浓度(mol/m³)，则组分 i 的总摩尔扩散通量 N_i^D 定义为

$$N_i^D = C_i v_i \tag{3-103}$$

式中，N_i^D——组分 i 的总摩尔扩散通量，mol/(m²·s)。

对多组分气体而言，其局部摩尔平均速度定义为

$$v^* = \frac{\sum_{i=1}^m C_i v_i}{\sum_{i=1}^m C_i} = \sum_{i=1}^m X_i v_i, \quad i = 1, 2, \cdots, m \tag{3-104}$$

式中，X_i——组分 i 的摩尔分数，$X_i = C_i/C$。

由于多组分气体的总摩尔浓度为 $C = \sum_{i=1}^m C_i$，因此系统总摩尔扩散通量 N^D 可以写为

$$Cv^* = \sum_{i=1}^m C_i v_i = \sum_{i=1}^m N_i^D \tag{3-105}$$

对单组分系统而言，摩尔扩散通量则可以简化为

$$N^D = Cv \tag{3-106}$$

2）Fick 扩散

1855 年，Fick 提出了描述分子扩散的基本定律。根据分子扩散分为稳态和非稳态扩散两种分别提出了 Fick 第一定律与 Fick 第二定律。Carlson 指出 Fick 扩散定律比达西定律更适合描述气体页岩中的流动。页岩气通过页岩基质微孔隙系统的扩散可以分为拟稳态

和非稳态扩散，当页岩气的扩散为拟稳态时，扩散过程符合 Fick 第一定律；当页岩气的扩散为非稳态时，扩散过程符合 Fick 第二定律。

（1）拟稳态扩散（Fick 第一定律）。

Fick 第一定律即单位时间内通过垂直于扩散方向的单位截面积的扩散通量与该面积处的浓度梯度成正比，浓度梯度越大，气体的扩散通量越大。拟稳态扩散模型中忽略了空间上气体的浓度变化，认为每个时间段内存在一个平均气体浓度，它的变化与上一时间段的平均浓度、基质气体表面浓度和扩散系数及基质形状系数有关。

可以用经典的 Fick 扩散定律去描述，即

$$J = -D_f \frac{\partial C}{\partial X} \tag{3-107}$$

式中，J ——瓦斯气体通过单位面积的扩散速度，$kg/(s \cdot m^2)$；

$\dfrac{\partial C}{\partial X}$ ——沿扩散方向的浓度梯度；

D_f ——Fick 扩散系数，m^2/s；

C ——瓦斯气体的浓度，kg/m^3。

（2）非稳态扩散（Fick 第二定律）。

Fick 第二定律即扩散过程中扩散物质的浓度随时间变化，认为基质内的气体浓度从中心到边缘是变化的，其方程表达式为

$$\frac{\partial C}{\partial t} = D_f \frac{\partial^2 C}{\partial^2 X} \tag{3-108}$$

式中，D_f ——扩散系数，m^2/s；

C ——扩散气体的摩尔浓度，kg/m^3；

t ——时间，s。

非稳态模型较为准确地反映了基质系统中页岩气的扩散过程，但计算量较大，计算速度慢，而拟稳态模型是对页岩气扩散过程的简化。

2. Knudsen 扩散

Javadpour 提出估算 Knudsen 扩散系数的表达式为

$$D_K = \frac{d_{pore}}{3} \sqrt{\frac{8RT}{\pi M}} \tag{3-109}$$

式中，D_K ——Knudsen 扩散系数，m^2/s；

R ——理想气体常数，其值为 $8.314472 m^3 \cdot Pa/(K \cdot mol)$；

T ——热力学温度，K；

M ——摩尔分子量，kg/mol。

Knudsen 流动最早是由 Klinkenberg 应用到石油工程问题中，他对考虑气体滑脱效应的表观渗透率进行了校正。Javadpour 提出 Klinkenberg 常数的表达式为

$$b_K = \frac{4c\overline{\lambda}p}{r_{pore}} \tag{3-110}$$

式中，λ ——气体分子的平均自由程；

c——常数，$c=1$，无因次。

Klinkenberg 常数 b_K 与 Knudsen 扩散系数 D_k 间的关系为

$$D_K = \frac{k_0 b_K}{\mu} \tag{3-111}$$

式中，D_K 是由 b_K 的经验关系式计算的，为有效 Knudsen 扩散系数。从而得到 Knudsen 扩散系数：

$$D_K = \frac{4k_0 p c \overline{\lambda}}{\mu r_{pore}} \tag{3-112}$$

其中，气体分子的平均自由程 $\overline{\lambda}$ 定义为

$$\overline{\lambda} = \sqrt{\pi/2} \frac{1}{p} \mu \sqrt{\frac{RT}{M}} \tag{3-113}$$

式中，μ ——气体黏度，Pa·s。

进而得到

$$D_K = \frac{4k_0 c}{r_{pore}} \sqrt{\frac{\pi RT}{2M}} \tag{3-114}$$

当渗透率一定时，由于孔喉半径减小会导致 Knudsen 扩散系数增加，因此不能准确计算有效孔喉半径。Beskok 提出了将有效孔喉半径与渗透率及孔隙度相关联的关系式：

$$r_{pore} = 2.81708 \sqrt{\frac{k_0}{\varphi}} \tag{3-115}$$

式中，k_0——多孔介质的绝对渗透率，m^2；

　　　　φ——孔隙度，小数；

　　　　r_{pore}——孔喉半径，m。

通过以上分析，可以得到估算 Knudsen 扩散系数的方程为

$$D_K = \frac{4k_0 c}{2.81708 \sqrt{\dfrac{k_0}{\varphi}}} \sqrt{\frac{\pi RT}{2M}} \tag{3-116}$$

(六) 页岩气非线性渗流机理

1. Forchheimer 效应

Forchheimer 在 1901 年指出流体在多孔介质中的高速运动偏离达西定律，并在达西方程中添加速度修正项以描述这一现象。天然气在页岩储层压裂诱导裂缝中的高速流动遵循 Forchheimer 定律。公式 (3-117) 给出了考虑惯性效应的 Forchheimer 方程。预测 Forchheimer 系数的模型可以分为单相流动和两相流动模型。两相流动模型中，水的存在影响气体流动的有效迂曲度、孔隙度和气相渗透率。水力压裂措施在页岩储层中形成复杂的裂缝网络，由于裂缝网络的复杂形状，因而使得支撑裂缝、次级裂缝和基质具备不同的 Forchheimer 系数。目前，页岩气的数值模拟中已经考虑 Forchheimer 流动规律。

$$-\nabla p = \frac{\mu}{K} V + \beta \rho V^2 \tag{3-117}$$

式中，V——气体渗流速度，m/s；

K——渗透率，mD；

μ——气体黏度，Pa·s；

p——气体压力，MPa；

ρ——密度，kg/m³；

β——Forchheimer 系数，m⁻¹。

除气体的解吸、扩散和渗流之外，页岩储层的流动机理还包括气体流动过程中储层的压敏效应、与含水饱和度相关的两相流动以及温度变化引起的热效应等。页岩储层压敏效应是指储层渗透率、孔隙度、总应力、有效应力、岩石属性(孔隙压缩性、基质压缩性、杨氏模量等)随应力变化而变化。页岩储层压敏效应主要是指储层渗透率、孔隙度随压力的变化。两相流动是指含水储层气水相对渗透率、毛细管力、相变、黏土膨胀等作用。

2. 页岩的气体滑脱机理

页岩的孔渗结构复杂，以微纳米级孔隙为主的页岩储层可认为是特低渗致密的多孔性介质，而对于致密的多孔性介质，滑脱效应尤为显著。大量实验和理论研究证实了，气体在页岩气储层中的渗流还要受制于滑脱效应，滑脱效应对裂缝系统中气、水两相的渗流有着重要影响。不少研究人员探讨了滑脱效应的机理及其对气井产能(张烈辉等，2009)和气藏数值模拟预测指标(肖晓春等，2006)等方面的影响。

气体和液体在多孔介质中的渗流方式存在不同，其主要是由于二者的性质差异所造成。对液体来讲，孔道中心处的液体分子比靠近孔道壁的分子流速要高；而气体在岩石孔道壁处不产生吸附薄层，气体在介质孔道中渗流时，靠近孔道壁表面的气体分子流速不为零，气体分子的流速在孔道中心和孔道壁处无明显差别，这种特性称为气体滑脱效应，是由 Klinkenberg 于 1941 年提出的，亦称 Klinkenberg 效应。

1) 纳米孔隙中的气体滑脱效应

在经典的流动理论中，流体在多孔介质中流动时被认为具有连续性，流体在孔隙壁面处的流速为零[图 3-21(a)]。常规储层孔隙喉道半径相对较大，经典连续性理论成立，达西方程能够很好地描述常规储层中的流体流动规律。

气体在纳米孔隙中的流动特征如图 3-21(b)所示。页岩孔隙直径较小，甲烷分子的直径(0.4nm)对于其流动通道来讲相对是比较大的。在分子水平，连续性理论不再成立，分子将在压差的驱动之下，朝着一个总体的方向，以一个相对随机的方式运动，许多分子将会与孔隙壁面发生碰撞，并沿着壁面间发生滑脱运动，在宏观上表现出气体在孔道壁面具有非零速度。气体滑脱会贡献一个附加通量，同不存在滑脱的情况相比，气体分子在壁面的滑脱会降低气体的流动压力差(Arkilic 等，1997)。

Knudsen 数($K_n = \lambda/d$)是判断气体在不同尺度的流动通道内的流动是否存在滑脱效应的无量纲数，代表了分子平均自由程同孔隙尺寸的相互比例关系，是识别气体不同流动状态的重要参数。

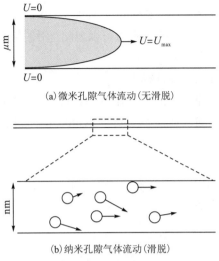

(a) 微米孔隙气体流动（无滑脱）

(b) 纳米孔隙气体流动（滑脱）

图 3-21 孔隙及纳米孔隙中气体流动示意图

Javadpour 等（2007，2009）认为页岩中发育着微米甚至纳米级孔隙，其尺度接近或小于气体分子平均自由程，因此气体流动呈现明显的滑脱现象，气体流动规律偏离达西定律。通过计算页岩中的气体特性参数 Knudsen 数，对页岩气的流态划分为滑脱流和过渡流（表 3-8 和图 3-22）。

表 3-8 根据 Knudsen 数划分的流态

Navier-Stokes 方程	
非滑脱（$K_n < 0.001$）	滑脱（$0.001 < K_n < 0.1$）
连续流	滑脱流
达西流	克努森扩散

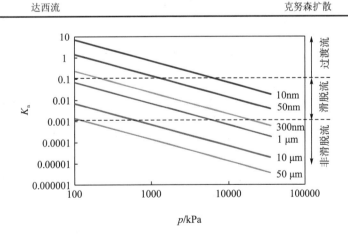

图 3-22 页岩气体在不同孔隙尺寸不同压力下 Knudsen 图版（$T=350K$）

目前国内外的学者（Sampathk，1982）广泛接受的气体在微孔隙中的流动状态的分类方式是：黏性流（$K_n \leqslant 0.001$）、滑脱流（$0.001 < K_n < 0.1$）、过渡流（$0.1 < K_n < 10$）、自由分子流（$K_n \geqslant 10$）。黏性流也就是达西流动；滑脱流指的是分子在孔隙壁面的速度不为零，分子对孔

隙壁面的碰撞不能忽略，发生滑脱；Knudsen 数大于 10 时，会出现自由分子流，分子和壁面之间的碰撞是主要的，分子之间的碰撞可以忽略；滑脱流和自由分子流之间存在着过渡流，黏性流的达西理论不再适用。

2）纳米孔隙气体滑脱效应的表征模型

在研究气体在微纳米孔隙中的流动规律时，视渗透率直接表征气体滑脱效应对气体渗流的影响。目前对视渗透率的表征模型主要有 Klinkenberg 模型、B-K 模型和 Javadpour 模型。

（1）Klinkenberg 模型。

Klinkenberg 发现在低压条件下，实验观察到的气体流量高于达西方程的预测值，提出了表观渗透率随着压力的变化：

$$K_a = \left(1 + \frac{b_k}{\bar{p}}\right)k_\infty \tag{3-118}$$

式中，b_k——Klinkenberg 气体滑脱因子，$b_k = 4c\lambda\bar{p}/r$，$c \approx 1$，MPa；

K_a——表观气体渗透率，mD；

K_∞——等效液体渗透率，mD；

$\bar{p}$——平均孔隙压力，MPa；

λ——给定压力和温度下的气体分子平均自由程；

r——孔隙半径。

Klinkenberg 方程可以写成 Knudsen 数表征的形式：

$$K_a = (1 + 4ck_n)k_\infty \tag{3-119}$$

Klinkenberg 模型是表征气体滑脱效应的经典模型，其视渗透率的计算表达式为

$$k_a = k_{g\infty}\left(1 + \frac{b}{\bar{p}}\right) \tag{3-120}$$

式中，k_a——视渗透率，mD；

$k_{g\infty}$——气体克氏渗透率，mD；

$\bar{p}$——储层平均孔隙压力，MPa；

b——滑脱因子，MPa，其定义为 $b = \dfrac{4\bar{p}c\lambda}{r}$；当 $b=0$ 时，表示在多孔介质中没有气体的滑脱效应，即为达西流；当 $b \neq 0$ 时，表示多孔介质中存在气体的滑脱效应。

（2）B-K 表观渗透率模型。

该模型由 Beskok 和 Karniadakis（1999）基于微管模型提出，能够表征不同流态下的气体表观渗透率计算公式：

$$K_a = (1 + \alpha K_n)\left(1 + \frac{4K_n}{1 - bK_n}\right)K_\infty \tag{3-121}$$

式中，α——无因次稀疏系数；

b——微管模型中气体流动的滑脱系数，通常取-1。

Givan（2010）在该模型的基础上，提出了无因次稀疏系数修正公式：

$$\alpha = \frac{\alpha_0}{1 + \dfrac{A}{K_n^B}} \tag{3-122}$$

式中，$A=0.170$，$B=0.434$，$\alpha_0=1.358$。

（3）Javadpour 表观渗透率模型。

Javadpour 考虑 Knudsen 扩散和滑脱的双重作用，提出了表观渗透率计算公式：

$$K_a = \left\{ \frac{2\mu M}{3 \times 10^3 RT\rho^{-2}} \left(\frac{8RT}{\pi M} \right)^{0.5} \frac{8}{r} + \left[1 + \left(\frac{8\pi RT}{M} \right)^{0.5} \frac{\mu}{\bar{p}r} \left(\frac{2}{\alpha} - 1 \right) \right] \frac{1}{\bar{\rho}} \right\} K_\infty \tag{3-123}$$

式中，T——气藏温度，K；

$\bar{\rho}$——气体平均密度，kg/m^3；

α——切向动量供给系数，其取值为 $0 \sim 1$，与孔隙壁的光滑程度、气体类型、温度和压力有关，一般需要通过实验来获得。

该模型由 Knudsen 扩散部分和滑脱部分组成，可以看出纳米孔隙中表观渗透率同绝对渗透率之间的关系由气体的性质、孔喉大小以及压力温度等表示，基于该模型，可有效地研究页岩孔径、温度压力等条件对于其气体流动规律的影响。

3）滑脱效应实验

通过室内实验测定了不同孔隙压力下的滑脱因子的大小，绘制渗透率随孔隙压力的变化曲线，研究孔隙压力对页岩气滑脱效应的影响。实验选用岩心为南方海相页岩，岩心基本数据见表 3-9。

表 3-9 实验岩心基本数据

序号	层位	岩心编号	岩心直径/cm	岩心长度/cm	渗透率/mD	备注
1	筇竹寺	LS1-7-4	2.524	4.221	0.0051	无裂缝
2	筇竹寺	LS1-3-2	2.520	3.955	5.078E-06	无裂缝
3	筇竹寺	LS1-2-5	2.526	4.054	2.179E-05	无裂缝
4	龙马溪	LS1-3-5	2.512	4.167	0.0039	无裂缝
5	筇竹寺	LS1-8-2	2.511	3.941	0.0031	无裂缝
6	筇竹寺	QJ1-6	2.527	4.071	0.0107	无裂缝

为检验实验装置的密封性和渗透率测试结果的可靠性，首先用铁岩心进行测试，发现当围压大于 5MPa 时设备才能达到较好的密封性，而本次实验所用的围压为 20MPa（尽可能消除应力敏感对实验的影响），皮套密封性良好。然后对三块标准岩心的渗透率进行重复性测试，三次测试结果的相对误差见表 3-10，测试结果表明实验设备所测数据可信，在允许的误差范围内。

表 3-10 标准岩心三次测试对比表

测试参数	第 1 次	第 2 次	第 3 次
测量渗透率/MD	9.82	10.30	10.41
标准渗透率/mD	10.00	10.00	10.00
相对误差/%	1.82	3.02	4.13
平均相对误差/%		2.99	

　　取其两组岩样实验结果进行分析,实验岩心平均孔隙压力倒数与渗透率的关系曲线见图 3-23 和图 3-24。随着平均孔隙压力的增大,渗透率不断降低,而且降低幅度在不断减小。实验结果与滑脱效应的物理意义一致。页岩岩样都呈现出不同程度的滑脱效应,即岩样气测渗透率随孔隙压力倒数的增大而增大。页岩普遍存在滑脱效应,而滑脱效应有助于改善页岩储层的渗透性能,为页岩气藏的开发提供了有利条件。

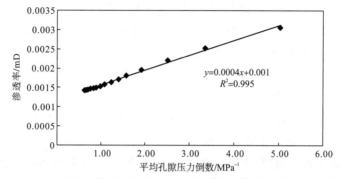

$y=0.0004x+0.001$
$R^2=0.995$

图 3-23　实验岩心平均孔隙压力倒数与渗透率关系(岩心编号:LS1-8-2)

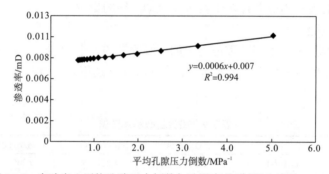

$y=0.0006x+0.007$
$R^2=0.994$

图 3-24　实验岩心平均孔隙压力倒数与渗透率关系(岩心编号:QJ1-6)

　　为了分析不同孔隙压力下滑脱效应对渗透率的影响,选择 3 块具有不同级别滑脱因子的岩心实验结果,绘制了滑脱渗透率对气测渗透率的贡献率 k/k_∞ 随孔隙压力变化的关系曲线,如图 3-25 所示。3 块页岩岩样的气测渗透率受滑脱渗透率的影响规律基本一致,随着孔隙压力的增大,滑脱效应对渗透率的影响先是快速下降再是缓慢减弱;滑脱因子越大,在相同孔隙压力条件下,k/k_∞ 的变化幅度越大,滑脱效应对渗透率的影响越大。

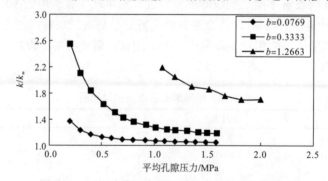

图 3-25　不同孔隙压力下滑脱效应对渗透率的影响

气体渗流过程中滑脱效应的强弱很大程度上取决于储层孔隙压力的大小,当储层孔隙压力较小的时候,滑脱对渗透率的影响较大,滑脱效应明显;当储层孔隙压力较大的时候,滑脱效应不明显。由此可见,页岩中普遍存在气体滑脱效应,滑脱效应对于页岩气的渗流规律及页岩气井的产能具有不可忽视的影响。

第三节 致密气渗流物理

一、致密气研究进展

致密储层中复杂的介质系统导致了复杂的渗流现象,其渗流规律不再服从经典的渗流理论。实验研究和现场实践表明,渗流的非线性和流态的多变性是复杂介质中的主要渗流特征。这类介质中的流体渗流很少遵循传统的线性达西定律,在无裂缝存在的低渗透地带,常常表现出非线性的低速非达西渗流特征,而在天然大裂缝发育或有人工压裂缝存在的地方以及近井地带,则表现出非线性的高速非达西渗流特征。此外,即便是在同一渗透介质中,也极有可能出现不同的渗流现象。比如,致密储层流体渗流多呈低速非达西渗流特征,气体渗流受制于 Klinkenberg 效应。但是随着驱动压差的增大,渗流速度也会逐步升高,当渗流速度增加到一定值后,同样也会表现出高速非达西渗流特征,同理,虽然在导流能力极强的人工压裂缝中高速非达西渗流占据了主导地位,但是当驱动压差降到一定程度后,也会表现出线性或低速非线性渗流特征。亦即在致密气藏气体渗流过程中,渗流过程流态变化经历一个低速非线性渗流—线性达西流—高速非线性紊流的连续过渡。另一方面,致密气藏微细孔道固介界面分子力以及电荷力作用的增强和渗流速度的减少可能导致致密气层中渗流附加阻力的相对增强,含水状态下岩样渗流偏离达西定律的现象,表现为气藏中气体的渗流特征与油藏的渗流特征一样存在"启动压差"和"临界压力梯度"。对于裂缝性有水气藏来说,天然或者人工裂缝有助于增加气体流动能力,当气体高速流动时表现为非达西流动。同时,裂缝也为钻井/完井液以及边底水侵入气藏提供了便利的通道。侵入水或者钻井/完井液会引起气藏水锁,导致气井产能降低,甚至水淹气井遭到破坏。

大量实验研究和现场应用证实了多孔介质中气体渗流存在非线性,渗流受制于 Klinkenberge 效应、非达西定律,存在启动压差以及可能的水锁效应。多孔介质中气体流动规律有别于油和水的流动,多孔介质中气体在低压条件下流动的"滑脱"或称之为 Klinkenberg 效应。此外,气体的低黏度和近井眼地带气体流动的高质量流速通常会导致气体流动速度超越层流的界限。虽然油井和水井的高产能也可能表现出这样的行为,但是这种现象在气体的流动中更常见。Ramey 对油水流动也进行了讨论。在气藏工程的文献中这一效应叫作湍流。湍流在井附近引起一个额外的压力降,这一压降可能被误认为是井眼损害。1948 年 Elenbas 和 Katz 通过多孔介质高速流动的实验研究得出了一些相关关系。

1901 年,Reynolds 基于管流研究成果,首次提出将压力梯度表述为黏性项和惯性项之和。Forchheimer 对比多孔介质中水的高速流动数据,利用相同的概念,首次为达西方程添加了额外的一项,用来表述所增加的压降。一维运动方程为

$$-\frac{\mathrm{d}p}{\mathrm{d}l} = \frac{\mu(p)v}{k} + \beta\rho(p)v^2 \tag{3-124}$$

式中，β——湍流因子。

多孔介质中气体或液体的稳定流动可以是层流、湍流或二者的结合。这一理论最早由 Fancher 和 Lewi 于 1933 年提出，并被其他人所证实。Fancher 和 Lewis 对大量的非胶结和胶结的多孔介质中气体流动的压降-速度关系做了大规模的测量。结果按照一个修正的范宁摩擦系数(f_g)和修正雷诺数(Re_g)来表达，使用粒径作为特征长度。Fancher 和 Lewis 根据多孔介质的调查数据在对数坐标上作(f_g)-(Re_g)关系图，给出了低雷诺数情况下的一条斜率为 1 的直线。在较高的速度和当雷诺数大于 1.0 时，由于向湍流的跃迁，所得到的直线开始变平。

湍流的概念和湍流项的使用都来自对管流的研究。然而 Elenbas 和 Katz 所做的工作清楚地表明多孔介质中的影响机理与管流中所指的湍流造成的能量损失不一样，惯性力扮演了第一位的角色[Elenbas 和 Katz(1948)，Cornell 和 Katz(1953)]。这些力可能通常都是表观力，但在大雷诺数时会逐渐变成支配力(相对于黏性力而言)[Hubbert(1956)和 Houpeurt(1959)]。被大家所公认的解释就是，Wright(1968)和 Geertsma(1974)提出的，当速度增加时，来自层流的初始偏差是由惯性作用造成的，速度更高就形成湍流现象。"非达西"并不相当于经典的湍流思想，而是由流体微粒通过孔隙空间的对流加速度所造成的。

大部分的实验表明，当雷诺数值高于流动开始脱离层流所观察到的雷诺数值至少一个数量级时，真正的湍流才会发生。所有的实验都证实了 Forchheimer 型流动方程的一般适用性。在某些情况下，需要速度的立方项如$\gamma\rho^2u^3$。通过在速度的第二项使用压降的二次方程，Johnson 和 Taliaferro(1938)得到的数据与 n 次方相关。Green 和 Duwez(1951)在研究金属时，得到了对多孔介质中气体高速流动更深的认识和理解。他们采用了 Forchheime 提出的速度项平方的方程。

Cornell 和 Katz(1953)利用大量不同砂岩和碳酸盐岩地层的岩心获得了 Forchheimer 所表述的湍流因子。Janicek 和 Katz(1959)重新关联了这些数据，利用饱和度作为参数，得到了湍流因子 β 与岩石绝对渗透率的相关性。Katz(1959)等在他们的气藏工程手册中回顾了这些数据。由此，Katz 和 Coats(1968)提出了 β 作为 k 的函数的简单相关性。这一关系只应用于胶结的砂岩、白云岩和石灰岩。Gewers 和 Nichol(1969)评价了 Janicek-Katz(1959)相关关系对石灰岩的适用性，他们发现测量的湍流因子比由 Janicek-Katz 相关关系所给出的要高一个数量级。正如 Gewers 和 Nichol 所展示的，基于 Janicek-Katz 相关关系的产能评估有一半是乐观的。他们在固定流体饱和度为 30% 的情况下，测量了相同岩心的气体湍流因子。结果表明，当液体饱和度达到 10% 时气体湍流因子降到最小，然后由 10% 到 30% 增加含液饱和度值。

Wong(1970)扩展了 Gewers 和 Nichol(1969)所做的工作，他测定了两相流、高液体饱和度条件下的气体湍流因子，得出将液体饱和度由 40% 提高到 70%，湍流因子提高了八倍。随着井眼周围的有效气体渗透率的下降，湍流因子随之增加，这将导致气井产能的大幅度削减。同时也发现，通过运用由于岩心所得到的湍流因子-渗透率相关关系，可以得到两相流动系统的湍流因子。需要指出的是，相关关系是建立在前面所述的实验所用岩石类型之上的，并且渗透率项由气体在相应液体饱和度时的有效渗透率代替。值得注意的是，Gewers 和 Nichol(1969)、Wong(1970)所做的在一定的液体饱和度条件下直接测量 β 的实验工作，是实施在微孔洞碳酸盐岩岩样品的。迄今为止，并未在砂岩上进行这样的实验，而只是假定可以运用相同的物理机理。

Casse 和 Ramey(1979)在他们的关于温度对 Berea 砂岩特性影响的调查中，发现湍流因子与温度是相互独立的，得到的 β 值与文献中前人得出的值是相一致的。

Firoozabadi 和 Katz(1979)做了一个关于通过多孔介质的高速气流的分析。他们选择了过去收集的六套数据来寻找湍流系数与渗透率或孔隙度之间的相关关系。数据都来自胶结和非胶结的砂岩和碳酸盐岩干岩心，数据的测量消除了 Klinkemberg 滑脱效应的影响。人们发现以孔隙度为参数的非胶结砂的相关关系直线与胶结数据得到的斜率不同。

在气井测试技术中最常用到的一项就是非达西流动系数 D，D 与 β 的关系为

$$D = \frac{\beta k M p_{sc}}{h \mu r_w T_{sc}^*} \tag{3-125}$$

非达西系数可以通过岩心分析的实验室测定 β 值获得，或者由试井分析获得。

国内学者进行了大量低渗透介质渗流试验，并通过实验进一步证明了低渗多孔介质中低速非达西渗流的存在，得到了低速非达西渗流的典型特征曲线，如图 3-26 所示。

典型的低速非达西渗流主要表现为：

(1)存在不为零的启动压力梯度，使得在小于某一压力梯度时岩心中的流体不流动。

(2)当压力梯度大于启动压力梯度且在比较低的某一范围时，渗流速度与压力梯度存在非线性关系。

(3)当压力梯度大于某一值时，体系塑性变形、结构破坏，渗流速度与压力梯度呈线性增加，流动呈现出达西流动。

非达西渗流过程可以用图 3-26 进行描述：a 点为液体开始流动的启动压力梯度；ad 线段为液体流速呈下凹型增加的实测曲线；de 线段为实测的达西渗流直线；d 点为由曲线变为直线的临界压力梯度；c 为 de 直线延伸与压力梯度坐标的交点，通常称为拟启动压力梯度。直线(即 de 线)延长线(即 dc 线)不通过坐标原点，这是非达西渗流的主要特征。

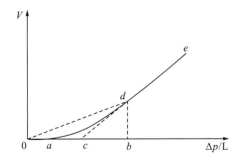

图 3-26　低渗透介质低速非达西渗流特征曲线

二、低速非达西渗流实验

(一)低速非达西渗流特征

致密储层中气、水赖以流动的通道很窄,在细小的孔隙喉道处易形成水化膜。地层孔隙中的气体从静止到流动必须突破水化膜束缚,作用于水化膜表面两侧的压力差达到一定大小是气体开始流动的必要条件。气体流动时必须保持一定的压力梯度,否则孔隙喉道处的水化膜又将形成,气体又会停止流动。这种压力梯度即气体渗流时的启动压力梯度,并且渗透率越低,启动压力梯度越大。也有研究认为在多孔介质中存在着 3 种毛细管力:第一种和第二种毛细管力的方向与毛细管延伸方向平行,第三种毛细管力的方向垂直于毛细管管壁并指向非润湿相。第三种毛细管力的主要作用是增大非润湿相与孔喉壁之间的摩擦阻力,且毛细管半径越小,阻力越大。因此,孔喉半径很小的低渗透气藏存在由毛细管力引起的启动压力梯度。

利用低速渗流实验装置,在残余水状态下,对亲水致密储层岩石中气体低速渗流机理进行了大量的实验研究。研究成果表明:在残余水状态下,亲水致密储层岩石中的气体低速渗流具有明显的非达西渗流特征(图 3-27);在克氏回归曲线上,存在着界定不同渗流机理影响的临界点。在临界点以下,气体渗流受毛细管阻力影响,表现为气体有效渗透率随净压力增大而递增;在临界点以上,气体渗流受气体分子滑脱效应影响,表现为气体有效渗透率随净压力增大而递减。临界压力的高低反映了毛细管阻力和气体分子滑脱效应作用力这两种不同作用机理对气体低速渗流的影响程度。

实验研究认为,致密岩心中气体的流动存在多种渗流形态,且渗流形态与致密岩心的渗透率、含水饱和度以及压力梯度的大小有关。当含水饱和度较低时(小于 30%),仅在一定的压力梯度范围内存在达西渗流;当含水饱和度较高时(大于 30%至束缚水饱和度以下),气体的渗流存在非达西渗流现象。这种非达西流动表现为在较低的压力梯度下为非线性流动,而在较高的压力梯度下为线性流动,即气体的视渗透率随压力梯度的增加而增加,至一定值后,视渗透率基本保持不变,但此时气体的流动规律同达西线性流相比,存在附加压力损失。

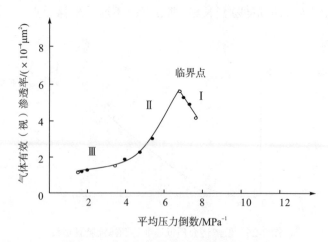

图 3-27 残余水条件下岩心克氏回归曲线

(二)非达西渗流实验

为了揭示致密气藏非线性渗流的基本规律，必须从具体的物理模拟实验着手，对非线性渗流的基本渗流规律进行实验研究。通过对实验数据进行分析，进行总结归纳，利用气藏工程、渗流力学和应用数学等手段进行分析推导，从而获得基本的非线性渗流规律。再将非线性渗流规律应用到具体的气田开发过程并在应用中获得新的认识，反过来修正理论。

实验所用岩心取自典型的致密气大牛地气田。5 块岩心渗透率分布范围在 $0.00653 \times 10^{-3} \sim 0.642 \times 10^{-3} \mu m^2$，孔隙度分布为 2.73%～9.17%，见表 3-11。

表 3-11　实验岩心编号及基本参数

岩心号	孔隙度/%	渗透率/($\times 10^{-3} \mu m^2$)	最大孔喉半径/μm	中值半径/μm
1	6.68	0.286	2.6428	0.0485
5	5.85	0.266	2.5895	0.3810
12	3.21	0.0345	1.0222	0.0093
13	3.04	0.00653	0.6299	0.0066
14	3.63	0.0356	1.0229	0.0179

由于气体在多孔介质中的渗流机理和渗流特征与液体有很大区别，在低渗致密多孔介质中更是如此，所以用常规液-液或气-液渗流实验装置难以完成气体在低渗致密多孔介质中的低速非达西渗流实验。为能观测到气体的低速非达西渗流特征(启动压力梯度)，要求加在岩心两端的初始压差非常低，小到 10^{-3}MPa 数量级甚至更低，再慢慢地将压差升高。为此，参考以往人们对气体渗透率测定仪的改造，这里对气体低速渗流实验装置进行了进一步的改进，实验流程如图 3-28 所示，即在原有装置上增加了两条气体流通通路，并在三条通路上安装了三个不同级别的调压阀。

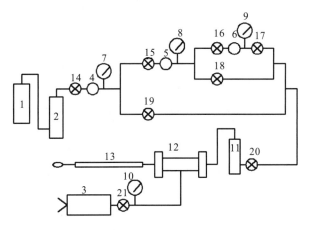

1—气源；2—中间容器；3—围压泵；4、5、6—调压阀；7、8、9、10—压力表；

11—增湿器；12—岩心夹持器；13—气体流量计；14、15、16、17、18、19、20、21—阀门

图 3-28　气体低速渗流实验流程图

本实验温度为 20℃，采用标准盐水，矿化度 66000，所用驱替介质为氮气。采用与气体渗透率测定类似的稳态法，具体实验步骤如下：

(1)岩样抽空饱和水(饱和盐水)。

(2)用天然气驱替岩样中的水(驱替压差很低)，此时岩样中水饱和度逐渐降低，气饱和度逐渐增加。

(3)继续用天然气驱替，直到出口端全部为气体且不再出水为止，此时岩样中为束缚水和气体。

(4)测渗流曲线，即恒定驱替压力，待气体流量稳定后测定该点的流量值，然后改变压力，测下一个流量值，如此反复直至得到一条渗流曲线。一般取 10～16 个测点，因为在较高的压力梯度下，渗流速度太大反而对研究没有意义。

(三)非达西实验数据处理技术

1. 岩心渗流曲线和克氏回归曲线

通过低速渗流实验，获得了气体流量与压力平方梯度、平均压力倒数与有效渗透率数据(表 3-12，表 3-13)，绘出了所有 5 块岩心的渗流曲线和克氏回归曲线(图 3-29～图 3-38)。

表 3-12　气体流量与压力平方梯度实验结果

1		5		12		13		14	
压力平方梯度/(MPa²/cm)	气体流量/(mL/s)	压力平方梯度/(MPa²/cm)	气体流量/(mL/s)	压力平方梯度/(MPa²/cm)	气体流量/(mL/s)	压力平方梯度/(MPa²/cm)	气体流量/(mL/s)	压力平方梯度/(MPa²/cm)	气体流量/(mL/s)
0.0002	0.0003	0.0002	0.0007	0.0005	0.0002	0.0005	0.0001	0.0005	0.0001
0.0017	0.0024	0.0005	0.0017	0.0011	0.0005	0.0017	0.0003	0.0011	0.0003
0.0023	0.0036	0.0023	0.0057	0.0017	0.0007	0.0024	0.0004	0.0017	0.0006
0.0031	0.0045	0.0038	0.0089	0.0023	0.0009	0.0039	0.0006	0.0023	0.0009
0.0038	0.0056	0.0074	0.0137	0.0030	0.0011	0.0047	0.0007	0.0030	0.0011
0.0046	0.0066	0.0127	0.0238	0.0038	0.0012	0.0065	0.0009	0.0038	0.0014
0.0055	0.0080	0.0229	0.0393	0.0046	0.0014	0.0095	0.0012	0.0045	0.0016
0.0064	0.0093	0.0414	0.0684	0.0055	0.0016	0.0131	0.0017	0.0054	0.0015
0.0074	0.0105	0.0649	0.1054	0.0079	0.0022	0.0207	0.0024	0.0069	0.0019
0.0095	0.0126	0.1201	0.1840	0.0193	0.0045	0.0366	0.0036	0.0364	0.0085
0.0209	0.0250	0.2483	0.3420	0.0284	0.0058	0.0628	0.0051	0.0583	0.0121
0.0368	0.0418	0.4555	0.6070	0.0374	0.0073	0.0910	0.0073	0.0836	0.0172
0.0643	0.0647	1.1080	1.4081	0.0594	0.0106	0.1262	0.0089	0.1174	0.0229
0.1227	0.1182			0.0860	0.0145	0.1649	0.0110	0.1553	0.0295
				0.1184	0.0199	0.2156	0.0138	0.1981	0.0365
				0.1564	0.0246	0.3673	0.0230	0.2494	0.0454

表 3-13　气体有效渗透率与平均压力倒数实验结果

1		5		12		13		14	
平均压力倒数/MPa⁻¹	气体有效渗透率/(×10⁻⁴μm²)	平均压力倒数/MPa⁻¹	气体有效渗透率/(×10⁻⁴μm²)	平均压力倒数/MPa⁻¹	气体有效渗透率/(×10⁻⁴μm²)	平均压力倒数/MPa⁻¹	气体有效渗透率/(×10⁻⁴μm²)	平均压力倒数/MPa⁻¹	气体有效渗透率/(×10⁻⁴μm²)
10.16	0.85	10.17	1.82	9.93	2.75	9.86	6.61	10.00	1.54
9.01	0.95	9.92	2.19	9.41	3.12	8.98	12.51	9.52	1.92
8.62	1.04	8.64	1.64	9.04	2.77	8.59	10.45	9.08	2.36
8.26	1.00	7.95	1.57	8.65	2.48	7.91	10.71	8.70	2.70
7.94	0.98	6.86	1.25	8.29	2.30	7.61	10.46	8.34	2.48
7.65	0.96	5.89	1.26	7.96	2.10	7.07	9.66	8.00	2.46
7.36	0.98	4.86	1.16	7.66	1.96	6.39	8.76	7.71	2.33
7.10	0.97	3.91	1.11	7.38	1.91	5.83	8.86	7.42	1.88
6.86	0.96	3.27	1.09	6.75	1.86	5.03	7.76	7.02	1.81
6.42	0.90	2.53	1.03	5.17	1.57	4.10	6.66	4.12	1.55
5.01	0.81	1.83	0.93	4.51	1.35	3.32	5.55	3.42	1.38
4.09	0.77	1.39	0.90	4.07	1.30	2.85	5.41	2.95	1.38
3.28	0.68	0.91	0.86	3.40	1.19	2.48	4.79	2.56	1.31
2.50	0.65			2.92	1.13	2.20	4.51	2.26	1.27
				2.26	1.05	1.96	4.35	2.03	1.23
				1.74	0.98	1.54	4.26	1.83	1.21

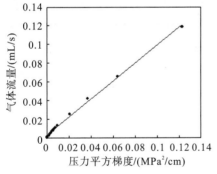

图 3-29　1 号岩心渗流曲线

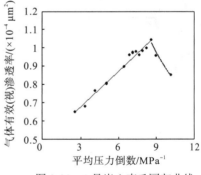

图 3-30　1 号岩心克氏回归曲线

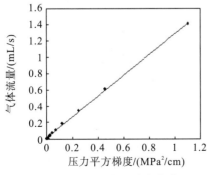

图 3-31　5 号岩心渗流曲线

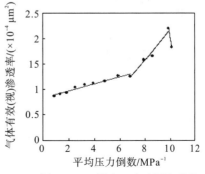

图 3-32　5 号岩心克氏回归曲线

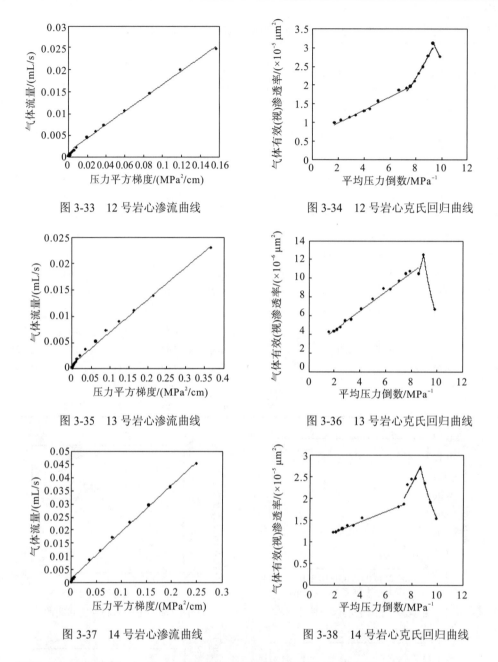

图 3-33　12 号岩心渗流曲线　　　　　　图 3-34　12 号岩心克氏回归曲线

图 3-35　13 号岩心渗流曲线　　　　　　图 3-36　13 号岩心克氏回归曲线

图 3-37　14 号岩心渗流曲线　　　　　　图 3-38　14 号岩心克氏回归曲线

根据以上实验结果，可将岩心的渗流曲线和克氏回归曲线分为以下三类：

（1）在实验压力范围内，克氏回归曲线由两段组成，两段间存在一个临界点，当平均压力较低时，气体有效渗透率随平均压力增大而增大；当平均压力较高时，气体有效渗透率随平均压力增大而降低。

（2）在实验压力范围内，克氏回归曲线由三段组成，当平均压力低于临界点压力时，气体有效渗透率随平均压力增大而增大；当平均压力高于临界点压力时，气体有效渗透率随平均压力增大而急剧降低；随着平均压力的进一步增大，气体有效渗透率缓慢降低。岩样的气体渗流曲线由低速非线性曲线段和拟线性直线段两段组成，且存在一个由曲线段向直线段过渡的拐点。

(3) 在实验压力范围内，岩样的气体渗流曲线和克氏回归曲线均为直线。

2. 低速非达西渗流现象的判定

通过对实验岩心的精心选取和实验方案的详细制定，完成了 5 个岩样的低速渗流实验。并在实验结果的基础之上建立了每块岩心的渗流特征曲线和克氏回归曲线。通过克氏回归曲线可以判断岩心中是否存在具有启动压力梯度的低速非达西渗流现象。

吴凡等通过对大量中低渗岩心的气体低速渗流实验，建立了一系列渗透率与平均压力倒数的关系曲线(克氏回归曲线)，即 $K - 1/\bar{p}$ 的关系曲线，发现各岩心均具有图 3-39 所示的曲线特征：

(1) 小于 $1/\bar{p}_i$ 的区间内，随着 $1/\bar{p}$ 的减小，渗透率减小，$K - 1/\bar{p}$ 呈线性关系，即存在一般的滑脱效应。

(2) 大于 $1/\bar{p}_i$ 的区间内，随着 $1/\bar{p}$ 的增大，渗透率减小，$K - 1/\bar{p}$ 呈非线性的反比关系。即随着压差的变小，视渗透率变小，与液体低速渗流时的特征相同，即存在启动压力梯度。这一重要特征表明低速条件下气体的滑脱效应是有条件的，在更低流速条件下，气体的渗流同样存在启动压力梯度，即低速非达西渗流。

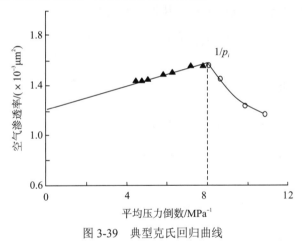

图 3-39　典型克氏回归曲线

基于此理论，依次将本次实验所得的每块岩心的克氏曲线与图 3-38 所示的曲线进行对比，就可以判定出气体在该岩心中的渗流是否存在低速非达西现象，判定结果如表 3-14 所示，可以看出 5 块岩样全部存在具有启动压力的低速非达西渗流现象。

表 3-14　低速非达西渗流现象判定

岩样号	有否低速非达西渗流现象
1	有
5	有
12	有
13	有
14	有

3. 启动压力梯度计算

由于气测渗透率是根据达西定律求出的，其体积流速与压差的关系为

$$v = \frac{Q}{A} = \frac{10K\left(p_1^2 - p_0^2\right)}{2p_0\mu L} \tag{3-126}$$

式中，v ——气体通过岩心的流速，cm / s；

$\quad\quad Q$ ——气体通过岩心的流量，cm^3 / s；

$\quad\quad A$ ——岩心横截面积，cm^2；

$\quad\quad K$ ——岩心渗透率，μm^2；

$\quad\quad p_1$ ——岩心进口端压力，MPa；

$\quad\quad p_0$ ——实验条件下的大气压力，MPa；

$\quad\quad \mu$ ——空气黏度，mPa·s；

$\quad\quad L$ ——岩心长度，cm。

由式(3-122)可以看出，当气体渗流符合达西定律时，$v-\left(p_1^2-p_0^2\right)$ 为通过原点的线性关系。而根据已有理论可知，如果气体在岩心中的渗流存在启动压力梯度现象，$v-\left(p_1^2-p_0^2\right)$ 为不通过原点的线性关系，其表现形式为

$$v = a\left(p_1^2 - p_0^2\right) - b \tag{3-127}$$

式中，a、b ——分别为这一直线的系数和常数项。

令 $v = 0$，则岩样的启动压力为

$$p_\lambda = \left[\frac{b}{a} + p_0^2\right]^{\frac{1}{2}} \tag{3-128}$$

根据式(3-124)，则岩样的启动压力梯度为

$$\lambda = \frac{p_\lambda - p_0}{L} = \frac{\left[\dfrac{b}{a} + p_0^2\right]^{\frac{1}{2}} - p_0}{L} \tag{3-129}$$

根据前述判定结果，找出存在低速非达西渗流现象的岩样，然后从其克氏回归曲线上截取出低速非达西渗流段（即 $1/\overline{p}$ 大于 $1/\overline{p_i}$ 的曲线段），再绘出该段曲线对应的 $v-\left(p_1^2-p_0^2\right)$ 曲线并回归得到 a、b 值，最后将 a、b 值分别代入式(3-128)和式(3-129)就可计算出该岩样对应的启动压力和启动压力梯度。

存在低速非达西渗流现象的 5 块岩心的渗流速度与压力平方差曲线回归的 a、b 值及启动压力梯度计算结果见表 3-15。

图 3-40 是回归的启动压力梯度与克氏渗透率的关系曲线。从图中可以看出，启动压力梯度与渗透率存在明显的反比关系，即渗透率越高，启动压力梯度越小，渗透率越低，启动压力梯度则越大。而且曲线上有一明显的拐点，渗透率高于该临界值时，启动压力梯度随渗透率的降低而缓缓增大；渗透率低于该临界值时，启动压力梯度随渗透率的降低而急剧增大。

表 3-15　启动压力梯度计算结果

岩样号	a	b	岩心长度/cm	出口压力/MPa	启动压力/MPa	启动压力梯度/(MPa/cm)
1	0.0787	0.00002	3.955	0.095864	0.097181	0.000333
5	0.1864	0.00005	3.956	0.0952875	0.0966848	0.000353
12	0.0258	0.00001	3.938	0.0957	0.097704	0.000509
13	0.0114	0.00005	3.937	0.0964	0.116957	0.005221
14	0.0129	0.00001	3.95	0.094994	0.09899	0.000838

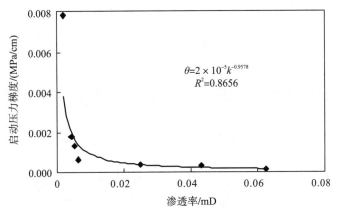

图 3-40　启动压力梯度与岩心渗透率的关系

三、基于 ESCK 的储层岩石变形研究与敏感性评价

(一)致密储层岩石渗透率有效应力系数实验

1923 年，Terzaghi 第一个提出有效应力的概念，其有效应力等于围压和孔隙流体压力的简单差值，表达式为

$$\sigma_{\text{eff}} = p_{\text{c}} - p_{\text{p}} \tag{3-130}$$

式中，σ_{eff}——有效应力，MPa；

p_{c}——围压，MPa；

p_{p}——孔隙流体压力，MPa。

Terzaghi 有效应力方程形式简单、便于使用，被广泛应用于多孔介质的许多学科领域。后来人们研究发现有效应力常常不等于围压与内压的简单差值，因此，人们将有效应力的表达式修正为在孔隙流体压力前乘上一系数，即有效应力系数。对于多孔介质不同的性质，有效应力系数的大小常常是不一样的，为了区分不同性质的有效应力系数，通常是在有效应力系数前加一个多孔介质的性质做定语，这样，就有了渗透率有效应力系数等称呼。渗透率有效应力系数 ESCK 是 Effective Stress Coefficient for Permeability 的英文缩写，后一个字母没有用 P 而用的是 K，是为了区分渗透率有效应力系数与孔隙度有效应力系数 ESCP（Effective Stress Coefficient for Porosity 的英文缩写）。渗透率随围压和内压的变化关系可用以下公式表示：

$$k = f(\sigma_{\text{eff}}^k) = f(p_c - \alpha_k p_p) \tag{3-131}$$

其中，k——渗透率，mD；

σ_{eff}^k——渗透率有效应力，MPa；

α_k——渗透率有效应力系数或 ESCK，无因次量。

由（3-131）式可得到渗透率有效应力方程的表达式：

$$\sigma_{\text{eff}}^k = p_c - \alpha_k p_p \tag{3-132}$$

渗透率有效应力方程研究的实质就是确定 ESCK 的大小，确定了 ESCK 以后，就可以根据上式计算不同围压和孔隙流体压力下的有效应力。国外许多学者从实验和理论的角度研究了 ESCK 的大小和取值范围。

Terzaghi 是最早用实验研究有效应力方程的人，他的研究结果是有效应力系数为 1.0。后来很多学者理论推导得到的有效应力方程中的有效应力系数介于 1.0 和 0 之间，而大多数的实验研究结果则表明有效应力系数接近 1.0；只有 Warpinski 等在实验研究中发现有效应力系数在高围压和低孔隙流体压力的条件下是很小的情况，但是他们把这个现象归结于实验误差。

李闽教授开展了致密砂岩岩石渗透率有效应力系数的室内实验测定工作。并采用响应面法进行数据处理分析。该方法是建立一个经验模型，模型中描述响应面的系数由拟合实验数据获得。这种方法对于分析存在微裂缝的低渗岩心十分有效，微裂缝的存在使岩石的性质变得不稳定，很难用现有的有效应力定律来描述其内在性质随压力的变化规律。响应面法不需要用现有的有效应力理论来描述岩石的内在性质，而是用拟合实验数据得到的描述响应面的系数，确定低渗砂岩的 ESCK 响应特征。在实验室第一次观察到了渗透率有效应力系数的值接近岩石的孔隙度，同时，从理论上也证明了当岩石的变形以岩石骨架颗粒的弹性变形为主时，渗透率有效应力系数的下限值等于岩石的孔隙度，从而从岩石变形机理和实验方面证明了特定条件下的低渗砂岩岩石不存在强应力敏感，为气田的合理开发（特别是合理的井网部署）提供了理论依据。

（二）储层岩石应力敏感性评价

通常把渗透率随着应力的变化而变化的现象称为应力敏感性。敏感的分析一般是在孔隙流体压力接近大气压力（大气压力很小，可以看成零）的条件下通过改变围压的方式下进行的。此时，净应力就近似地等于有效应力。据此，根据图 3-41 中的第一个卸载的渗透率与净应力的关系图，可以得到渗透率与有效应力的关系式：

$$k = 1.1481 \sigma_{\text{net}}^{-1.3035} = 1.1481 \sigma_{\text{eff}}^{-1.3035} \tag{3-133}$$

假设原始地层的外应力为 44MPa，孔隙流体压力为 24MPa。首先，根据过去认识的有效应力系数为 1.0 来进行应力敏感性评价。当孔隙流体压力是 24MPa 时，有效应力为 20MPa，根据式（3-133）得到的渗透率为 2.31×10^{-2}mD；当孔隙流体压力降到 14MPa 时，有效应力为 30MPa，渗透率为 1.36×10^{-2}mD，渗透率的变化率为 41.05%。然后，根据文中得到的有效应力系数进行应力敏感评价。当孔隙流体压力是 24MPa 时，有效应力系数为 0.21，则有效应力为 38.96MPa，渗透率为 9.70×10^{-3}mD；当孔隙流体压力降到 14MPa 时，有效应力系数为 0.0421，有效应力为 43.41MPa，渗透率为 8.42×10^{-3}mD，渗透率的变化率为 13.15％。根据储层岩石的应力敏感评价方法，前者得到的结论是该低渗致密砂岩储层存在强应力敏感，而后者却是中偏弱应力敏感。由此可见，即使在相同条件下，根据不同的有效应力系数得到的渗透率差别很大，渗透率的变化率也相差很大，评价结论也完全不一样。因此，正确认识和运用 ESCK 是非常重要的。

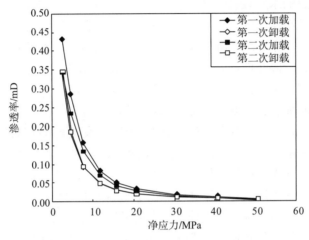

图 3-41　渗透率与外应力的关系图

四、致密气藏储层伤害机理

致密气藏一般具有低孔、低渗、低原始含水饱和度、高毛管压力、高有效应力、天然裂缝有一定发育、高气体可压缩性的特点。潜在的储层伤害包括液相圈闭、固相侵入、黏土膨胀和应力敏感性等。液相包括了液态烃、水和各种油井工作液中的水。液锁(液相圈闭)属于相圈闭，而水锁(水相圈闭)则是相圈闭的主要类型。

(一)水锁伤害机理

1. 气藏水侵形式

气藏开采中水侵形成多种形式的对天然气的封隔，造成气藏中存在大量的水封气(或封闭气、残余气)。因此，提高水驱气藏采收率实质上就是在研究气藏水侵特征的基础上，采取早期控制，减少水封气的形成；中后期实施水封气解封的过程。水封与解封是天然水侵形成的"水驱气"向人为因素产生的"气驱水"的转化过程。也只有实现了这一转化，水封气才能解封，被开采出来。

非均质裂缝—孔隙(洞)型储层天然气的渗流也需经历三个阶段，即基质岩块内孔隙→孔隙间的渗流、基质岩块孔隙层→裂缝的渗流及裂缝→井底的渗流。在气藏水侵过程中，天然气渗流的每个环节都可以产生水封。如孔隙与孔隙之间、岩块与岩块之间、区块与区块之间都可能被水封隔。气井井筒内及周围裂缝的积液造成气井水淹是另一种形式的水封。具体表现如下：

1) 孔隙中的水封(水锁)

当相对高渗孔道或裂缝首先水侵后(选择性水侵),低孔低渗的砂体或被裂缝切割的基质孔隙层中的天然气被水包围,在毛细管效应作用下,水全方位地向被包围的砂体或基质岩块孔隙侵入,在孔隙喉道介质表面形成水膜、喉道内气、水两相接触面处的毛管阻力增大,孔隙中的气被水封隔,国内称之为"水锁",国外有人称之为"毛细管捕集"。这种水封形式已被国内外大量岩心水驱气试验所证实。

2) 低渗岩块(层)的水封(水包气)

低渗岩块中的孔隙层、小裂缝中的气是通过大裂缝或高渗孔道产出的,而选择性水侵水最先进入大裂缝或高渗孔道,由于水体能量高于气层压力,堵塞了孔隙、微细裂缝中天然气产出的通道,被封隔在低渗岩块和孔隙层中,即所谓的"水包气"。

大量生产测井资料证明,气井、裂缝发育的主要产气层段也就是出水层段,而不是自下而上逐层水侵,因而在出水层下面或出水层段之间仍有含气的低渗层段,这直接证明了裂缝水侵后对低渗岩块中气的封隔。法国米朗气田侏罗系气藏低孔低渗的白云岩地层每口井都有 2~3 个不规则分布的裂缝层段,水沿裂缝上窜,将天然气圈闭在基岩内,可采气体量减少,压力急剧下降。美国尤金岛气田是一个非均质砂岩中强度水驱凝析气田,由于水不均匀推进,也发现水淹区和水淹井中,由于水驱压力的补给,大量天然气被水圈闭。加拿大海狸河气田中泥盆系碳酸盐岩地层的水侵机理研究成果也认为,快速的水侵水锥不是主要原因,而是沿裂缝上窜横侵在基质中和不连通的裂缝和溶洞中,圈闭了高压的天然气,使整个气藏的储量损失很大。

3) 气藏的封隔

具有统一水动力系统的裂缝性非均质水驱气藏,由于裂缝平面分布变化很大,造成渗透性横向展布极不规则,区、块之间的连通主要靠裂缝,当气藏水侵,裂缝首先被水充填后,高渗区内部连通性变差,但仍能保持内部的压力传递。两个高渗区之间的中低渗带及高渗区与低渗区之间的过渡带,裂缝变小,水的侵入或因气藏压力下降后岩石弹性膨胀使裂缝闭合,使区块间连通性变得更差,甚至被水切断了相互间的联系,产生气藏的封隔,出现了多个独立的水动力系统。

4) 气井的水封(水淹)

气藏开采是通过气井来实现的,气井出水后,气相渗透率变小,气产量递减增快,同时井筒内流体密度不断增大,回压上升,生产压差变小,水气比上升,井筒积液不断增加,当井筒回压上升至与地层压力相平衡时气井水淹而停产,虽然气井仍有较高的地层压力,但气井控制范围的剩余储量靠自然能量已不能采出,而被井筒及井筒周围裂缝中的水(水墙)封隔在地下,通常称为"水淹",也是天然气产出过程中的一种水封形式,直接影响了气藏的废弃压力和采收率。

2. 水锁伤害机理

水锁是指当气藏的初始含水饱和度低于束缚水饱和度时,储层的亲水性和高毛管压力使其表现为对水的强烈自吸趋势。当水基油井工作液或地层中其他部位的水进入气层或气相中的凝析水在井底附近集结时,由于毛管力作用水进入孔隙中,在液相滞留聚集作用下导致井周围含水饱和度增高，有可能超过束缚水饱和度，使气相相对渗透率大幅度下降，气相难于流入井底，被水圈闭在地层中形成低的气井产量。

水锁伤害机理主要包括：

1)毛细管力的自吸作用

当气藏的初始含水饱和度低于束缚水饱和度时，储层处于亚束缚水状态，有过剩的毛细管压力存在。当与外来流体接触时，就很容易被吸入到亲水孔隙中。

毛管力公式为

$$p_c = \sigma \left(\frac{1}{R_1} + \frac{1}{R_2} \right) \tag{3-134}$$

对于规则的 n 边形喉道活塞式推进时的毛管力为

$$p_c = \frac{\sigma}{r_c} \left\{ \cos\theta + \sqrt{\frac{\tan\alpha}{2} \left[\sin 2\theta + \pi - 2(\alpha + \theta) \right]} \right\} \tag{3-135}$$

式中，p_c——毛细管压力，mN；

σ——界面张力，mN/m；

r_c——毛管半径，m；

R_1、R_2——分别为两相间形成液膜的曲率半径，m；

θ——接触角；

α——正 n 边形的半角。

从式(3-134)、式(3-135)可以看出毛管压力的大小与界面张力成正比，与多孔介质的孔隙半径成反比。由于低渗气藏孔隙尺寸很小，所以易产生水相圈闭污染。

2)液相滞留聚集作用

液相的滞留和聚集是造成水相圈闭污染的又一重要因素。低渗透储层的水相渗透率本来就低，当有气相存在时，水相渗透率会更低。因此，侵入储层的外来液体返排很困难，这就使气相渗透率一直很低，加重了水相圈闭的污染。影响液相滞留聚集作用的主要因素是储层孔隙结构、储层岩石流体之间的相互作用和储层压力等。

只有当储层压力大于毛管压力时，毛管中的液体才能被排出。排液时间随液体黏度、界面张力和毛管长度的增加而增加，随毛管半径和驱替压差的增加而减少。随着排液过程的进行，液体逐渐由大到小的毛管排出，排液速度越来越小。显然气藏压力越低，储层喉道半径越小，液体侵入越深，气液界面张力越大，岩石亲水性越强，液相滞留聚集作用越严重，水相圈闭污染就越严重。

同时孔隙和孔喉的形状也影响液相的滞留，如三角形比矩形和六方形的孔喉滞留液体更多，而对于片状喉道，由于拐角很小，很易产生液相滞留。

3)多孔介质中水运动的能量守恒及热力学平衡

多孔介质中水分的运动遵循能量守恒定律，多孔介质中水分的运动取决于水分所具有的能量(总水势能)。任何两点的多孔介质水势能梯度，就是这两点的多孔介质水分运动的驱动力，它决定水分运动的速度和方向，多孔介质水分总是从能量高的地方向能量低的地方运动。

总水势的定义：将无穷小量的水从处于一定高度和大气压下的纯水池中，可逆地、等温地移动到多孔介质的某一点时，每单位数量纯水所需做的功。它包括：

(1)压力势：由于岩石水系统中的压力超过参照状态下的压力而引起的多孔介质水势变化，反映了外界压力的效应，它又包括静水压势、气压势和荷载势，对于工作液滤液-气-岩石系统来说，起作用的主要是孔隙压力对滤液侵入产生的气压势。低压或负压气藏的储层压力对滤液侵入产生的影响较小，滤液侵入低压或负压气藏的速率大于高压气藏，液相侵入将推动气相移动，如果气相所处空间是封闭的，气藏能量将增加，气压势将逐渐增加，液相侵入的速率会逐渐降低。

(2)基质势：是由岩石-水系统中固相基质对水势的效应所引起的一种势值，表征岩石(包括颗粒与颗粒间隙)吸力对水引起的摩尔势能，岩石中的水被基质吸持后，其自由能将显著降低，水势值相应减小。处于饱和状态的岩石-水系统基质势为零。吸力的作用机理可以分为两部分：固相颗粒表面力场作用力引起的势能和固相颗粒间隙的毛细管作用引起的势能。毛管作用是岩石水在颗粒间隙中形成弯曲面产生的附加压力引起的，因此，颗粒间毛细管对水吸持的势能与毛管半径呈负反比关系，即毛管越细，对水的吸吮力越大，水的势能越低，固相颗粒表面力场主要涉及范德瓦耳斯力和静电力，表现为对气态水的吸附、对液态水的润湿和对水分子偶极子的定向吸引等。对岩石-水体系，起主导作用的主要是极性力和静电力，可以证明岩石-水系统基质势是岩石含水饱和度 S_w 的隐函数，即基质势与含水饱和度是负相关的，含水饱和度越低，基质势越大。因此，如果低渗砂岩储层是超低含水饱和度，则具有较大的基质势，工作滤液极易侵入气层，近井带含水饱和度升高，基质势也逐渐降低，侵入速度也降低。

(3)渗透势(溶质势)：由溶质产生的势能称为渗透势，这是由于在岩石中含有一定的可溶性盐类，离子在水化时把周围的水分子吸引到离子周围成定向排列，这就会使岩石水分失去一部分自由活动的能力，对于富含黏土矿物的低渗致密砂岩，黏土矿物表面一般带电，易吸附极性分子的水和工作液中的聚合物，降低渗透势，由于含溶质的岩石水的渗透势与纯自由水的零渗透势相比为负值，所以就增加了含溶质岩石水的渗透势梯度，对水相侵入起到推动作用。

(4)温度势：由于水的特性受温度影响，温度改变，导致水的黏滞系数和气-水界面上的表面张力变化，从而引起岩石水势发生改变，岩石-水系统吸热后，温度升高，使水气界面上的表面张力减小，使岩石吸水力减小，水便从吸力低处流向吸力高处。如果将岩石中封闭的气体看作理想气体，则在温度升高时，高温处的气体比低温处气体具有更快的运动速度，为了达到能量平衡，高温和低温间的气体就会发生运动，气体的运动会在微观上影响水的运动，导致水的运动变化。另外，温度直接影响岩石中水的密度和水汽压，温度高到一定程度会导致水从液态向气态转化，温度越高，水汽压越高，就会导致水汽从水汽高压处向水汽低压处运移。因此，温度势对水的影响最终体现在水沿着温度梯度的正方向运动，且同时以气态和液态形式运移，为两相流动。水分在温度势梯度作用下，由热端向冷端迁移，引起含水饱和度降低，改变了热端的基质势，就会产生一个与温度势梯度相反的基质势梯度，导致水分由冷端向热端迁移。因此在温度势梯度作用下，水分会沿着相反的两个方向迁移，不同的是水分是以液态占优的形式从冷端向热端迁移，而以气态占优的形式是从热端向冷端迁移，由于溶质通常是溶解在水溶液中随之迁移，气态水运动无法携带岩石中的可溶不挥发性溶质，因此只有一部分溶质随液态水迁移，而另外一部分溶质则遗留下来，造成盐分在热端累积，形成渗透(溶质)势梯度。这就是在采用井底加热解除水相圈闭损害过程时，近井带温度急剧升高，使圈闭的水产生干燥萃取，降低了近井带含水饱和度，但同时近井带液相的矿化度会升高，造成温度敏感和盐敏感污染的原因。

(5)重力势：由于水在重力场中受重力作用引起的势值，对于侵入气层的水-气-岩石系统，重力势可以忽略。

(二)固相侵入伤害机理

对于低渗低孔储层，由于孔隙、孔喉尺寸小(平均喉道一般在 1um 以下)，一般油井工作液中的固相颗粒(尺寸为 2～20um)不易侵入，影响不大，但是对于有天然裂缝、微裂缝的储层，固相侵入影响严重。

低渗致密砂岩气藏如果没有裂缝是很难实现经济开发的。通常致密砂岩气藏都不同程度地发育微裂缝和天然裂缝，且多为垂直缝和高角度缝，它是连接致密基块和人工裂缝或井筒的通道。如果在油井工作液中的固相侵入裂缝中，就会侵入到储层的深处，在裂缝狭窄处沉积，随后的其他作业的工作液会将固相携带到储层更深处，严重削弱了裂缝的通道作用。同时，使工作液发生严重滞留，导致裂缝面含水饱和度增高，水自吸入裂缝两侧的基岩中很难被清除，加剧水相圈闭污染。

(三)黏土矿物污染机理

黏土矿物是低渗砂岩储层中最重要的胶结物和填充物，是低渗砂岩水相污染最重要的因素之一。一是它影响储层的孔隙结构、储集性能和岩石表面性质；二是在气井作业过程中，主要的气层污染类型都与储层中的黏土矿物特征有着直接或间接的关系。因此研究低渗透砂岩气层中黏土矿物对储层污染损害的作用机理有重要的意义。

黏土矿物是组成黏土主体的矿物，是细分散的含水的层状硅酸盐和含水的非晶质硅酸岩矿物的总称。砂岩储层中一般是以结晶质的层状硅酸盐为主，常见的有高岭石、伊利石、蒙皂石、绿泥石及伊/蒙间层、绿/蒙间层等。其层状结构的基本结构单元是由硅氧四面体和铝氧(氢氧)八面体片按不同方式叠合而成的。

低渗透砂岩储层黏土矿物可以分为原生和自生两大成因。原生黏土是在沉积过程中与砂粒一起沉积下来的黏土质点，是砂质岩中最重要的可塑性组分，在成岩压实过程中，这些颗粒变形并挤入砂岩孔隙中，使孔隙度减小；自生黏土矿物是在成岩过程中通过成岩作用形成的，它主要分布在砂岩储层的粒间、粒内孔隙和喉道中，它不仅直接影响储层的孔隙结构和储集性能，而且直接影响储层的敏感性特征。

据统计，在深层致密低渗砂岩中，黏土矿物主要以伊利石和绿泥石为主，而在浅层低渗砂岩中，伊/蒙间层和绿/蒙间层黏土矿物相对含量也较高。

砂岩储层孔隙中自生黏土矿物产状主要是粒间分散充填、粒表薄膜衬垫和桥接。

低渗砂岩黏土矿物的组合类型及其微观结构特征使得黏土矿物在储层性质演变和污染损害中起着十分重要的作用。

　　黏土矿物对孔喉空间有充填和分割作用，在低渗砂岩中粒表衬垫和桥接式占主要地位，使孔隙度减小，在相同孔隙度条件下，导致缩径和分割作用对渗透率影响更大。

　　黏土矿物对孔隙表面有粗化作用，使接触角减小，孔隙表面的亲水性增强；使得孔喉半径缩小，增大岩石接触水相时所产生的毛管力，水相污染的潜在性增加。

　　砂岩储层原始含水主要由毛管水和薄膜组成。毛管水主要是指气藏形成过程中，驱动压力无法克服毛细管压力而滞留在微小毛细管孔道和颗粒接触处的残留水；薄膜水是指由于矿物表面分子的作用而滞留在亲水岩石孔隙表面的薄膜残留水，主要与贴附在孔隙壁面上的黏土矿物性质有关，一般在黏土矿物表面常形成 1～2 个水分子厚度的薄膜水层。低渗砂岩储层由于黏土矿物含量高，形成大量的黏土矿物粒间微细孔隙或纤维状伊利石，在孔隙中形成大面积的吸水区，形成高的原始束缚水饱和度。对于低渗透砂岩气藏储层，由于气藏水分蒸发、压实成岩作用导致的孔隙几何形状变化和自生黏土矿物的吸收作用等，会导致原始含水饱和度低于原始束缚水饱和度。

　　黏土矿物遇水会膨胀、脱落、分散运移、堵塞喉道，进一步增加滞留水相的能力。其膨胀机理是黏土矿物中的硅氧四面体和铝氧八面体中都存在不同程度的低价阳离子取代高价阳离子，从而使这些晶片带负电荷，平衡这些负电荷的无机阳离子的水化和晶面处硅氧键或氧氢键的偶极对水分子的吸引，使黏土矿物晶层间的引力减弱，导致膨胀、分散。黏土矿物的水化膨胀分为表面化膨胀和渗透水化阶段，渗透水化引起的黏土体积增加要比表面水化大得多，一般钠蒙脱石的膨胀性最强，绿泥石和结晶度较差的伊利石具有微弱膨胀性。

　　膨胀性黏土矿物(如蒙脱石和伊/蒙间层)的膨胀可使岩石可流通孔隙总数减少，对渗透率贡献最大的孔喉减少，降低了岩石渗透率，增加了气体渗流阻力。非膨胀性黏土矿物(如伊利石、绿泥石和高岭石)对水相污染损害的影响主要表现为增加毛管力自吸势能和流体束缚势能，增强了潜在的水相圈闭效应。其机理是黏土矿物对孔隙喉道的分割和充填，使得孔隙空间变小，产生大量的微小孔隙，而这些微孔隙由于黏土矿物的存在又表现出强烈的亲水性，这就使得孔喉半径变小、亲水性增强，导致水相自吸势增加。在外来水相进入气层以后，在自吸作用下，水占据大量的微小黏土矿物孔隙，并由黏土矿物作为骨架支撑形成水和黏土矿物的块状堵塞，降低气相渗透率，仅靠气藏自身能量，要解除这种堵塞，几乎是不可能的。

　　(四)应力敏感性

　　一般情况下，储层渗透率因为地层压力的改变而呈现出的敏感性质，称作储层的应力敏感。储层岩石是由固体骨架颗粒和粒间孔隙构成的，储层渗透率主要取决于岩石孔隙的性质，而孔隙性质又主要受到骨架颗粒尺度及排列方式的影响。骨架颗粒受到应力作用时会产生变形，受压时会压缩，卸载时会膨胀。储层岩石的上覆地层压力一般不发生变化，而孔隙中的流体压力随着流体采出而降低，随着流体注入而升高。根据岩石的应力关系方程，流体压力降低，骨架应力就增大，骨架颗粒就会压缩，孔隙尺度会减小，储层渗透率会降低。

　　国内外许多学者对储层渗透率与有效应力之间的对应关系做了大量的基础性实验研

究工作，得出储层渗透率随着有效应力的变化，其规律满足以下三种关系式：指数式、幂函数式以及多项式。

指数式关系：

$$K = K_o e^{-\lambda \sigma_{eff}} \tag{3-136}$$

式中，K——储层渗透率，mD；

　　　K_o——应力为 0 时的岩石渗透率，mD；

　　　λ——应力敏感系数，MPa^{-1}；

　　　σ_{eff}——岩石的有效应力，MPa。

幂函数式关系：

$$K = c_1 (\sigma_{eff})^{c_2} \tag{3-137}$$

式中，K——储层渗透率，mD；

　　　σ_{eff}——岩石的有效应力，MPa；

　　　c_1、c_2——均为拟合参数。

多项式关系：

$$K = d_1 (\sigma_{eff})^2 + d_2 \sigma_{eff} + d_3 \tag{3-138}$$

式中，K——储层渗透率，mD；

　　　σ_{eff}——岩石的有效应力，MPa；

　　　d_1、d_2、d_3——均为拟合参数。

对于底水油藏而言，关系式中的拟合参数是通过室内岩心应力敏感性实验数据回归得到的，由此也可进一步得到渗透率与有效应力的变化关系式。一般来说，指数式和幂函数式更常用，拟合精度较高。当然，在工程计算中，应针对实际情况选择适合该油藏的拟合关系式。

很多研究都认为，在高孔高渗储层，其应力敏感性并不是很强；而对于低渗透储层，有效应力的增大会引起渗透率明显降低，这是因为渗透率主要与岩心的孔隙结构有关，对于低渗岩心，小孔道占多数，大孔道相对较少，影响岩心渗透率的平均孔喉半径较小，而喉道为反拱形，在有效应力增大时主要是小孔道很容易变形、闭合，使喉道半径急剧降低，导致岩心渗透率大大降低。另外，由于岩石颗粒的几何特性和孔隙体的几何尺寸与分布范围不同也使得胶结紧密的低渗透层，由于存在许多扁平或板状喉道、微细毛管和成岩微裂缝应力增加最易闭合，在低渗透区域渗透率的应力敏感性最强。

（五）各种污染机理的综合效应

1）水相圈闭与应力敏感性的综合效应

对于两种不同渗透率级别的低渗岩石，在不同的束缚水饱和度情况下均存在应力敏感性效应，束缚水和有效应力增加的综合作用是导致气体渗透率降低程度更大。这是因为束缚水一方面在小的孔喉中滞留，另一方面在孔壁形成水膜，降低孔喉半径，减小了参与气体流通的孔喉空间。有效应力加载过程中，一方面岩石孔隙和微裂缝产生形变，另一方面也导致孔隙水在更多的孔喉中分布，使得渗透率降低程度加剧。如果有黏土矿物存在的情况下加载过程中水的存在加剧了对黏土矿物的搅动，束缚水与黏土矿物发生反应，使岩石强度降低，会进一步加剧应力敏感性，因此，由于有可能导致应力敏感损害，在低渗透砂岩气藏发生水相圈闭后，通过加大损害带压降的做法可能得不到预期的效果。

水对岩石力学性质的影响主要表现为水契作用、润滑作用和岩蚀作用。水在毛管力和颗粒表面吸力作用下进入致密砂岩，在颗粒之间形成水契或在颗粒表面形成水膜。水膜使喉道半径减小，渗透率降低，在有效应力作用下，颗粒接触点应力集中，岩石颗粒间距减小，喉道半径降低。水的润滑作用使岩石强度降低，颗粒和孔喉进一步被压缩，因此含水致密砂岩比干致密砂岩应力敏感性强。含水量越高，含黏土矿物的岩石强度降低幅度越大，宏观上表现为含水饱和度越大，应力敏感性越强。当有效应力继续增大时，岩石中石英颗粒表面的水膜化学势失去平衡，发生压溶作用或化学压实，导致 SiO_2 沉淀，产生石英次生加大，降低孔喉半径和渗透率。致密砂岩中的石英颗粒之间伊利石等黏土膜不仅可扩大压溶物质的扩散和渗滤通道，而且伊利石黏土膜在应力和富含 CO_2 孔隙水作用下构成碱性微环境，加速压溶的速度，随着压溶继续进行，逐渐形成压溶缝，如果应力继续增大，压溶缝保持闭合状态，渗透率不再有多大变化，但应力释放后，压溶缝张开，渗透率升高较快，产生含水致密砂岩卸压过程的应力敏感性系数大于加压过程中的应力敏感性系数的现象。

2) 自吸过程的气体束缚现象

低渗透率砂岩气藏在接触水相流体时，岩石产生强烈的毛管力自吸趋势，这是产生水相污染的主要原因之一。对于气-水-岩石系统中岩石所能达到的最大含水饱和度，其主要与岩石的孔隙结构以及束缚气现象有关。在岩石孔隙结构中，岩石孔隙是由大小不同、相连通的孔道和孔喉组成，大小毛管中的自吸相互影响，与大毛管连通的小毛管将从大毛管中吸水，这就有可能将气束缚在小毛管中形成束缚气体。束缚气对于气-水-岩石系统的自吸效应和水相损害有重要的影响。由于束缚气的存在，真空法饱和水的岩心重量就会大于水驱气法饱和的含水岩心重量，因此，用真空法饱和水后采用气驱水得到的气相渗透率随含水饱和度的变化曲线就不能代表气藏在自吸和水相圈闭过程的实际情况，即对应于同一含水饱和度，用自吸法得到的气体渗透率会低于用气驱法得到的气体渗透率，也就是说，实际的水相损害程度要大于通过气-水相对渗透率曲线得到的预测值，相对渗透率曲线得到的某一含水饱和度的气体渗透率不能代表在水相圈闭下的气体渗透率，实际的水相圈闭半径要大于通过相对渗透率曲线预测得到的结果。

3) 水相圈闭和流体敏感性耦合效应

流体敏感性包括速敏、水敏、酸敏和碱敏等。水相圈闭污染后，侵入的液相可能与储层岩石发生物理化学反应，使地层微粒失稳、脱落，当气体或液体通过岩石孔喉或裂缝时，将脱落的地层微粒携带至喉道或裂缝狭窄处，堵塞喉道或裂缝，降低气层渗透率，同时也加大了水相返排的难度。

速敏程度与流速、地层微粒的润湿性、尺寸及裂缝宽度和表面粗糙度有关。在低流速时出现随流速增加渗透率降低的现象，可能与极不稳定的伊利石丝缕网架微结构的破坏有关，流速继续增加，较稳定的高岭石微结构被破坏，此时微粒尺寸较大，可以堵塞裂缝，渗透率明显降低。

如果诱发水相圈闭的是低矿化度工作液或近井带滞留的凝析水,则可能引起水敏性矿物发生水敏损害。黏土矿物与不配伍的水相流体接触后,发生膨胀,体积能增大600~1000倍,严重阻塞孔隙和喉道,极大地降低渗透率。颗粒膨胀也可能导致黏土矿物发生脱落、分散运移、堵塞喉道,进一步降低渗透率,减小气井产量。也为圈闭的水相返排增加难度。

所谓盐敏是指当高于地层水矿化度的工作液进入气层后引起黏土的收缩、失稳和脱落,堵塞孔隙喉道。矿化度升高的盐敏损害除与双电层压缩破坏黏土矿物微结构稳定性有关外,在饱和水条件下无机盐沉淀堵塞孔隙、孔喉也是一个重要原因。

碱敏实验结构表明,随着pH的增加,裂缝岩心渗透率下降,当高pH值工作液侵入气层后,与黏土矿物等地层微粒反应,破坏黏土微结构的稳定性。另外,其和地层水作用还会引起无机垢的生成,先沉淀出$CaCO_3$,还可能出现$Ca(OH)_2$沉淀,损害气层。

砂岩解堵酸化是解除固相损害、疏通孔喉和裂缝的有效措施,但是对致密砂岩气层,如果自吸的液相不能完全返排,且与岩石反应,反应物可能重新堵塞近井带或裂缝壁面,使措施失效。

黏土矿物比表面大,对液体及液体中的聚合物都具有较强的吸附能力,气层发生水相圈闭后,工作液在岩石表面产生物理化学吸附,加剧了液相的滞留程度,使侵入液体更加难于返排。

4)水相(束缚水)对气体低速非达西流的影响——启动压力梯度

对于低渗透气藏在不含束缚水或束缚水饱和度较低时,气体低速渗流的运动规律与液体低速渗流完全相反,渗流曲线是一条上凸型曲线(图3-42),即当压力(平方)梯度小于临界压力(平方)梯度(B)时,表现为曲线斜率递减的非线性流动;当压力(平方)梯度大于临界压力(平方)梯度时,表现为拟线性流动,即线性流动段的延长线不通过原点而与流量轴相交于λ_A,这就是气体在低压、低孔渗下的"滑脱效应"及引起的"拟起始流量"(λ_A)。

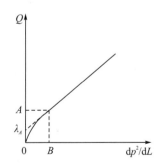

图3-42　低渗气藏单相气体渗流曲线

对于含束缚水的低渗透气藏,气体低速渗流曲线与液体低速渗流曲线相似,是由非线性段和线性段两部分构成的一条上凹型曲线(图3-43),即当压力(平方)梯度小于临界压力(平方)梯度(B)时,表现为曲线斜率递增的非线性流动;当压力(平方)梯度大于临界压力梯度时,表现为拟线性流动,即线性流动段的延长线不通过坐标原点,而是与压力(平方)轴相交于λ_B,此点的压力(平方)梯度称为"拟起始压力(平方)梯度"。

　　造成这种渗流特征的原因是：孔隙介质中的束缚水在孔道壁形成连续水，减少了气体的有效渗流空间，降低了气体实际有效渗透率。另外，气体不仅与固体孔道壁接触，同时也与部分孔隙中的水接触，出现气水两相共存，在孔道中产生毛细管力，这个力是阻止气相流动的，即增加了渗流阻力。虽然气体滑脱效应提供了气体渗流的附加动力，但是在束缚水饱和度较高时，气体滑脱效应的作用小于附加的渗流阻力。即气体冲破孔隙喉道处的水膜发生流动需要一个启动压差。这就是"阈压效应"或"启动压力梯度效应"。实际上要准确测定启动压差（或压力梯度）是很困难的，一般把图 3-43 中的 λ_B 点作为启动压力梯度，但这不是真正的启动压力梯度值。因此称为"拟启动压力梯度"，也有人将其称为"保持气体连续流动所需的压力梯度下限"。

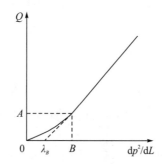

图 3-43　含束缚水低渗气藏单相气体渗流曲线

　　在低渗透气藏气体渗流过程中受水影响产生阀压效应的可能性较大，一旦出现这种情况，滑脱效应气产生的作用就可以忽略。这是因为受水的影响，储层条件下气体的渗透率比用于岩心在低应力、低流动气压下测得的渗透率小得多。国外研究资料表明，其差距可达 10～1000 倍，在这种情况下，阈压效应明显占主导地位。

　　在这种情况下，为完整描述气体从静止状态转变为流动状态的规律，更完整地表述低速非达西渗流特征，引入以下公式：

$$v = \begin{cases} 0 & ，流动单元两侧 \nabla p < p_B，\quad 未开始流动 \\ -\dfrac{k}{M}\nabla p\left[1 - \dfrac{\lambda_B}{[|\nabla p|]}\right] & ，流动后 |\nabla p| > \lambda_B，\quad 保持流动 \\ 0 & ，流动后 |\nabla p| \leqslant \lambda_B，\quad 停止流动 \end{cases} \qquad (3\text{-}139)$$

　　p_B 是启动压差，也就是气体冲破孔隙喉道处的水膜发生流动所需要的压差。λ_B 就称为"保持流动所需的压力梯度下限"，即使气体保持连续流动，水不会在喉道处堵死喉道所需要的压力梯度下限。

　　实验研究指出，岩石渗透率越低，非线性段延伸越长，曲线曲率越小，"拟启动压力（平方）梯度"值越大；含水饱和度越大，非线性段延伸越长。

五、致密气藏水锁实验

　　BY 致密气藏水锁实验测定是在美国 Core 公司型相渗实验分析仪中完成的，此套流程主要由高压岩心夹持器、压力传感器、高压盘管、高压定值器(恒压法用)、高压计量泵、油水分离器、过滤器组成。地层气水样品取自该气藏 B2 和 B8 井。

针对不同绝对渗透率和孔隙度的无裂缝和有裂缝两种岩心(岩心直径2.5cm)进行水锁实验。

无裂缝岩心在不同含水饱和度下的突破压差和气测渗透率测试数据见表 3-16。

表 3-16　无裂缝岩心水锁试验结果

岩样编号	岩样长度/cm	绝对渗透率/μm²	孔隙度/%	含水饱和度/%	突破压差/MPa	气测渗透率/μm²
$7\frac{29}{47}-1$	3.87	$3.57×10^{-5}$	6.18	27.32	0.43	$7.12×10^{-6}$
				43.54	0.46	$5.82×10^{-6}$
				60.86	0.49	$4.27×10^{-6}$
				84.71	0.55	$1.31×10^{-6}$
				100	0.63	
$5\frac{21}{26}-2$	4.52	$3.50×10^{-4}$	4.12	24.38	0.25	$6.36×10^{-5}$
				45.06	0.27	$5.32×10^{-5}$
				62.42	0.32	$4.25×10^{-5}$
				82.15	0.37	$2.96×10^{-5}$
				100	0.47	
$7\frac{29}{47}-3$	4.04	$1.55×10^{-5}$	5.76	85.10	0.49	$3.26×10^{-6}$
				61.03	0.56	$2.00×10^{-6}$
				48.21	0.65	$1.48×10^{-6}$
				30.05	0.80	$1.02×10^{-6}$
				100	0.95	
$7\frac{12}{47}-2$	3.69	$2.16×10^{-5}$	6.80	28.06	0.58	$4.05×10^{-6}$
				42.92	0.64	$2.83×10^{-6}$
				60.73	0.75	$1.67×10^{-6}$
				83.20	0.83	$1.05×10^{-6}$
				100	1.03	
$7\frac{29}{47}-2$	4.80	$1.03×10^{-4}$	7.18	24.34	0.18	$7.06×10^{-5}$
				42.71	0.21	$4.91×10^{-5}$
				63.07	0.25	$1.82×10^{-5}$
				81.66	0.45	$1.01×10^{-5}$
				100	0.53	
$2\frac{13}{32}-4$	3.77	$1.01×10^{-5}$	3.75	30.24	0.60	$5.61×10^{-6}$
				46.22	0.67	$4.63×10^{-6}$
				67.15	0.75	$4.02×10^{-6}$
				84.08	0.87	$3.13×10^{-6}$
				100	1.07	

有裂缝岩心在不同含水饱和度下的突破压差和气测渗透率测试数据见表 3-17。

表 3-17　有裂缝岩心水锁试验结果

岩样编号	岩样长度/cm	绝对渗透率/μm^2	孔隙度/%	含水饱和度/%	突破压差/MPa	气测渗透率/μm^2
$4\frac{11}{19}-1$	4.35	6.91×10^{-1}	2.92	46.18	0.0031	4.39×10^{-2}
				56.25	0.0031	3.95×10^{-2}
				100	0.0035	
$2\frac{17}{32}-3$	3.94	3.14×10^{-1}	3.44	48.37	0.0048	3.24×10^{-2}
				62.26	0.0049	2.88×10^{-2}
				100	0.0052	

对实验结果进行分析，得出以下结论：

（1）对相同渗透率的同一块岩心，随含水饱和度的增大，气体的突破压差增加，而且增幅加快。对不同渗透率的岩心，绝对渗透率越小，气体的突破压差越大。无裂缝岩心的突破压差比有裂缝岩心的增加更大。

（2）对相同渗透率的同一块岩心，随含水饱和度的增大，气测渗透率降低。对不同渗透率的岩心，绝对渗透率越小，气测渗透率也表现出越低的趋势。无裂缝岩心的气测渗透率比有裂缝岩心的下降幅度更大。

（3）当边水和底水进入储层时，气相渗透率将极大降低。发生水淹后，需要非常大的生产压差，才能将封闭气解封，存在较强的水锁现象。

（4）一旦发生水淹，造成水锁，无裂缝基质岩心中的气更难采出，封闭气解封首先出现在裂缝系统。

六、致密气藏相渗实验

对于气水相渗，进行两种实验，即水驱气相渗实验和气驱水相渗实验。水驱气相渗实验模拟水侵入气藏，气驱水相渗实验模拟水锁后封闭气解封能力。

实验方法是在注水驱气或注气驱水过程中，测得不同时刻的岩心两端压差、出口端的各相流体流量，然后用数学公式计算求得相对渗透率。在此过程中，含水饱和度和含气饱和度在岩样内的分布是随时间和空间而变化的，即含水饱和度和含气饱和度是时间和空间的函数，所以把此过程称为非稳态过程。实验步骤如下：

（1）按行业技术标准准备好岩心、实验用水样、气样，并测定岩心孔渗参数后，用抽空方法饱和水测得岩心孔隙体积。

（2）对气水相渗实验，直接用水驱气或气驱水进行实验。

（3）采用恒速法或恒压法完成驱替实验。在驱替过程中，记录时间、压力、产水量、产气量。实验结束时累积注入量要达到几倍孔隙体积，可认为此时对应的饱和度为残余水饱和度。

（4）根据实验记录资料，应用非稳态法测定相对渗透率实验数据处理软件，可计算出测试的相对渗透率，画出相对渗透率曲线。

对无裂缝岩心和有裂缝岩心，在水驱气(渗吸)和气驱水(排驱)情况下的气水相渗实验特征对比分别如图 3-44 和图 3-45 所示。

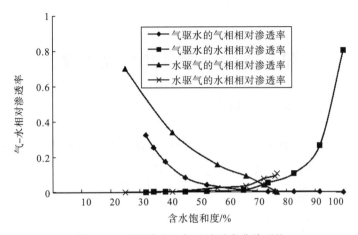

图 3-44　无裂缝岩心相对渗透率曲线对比

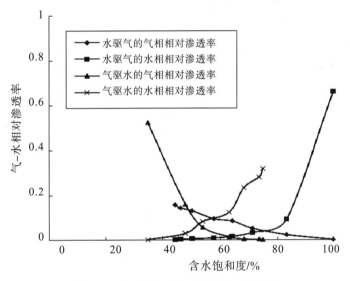

图 3-45　有裂缝岩心相对渗透率曲线对比

对实验结果进行分析，得出以下结论：

(1)对无裂缝岩心，对于气相相对渗透率，水驱气和气驱水结果差别很大，水相相对渗透率在两种条件下几乎相同。在气驱水过程中，气相渗透率比渗吸时测定的值低 10%～90%。这是由于在气驱水过程中存在巨大能量损失而造成的。由此可见，当边水和底水进入储层时，气相渗透率将极大地降低。发生水淹后，再用气挤出水很困难，即封闭气解封阻力大，存在较强的水锁。

(2)对有裂缝岩心，不但气相相对渗透率在水驱气和气驱水的实验中结果差别很大，而且水相相对渗透率在两种条件下也相差很大。

第四章　非常规气藏工程方法

第一节　煤层气物质平衡方程

一、King 物质平衡方程推导

King(1993)和 Seidle(1999)推动了物质平衡方法在煤层气藏工程中的应用。King 提出的煤层气物质平衡方程表达式为

$$G_p = G_{Ai} + G_F - G_A - G_R \tag{4-1}$$

式中，G_p——累计产气量，m^3；

$\quad\quad G_{Ai}$——初始吸附气储量，m^3；

$\quad\quad G_F$——初始游离气储量，m^3；

$\quad\quad G_A$——剩余吸附气储量，m^3；

$\quad\quad G_R$——剩余游离气储量，m^3。

下面讨论式(4-1)右边的 4 个主要参数的计算方法。

1. 初始吸附气储量 G_{Ai}

$$G_{Ai} = Ah\rho_B G_{ci} \tag{4-2}$$

式中，ρ_B——煤层密度，kg/m^3；

$\quad\quad A$——储层面积，m^2；

$\quad\quad h$——储层平均厚度，m。

$\quad\quad G_{ci}$——初始含气量(干燥无灰基煤)，m^3/kg，

$$G_{ci} = \frac{V_L p_i}{p_L + p_i} = V_L \frac{b p_i}{1 + b p_i}$$

式中，V_L——Langmuir 体积常数，m^3/kg；

$\quad\quad p_L$——Langmuir 体积常数，MPa；

$\quad\quad b$——Langmuir 压力常数，MPa^{-1}；

$\quad\quad p_i$——原始地层压力，MPa。

2. 初始游离气储量 G_F

$$G_F = Ah\phi(1 - S_{wi})E_{gi} \tag{4-3}$$

式中，S_{wi}——原始含水饱和度，小数；

$\quad\quad \phi$——孔隙度，小数；

$\quad\quad E_{gi}$——原始条件下气体膨胀系数，m^3/m^3，

$$E_{gi} = 2892 \frac{p_i}{TZ_i} \tag{4-4}$$

式中，Z_i——原始气体偏差因子，无因次。

3. 剩余吸附气储量 G_A

气藏压力为 p 时，剩余吸附气储量：

$$G_A = Ah\rho_B G_c \tag{4-5}$$

式中，G_A——地层压力为 p 时，剩余吸附气储量，m^3；

　　　　ρ_B——煤层平均密度，kg/m^3；

　　　　G_c——压力为 p 时，单位质量煤的吸附体积，m^3/kg。

煤的吸附气含量 G_c 可以用 Langmuir 等温吸附方程来表达：

$$G_c = \frac{V_L p}{p_L + p} = V_L \frac{bp}{1+bp} \tag{4-6}$$

4. 剩余游离气储量 G_R

排水降压期间，由于地层压力变化，煤基质产生收缩，同时水发生膨胀。King(1993)提出排水降压过程中煤层裂缝的平均含水饱和度表达式为

$$S_w = \frac{S_{wi}\left[1 + c_w\left(p_i - p\right)\right] - \dfrac{B_w W_p}{Ah\phi}}{1 - \left(p_i - p\right)c_f} \tag{4-7}$$

式中，p——目前地层压力，MPa；

　　　　W_p——累计产水量，m^3；

　　　　B_w——水的体积系数，m^3/m^3；

　　　　A——储层面积，m^2；

　　　　c_w——水压缩系数，MPa^{-1}；

　　　　c_f——储层岩石压缩率，MPa^{-1}。

根据平均含水饱和度值，可以计算出煤层中剩余游离气储量：

$$G_R = Ah\phi \times \left[\frac{\dfrac{B_w W_p}{Ah\phi} + \left(1 - S_{wi}\right) - \left(p_i - p\right)\left(c_f + c_w S_{wi}\right)}{1 - \left(p_i - p\right)c_f}\right]E_g \tag{4-8}$$

式中，E_g——气体膨胀系数：

$$E_g = 2892 \frac{p}{TZ} \tag{4-9}$$

将上面的 4 个参数的表达式代入煤层气的物质平衡方程(4-1)，并整理得

$$G_p + \frac{B_w W_p E_g}{\left(1 - c_f \Delta p\right)} = Ah\left[\rho_B\left(G_{ci} - V_L \frac{bp}{1+bp}\right) + \frac{\phi\left[\Delta p\left(c_f + S_{wi}C_{wi}\right)\right] - \left(1 - S_{wi}\right)E_g}{1 - \left(c_f \Delta p\right)}\right] \\ + Ah\phi\left(1 - S_{wi}\right)E_{gi} \tag{4-10}$$

物质平衡方程是一个线性方程，可以改写为

$$y = mx + a \tag{4-11}$$

式中，

$$y = G_p + \frac{B_w W_p E_g}{\left(1 - c_f \Delta p\right)} \tag{4-12}$$

$$x = \rho_B \left(G_{ci} - V_L \frac{bp}{1+bp} \right) + \frac{\phi \left[\Delta p \left(c_f + S_{wi} C_{wi} \right) \right] - \left(1 - S_{wi}\right) E_g}{1 - \left(c_f \Delta p \right)} \tag{4-13}$$

$$m = Ah \tag{4-14}$$

$$a = Ah\phi \left(1 - S_{wi}\right) E_{gi} \tag{4-15}$$

根据生产数据计算 x、y 后，可以回归出直线的斜率和截距。

应指出的是：根据斜率 m 和截距 a 都可计算得到储层面积 A，两者应相同。

$$A = \frac{m}{h} = \frac{a}{h\phi\left(1 - S_{wi}\right) E_{gi}} \tag{4-16}$$

二、King 物质平衡方程的简化

如果忽略岩石和流体的压缩系数，King 物质平衡方程可以简化为

$$G_p + B_w W_p E_g = Ah \left[\rho_B \left(G_{ci} - V_L \frac{bp}{1+bp} \right) + \phi\left(1 - S_{wi}\right) E_g \right] + Ah\phi\left(1 - S_{wi}\right) E_{gi} \tag{4-17}$$

这个方程也是一条直线方程的形式，即

$$y = mx + a \tag{4-18}$$

式中，

$$y = G_p + B_w W_p E_g \tag{4-19}$$

$$x = \rho_B \left(G_{ci} - V_L \frac{bp}{1+bp} \right) - \phi\left(1 - S_{wi}\right) E_g \tag{4-20}$$

$$m = Ah \tag{4-21}$$

$$a = Ah\phi\left(1 - S_{wi}\right) E_{gi} \tag{4-22}$$

计算得到总体积 Ah 后，原始吸附气储量 G_{Ai} 的计算式为

$$G_{Ai} = \left(Ah\right)\rho_B G_{ci} \tag{4-23}$$

第二节 煤层气数值模拟

一、煤层气数值模拟软件进展

煤层气储层模拟 (reservoir simulation) 又称为产能模拟 (coalbed methane production modeling)，无论是在常规油气还是在煤层气勘探开发过程中，通常都需要进行这项工作。储层模拟是将地质、岩石物性和生产作业集于一体的过程，在此过程中使用的工具就是储

层模拟软件。

储层模拟实际上是在生产井的部分参数已知的条件下,解算描述储层中流体流动的一系列方程,通过历史匹配,对井的产油量、产气量和产水量等参数及其变化规律进行预测的工作。预测的时间可在几个月、几年甚至几十年。产能参数是选择开采工艺、开采设备的重要依据,同时,还可根据产能参数,对生产井的经济价值进行评价。

随着煤层气开发试验的相继实施和实践经验的积累,科技工作者对煤层气的生气、储集和运移规律有了更深入的理解,同时,也意识到需要有一个有效的工具,来进行生产井气、水产量数据的历史拟合,以便获取更为客观的煤层气储层参数,预测煤层气井的长期生产动态和产量。同时为井网布置、完井方案、生产工作制度、气藏动态管理、煤层气开发方案等提供科学依据。正是在这种背景下,煤储层数值模拟研究工作,在继续围绕煤矿瓦斯研究的同时,借鉴油气藏数值模拟理论、技术和方法,扩展到地面煤层气资源勘探、开发领域。

1981 年,由美国天然气研究所主持,美国钢铁公司(US Steel)和宾州大学等承担了煤层气产量模拟器与数学模型开发项目(Development of Coal Gas Production Simulators and Mathematical Models for Well Test Strategies)。在该项目中,Pavone 和 Schwerer 基于双孔隙、拟稳态、非平衡吸附模型,建立了描述煤储层中气、水两相流动的偏微分方程组,采用全隐式进行求解,并开发了相应的计算机软件 ARRAYS。该软件包括 WELL1D 和 WELL2D 两个程序,分别模拟未压裂、压裂的单个煤层气井(单井规模)和多个煤层气井(全气田规模)的气、水产能动态。

与此同时,宾州大学的 Ertekin 和 King,开发了类似于 ARRAYS 模型的单井模型 PSU-1。该模型对方程组在空间和时间上进行差分离散,按全隐式、Newton-Raphson 方法进行求解。后来,PSU-1 模型和 ARRAYS 模型组合在一起形成了 GRUSSP 软件包,被推广应用。

1984 年,Remner 把 PSU-1 模型升级为 PSU-2 模型,使其能够处理多个煤层气井(全气田规模)的数值工作。Sung 于 1987 年开发的 PSU-4 模型,包括了有限导流裂缝、水平钻孔和生产煤矿工作。

1987 年,在美国天然气研究所的支持下,ICF Lewin Energy 开发出了专门用于煤层气藏模拟的双孔隙、二维、气-水两相模型 COMET(Coalbed Methane Technology),随后又推出了微机版的 COMETPC 模型。COMET 模型是由 SUGARWAT 模型(Devonian 泥岩模拟器)修改而成的。COMET 模型与 ARRAYS 模型和 PSU 模型有许多相同的物理和数值特性,其最重要的贡献是友好的用户界面。

1989 年,美国天然气研究所与国际先进能源公司(Advanced Resource International, Inc.,简称 ARI 公司)等 13 个公司和工业财团联合,在 COMETPC 模型的基础上进一步开发出了 COMETPC-3D 模型,它是一个功能强大、三维、气-水两相流的计算机模型,可模拟多井、多层和压裂井,同时考虑了重力效应、溶解气、孔隙压缩系数、煤基质收缩系数以及应力对渗透率的影响。

与此同时,S.A.Holditch & Associates, Inc.(SAH)独立开发了另一个可模拟煤层气和非常规气的储层模拟器 COALGAS。其煤层气模拟的特性与 GRUSSP 和 COMET 模拟器类似。该模拟器具有平衡吸附和拟稳态非平衡吸附两种选项,以及图示化、菜单式的前处理和后处理功能，因而操作方便，显示结果直观。

1998 年，ARI 公司又推出新产品 COMET 2，2000 年 9 月升级到 COMET 2.10 版。该软件增加了三孔隙双渗透率模型，差分方程组采用全隐式求解，并按全隐式算法处理，可模拟注二氧化碳或氮气提高甲烷采收率，运行的操作系统为 Windows98、Windows2000、WindowsXP 或 WindowsNT，从而使模型的功能更强，运行稳定性更好，计算精度更高；同时运行速度大大加快，缩短了模拟计算时间，提高了模拟工作效率。

虽然至今已有 52 个煤层气产量预测的数学模型问世，但是已形成计算机软件的不多，其中有 ARRAYS（WELL1D、WELL2D）、PSU（PSU-1、PSU-2、PSU-3、PSU-4）、GRUSSP、COMET、COMETPC、COMET3D、COMET 2 和 COALGAS，真正得到推广应用的可能只有 GRUSSP、COMET 和 COALGAS 软件。尽管 COMET 2 软件是目前功能最强大的煤层气模拟软件，但目前在煤层气勘探开发研究和生产中应用最广泛的软件是 COMET3D。

二、煤层气流动数学模型

在研究煤层气生成、储集、运移和产生机理的基础上，建立煤层气储层几何模型，发展了三维、双重介质、气-水两相煤层气储层数学模型，模型中考虑了非平衡拟稳态吸附情况和煤基质收缩对储层孔隙度和渗透率的影响。该数学模型采用数值计算方法建立其数值模型并进行求解。本次工作采用的是有限差分方法和 IMPES 解法，下面分别予以论述。

（一）煤层气储层几何模型

煤层气储层由于同一储层中存在两种明显不同的孔隙系统，在整个储层中就存在差异和不连续性。含有微小孔隙并具有很高储藏能力、低渗透率的基质部分，具有低储存能力、高渗透率的裂隙网络部分，是典型的双重孔隙结构储层。

为了研究煤层气储层的渗流规律，需要对裂缝性储层几何模型进行简化，其中经典的模型为 Warren-Root 模型。Warren-Root 模型对基质系统和裂缝系统理想化的简化过程如图 4-1 所示。

（二）煤层气储层数学模型

1. 假设条件

其基本假设条件如下：

（1）煤层气储层是非均质、各向异性的，由储层微孔隙系统和裂隙系统构成的双孔隙系统（图 4-1）。

（2）煤储层存在气、水两相，微孔隙很小，水不能进入其中，煤层气体从煤储层运移产出经历下述的渗流、解吸和扩散三个阶段。

（3）煤储层内气、水的运移和煤层气解吸过程是等温的。

（4）在裂隙系统中的气体是自由气体，表现为真实气体的特性；水是可压缩的流体。在微孔隙系统中，各种气体组分不存在选择性吸附和扩散现象；

（5）煤基质表面的解吸作用非常快，足以弥补孔隙中自由气向裂隙内扩散的气体量，基质块内部的吸附气与基质孔隙中的自由态气体处于不平衡状态。

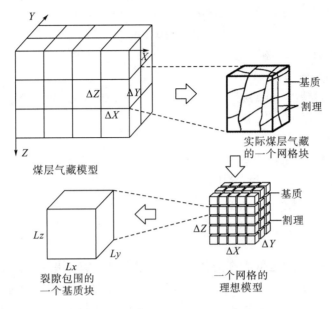

图 4-1 煤层气储层系统理想模型简化过程（据 Warren-Root 模型，1963 年）

2. 数学模型

煤储层中微孔隙很小，水不能进入其中，微孔隙系统中只存在单相气体；裂隙系统是气体和水的储集空间，也是气、水两相流体的渗流通道，因此得到煤储层的数学模型主要是描述裂缝内气、水的运移规律。煤层气储层数学模型如下：

气相方程：

$$
\frac{\partial}{\partial x}\left(\frac{K_{fx}K_{frg}\rho_g}{\mu_g}\frac{\partial \phi_{fg}}{\partial x}\right)+\frac{\partial}{\partial y}\left(\frac{K_{fy}K_{frg}\rho_g}{\mu_g}\frac{\partial \phi_{fg}}{\partial y}\right)
$$
$$
+\frac{\partial}{\partial z}\left(\frac{K_{fz}K_{frg}\rho_g}{\mu_g}\frac{\partial \phi_{fg}}{\partial z}\right)+q_{mdes}-q_{fgsc}=\frac{\partial\left(\rho_g S_{fg}\phi_f\right)}{\partial t}
\tag{4-24}
$$

水相方程：

$$
\frac{\partial}{\partial x}\left(\frac{K_{fx}K_{frw}\rho_w}{\mu_w}\frac{\partial \phi_{fw}}{\partial x}\right)+\frac{\partial}{\partial y}\left(\frac{K_{fy}K_{frw}\rho_w}{\mu_w}\frac{\partial \phi_{fw}}{\partial y}\right)
$$
$$
+\frac{\partial}{\partial z}\left(\frac{K_{fz}K_{frw}\rho_w}{\mu_w}\frac{\partial \phi_{fw}}{\partial z}\right)-q_{fw}=\frac{\partial\left(\rho_w S_{fw}\phi_f\right)}{\partial t}
\tag{4-25}
$$

辅助方程：

$$
S_{fg}+S_{fw}=1
\tag{4-26}
$$

$$
p_{fcgw}\left(S_w\right)=p_{fg}-p_{fw}
\tag{4-27}
$$

$$
S_{fgc}\leqslant S_{fg}\leqslant 1-S_{fwc}
\tag{4-28}
$$

$$S_{fwc} \leqslant S_{fw} \leqslant 1 - S_{fgc} \tag{4-29}$$

式中，K_f——裂隙的绝对渗透率（包含 x, y 方向），$\times 10^{-3} \mu m$；

K_{frg}——裂隙中气体的相对渗透率，$\times 10^{-3} \mu m$；

K_{frw}——裂隙中水的相对渗透率，$\times 10^{-3} \mu m$；

μ_g——气体的黏度，$mPa \cdot s$；

μ_w——水的黏度，$mPa \cdot s$；

ρ_g——气体的密度，kg/m^3；

ρ_w——水的密度，kg/m^3；

ϕ_f——裂隙孔隙度，小数；

ϕ_{fg}——裂隙中气体的势，MPa；

ϕ_{fw}——裂隙中水的势，MPa。

3. 交换项处理

在基质块内部和表面之间存在的气体浓度差作用下，基质块内部微孔隙中的气体以扩散方式向外部运移，进入裂隙系统中，可视为点源项来处理。按非平衡拟稳态条件考虑，根据 Fick 第一定律，煤基质块的平均含气量对时间的变化率与煤基质块平均气体含量和表面吸附气体含量之差成正比，而单位时间内由单位煤基质解吸扩散进入到裂隙系统的气体量与煤基质块平均气体含量的变化率成正比，即

$$\frac{\partial V_m}{\partial t} = -\sigma D \left[V_m - V_e (p_g) \right] = -\frac{1}{\tau} \left[V_m - V_e (p_g) \right] \tag{4-30}$$

$$q_{mdes} = -F_G \frac{\partial V_m}{\partial t} \tag{4-31}$$

式中，F_G——基质单元几何因子，无因次。F_G 的取值与基质的几何形状有关（表 4-1）。

表 4-1 基质微孔几何形状与基质几何因子的关系

	平板形	圆柱形	球形
F_G	2	4	6

4. 定解条件

求解上述方程组，还需要根据具体的情况给定边界条件和初始条件。边界条件和初始条件统称为定解条件。

1）边界条件

煤层气储层数值模拟中的边界条件分为外边界条件和内边界条件两大类，其中外边界条件是指煤储层外边界所处的状态，内边界条件是指煤层气生产井所处的状态。

（1）外边界条件。

外边界条件一般有以下三类：

①定压边界条件：外边界 E 上每一点在每一时刻的压力分布都是已知的，即为一已知函数，在数学上也称为第一边界条件，或称为 Dirchlet 边界条件，表示为

$$p_{E_1} = f_1(x, y, z, t) \tag{4-32}$$

②定流量边界:外边界 E 上有流量流过边界,而且每一点在每一时刻的值都是已知的,在数学上也称为第二类边界条件, 或称为 Neumann 边界条件, 表示为

$$\frac{\partial p}{\partial n}\Big|_{E_2} = f_2(x, y, z, t) \tag{4-33}$$

式中, $\dfrac{\partial p}{\partial n}\Big|_E$ ——边界 E 上压力关于边界外法线方向导数。

实际上,最简单、最常见的定流量边界是封闭边界,也叫不渗透边界,如尖灭或断层遮挡, 即在此边界上无流量通过。

$$\frac{\partial p}{\partial n}\Big|_{E_2} = f_2(x, y, z, t) = 0 \tag{4-34}$$

③第三类边界条件为前两类的混合形式:

$$\left(\frac{\partial p}{\partial n} + ap\right)\Big|_{E_3} = f_3(x, y, z, t) \tag{4-35}$$

(2) 内边界条件。

当有煤层气生产井时,由于井的半径与井间距离相比很小,所以可把它视为点汇,作为内边界条件来处理。在煤层气储层数值模拟中,可考虑两种内边界条件。

①定产量条件

当给定井的产量时,可在微分方程中增加一个产量项。根据裘皮产量公式,煤层气井的气(气体用拟压力进行计算)、水产量分别为

$$q_{\text{fgsc}} = \frac{\pi T_{\text{sc}} K_{\text{frg}} K_{\text{f}} h}{TZ\mu_{\text{g}} p_{\text{sc}}\left(\ln\dfrac{r_{\text{e}}}{r_{\text{w}}} + s\right)}\left(p_{\text{fe}}^2 - p_{\text{wfg}}^2\right) \tag{4-36}$$

$$q_{\text{fw}} = \frac{2\pi K_{\text{frw}} K_{\text{f}} h \rho_{\text{w}}}{\mu_{\text{w}}\left(\ln\dfrac{r_{\text{e}}}{r_{\text{w}}} + s\right)}\left(p_{\text{fw}} - p_{\text{wfw}}\right) \tag{4-37}$$

式中, h ——产层厚度, m;

　　　　p_{wfg}、p_{wfw} ——分别为煤层气井的井底气、水流压, MPa;

　　　　r_{e} ——排泄半径, m;

　　　　T ——煤层气储层温度, K;

　　　　r_{w} ——井筒半径, m;

　　　　s ——表皮系数, 无因次。

有效半径(r_{e})与网格步长和储层非均质性有关。

正方形网格系统: $r_{\text{e}} = 0.208\Delta x$。

矩形网格系统: $r_{\text{e}} = 0.14\sqrt{\Delta x^2 + \Delta y^2}$。

非均质正方形网格系统:

$$r_e = 0.28 \frac{\left(\sqrt{\frac{K_{fy}}{K_{fx}}} \Delta x^2 + \sqrt{\frac{K_{fx}}{K_{fy}}} \Delta y^2 \right)}{\sqrt{\frac{K_{fy}}{K_{fx}}} + \sqrt{\frac{K_{fx}}{K_{fy}}}} \tag{4-38}$$

已知压裂井的裂缝半长时，可用下式计算：

$$s = -\ln\left(\frac{x_f}{2r_w} \right) \tag{4-39}$$

煤层气井压裂技术和水平井技术是提高煤层气藏产量的有效方法，压裂技术能消除储层伤害，增加井孔与裂隙的连通性，以及促进排水降压，提高产气速度；水平井能提高煤层气井泄油体积，使煤层气井的产能得到提高。对于用压裂 n 条裂缝的水平井定产量开采煤层气，可用以下公式计算气、水的产量：

$$p_{fe}^2 - p_{wf}^2 = \frac{\mu_g p_{sc} ZT}{\pi k_h h T_{sc}} \left[\sum_{i=-N_0}^{N_0} q_{fgi} G_i + q_{fgj} \left(\frac{\beta h}{L} \ln \frac{h}{h_f} + \frac{k_h h}{k_f \omega} \ln \frac{h_f}{2r_w} \right) \right] \tag{4-40}$$

$$p_{fe} - p_{wf} = \frac{B_w \mu_w}{\pi k_h k_{frw} h} \left[\sum_{i=-N_0}^{N_0} q_{fwi} G_i + q_{fwj} \left(\frac{\beta h}{L} \ln \frac{h}{h_f} + \frac{k_h h}{k_f \omega} \ln \frac{h_f}{2r_w} \right) \right] \tag{4-41}$$

$$q_g = \sum_{i=-N_0}^{N_9} q_{fgi} \tag{4-42}$$

$$q_w = \sum_{i=-N_0}^{N_9} q_{fwi} \tag{4-43}$$

式中，p_{fe}——供给边界压力，MPa；

p_{wf}——裂缝底部压力，MPa；

μ_g——气体黏度，mPa·s；

μ_w——水体黏度，mPa·s；

B_w——水的体积系数，无因次；

k_h——水平渗透率，$10^{-3}\mu m^2$；

k_f——裂缝的渗透率，$10^{-3}\mu m^2$；

ω——裂缝的宽度，m；

q_{fgi}——第 i 条裂缝的气产量，m^3/d；

q_{fwi}——第 i 条裂缝的水产量，m^3/d；

h——煤层厚度，m；

h_f——裂缝高度，m；

L——井筒的长度，m；

r_w——井筒的半径，m；

G_i——系数，小数。

②定井底流压 p_{wf}：

$$p_{frw} = p_{wf}\left(x, y, z, t\right) \tag{4-44}$$

2) 初始条件

给定在煤层气开发的初始时刻 $t=0$，煤储层内的压力分布和饱和度分布可表示为

$$\begin{cases} p_f(x,y,z)\big|_{t=0} = p_{fi}(x,y,z) \\ S_{fw}(x,y,z)\big|_{t=0} = S_{fwi}(x,y,z) \end{cases} \tag{4-45}$$

式中，$p_{fi}(x,y,z)$ 和 $S_{fwi}(x,y,z)$ 是已知函数。

5. 数学模型中特殊参数处理

随着储层压力的降低，吸附气体开始解吸，在表面张力的作用下，煤体开始收缩，同时裂隙内的有效应力增加，煤体也产生膨胀变形，储层裂隙孔隙和渗透率增大，煤层气开采时某一压力下的孔隙度为

$$\phi_f = \phi_{fi} + (\phi_{fi} + 2)\Delta\varepsilon' \tag{4-46}$$

煤层气开采时某一压力下的渗透率为

$$K_f = K_{fi}\left[1 + \left(1 + \frac{2}{\phi_{fi}}\right)\Delta\varepsilon'\right]^3 \tag{4-47}$$

三、煤层气开发实例

（一）埋藏深度

樊庄区块煤层埋藏深度总体变化是北深南浅，西深东浅。3#煤层一般为 300~750m，试验区各井的深度一般在 520~550m，从国外调研的情况来看，这一埋深是煤层气开采的最佳深度。

沁水煤层气田位于沁水盆地南部北纬 36°以南，包括樊庄和郑庄两个区块，中石油的开发区域位于山西省南部沁水盆地南部的樊庄区块，面积 182km²。

樊庄区块 3#煤层的地质特征如表 4-2 所示。

表 4-2 煤层地质概况

煤层埋深	350~750m
煤层厚度	4.1~6.5m
煤阶类型	镜质组显微组分占 65.7%~96.8%，煤阶达到贫煤和无烟煤III号，属高煤阶煤层
含气量	10.93~31.6m³/t，平均 19.23m³/t
吸附饱和度	87%~98%，平均 93%
气藏特点	承压水封堵型煤层气藏
原始储层压力	5.24MPa
临界解吸压力	4.4MPa
原始渗透率	0.5144×10⁻³μm²
气层温度	25℃
煤层密度	1.47t/m³

(二)地质特征及开发特征

1. 煤层埋深适中

3#煤层的埋深正处于煤层气饱和吸附带,含气量和含气饱和度较高,煤层物性好,有利于煤层气的勘探开发。

2. 煤层厚度大,分布稳定

3#煤层总体趋势东厚西薄,煤层横向分布非常稳定,煤层结构相对简单,无明显分岔,适合于煤层气勘探开发。

3. 煤质好,热演化程度高,生气量大

根据煤岩的鉴定结果,樊庄区块煤的镜质组含量较高,并且灰分含量低,一般为8%~15%,煤质很好。樊庄区块煤的热演化程度普遍较高,主要为无烟煤III号,Ro 为2.58%~3.78%,由东南向西北方向,变质程度逐渐降低。高煤阶煤比表面大,理论吸附量大,同时吨煤生气量在170m³ 以上,远大于煤层自身的吸附能力,所以3#煤层气成藏具有充足的气源。

4. 煤储层物性较好

3#煤层煤岩孔隙度2.9%~10.5%,以微孔为主,发育少量大孔和中孔,孔隙中值半径为53.1~93.6μm。这说明煤孔隙比表面积大,吸附能力强,有利于煤层气富集,且孔隙具有一定的连通性;煤层割理发育,密度可达530~580 条/m,宽度为1~3μm,割理充填不明显。注入/降法测得煤层渗透率为 0.3×10^{-3}~2.0×10^{-3} μm²,达到了开发所需的对煤层渗透率的基本要求。

5. 煤层气保存条件好

3#煤层顶板泥岩厚为10~55.4m,突破压力为3~10MPa,封盖能力强。沁水煤层气田东、西、南三面隆起,石炭系—二叠系地层出露接受地表水,在地层下倾方向形成承压水区,且具原生气藏特点。这些特征说明本区煤层气田为承压水封堵型煤层气藏。

6. 煤层含气量高,为饱和气藏

煤层气的"含气饱和度"与常规气藏的"含气饱和度"的概念有所区别。常规气藏的"含气饱和度"是指岩心中除去束缚水后地下天然气所占的孔隙体积的比例,而煤层气的"含气饱和度"是指临界解吸压力下的含气量与理论含气量比值的百分数,煤层气"含气饱和度"越高,表示解吸压力与原始地层压力越接近,即天然气更加容易被解吸。

3#煤含气量最高为 $31.6m^3/t$,最低为 $10.93m^3/t$,平均为 $18.2m^3/t$,属含气量高的煤层气田。煤含气饱和度为90%~100%,试验区含气量平均为 $19.23m^3/t$,含气饱和度平均为85.5%,属高饱和煤层气田。目标区块筛选要求含气量一般在 $10m^3/t$ 以上,3#煤层原煤含气量完全满足要求,而且含气饱和度较高,为90%~100%,属高饱和吸附型气藏,有利

于煤层气的解吸产气及采收率的提高。

7. 解吸特征

解吸是吸附的逆过程,从以下两个方面的对比来看,解吸可能不是困扰沁水煤层气田开发的关键问题。

(1)从吸附曲线的形态来看,3#煤在降压早期斜率比较大,整个吸附曲线近似一条直线,而且其斜率比圣胡安煤层气田大得多,易于早期解吸。

所以沁水煤层气田 3#吸附气解吸的矛盾不大,开发的关键问题是如何提高单井产能和降低游离气的地层压力。

与 15#煤层比较,3#煤层厚度大,分布稳定,含气量高,地解压差小,储层物性好,地层水矿化度较低而且煤层气中不含硫,因此为尽快获得最佳产能,考虑优先开采 3#煤层,15#煤层在 3#煤层产量下降时可视储层发育情况择时投产(图 4-2)。

(2)从前期直井试采的结果来看,流体性质在平面上的分布非常稳定,因此流体性质预测仍可采用本区块直井试采时的统计值。

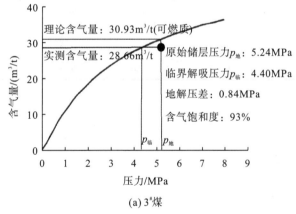

(a) 3#煤

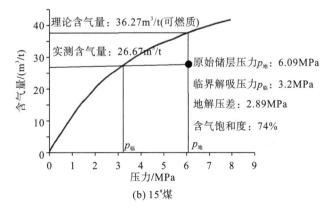

(b) 15#煤

图 4-2　等温吸附曲线

8. 流体特征

煤层气组分以甲烷为主，平均含量达 98.07%，其次含少量 CO_2 和 N_2，不含 H_2S。煤层气相对密度为 0.5642，热值为 8700～8900kcal/m³，压缩系数为 0.9981。

根据晋试 1 等 4 口井的现场煤芯解吸气组分分析(表 4-3)，3#煤中 CH_4、C_2H_6、CO_2、N_2 分别为 95.77%、0.03%、1.17%、3.10%，天然气的相对密度为 0.56，不含 C_3 以上的重质组分和 H_2S。

煤层水矿化度为 1815～2975mg/L，平均为 2496mg/L，水型为 $NaHCO_3$ 型。

表 4-3   3#煤试气气组分分析汇总表

井号	相对密度	组分/%				
		CH_4	C_3H_8	CO_2	O_2	N_2
晋试 1	0.5633	98.17	0.00	0.35	0.04	1.45
晋 1-1	0.5655	97.77		0.42		1.82
晋 1-2	0.5619	98.52		0.32		1.17
晋 1-3	0.5652	98.03		0.48		1.69
晋 1-4	0.5621	98.36		0.27		1.37
晋 1-5	0.5632	98.44		0.50		1.07
晋试 2	0.5654	97.65		0.31		2.04
晋试 3	0.5646	98.53		0.82		0.65
平均	0.5639	98.18	0.00	0.43	0.04	1.41

(三)基本参数

煤层埋深：350～750m。

原始储层压力：5.24MPa。

临界解吸压力：4.4MPa。

煤层密度：1.47t/m³。

渗透率：平均取 0.5mD，分析渗透率敏感性则取 0.1mD、0.2mD、0.5mD、1mD、2mD、5mD。

含气量：平均取 19.23m³/t，分析含气量敏感性则取 10m³/t、20m³/t、30m³/t、40m³/t。

扩散系数：平均取 0.002m²/d，分析扩散系数敏感性则取 0.001m²/d、0.002m²/d、0.005m²/d、0.007m²/d。

含气饱和度平均取 93%，分析含气饱和度敏感性则取 40%、60%、80%、100%。

井网：正方形井网，井距 300m(单井控制半径取 150m)。

其他：井底流压取 1MPa。

(四)动态预测

1. 压裂裂缝优化计算分析

裂缝宽度取 5mm。

1)不同渗透率下的裂缝长度优化

（1）渗透率取 0.3mD、导流能力取 20D.cm；分别取单翼裂缝长度为 20m、40m、60m、80m、100m、120m，计算 10 年的产量递减曲线，如图 4-3 所示。

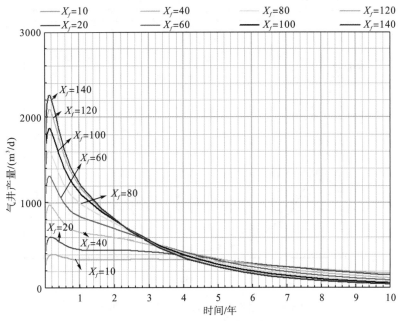

图 4-3　渗透率取 0.3mD、导流能力取 20D.cm

（2）渗透率取 1mD、导流能力取 20D.cm；分别取单翼裂缝长度为 20m、40m、60m、80m、100m、120m，计算 10 年的产量递减曲线，如图 4-4 所示。

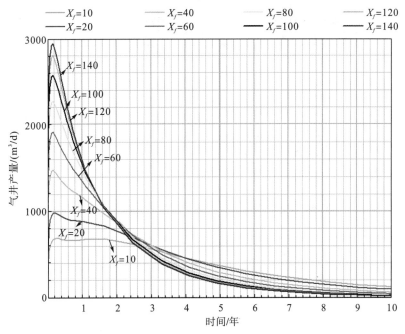

图 4-4　渗透率取 1mD、导流能力取 20D.cm

(3)渗透率取 2mD、导流能力取 20D.cm；分别取单翼裂缝长度为 20m、40m、60m、80m、100m、120m，计算 10 年的产量递减曲线，如图 4-5 所示。

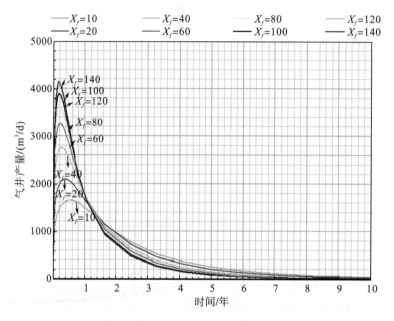

图 4-5　渗透率取 2mD、导流能力取 20D.cm

2)不同渗透率下的裂缝导流能力优化

(1)渗透率取 0.3mD、单翼裂缝长度取 100m；导流能力分别取 10D.cm、20D.cm、30D.cm、40D.cm，计算结果见图 4-6。

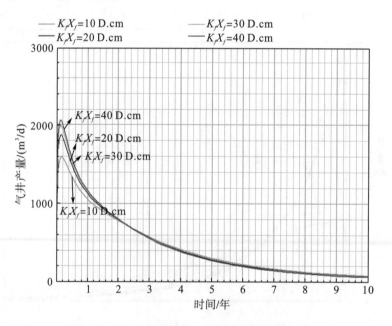

图 4-6　渗透率取 0.3mD、单翼裂缝长度取 100m

（2）渗透率取 1mD、单翼裂缝长度取 100m；导流能力分别取 10D.cm、20D.cm、30D.cm、40D.cm，计算结果见图 4-7。

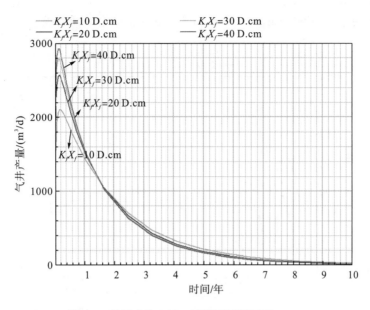

图 4-7 渗透率取 1mD、单翼裂缝长度取 100m

（3）渗透率取 2mD、单翼裂缝长度取 100m；导流能力分别取 10D.cm、20D.cm、30D.cm、40D.cm，计算结果见图 4-8。

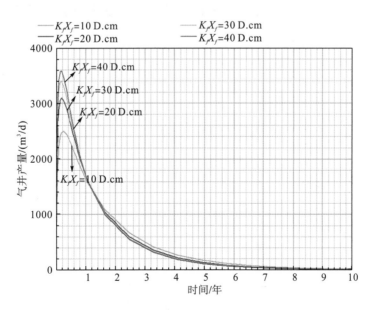

图 4-8 渗透率取 2mD、单翼裂缝长度取 100m

2. 参数敏感性分析

1) 煤层厚度敏感性分析

分别取煤层厚度(H)为 3m、4m、5m、6m、7m 模拟产量递减曲线,计算结果见图 4-9。

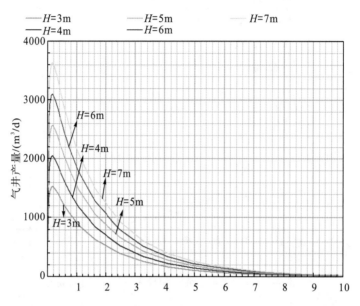

图 4-9　渗透率取 1mD、单翼裂缝长度取 100m,导流能力取 20D.cm

2) 含气量敏感性分析

分别取含气量为 10m³/t、20m³/t、30m³/t、40m³/t 模拟产量递减曲线,计算结果见图 4-10。

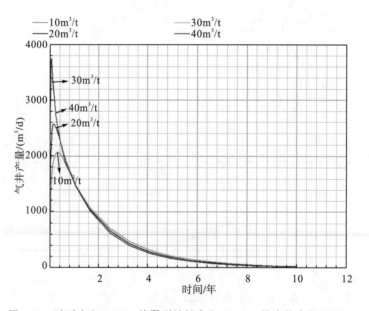

图 4-10　渗透率取 1mD、单翼裂缝长度取 100m,导流能力取 20D.cm

3)渗透率敏感性分析

分别取渗透率(K)为 0.1mD、0.2mD、0.5mD、1mD、2mD、5mD，模拟产量递减曲线，计算结果见图 4-11。

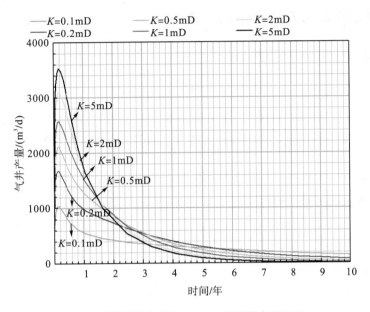

图 4-11　单翼裂缝长度取 100m，导流能力取 20D.cm

4)扩散系数敏感性分析

分别取扩散系数(D)为 0.001m²/d、0.002m²/d、0.005m²/d、0.007m²/d，模拟产量递减曲线，计算结果见图 4-12。

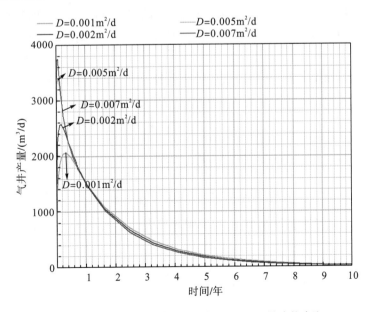

图 4-12　渗透率取 1mD、单翼裂缝长度取 100m，导流能力取 20D.cm

第三节　页岩气藏压裂井稳态产能

一、页岩中的多尺度非达西渗流模型

用达西定律来描述体积流速，则：

$$v_g = -\frac{k}{\mu}\frac{\mathrm{d}p}{\mathrm{d}x} \tag{4-48}$$

根据 Beskok 和 Karniadakis 在 1999 年提出考虑连续流、滑移流、过渡流和自由分子流动的不同流动形态的模型，流速与压力梯度之间的关系可以表示为

$$v_g = -\frac{k_0}{\mu}\left(1 + \alpha K_n\right)\left(1 + \frac{4K_n}{1 - bK_n}\right)\frac{\mathrm{d}p}{\mathrm{d}x} \tag{4-49}$$

式中，K_n——Knudsen 数，表达式为 $K_n = \bar{\lambda}/r$；

　　　$\bar{\lambda}$——分子平均自由程；

　　　μ——气体黏度，Pa·s；

　　　α——稀薄系数；

　　　b——滑脱系数；

　　　p——压力，Pa。

结合式（4-48）与式（4-49），则渗透率修正系数可以表示为

$$k = k_0\xi \tag{4-50}$$

$$\xi = \left(1 + \alpha K_n\right)\left(1 + \frac{4K_n}{1 - bK_n}\right) \tag{4-51}$$

从式（4-50）和式（4-51）中可以看出，当 Kn 值趋近于 0 时，表明渗透率越接近绝对渗透率的数值；当 K_n 值变大时，说明微管中的流动不再是达西流，需要用渗透率修正系数来校正。

Beskok 和 Karniadakis（1999）提出了稀薄系数的表达式，用来逐渐减少在过渡流阶段和自由分子流阶段中分子间的碰撞：

$$\alpha = \frac{128}{15\pi^2}\tan^{-1}\left(4K_n^{0.4}\right) \tag{4-52}$$

为了化简 Beskok-Karniadakis 模型，渗透率修正系数可以写为

$$\xi = 1 + \alpha K_n + \frac{4K_n}{1 - bK_n} + \frac{4\alpha K_n^2}{1 - bK_n} \tag{4-53}$$

式（4-53）中的前两项为 Beskok-Karniadakis 模型的一阶修正。当 $K_n < 0.1$ 时，可以采用以下近似：

$$\alpha \approx \frac{128}{15\pi^2}\left[4K_n^{0.4} - \frac{1}{3}\left(4K_n^{0.4}\right)^3\right] \tag{4-54}$$

$$\frac{K_n}{1 - bK_n} \approx K_n\left(1 + bK_n + b^2 K_n^2\right) \tag{4-55}$$

当 $K_n>0.1$ 时，通过式(4-54)计算的稀薄系数为负值，与式(4-52)计算的稀薄系数相差较大，因此式(4-52)可近似为

$$\alpha \approx \frac{128}{15\pi^2}\left(4K_n^{0.4}\right) \tag{4-56}$$

通过式(4-55)和式(4-56)，则渗透率修正系数可写为

$$\xi = 1 + 4K_n + \frac{512}{15\pi^2}K_n^{1.4} + 4bK_n^2 + \frac{2048}{15\pi^2}K_n^{2.4} + 4b^2K_n^3 + o\left(K_n^3\right) \tag{4-57}$$

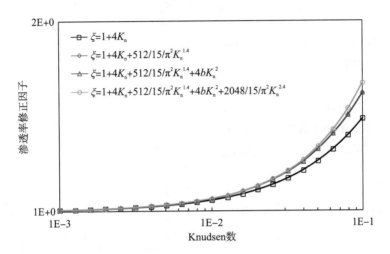

(a)滑脱因子 $b=0.1$

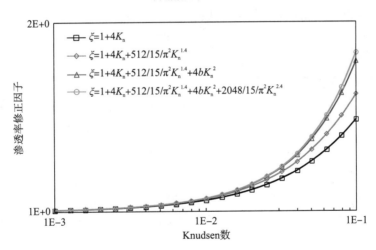

(b)滑脱因子 $b=5$

图 4-13　渗透率修正系数随 Knudsen 数的变化曲线

如图 4-13 所示，$K_n^{2.4}$ 项对图 4-13(a)和图 4-13(b)中的渗透率修正系数的影响都不大；当 b 较小时，K_n^2 项对渗透率修正系数的影响可忽略不计，但是当 b 值变大时，K_n^2 项对渗透率修正系数的影响较大。因此对于滑移流和连续流，当 $K_n<0.1$ 时，渗透率修正系数的高阶修正项(大于二阶)可以忽略，则式(4-49)可演变为

$$v_g = -\frac{k_0}{\mu}\left(1 + 4K_n + \frac{512}{15\pi^2}K_n^{1.4} + 4bK_n^2\right)\frac{dp}{dx} \tag{4-58}$$

根据 Guggenheim（1960）的研究，分子的平均自由程被定义为

$$\bar{\lambda} = \sqrt{\frac{\pi RT}{2M}}\frac{\mu}{p} \tag{4-59}$$

Knudsen 扩散系数主要与孔隙尺寸相关，被定义为

$$D_K = \frac{2r}{3}\left(\frac{8RT}{\pi M}\right)^{0.5} \tag{4-60}$$

式中，R——气体常数，8.314J/(K·mol)；

T——热力学温度，K；

M——气体摩尔质量，kg/mol；

r ——纳米孔隙半径，m；

D_K——Knudsen 扩散系数，m^2/s。

根据式（4-59）和式（4-60），Knudsen 数可以用 Knudsen 扩散系数来表示：

$$K_n = \frac{3\pi}{8r^2}\frac{\mu}{p}D_K \tag{4-61}$$

将式（4-61）代入式（4-58），可得

$$v_g = -\frac{k_0}{\mu}\left[1 + 4\frac{3\pi}{8r^2}\frac{\mu}{p}D_K + \frac{512}{15\pi^2}\left(\frac{3\pi}{8r^2}\frac{\mu}{p}D_K\right)^{1.4} + 4b\left(\frac{3\pi}{8r^2}\frac{\mu}{p}D_K\right)^2\right]\frac{dp}{dx} \tag{4-62}$$

渗透率又可以写成孔隙半径的关系式：

$$k_0 = \frac{\phi r^2}{8} \tag{4-63}$$

把式（4-63）代入式（4-62），可得

$$v_g = -\frac{k_0}{\mu}\left[1 + \frac{3\pi\phi}{16k_0}\frac{\mu}{p}D_K + \frac{512}{15\pi^2}\left(\frac{3\pi\phi}{64k_0}\frac{\mu}{p}D_K\right)^{1.4} + 4b\left(\frac{3\pi\phi}{64k_0}\frac{\mu}{p}D_K\right)^2\right]\frac{dp}{dx} \tag{4-64}$$

式（4-64）两端同时乘以渗流面积再除以气体体积系数 B_g，则可以得到地面标准条件下的气体体积流量：

$$q_v = \frac{vA}{B_g} = \frac{Ak_0}{B_g\mu}\left[1 + \frac{3\pi\phi}{16k_0}\frac{\mu}{p}D_K + \frac{512}{15\pi^2}\left(\frac{3\pi\phi}{64k_0}\frac{\mu}{p}D_K\right)^{1.4} + 4b\left(\frac{3\pi\phi}{64k_0}\frac{\mu}{p}D_K\right)^2\right]\frac{dp}{dx} \tag{4-65}$$

式中，气体体积系数 B_g 的表达式为

$$B_g = \frac{p_{sc}}{p}\frac{zT}{T_{sc}} \tag{4-66}$$

式中，p_{sc}——标准压力，Pa；

T_{sc}——标准温度，K；

p ——储层压力，Pa；

T——储层温度，K；

z——气体压缩因子。

二、考虑多尺度流动的压裂井的稳态产能模型

页岩气储层一般自然产能极低，大多数页岩气井必须进行压裂改造才具有经济效益，因此利用保角变化，基于页岩气多尺度流动模型建立了页岩气藏压裂直井的稳定渗流模型。由保角变换原理可知，保角变换后产量不变，边界上的势不变，变化的只是线段的长短和流动形式。

（一）压裂直井产能模型

1. 物理假设

为了使数学模型更容易求解出其解析解，列出以下简化条件：

(1)储层是各向同性的，并且气体在页岩气藏中的流动是稳定的。

(2)页岩储层和裂缝中的流体是单相的，且气体在页岩中的流动为非达西流动。

(3)压裂直井以定井底流压生产，并且储层被完全压开，压裂裂缝的高度与储层厚度相等。

(4)压裂裂缝是垂直的且对称分布于井筒两侧，裂缝半长为 L_f。当垂直裂缝假设为无限导流时，裂缝宽度忽略不计；当垂直裂缝假设为有限导流时，裂缝宽度为 W_f。

2. 无限导流裂缝压裂直井

如图 4-14 所示，定义保角变换函数：

$$Z = L_f \operatorname{ch} W \tag{4-67}$$

把 $z=x+\mathrm{i}y$，$w=u+\mathrm{i}v$ 代入式(4-67)，则可得到：

$$x = L_f \operatorname{ch} u \cos v \tag{4-68}$$

$$y = L_f \operatorname{sh} u \sin v \tag{4-69}$$

式中，L_f——裂缝半长，m；

x，y——Z 平面坐标；

u，v——W 平面坐标。

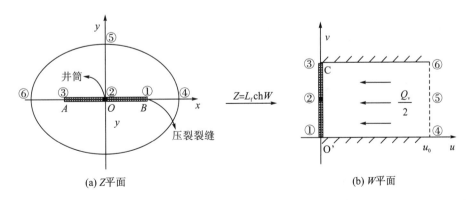

图 4-14 保角变换示意图

如表 4-4 所示，通过式(4-68)和式(4-69)的变换，图 4-14(a)中 Z 平面上半平面地层变换为图 4-14(b)中 W 平面带宽为 π 的半无限大地层(u 轴右侧)，半径为 R_e 的椭圆形定压边界变为长度为 π 的直线定压边界，长度为 $2L_f$ 的压裂井变为长度为 π 的线源。

表 4-4 保角变换计算

点的位置	W 平面		Z 平面	
①	$u=0$	$v=0$	$x=L_f$	$y=0$
②	$u=0$	$v=\pi/2$	$x=0$	$y=0$
③	$u=0$	$v=\pi$	$x=-L_f$	$y=0$
④	$u=u_0$	$v=0$	$x=L_f\mathrm{ch}u_0$	$y=0$
⑤	$u=u_0$	$v=\pi/2$	$x=0$	$y=L_f\mathrm{sh}u_0$
⑥	$u=u_0$	$v=\pi$	$x=-L_f\mathrm{ch}u_0$	$y=0$

由式(4-68 和式(4-69)可得 Z 平面中气体流动的等势线方程：

$$\frac{x^2}{L_f^2\mathrm{ch}^2u}+\frac{y^2}{L_f^2\mathrm{sh}^2u}=1 \tag{4-70}$$

当 Z 平面中的定压边界离压裂井的距离较大时，可以看作圆形边界，即

$$\mathrm{ch}u_0\approx\mathrm{sh}u_0\approx\frac{1}{2}\mathrm{e}^{u_0} \tag{4-71}$$

式中，u_0——W 平面中边界与长度为 π 的线源之间的距离。

则 Z 平面在边界上的等势线方程可变为

$$x^2+y^2=L_f^2\left(\frac{1}{2}\mathrm{e}^{u_0}\right)^2=R_e^2 \tag{4-72}$$

由式(4-72)可得图 4-14(b)中 W 平面中线源与边界之间的距离 u_0 和 Z 平面中边界半径 R_e 的关系为

$$u_0=\ln\frac{2R_e}{L_f} \tag{4-73}$$

根据式(4-65)可求得 W 平面中线源的产量：

$$Q_v=\frac{2\pi k_0 hT_{sc}}{p_{sc}T\overline{\mu z}u_0}\left[\begin{array}{l}\dfrac{p_e^2-p_w^2}{2}+\dfrac{3\pi\mu\phi D_K}{16k_0}(p_e-p_w)+\dfrac{512}{9\pi^2}\left(\dfrac{3\pi\mu\phi D_K}{64k_0}\right)^{1.4}\left(p_e^{0.6}-p_w^{0.6}\right)\\ +4b\left(\dfrac{3\pi\mu\phi D_K}{64k_0}\right)^2\ln\dfrac{p_e}{p_w}\end{array}\right] \tag{4-74}$$

式中，p_e——供给边界的压力，Pa；

p_w——井筒压力，Pa；

h——地层厚度，m。

根据式(4-73)可得到 Z 平面中压裂井的产量：

$$Q_{\mathrm{v}} = \frac{2\pi k_0 h T_{\mathrm{sc}}}{p_{\mathrm{sc}} T \overline{\mu z} \ln \dfrac{2R_{\mathrm{e}}}{L_{\mathrm{f}}}} \left[\begin{array}{l} \dfrac{p_{\mathrm{e}}^2 - p_{\mathrm{w}}^2}{2} + \dfrac{3\pi\mu\phi D_{\mathrm{K}}}{16 k_0}(p_{\mathrm{e}} - p_{\mathrm{w}}) + \dfrac{512}{9\pi^2}\left(\dfrac{3\pi\mu\phi D_{\mathrm{K}}}{64 k_0}\right)^{1.4}\left(p_{\mathrm{e}}^{0.6} - p_{\mathrm{w}}^{0.6}\right) \\ + 4b\left(\dfrac{3\pi\mu\phi D_{\mathrm{K}}}{64 k_0}\right)^2 \ln \dfrac{p_{\mathrm{e}}}{p_{\mathrm{w}}} \end{array} \right] \tag{4-75}$$

3. 有限导流裂缝压裂直井

与无限导流压裂裂缝相比，考虑有限导流裂缝的压裂直井更符合实际情况，并且也可以分析压裂裂缝的参数对气井产能的影响。

考虑有限导流裂缝时（先讨论 W 平面），取 W 平面中裂缝微元，如图 4-15 所示，假设气体在压裂裂缝中只沿着 v 轴流动（沿着人工裂缝方向）。因此，裂缝中的流速在 u 方向为定值，在 v 方向为变量，即从储层到微元体 $\mathrm{d}v$ 微元段上流速 v_u 为定值。

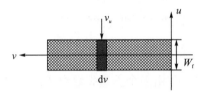

图 4-15 裂缝微元示意图

根据流出单元体的质量等于流入单元体的质量，裂缝中气体流动的质量守恒方程可以写为

$$-\left(v_v\big|_{v+\Delta v} - v_v\big|_v\right) \cdot \frac{1}{2} W_{\mathrm{f}} h + v_u \cdot \Delta v h = 0 \tag{4-76}$$

上式两边同除 Δv，且当 Δv 取无穷小时，可得偏微分方程：

$$\frac{\mathrm{d}v_v}{\mathrm{d}v} \cdot \frac{1}{2} W_{\mathrm{f}} = v_u \tag{4-77}$$

气体在压裂裂缝中流动的拟压力函数可定义为

$$m(p) = 2\int_{p_{\mathrm{e}}}^{p}\left[1 + \frac{3\pi\phi}{16 k_0}\frac{\mu}{p}D_{\mathrm{K}} + \frac{512}{15\pi^2}\left(\frac{3\pi\phi}{64 k_0}\frac{\mu}{p}D_{\mathrm{K}}\right)^{1.4} + 4b\left(\frac{3\pi\phi}{64 k_0}\frac{\mu}{p}D_{\mathrm{K}}\right)^2\right]\frac{p}{\mu z}\mathrm{d}p \tag{4-78}$$

式（4-77）可变为

$$\frac{\partial^2 m}{\partial v^2} - \frac{k_0}{\frac{1}{2}k_{\mathrm{f}}W_{\mathrm{f}}\ln\dfrac{2R_{\mathrm{e}}}{L_{\mathrm{f}}}}m = -\frac{k_0}{\frac{1}{2}k_{\mathrm{f}}W_{\mathrm{f}}\ln\dfrac{2R_{\mathrm{e}}}{L_{\mathrm{f}}}}m_{\mathrm{e}} \tag{4-79}$$

压裂裂缝的边界条件为

$$\begin{cases} \mathrm{d}m/\mathrm{d}v = 0, & v = 0 \\ m = m_{\mathrm{w}}, & v = \pi/2 \end{cases} \tag{4-80}$$

结合式（4-80），则可得式（4-79）的解：

$$m(p) = c_1 \mathrm{e}^{\lambda v} + c_2 \mathrm{e}^{-\lambda v} + m_{\mathrm{e}} \tag{4-81}$$

式中，c_1、c_2、λ分别为

$$\lambda = \sqrt{\frac{2k_0}{k_f W_f} \frac{1}{\ln 2R_e/L_f}} \ , \quad c_1 = c_2 = \frac{m_w - m_e}{e^{\frac{\pi}{2}\lambda} + e^{-\frac{\pi}{2}\lambda}} \tag{4-82}$$

垂直裂缝井的总产量为

$$Q_f = -\frac{k_f W_f h T_{sc}}{p_{sc} T} \frac{dm}{dv}\bigg|_{v=\frac{\pi}{2}} = \frac{k_f W_f h T_{sc}}{p_{sc} T} \lambda (m_e - m_w) \frac{e^{\frac{\pi}{2}\lambda} - e^{-\frac{\pi}{2}\lambda}}{e^{\frac{\pi}{2}\lambda} + e^{-\frac{\pi}{2}\lambda}} \tag{4-83}$$

利用式(4-78)，可以得到考虑有限导流裂缝的垂直裂缝井的产能公式为

$$Q_f = \frac{2k_f W_f h\lambda T_{sc}}{p_{sc} T \mu z} \tanh\frac{\pi\lambda}{2} \left[\begin{array}{l} \dfrac{p_e^2 - p_w^2}{2} + \dfrac{3\pi\mu\phi D_K}{16k_0}(p_e - p_w) + \dfrac{512}{9\pi^2}\left(\dfrac{3\pi\mu\phi D_K}{64k_0}\right)^{1.4}\left(p_e^{0.6} - p_w^{0.6}\right) \\ +4b\left(\dfrac{3\pi\mu\phi D_K}{64k_0}\right)^2 \ln\dfrac{p_e}{p_w} \end{array} \right] \tag{4-84}$$

式中，右边中括号里的第一项为满足达西公式的产量，用Q_D表示。

(二)压裂水平井产能模型

如图 4-16 所示，压裂水平井由多个垂直裂缝组成，而单个垂直裂缝的流场图与压裂直井垂直裂缝的流场图相同。因此，压裂水平井的泄流面积等于多个垂直裂缝的泄流面积之和。当水平井压裂为多条垂直裂缝时，又可分为以下两种情况。

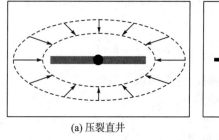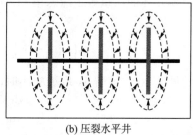

(a) 压裂直井　　　　　　　　　　　(b) 压裂水平井

图 4-16　不同井型的渗流示意图

1. 多条裂缝泄流，各条裂缝形成的泄流区域不互相干扰

此时压裂水平井的总流量为各垂直裂缝的泄流量之和。根据等值渗流阻力法，页岩气藏多级压裂水平井的产能公式为

$$Q = \sum_{i=1}^{n} q_i \tag{4-85}$$

式中，q_i——第 i 条裂缝的泄流量，可以用式(4-84)来计算。

2. 多条裂缝泄流，各条裂缝形成的泄流区域互相干扰

由等值渗流阻力法可知，当两椭圆泄流区域相交时，相当于减少了该区域的渗流阻力，

而裂缝内流体流动的流动阻力不受影响。当所有垂直裂缝引起的椭圆泄流区均相互干扰时，页岩气藏压裂水平井的产能公式为

$$Q = \sum_{i=1}^{n} \left(1 - \frac{S_i}{\pi a_i b_i} \right) q_i \tag{4-86}$$

式中，S_i——第 i 条裂缝和第 $i+1$ 条裂缝椭圆泄流区域的相交面积，m^2；

　　　a_i——第 i 条裂缝椭圆泄流区域的长轴，m；

　　　b_i——第 i 条裂缝椭圆泄流区域的短轴，m。

假设所有垂直裂缝的椭圆泄流面积相等，通过定积分可得到相交面积的计算公式：

$$S_i = 2a_i b_i \left[\arccos \frac{y_i}{b_i} - \frac{y_i}{b_i} \sqrt{1 - \left(\frac{y_i}{b_i} \right)^2} \right] \tag{4-87}$$

其中，y_i 为井距的一半（$i=1, 2, \cdots, n-1$），且 $S_n=0$。

三、页岩气压裂井的产能影响因素分析

根据上述推导出的压裂井稳态产能方程，结合现场实例分析了渗透率修正系数、滑脱因子、Knudsen 扩散系数、页岩渗透率、人工压裂裂缝相关参数对气井产能的影响。已知某页岩气藏的基本参数如表 4-5 所示。

表 4-5　某页岩气藏数据

参数	数值	单位
渗透率，K	0.0005	mD
孔隙度，ϕ	0.07	–
储层温度，T	366.15	K
储层压力，p_e	28	MPa
储层厚度，h	30.5	m
压力供给半径，R_e	400	m
气体黏度，μ_g	0.027	mPa·s
气体压缩因子，z	0.89	–
井筒半径，r_w	0.1	m

（一）压裂直井产能影响因素

1. 渗透率修正系数的影响

通过图 4-17 可以看出，渗透率修正系数 ξ 对产量的影响较大。当气体在页岩中的流动仅考虑达西流动时（$\xi=1$），压裂井的产量较小；当根据 Beskok-Karniadakis 模型对页岩渗透率进行修正后，压裂井的产量也随着 ξ 的修正阶数的增加而逐渐增大。现场数据显示当生产压差为 7MPa 且裂缝半长为 200m 时，垂直裂缝井的产气量为 1.2 万 m^3。与根据达西

公式以及考虑 Klinkenberg 渗透率修正系数建立的产能模型相比，基于页岩气多尺度渗流模型建立的压裂井产能公式的计算结果更加接近现场生产数据。

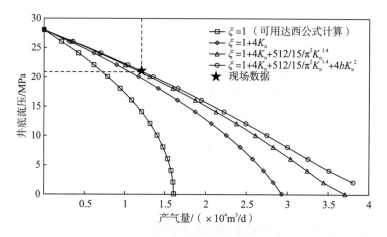

图 4-17　渗透率修正系数 ξ 对压裂直井产量的影响

2. Knudsen 扩散及滑脱效应的影响

图 4-18 绘制了在不同的滑脱系数 b 下考虑有限导流裂缝压裂井的井底流压与产量的关系曲线。当井底流压较大时，滑脱效应对压裂井产量的影响几乎可以忽略；当流压低于 15MPa 时，滑脱效应开始影响压裂井的产量，且随着滑脱因子变大，压裂井的产量也随之增加。这是因为，根据 Javadpour（2009）等提出的滑脱因子的表达式［式（4-61）］可以看出，当平均压力较大时，$b \approx 0$，即管中的流量主要由服从达西定律的黏性流量组成；当平均压力较小时，滑脱效应更加明显。因此在开采页岩气时，适当降低井底流压可以提高气井产量。从图 4-19 可以看出，Knudsen 扩散系数越大，压裂直井的产气量越大。

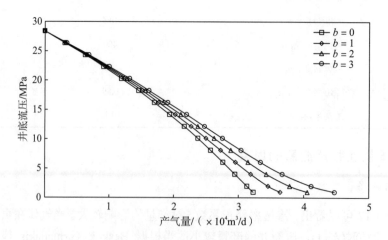

图 4-18　滑脱因子 b 对压裂直井产量的影响

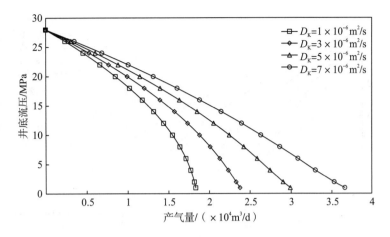

图 4-19 Knudsen 扩散系数 D_K 对压裂直井产量的影响

3. 储层物性及裂缝参数的影响

图 4-20 为页岩渗透率对压裂井产量的影响，可以看出压裂井产气量随页岩渗透率的增大而增大，当渗透率分别增加到 2 倍、3 倍和 4 倍时，压裂井的产量分别增加到 1.71 倍、2.32 倍和 2.87 倍。图 4-21 为裂缝半长对压裂井产量的影响，可以看出压裂井产气量随裂缝半长的增加而增大，当裂缝半长分别增加到 3 倍、5 倍和 7 倍时，压裂井的产量分别增加到 1.54 倍、2.06 倍和 2.65 倍。即当压裂半长增加的倍数大于页岩渗透率增加的倍数时，前者的压裂井产气量的增加幅度依然小于后者产气量的增加幅度，这说明裂缝半长的增加虽然能提高压裂井的产气量，但也只能改善裂缝附近储层的渗流能力，而只有整个储层流动能力的提高才能使产气量大幅增加。

由产能公式得到了不同裂缝穿透比（L_f/R_e）条件下，压裂井产能随裂缝导流能力（$k_f \cdot W_f$）的变化情况。由图 4-22 可以发现，随着裂缝导流能力或裂缝穿透比的增加，气井的产能也随之增加，但是当裂缝导流能力增加到一定数值后，产气量的增加幅度逐渐变小，且当裂缝穿透比增加时，此数值会随之变大。比如，当裂缝穿透比为 0.1 时，裂缝导流能

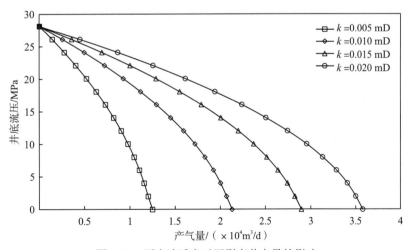

图 4-20 页岩渗透率对压裂直井产量的影响

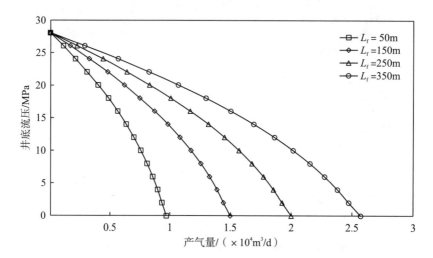

图 4-21 裂缝半长 L_f 对压裂直井产量的影响

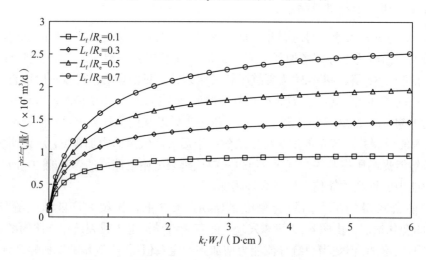

图 4-22 裂缝导流能力 $k_f \cdot W_f$ 对压裂直井产量的影响

力大于 2D·cm 后，产气量的增加幅度变缓，但是当裂缝穿透比为 0.3 时，裂缝导流能力则要大于 4D·cm 后，产气量的增加幅度才开始变缓。此图版可为不同裂缝穿透比的压裂井裂缝导流能力的优选提供依据。

(二)压裂水平井产能影响因素

由于上一节主要研究了滑脱因子、Knudsen 扩散系数、页岩渗透率等与储层相关的参数对压裂直井产能的影响，因此本节主要研究压裂水平井相关参数对产能的影响。

假设水平井的水平段长度为 800m，裂缝以等间距均匀地分布在水平段上，图 4-23 为不同裂缝条数下的气井有效泄气面积，当水平段长度不变时，裂缝间距随着裂缝条数的增加而减小，裂缝之间的相互干扰逐渐增强，单个垂直裂缝对压裂水平井的贡献减少。图 4-24 为不同裂缝条数下井底流压与产量的关系曲线，随着裂缝条数的增加，裂缝之间的干扰增强，压裂水平井的总产量增加幅度变缓。

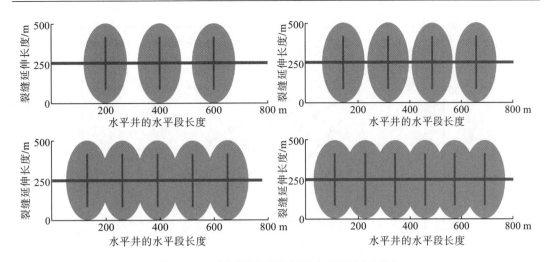

图 4-23　不同裂缝条数的压裂水平井泄气面积

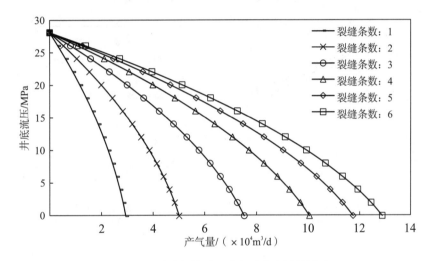

图 4-24　裂缝条数对压裂水平井产量的影响

假设水平井的水平段长度为 800m，裂缝以等间距均匀地分布在水平段上，图 4-25 为不同裂缝半长条件下的气井控制面积示意图，实际为 6 条裂缝，当裂缝半长增加时，气井控制面积增大。图 4-26 为不同裂缝半长条件下井底流压与产量的关系曲线，从图中可以看出，随着裂缝半长的增加，气井有效泄气面积增大，压裂水平井的总产量也随之增大。

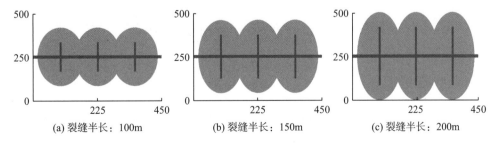

图 4-25　不同裂缝半长的压裂水平井泄气面积示意图(6 条裂缝)

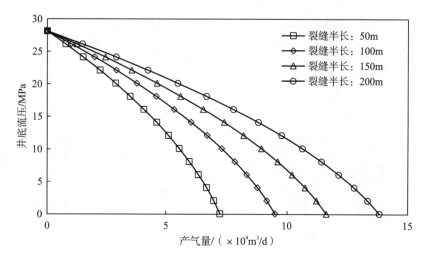

图 4-26　裂缝半长对压裂水平井产量的影响

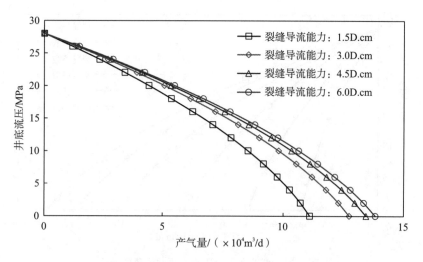

图 4-27　裂缝导流能力对压裂水平井产量的影响

图 4-27 为不同裂缝导流能力下井底流压与产气量的关系曲线。从图 4-27 中可以看出，随着压裂裂缝导流能力的增强，压裂水平井产量增加。但是随着裂缝导流能力继续增强，压裂水平井产量的增加幅度变缓。此外，与裂缝条数、裂缝半长相比，裂缝导流能力对气井产能的影响较小。

第四节　页岩气藏试井分析

一、物理建模

页岩储层是由分别具有独立物理性质的基质系统和裂缝系统组合而成的（图 4-28）。假设在页岩储层中有一口压裂井，气体从基质系统流向裂缝系统，并且在裂缝系统和井筒之间的压力差作用下最终流向人工裂缝和井筒。

物理模型假设如下：

(1)页岩气藏被假设为双重孔隙介质储层(图4-28)，为了使考虑纳米孔隙特性的物质守恒方程推导更加容易，假定基质块是圆球形的(de Swaan模型)。并且根据 Ei-Banbi 等的研究，采用圆球形基质的瞬态模型与其他形状基质块模型(层状、圆柱和立方体)的解无明显差别。

(2)假设储层是各向同性且顶底边界封闭，侧向外边界可以是无限大、封闭或者定压边界。

(3)压裂井以定产量或以定井底流压生产。假设裂缝具有无限导流能力，并且储层被完全压开，裂缝宽度忽略不计。

(4)在裂缝系统中的气体为游离气，且为达西流动。吸附气从基质颗粒表面解吸，基质纳米孔隙中的气体流动为非达西流动。

(5)考虑了井筒储集效应和表皮效应。

(6)页岩气藏中的气体流动是在等温条件下进行的。

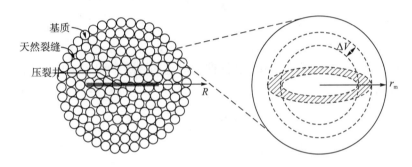

图4-28　页岩基质系统和裂缝系统示意图

二、数学建模

1. 数学模型

1)页岩基质系统

在球形基质中取体积为 ΔV 的单元体(图4-28)，综合考虑纳米孔隙中在压力差作用下产生的流动(考虑滑脱效应)、Knudsen扩散以及解吸气，可以得到页岩气在基质纳米孔隙中流动的质量守恒方程：

$$\left[\left(D_{m}\frac{\partial \rho_{gm}}{\partial r_{1}}A-u_{m}A\rho_{gm}\right)_{r_{1}+\Delta r_{1}}-\left(D_{m}\frac{\partial \rho_{gm}}{\partial r_{1}}A-u_{m}A\rho_{gm}\right)_{r_{1}}\right]=\frac{\Delta\left(\rho_{gm}\phi_{m}\Delta V+\Delta V\dfrac{V_{L}bp_{m}}{1+bp_{m}}\cdot\rho_{bi}\rho_{gsc}\right)}{\Delta t}$$

(4-88)

式中，D_{m}——基质中的Knudsen扩散系数，m^{2}/s；

ρ_{gm}——基质中气体密度，kg/m^{3}；

r_{1}——基质系统坐标，m；

A——单元体面积，m^{2}；

　　u_m——考虑滑脱效应的气体流速，m/s；

　　ϕ_m——基质孔隙度；

　　ΔV——单元体体积，m³；

　　V_L——标准条件下的 Langmuir 体积，m³/kg；

　　b——Langmuir 常数，Pa⁻¹；

　　p_m——基质压力，Pa；

　　ρ_{bi}——初始油藏条件下表观页岩的密度，kg/m³；

　　ρ_{gsc}——标准条件下的气体密度，kg/m³。

吸附气可以用 Langmuir 等温吸附公式计算：

$$V_a = V_L \frac{bp_m}{1+bp_m} \tag{4-89}$$

k_D 是单管的达西渗透率，根据圆形毛细管的 Poiseuille 方程可以得出：

$$k_D = \frac{r_n^2}{8} \tag{4-90}$$

式中，k_D——圆管达西渗透率，m²；

　　　　r_n——基质系统中纳米孔隙半径，m。

　　对于多孔介质，可以用基质孔隙度和迂曲度对达西渗透率和 Knudsen 扩散系数进行修正，其表达式如下：

$$k_m = \frac{\phi_m}{\tau} k_D \quad D_m = \frac{\phi_m}{\tau} D \tag{4-91}$$

式中，k_m——基质达西渗透率，m²；

　　　　τ——迂曲度；

　　　　D——纳米孔隙中的 Knudsen 扩散系数，m²/s。

　　式(4-88)中考虑滑脱效应的气体流速 u_m 可以写为

$$u_m = -F \frac{k_m}{\mu_g} \frac{\partial p_m}{\partial r_1} \tag{4-92}$$

式中，F——滑脱因子；

　　　　μ_g——气体黏度，Pa·s。

　　Knudsen 扩散系数和滑脱因子被定义为

$$D = \frac{2r_n}{3}\left(\frac{8RT}{\pi M}\right)^{0.5} \tag{4-93}$$

$$F = 1 + \left(\frac{8\pi RT}{M}\right)^{0.5} \frac{\mu_g}{p_{avg}r_n}\left(\frac{2}{f}-1\right) \tag{4-94}$$

　　把式(4-92)代入式(4-88)，并且两边同时除以微元体积 ΔV，整理可得

$$\frac{1}{r_1^2}\frac{\partial}{\partial r_1}\left[\rho_{gm}\left(D_m c_g + F\frac{k_m}{\mu_g}\right)r_1^2\frac{\partial p_m}{\partial r_1}\right] - \rho_{bi}\rho_{gsc}\frac{V_L b}{(1+bp_m)^2}\frac{\partial p_m}{\partial t} = \frac{\partial(\rho_{gm}\phi_m)}{\partial t} \tag{4-95}$$

式中，c_g 为气体压缩系数（Pa⁻¹），其表达式为

$$c_g = \frac{1}{\rho_{gm}} \frac{\partial \rho_{gm}}{\partial p_m} \tag{4-96}$$

页岩基质的表观渗透率为

$$k_{app} = c_g D_m \mu_g + F k_m \tag{4-97}$$

根据真实气体状态方程，页岩气的密度可以定义为

$$\rho_{gm} = \frac{M p_m}{Z R T} \tag{4-98}$$

把式(4-97)和式(4-98)代入式(4-95)，最后整理可得基质系统的流动控制方程：

$$\frac{1}{r_1^2} \frac{\partial}{\partial r_1} \left(r_1^2 k_{app} \frac{p_m}{\mu_g Z} \frac{\partial p_m}{\partial r_1} \right) - \frac{RT}{M} \rho_{gsc} \rho_{bi} V_L \frac{b}{(1+b p_m)^2} \frac{\partial p_m}{\partial t} = c_g \phi_m \frac{p_m}{Z} \frac{\partial p_m}{\partial t} \tag{4-99}$$

假设基质块中的压力是球对称的，因此基质块的中心没有气体通过，则内边界条件可定义为

$$\left. \frac{\partial p_m}{\partial r_1} \right|_{r_1=0} = 0 \tag{4-100}$$

在基质块的外边界处，基质压力与裂缝系统的压力相等：

$$p_m \big|_{r_1=r_m} = p_f \tag{4-101}$$

2) 页岩裂缝系统

裂缝系统的质量守恒方程为

$$\frac{1}{r_2^2} \frac{\partial}{\partial r_2} \left(r_2^2 \rho_{gf} \frac{k_f}{\mu_g} \frac{\partial p_f}{\partial r_2} \right) + q_{mf} = \phi_f \rho_{gf} c_g \frac{\partial p_f}{\partial t} \tag{4-102}$$

气体从基质表面流向裂缝，因此基质块表面的流动速度可写为

$$v_m \big|_{r_1=r_m} = -\left(\frac{k_{app}}{\mu_g} \frac{\partial p_m}{\partial r_1} \right)\bigg|_{r_1=r_m} \tag{4-103}$$

由于单位时间从单位体积基质流出的气体质量为 q_{mf}，所以基质表面的速度等于单位时间流出的气体体积除以基质块的表面积：

$$v = \left(\frac{4}{3} \pi r_m^3 \frac{q_{mf}}{\rho_{gm}} \right) \Big/ \left(4\pi r_m^2 \right) = \frac{r_m q_{mf}}{3\rho_{gm}} \tag{4-104}$$

结合式(4-103)，式(4-104)可以写为

$$q_{mf} = -\frac{3}{r_m} \left(\rho_{gm} \frac{k_{app}}{\mu_g} \frac{\partial p_m}{\partial r_1} \right)\bigg|_{r=r_m} \tag{4-105}$$

将式(4-105)代入式(4-102)，裂缝系统的流动控制方程整理可得

$$\frac{1}{r_2^2} \frac{\partial}{\partial r_2} \left(r_2^2 \rho_{gf} \frac{k_f}{\mu_g} \frac{\partial p_f}{\partial r_2} \right) - \frac{3}{r_m} \left(\rho_{gm} \frac{k_{app}}{\mu_g} \frac{\partial p_m}{\partial r_1} \right)\bigg|_{r_1=r_m} = \phi_f \rho_{gf} c_g \frac{\partial p_f}{\partial t} \tag{4-106}$$

式中，r_2——裂缝系统坐标，m；

ρ_{gf}——裂缝中的气体密度，kg/m³；

p_f——裂缝压力，Pa；

k_f——裂缝渗透率，m^2；

r_m——基质平均半径，m；

ϕ_f——裂缝孔隙度。

基质系统和裂缝系统的初始条件为

$$p_m\big|_{t=0} = p_f\big|_{t=0} = p_i \tag{4-107}$$

2. 无因次数学模型

(1)无因次量定义如下所示：

无因次基质系统拟压力：$m_{mD} = \dfrac{\pi k_f h T_{sc}}{q_{sc} p_{sc} T}(m_{mi} - m_m)$；

无因次裂缝系统拟压力：$m_{fD} = \dfrac{\pi k_f h T_{sc}}{q_{sc} p_{sc} T}(m_{fi} - m_f)$；

无因次井筒流量：$q_D = \dfrac{q_{sc} p_{sc} T}{\pi k_f h T_{sc}(m_{fi} - m_f)}$；

无因次时间：$t_D = k_f t / \Lambda x_f^2$；

无因次基质系统径向坐标：$r_{1D} = r_1 / r_m$；

无因次裂缝系统径向坐标：$r_{2D} = r_2 / x_f$；

解吸系数：$\sigma = \dfrac{B_g \rho_{bi} V_L}{c_g \phi_m} \dfrac{b}{(1 + b p_m)^2}$；

综合系数：$\Lambda = \phi_m \mu_g c_g + \phi_f \mu_g c_g$；

储容比：$\omega = \dfrac{\phi_f \mu_g c_g}{\Lambda}$；

基质系统向裂缝系统窜流系数：$\lambda = 15 \dfrac{k_{app} x_f^2}{k_f r_m^2}$；

无因次外边界半径：$R_{eD} = r_e / x_f$；

无因次储层厚度：$h_D = h / x_f$；

裂缝系统 x 轴无因次坐标：$x_D = x / x_f$；

裂缝系统 y 轴无因次坐标：$y_D = y / x_f$；

裂缝系统 z 轴无因次坐标：$z_D = z / x_f$；

点源在 x 方向的无因次坐标：$x_{wD} = x_w / x_f$；

点源在 y 方向的无因次坐标：$y_{wD} = y_w / x_f$；

点源在 z 方向的无因次坐标：$z_{wD} = z_w / x_f$。

(2)质量守恒方程的无因次化。

引入求解数学模型的拟压力为

$$m = 2\int_{p_i}^{p} \frac{p}{\mu Z} \mathrm{d}p \tag{4-108}$$

因此基质系统的质量守恒方程可写为

$$\frac{1}{r_{1D}^2}\frac{\partial}{\partial r_{1D}}\left[r_{1D}^2\frac{\partial m_{mD}}{\partial r_{1D}}\right]=\frac{15(1-\omega)(1+\sigma)}{\lambda}\frac{\partial m_{mD}}{\partial t_D} \tag{4-109}$$

裂缝系统的质量守恒方程可写为

$$\frac{1}{r_{2D}^2}\frac{\partial}{\partial r_{2D}}\left(r_{2D}^2\frac{\partial m_{fD}}{\partial r_{2D}}\right)-\frac{\lambda}{5}\left(\frac{\partial m_{mD}}{\partial r_{1D}}\right)\Bigg|_{r_{1D}=1}=\omega\frac{\partial m_{fD}}{\partial t_D} \tag{4-110}$$

基于无因次时间 t_D，引入 Laplace 变换：

$$L\big[m_D(r_D,t_D)\big]=\overline{m}_D(r_D,s)=\int_0^\infty m_D(r_D,t_D)\mathrm{e}^{-st_D}\mathrm{d}t_D \tag{4-111}$$

因此在 Laplace 空间中，m_D 对 t_D 求导可写为

$$L\left[\frac{\mathrm{d}m_D(t_D)}{\mathrm{d}t_D}\right]=s\cdot L\big[m_D(t_D)\big]-m_D(t_D)\big|_{t_D=0}=s\cdot\overline{m}_D \tag{4-112}$$

基质系统和裂缝系统在 Laplace 空间中的无因次质量守恒方程可写为：
基质系统：

$$\frac{1}{r_{1D}^2}\frac{\partial}{\partial r_{1D}}\left(r_{1D}^2\frac{\partial\overline{m}_{fD}}{\partial r_{1D}}\right)=\frac{15(1-\omega)(1+\sigma)}{\lambda}s\cdot\overline{m}_{mD} \tag{4-113}$$

裂缝系统：

$$\frac{1}{r_{2D}^2}\frac{\partial}{\partial r_{2D}}\left(r_{2D}^2\frac{\partial\overline{m}_{fD}}{\partial r_{2D}}\right)-\frac{\lambda}{5}\left(\frac{\partial\overline{m}_{mD}}{\partial r_{1D}}\right)\Bigg|_{r_{1D}=1}=\omega s\cdot\overline{m}_{fD} \tag{4-114}$$

根据式(4-100)和式(4-101)，基质系统在 Laplace 空间中的边界条件可写为

$$\begin{cases}\dfrac{\partial\overline{m}_{mD}}{\partial r_{1D}}\bigg|_{r_{1D}=0}=0\\[3mm]\overline{m}_{mD}\big(r_{1D},s\big)\big|_{r_{1D}=1}=\overline{m}_{fD}\end{cases} \tag{4-115}$$

结合式(4-115)，式(4-113)的解为

$$\overline{m}_{mD}=\frac{\mathrm{e}^{\sqrt{\frac{15(1-\omega)(1+\sigma)s}{\lambda}}r_{1D}}-\mathrm{e}^{-\sqrt{\frac{15(1-\omega)(1+\sigma)s}{\lambda}}r_{1D}}}{\mathrm{e}^{\sqrt{\frac{15(1-\omega)(1+\sigma)s}{\lambda}}}-\mathrm{e}^{-\sqrt{\frac{15(1-\omega)(1+\sigma)s}{\lambda}}}}\frac{\overline{m}_{fD}}{r_{1D}} \tag{4-116}$$

将式(4-116)对 r_{1D} 求导，可写为

$$\frac{\partial\overline{m}_{mD}}{\partial r_{1D}}\Bigg|_{r_{1D}=1}=\left[\sqrt{\frac{15(1-\omega)(1+\sigma)s}{\lambda}}\coth\left(\sqrt{\frac{15(1-\omega)(1+\sigma)s}{\lambda}}\right)-1\right]\overline{m}_{fD} \tag{4-117}$$

其中，双曲余切函数定义为

$$\coth\left(\sqrt{\frac{15(1-\omega)(1+\sigma)s}{\lambda}}\right)=\frac{\mathrm{e}^{\sqrt{\frac{15(1-\omega)(1+\sigma)s}{\lambda}}}+\mathrm{e}^{-\sqrt{\frac{15(1-\omega)(1+\sigma)s}{\lambda}}}}{\mathrm{e}^{\sqrt{\frac{15(1-\omega)(1+\sigma)s}{\lambda}}}-\mathrm{e}^{-\sqrt{\frac{15(1-\omega)(1+\sigma)s}{\lambda}}}} \tag{4-118}$$

因此，裂缝系统的流动控制方程可写为

$$\frac{1}{r_{2D}^2}\frac{\partial}{\partial r_{2D}}\left(r_{2D}^2\frac{\partial\overline{m}_{fD}}{\partial r_{2D}}\right)-\frac{\lambda}{5}=\left[\sqrt{\frac{15(1-\omega)(1+\sigma)s}{\lambda}}\coth\left(\sqrt{\frac{15(1-\omega)(1+\sigma)s}{\lambda}}\right)-1\right]\overline{m}_{fD}=\omega s\cdot\overline{m}_{fD}$$

$$(4-119)$$

定义裂缝系统的流动系数为

$$u = \omega s + \frac{\lambda}{5}\left[\sqrt{\frac{15(1-\omega)(1+\sigma)s}{\lambda}}\coth\left(\sqrt{\frac{15(1-\omega)(1+\sigma)s}{\lambda}}\right)-1\right] \qquad (4-120)$$

由于 $\Delta m_f = m_{fi} - m_f$，结合裂缝系统拟压力的无因次定义，式(4-119)可写为

$$\frac{1}{r_{2D}^2}\frac{\partial}{\partial r_{2D}}\left(r_{2D}^2\frac{\partial \Delta \overline{m}_f}{\partial r_{2D}}\right) = u\Delta \overline{m}_f \ (r_{2D} = \sqrt{x_D^2 + y_D^2 + z_D^2}) \qquad (4-121)$$

(3)页岩气藏中的连续点源解方程。

通过点源周围的一个小球体表面的累积流量等于从点源流入/出的流体体积，$\tilde{q}$：

$$\int_0^t \lim_{\varepsilon \to 0}\left(4\pi r_2^2 \frac{k_f}{\mu_g}\frac{\partial p_f}{\partial r_2}\right)_{r_2=\varepsilon} dt = -\frac{p_{sc}T}{T_{sc}}\frac{1}{\Lambda}\tilde{q} \qquad (4-122)$$

则 Laplace 空间中无因次点源方程可写为

$$\lim_{\varepsilon \to 0}2\pi r_f^3\left(r_{2D}^2\frac{\partial \Delta \overline{m}_f}{\partial r_{2D}}\right)_{r_{2D}=\varepsilon} = -\frac{p_{sc}T}{T_{sc}}\frac{1}{\Lambda}\tilde{q} \qquad (4-123)$$

外边界条件可写为

$$\Delta \overline{m}_f\Big|_{r_D \to \infty} = 0 \qquad (4-124)$$

结合式(4-122)、式(4-123)和式(4-124)，可通过叠加原理得到在球向无限大空间中由不位于原点的连续点源引起的拟压力分布：

$$\Delta \overline{m}_f = \frac{p_{sc}T}{T_{sc}}\frac{\tilde{q}}{2\pi k_f x_f s}\frac{e^{-\sqrt{u}\sqrt{(x_D-x_{wD})^2+(y_D-y_{wD})^2+(z_D-z_{wD})^2}}}{\sqrt{(x_D-x_{wD})^2+(y_D-y_{wD})^2+(z_D-z_{wD})^2}} \qquad (4-125)$$

式中，x_{wD}，y_{wD}，z_{wD}——任意位置的点源。

三、数学建模的求解

1. 压裂直井

页岩气藏压裂井的物理模型如图 4-29 所示。

1)井以定产量生产

假设储层的顶底边界封闭，因此侧向无限大页岩气藏中的连续点源在 $z=0$ 和 $z=h$ 有 2 个封闭边界，通过镜像反映法和叠加原理可得

$$\Delta \overline{m}_f = \frac{p_{sc}T}{T_{sc}}\frac{\tilde{q}}{\pi k_f x_f s h_D}\left\{K_0\left(r_D\sqrt{u}\right)+2\sum_{n=1}^{+\infty}K_0\left(r_D\sqrt{u+\frac{n^2\pi^2}{h_D^2}}\right)\cos n\pi\frac{z_D}{h_D}\cos n\pi\frac{z_{wD}}{h_D}\right\} \qquad (4-126)$$

式中，$r_D^2 = (x_D-x_{wD})^2+(y_D-y_{wD})^2$。

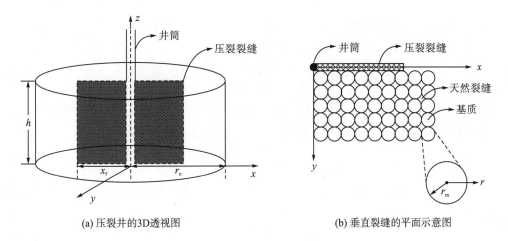

(a) 压裂井的3D透视图　　　　　　　　　　(b) 垂直裂缝的平面示意图

图 4-29　页岩气藏压裂井的物理模型

通过对式 (4-126) 中的 z_w 从 0 到 h 求积分, 可得 Laplace 空间中顶底封闭侧向无限大页岩气藏中垂直井 (连续线源) 产生的拟压力响应:

$$\Delta \overline{m}_f = \frac{p_{sc}T}{T_{sc}} \frac{\tilde{q}h}{\pi k_f x_f s h_D} K_0 \left(r_D \sqrt{u} \right) \tag{4-127}$$

通过对式 (4-127) 中的 x_w 从 $-x_f$ 到 x_f 求积分, 可得 Laplace 空间中页岩气藏压裂井生产时产生的拟压力响应:

$$\Delta \overline{m}_f = \frac{p_{sc}T}{T_{sc}} \frac{\tilde{q}h}{\pi k_f s h_D} \int_{-1}^{1} K_0 \left[\sqrt{u} \sqrt{(x_D - x_{wD})^2 + (y_D - y_{wD})^2} \right] dx_{wD} \tag{4-128}$$

对于垂直裂缝井, 压裂井的产量表达式可写为

$$q_{sc} = 2\tilde{q}h x_f \tag{4-129}$$

从图 4-29 可以发现, 压裂井在 y 方向上的无因次坐标 (y_{wD}) 等于 0, 并且当计算井筒或垂直裂缝的压力时 y_D 也等于 0。因此 Laplace 空间中侧向无限大页岩气藏的压裂井无因次拟压力可写为

$$\overline{m}_{wD} = \frac{1}{2s} \int_{-1}^{1} K_0 \left(\sqrt{u} \left| x_D - x_{wD} \right| \right) dx_{wD} \tag{4-130}$$

侧向封闭边界:

$$\overline{m}_{wD} = \frac{1}{2s} \int_{-1}^{1} \left[K_0 \left(\sqrt{u} \left| x_D - x_{wD} \right| \right) + \frac{K_1 \left(R_{eD} \sqrt{u} \right)}{I_1 \left(R_{eD} \sqrt{u} \right)} I_0 \left(\sqrt{u} \left| x_D - x_{wD} \right| \right) \right] dx_{wD} \tag{4-131}$$

侧向定压边界:

$$\overline{m}_{wD} = \frac{1}{2s} \int_{-1}^{1} \left[K_0 \left(\sqrt{u} \left| x_D - x_{wD} \right| \right) - \frac{K_0 \left(R_{eD} \sqrt{u} \right)}{I_0 \left(R_{eD} \sqrt{u} \right)} I_0 \left(\sqrt{u} \left| x_D - x_{wD} \right| \right) \right] dx_{wD} \tag{4-132}$$

通过杜哈美原理, Everdingen 等提出考虑井储和表皮效应的井响应的解可通过下式计算:

$$\overline{m}_{wD} = \frac{s \overline{m}_{wDN} + S_{kin}}{s + C_D s^2 \left(s \overline{m}_{wDN} + S_{kin} \right)} \tag{4-133}$$

2）井以定井底流压生产

当井以定井底流压生产时，无因次产量可定义为

$$q_{\mathrm{D}} = \frac{q_{\mathrm{sc}} p_{\mathrm{sc}} T}{\pi k_{\mathrm{f}} h T_{\mathrm{sc}} \left(m_{\mathrm{fi}} - m_{\mathrm{f}} \right)} \tag{4-134}$$

因此根据无因次压力和产量在 Laplace 空间中的关系式，可以同时得到侧向无限大、封闭和定压边界储层以定井底流压生产时的无因次井筒流量表达式：

$$\overline{q}_{\mathrm{D}} = \frac{1}{s^2 \overline{m}_{\mathrm{wD}}} \tag{4-135}$$

通过 Stehfest 数值反演可以得到真实空间中的无因次井筒拟压力（m_{wD}）和拟压力导数（$\mathrm{d}m_{\mathrm{wD}}/\mathrm{d}t_{\mathrm{D}}$）：

$$m_{\mathrm{wD}}\left(t_{\mathrm{D}}\right) = \frac{\ln 2}{t} \sum_{i=1}^{N} V_i \overline{m}_{\mathrm{wD}}\left(s\right) \tag{4-136}$$

其中，N 为偶数，且 $s = i \cdot \ln 2 / t$。

加权系数 V_i 为

$$V_i = (-1)^{\frac{N}{2}+i} \sum_{k=\left[\frac{i+1}{2}\right]}^{\min(i,N/2)} \frac{k^{N/2}(2k)!}{(N/2-k)! k! (k-1)! (i-k)! (2k-i)!} \quad (i \text{ 和 } k \text{ 为整数}) \tag{4-137}$$

2. 压裂水平井

如图 4-30 所示，假设页岩气藏中水平井通过多级压裂后共产生 m 条垂直裂缝，压裂裂缝穿透整个储层厚度，且裂缝宽度忽略不计。建立如图 4-30 所示的坐标系，水平井筒方向与 y 轴平行，压裂裂缝面垂直于 y 轴。压裂裂缝可等距或非等距分布，即压裂裂缝间的间距 $\Delta L_i (i=1, 2, \cdots, m\text{-}1)$ 可以相等也可以不等。其中，第 i 条压裂裂缝与水平井筒的交点为 $(0, y_i, 0)$。考虑到形成的裂缝在长度上可能不同，故在此假设裂缝的右翼长度和左翼长度分别为 $L_{\mathrm{fR}i}$ 和 $L_{\mathrm{fL}i}$。实际上，页岩气藏裂缝的渗透率远大于储层渗透率，因此页岩气在裂缝中流动所产生的压力损失和气体沿水平井筒流动所产生的压降损失均很小，可以忽略，故本书假设页岩气在裂缝中的渗流为无限导流。

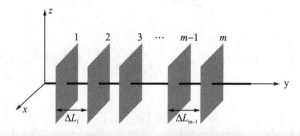

图 4-30　压裂水平井物理模型

由于多级压裂水平井的内边界条件极其复杂，无法直接写出渗流模型的内边界条件并获得解析解，因此采用解析法与数值离散方法相结合的半解析法来得到多级压裂水平井的压力响应，如图 4-31 所示。

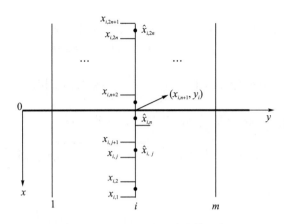

图 4-31　压裂水平井裂缝离散示意图

如图 4-31 所示，将每条裂缝的左右两翼都按相等长度离散为 n 个单元，则每条裂缝都被离散为 $2n$ 个单元。在 x-y 平面内，记第 i 条压裂裂缝上的第 j 个离散单元的中点坐标为 $(\bar{x}_{ij}, \bar{y}_{ij})$，记第 i 条裂缝上的第 j 个离散单元端点坐标为 (x_{ij}, y_{ij})。

根据图 4-31 所示的裂缝离散，第 $i(1 \leqslant i \leqslant m)$ 条裂缝上第 $j(1 \leqslant j \leqslant 2n)$ 个离散单元的中点坐标可表示为

$$\begin{cases} \bar{x}_{ij} = -\dfrac{2n-2j+1}{2n} L_{\mathrm{fL}i}, & 1 \leqslant j \leqslant n \\ \bar{y}_{ij} = y_i \end{cases} \tag{4-138}$$

$$\begin{cases} \bar{x}_{ij} = -\dfrac{2n-2j+1}{2n} L_{\mathrm{fR}i}, & n+1 \leqslant j \leqslant 2n \\ \bar{y}_{ij} = y_i \end{cases} \tag{4-139}$$

第 $i(1 \leqslant i \leqslant m)$ 条裂缝上第 $j(1 \leqslant j \leqslant 2n)$ 个离散单元的端点坐标可表示为

$$\begin{cases} x_{ij} = -\dfrac{n-j+1}{n} L_{\mathrm{fL}i}, & 1 \leqslant j \leqslant n \\ y_{ij} = y_i \end{cases} \tag{4-140}$$

$$\begin{cases} x_{ij} = -\dfrac{n-j+1}{n} L_{\mathrm{fR}i}, & n+1 \leqslant j \leqslant 2n \\ y_{ij} = y_i \end{cases} \tag{4-141}$$

根据本章中的推导，顶底封闭侧向无限大页岩气藏中的线源引起的拟压力响应在 Laplace 空间内可以表示为

$$\Delta \bar{m}_{\mathrm{f}} = \frac{p_{\mathrm{sc}}T}{T_{\mathrm{sc}}} \frac{\bar{\bar{q}}_l}{\pi k_{\mathrm{f}} L h_{\mathrm{D}}} K_0\left(r_{\mathrm{D}}\sqrt{u}\right) \tag{4-142}$$

式中，$\bar{\bar{q}}_l$——Laplace 空间内线密度流量。

按照图 4-31 所示的方法对 m 条压裂裂缝进行离散后，当离散单元数 n 足够多时，可近似认为同一个离散裂缝单元上任意位置处的线密度流量相等，即对于离散单元 (i, j)，其所对应的线密度流量均为 $\tilde{q}_{li,j}$，且该离散单元内任意位置处的线密度流量都为该值。

根据上述假设以及式(4-142)给出的页岩气藏中连续线源解,可得到第 i 条裂缝上的第 j 个离散单元在气藏中任意位置(x,y)所产生的拟压力响应为

$$\Delta \overline{m}_{i,j}(x,y)=\int_{x_{i,j}}^{x_{i,j+1}}\frac{p_{sc}T}{T_{sc}}\frac{\overline{\tilde{q}}_{li,j}}{\pi k_{fi}Lh_{D}}K_{0}\left(r_{D}\sqrt{u}\right)\mathrm{d}x_{w} \tag{4-143}$$

对式(4-143)进行积分化简及无因次化处理,可得到:

$$\overline{m}_{Di,j}(x_{D},y_{D})=\overline{q}_{Di,j}\int_{x_{Di,j}}^{x_{Di,j+1}}K_{0}\left[\sqrt{u}\sqrt{(x_{D}-x_{wD})^{2}+(y_{D}-y_{Di})^{2}}\right]\mathrm{d}x_{wD} \tag{4-144}$$

式(4-144)中的无因次量定义如下:

$$x_{Di,j}=\frac{x_{i,j}}{L},\quad x_{Di,j+1}=\frac{x_{i,j+1}}{L},\quad \overline{q}_{Dij}=\frac{\overline{\tilde{q}}_{li,j}L}{q_{sc}}$$

根据势的叠加原理,m 条压裂裂缝上的$(m\times2n)$个离散单元在(x_{D},y_{D})处产生的总响应为

$$\overline{m}_{D}(x_{D},y_{D})=\sum_{i=1}^{m}\sum_{j=1}^{2n}\overline{m}_{Di,j}(x_{D},y_{D}) \tag{4-145}$$

将式(4-145)中的(x_{D},y_{D})取为离散裂缝单元的中点$(\overline{x}_{Dk,v},\overline{y}_{Dk,v})$,其中$(k=1,2,\cdots,m;v=1,2,\cdots,2n)$,则 m 条垂直压裂裂缝上的$(m\times2n)$个离散单元在离散裂缝单元$(\overline{x}_{Dk,v},\overline{y}_{Dk,v})$处产生的拟压力响应为

$$\overline{m}_{D}(\overline{x}_{Dk,v},\overline{y}_{Dk,v})=\sum_{i=1}^{m}\sum_{j=1}^{2n}\overline{m}_{Di,j}(\overline{x}_{Dk,v},\overline{y}_{Dk,v}) \tag{4-146}$$

又因为压裂裂缝和水平井筒均具有无限导流能力,离散裂缝单元$(\overline{x}_{Dk,v},\overline{y}_{Dk,v})$处的拟压力与井底拟压力相等,因此式(4-146)又可写为

$$\begin{aligned}\overline{m}_{wD}&=\sum_{i=1}^{m}\sum_{j=1}^{2n}\overline{m}_{Di,j}(\overline{x}_{Dk,v},\overline{y}_{Dk,v})\\&=\sum_{i=1}^{m}\sum_{j=1}^{2n}\overline{q}_{Di,j}\int_{x_{Di,j}}^{x_{Di,j+1}}K_{0}\left[\sqrt{u}\sqrt{(\overline{x}_{Dk,v}-x_{Di,j})^{2}+(\overline{y}_{Dk,v}-y_{Di})^{2}}\right]\mathrm{d}x_{wD}\end{aligned} \tag{4-147}$$

将式(4-147)中的k、v取遍所有离散裂缝单元$(k=1,2,\cdots,m;v=1,2,\cdots,2n)$,则共可得到$(m\times2n)$个线性方程。但是从式(4-114)可以看出,要求解的未知量共有$(m\times2n+1)$个:$\overline{m}_{wD}$和$\overline{q}_{Dij}(i=1,2,\cdots,m;j=1,2,\cdots,2n)$。因此,若要求解出所有未知数,则还需一个含未知量的方程。

由于压裂水平井以定产量q_{sc}生产,即

$$\sum_{i=1}^{m}\sum_{j=1}^{2n}\left[\tilde{q}_{i,j}\left(x_{i,j+1}-x_{i,j}\right)\right]=q_{sc} \tag{4-148}$$

利用定义的无因次量对上式进行无因次化,则:

$$\sum_{i=1}^{m}\sum_{j=1}^{2n}\left[\overline{q}_{Di,j}\left(x_{Di,j+1}-x_{Di,j}\right)\right]=\frac{1}{s} \tag{4-149}$$

式(4-147)和式(4-149)刚好构成 $m\times2n+1$ 个方程,可以封闭求解 $m\times2n+1$ 个未知量,

方程组可以用矩阵的形式表示：

$$
\begin{bmatrix}
A_{1*1,1*1} & \cdots & A_{1*1,i*j} & \cdots & A_{1*1,m*2n} & -1 \\
\cdots & \cdots & \cdots & \cdots & \cdots & -1 \\
A_{k*v,1*1} & \cdots & A_{k*v,i*j} & \cdots & A_{k*v,m*2n} & -1 \\
\cdots & \cdots & \cdots & \cdots & \cdots & -1 \\
A_{m*2n,1*1} & \cdots & A_{m*2n,i*j} & \cdots & A_{m*2n,m*2n} & -1 \\
\Delta L_{fD11} & \cdots & \Delta L_{fDij} & \cdots & \Delta L_{fDm*2n} & 0
\end{bmatrix}
\begin{bmatrix}
\overline{q}_{D1,1} \\
\cdot \\
\overline{q}_{Di,j} \\
\cdot \\
\overline{q}_{Dm,2n} \\
\overline{m}_{wD}
\end{bmatrix}
=
\begin{bmatrix}
0 \\
0 \\
\cdot\cdot \\
\cdot\cdot \\
0 \\
1/s
\end{bmatrix}
\tag{4-150}
$$

其中，$A_{k*v,i*j}$ 为第 i 条裂缝第 j 个离散单元上的单位强度连续线源在第 k 条裂缝第 v 个离散单元中点处产生的拟压力降系数，其表达式为

$$
A_{k*v,i*j} = \int_{x_{Di,j}}^{x_{Di,j+1}} K_0 \left[\sqrt{u} \sqrt{(x_{Dk,v}-x_{Di,j})^2 + (y_{Dk,v}-y_{Di})^2} \right] dx_{wD}
\tag{4-151}
$$

四、典型曲线及流动阶段划分

由于试井典型曲线能直观地反映出瞬态流动的形态特征，并进行瞬态压力分析来识别真实储层的流动特征以及取得井筒和储层的物性参数，因此吸引了许多研究者。通过 Stehfest 数值反演方法编程求解可得到真实空间中压裂井的无因次井底压力曲线和产量动态曲线，并对非稳态压力和产量曲线特征及相关影响因素进行分析，模型所用参数如表 4-6 所示。

表 4-6　模型中用到的页岩气藏数据

参数	数值	单位	来源
纳米孔半径，r_n	2	nm	Shabro (2011)
储层温度，T	423	K	Shabro (2011)
储层压力，P_r	1.72×10^7	Pa	Swami (2012)
Knudsen 扩散系数，D	9.96×10^{-7}	m²/s	Swami (2012)
Langmuir 体积，V_L	0.020	m³/kg	Shabro (2011)
Langmuir 常数，b	4.0×10^{-7}	1/Pa	Shabro (2011)
页岩密度，ρ_{bi}	2500	kg/m³	Schamel (2005)
面容比，SV	2.50×10^8	m⁻¹	Howard (1991)
基质半径，r_m	1.91	m	Apaydin (2012)
基质孔隙度，ϕ_m	0.10	—	Zhao (2013)
基质渗透率，k_m	1.0×10^{-6}	mD	Apaydin (2012)
裂缝孔隙度，ϕ_f	0.0050	—	Zhao (2013)
裂缝渗透率，k_f	2.0×10^3	mD	Apaydin (2012)
气体黏度，μ_g	1.84×10^{-5}	Pa·s	Apaydin (2012)

续表

参数	数值	单位	来源
气体压缩系数, c_g	4.39×10^{-8}	1/Pa	Bello（2010）
裂缝半长, x_f	50	M	—
体积系数, B_g	0.0090	m³/m³	计算所得

1. 压裂直井

图 4-32 为不同边界条件下页岩气藏中一口压裂直井以定产量生产时的整个瞬态流动过程。根据 Nie（2011）等和 Zhao（2013）等的研究，可以划分为 6 个瞬态流动阶段：

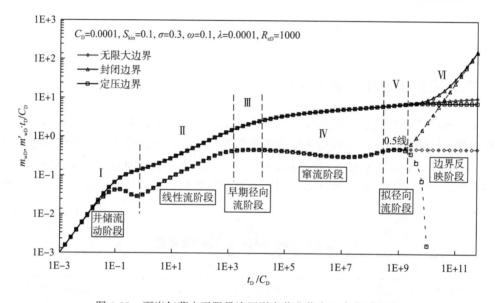

图 4-32　页岩气藏中无限导流压裂直井非稳态压力典型曲线

Ⅰ：井储及表皮效应流动阶段。在纯井储流动阶段，拟压力和拟压力导数曲线为一条向上倾斜且斜率为"1"的直线，且两者相互重合，该阶段主要受井筒中储集的气体影响。在表皮效应流动阶段，拟压力导数曲线上出现明显的"驼峰"，"驼峰"的高低与持续时间长短主要取决于井筒储集系数 C_D 和表皮因子 S。

Ⅱ：线性流阶段。该阶段对应于页岩气藏天然裂缝中的页岩气向压裂裂缝壁面的线性流动[图 4-33(a)]。在压力响应曲线上，拟压力和拟压力导数曲线相互平行，且曲线斜率均为"1/2"。该阶段的曲线特征是压裂井生产时的典型响应。

Ⅲ：早期径向流动阶段。为天然裂缝系统中的页岩气以拟径向流方式向压裂裂缝及井筒流动[图 4-33(b)]，此时压裂裂缝对气体流动的影响已结束，拟压力导数曲线表现为数值为"0.5"的水平线。由于生产时间较短，裂缝系统的压力降不足以引起储存或吸附在基质系统中的气体向裂缝系统流动，因此该阶段的产量主要依赖于天然裂缝系统中的气体。

Ⅳ：窜流阶段。随着裂缝系统压力下降，基质系统中的页岩气向裂缝系统进行窜流[图 4-33(c)]，在拟压力导数曲线上表现为一个"凹子"。随着天然气不断产出，当天然裂缝中的压力下降到一定程度时，储存或吸附在基质系统中的气体开始向裂缝系统流动。

Ⅴ：晚期拟径向流阶段。基质系统和裂缝系统的压力达到一个动态平衡，页岩气以拟径向流的方式向井筒流动，拟压力导数曲线表现为数值为"0.5"的水平线。

Ⅵ：边界反映阶段。对于无限大边界，拟压力导数曲线为一条数值为"0.5"的水平线。对于封闭边界，拟压力和拟压力导数曲线上翘且为斜率为"1"的直线；对于定压边界，拟压力导数曲线迅速下掉，拟压力曲线为水平线。

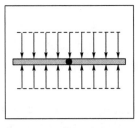  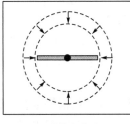 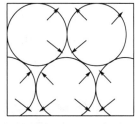

(a) 流向裂缝的线性流　　(b) 早期径向流　　(c) 基质系统向裂缝系统的窜流

图 4-33　垂直裂缝井主要流动阶段的流动示意图

从页岩气藏压裂井生产过程中的 6 个瞬态流动阶段可以看出，Ⅰ、Ⅱ 阶段揭示了宏观尺度上的井筒和压裂裂缝中气体被采出时井筒压力的变化规律，Ⅲ阶段揭示了介观尺度上气体在天然裂缝中的流动规律，Ⅳ 阶段揭示了微观尺度上气体在基质纳米孔隙中的流动规律以及纳米尺度上的气体解吸作用。利用该压力图版对现场数据进行拟合，则可得到压裂井和储层的物性参数。

2. 压裂水平井

图 4-34 为页岩气藏中一口压裂水平井以定产量生产时的整个瞬态流动过程。从图中可以看出主要有 7 个瞬态流动阶段：

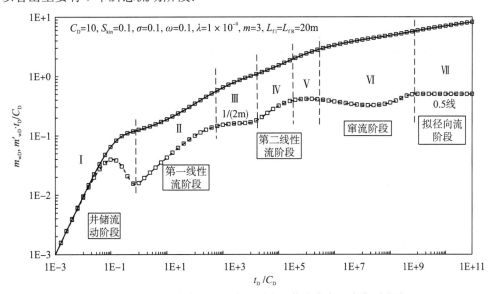

图 4-34　页岩气藏中无限导流压裂水平井非稳态压力典型曲线

I：井储及表皮效应流动阶段。在纯井储流动阶段，拟压力和拟压力导数曲线为一条向上倾斜且斜率为 1 的直线，且两者相互重合，该阶段主要受井筒中储集的气体影响。在表皮效应流动阶段，拟压力导数曲线上出现明显的"驼峰"，"驼峰"的高低与持续时间长短主要取决于井筒储集系数 C_D 和表皮因子 S。

II：早期第一线性流阶段。该阶段对应于页岩气藏天然裂缝中的气体向压裂裂缝壁面的线性流动[图 4-35(a)]。在压力响应曲线上，拟压力和拟压力导数曲线相互平行，且曲线斜率均为"1/2"。

III：早期第一径向流动阶段。随着压力波不断向压裂缝端方向传播，在各压裂裂缝周围形成拟径向流[图 4-35(b)]，但此时压力波尚未传到相邻裂缝，各压裂裂缝在地层中独立作用。气体以拟径向流动方式向各裂缝流动，拟压力导数曲线表现为数值为"$1/(2m)$"的水平线。

IV：第二线性流阶段。压力波已经传播到相邻压裂裂缝，裂缝间产生干扰。如图 4-35(c)所示，气体以平行于垂直裂缝壁面的方向向压裂水平井流动(压裂裂缝和井筒作为一个整体)，拟压力和压力导数曲线表现为斜率为"1/2"的平行直线，该阶段主要与裂缝参数相关。

V：天然裂缝系统径向流阶段。天然裂缝系统中的页岩气以拟径向流方式向压裂裂缝及井筒流动[图 4-35(d)]，此时压裂裂缝对气体流动的影响已结束，拟压力导数曲线表现为数值为"0.5"的水平线，该阶段的产量主要依赖于储存在天然裂缝系统中的游离气。

VI：窜流阶段。随着裂缝系统压力下降，基质系统中的页岩气向裂缝系统窜流，在拟压力导数曲线上表现为一个"凹子"。随着天然气不断产出，当天然裂缝中的压力下降到一定程度，储存或吸附在基质系统中的气体开始向裂缝系统流动。

VII：晚期拟径向流阶段。基质系统和裂缝系统的压力达到一个动态平衡，页岩气以拟径向流的方式向井筒流动，拟压力导数曲线表现为数值为"0.5"的水平线。

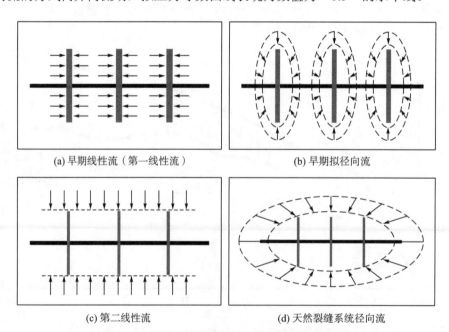

(a) 早期线性流（第一线性流）

(b) 早期拟径向流

(c) 第二线性流

(d) 天然裂缝系统径向流

图 4-35　压裂水平井主要流动阶段的流动示意图

从页岩气藏压裂水平井生产过程中的 7 个瞬态流动阶段可以看出，I、II、III、IV 阶段揭示了宏观尺度上的井筒和压裂裂缝中气体被采出时井筒压力变化规律，V 阶段揭示了介观尺度上气体在天然裂缝中的流动规律，VI 阶段揭示了微观尺度上气体在基质纳米孔隙中的流动规律以及纳米尺度上的气体解吸作用。利用该压力图版对现场数据进行拟合则可得到压裂井和储层的物性参数。

五、压裂水平井影响因素分析

1. 瞬态压力曲线影响因素分析

图 4-36 为裂缝条数 m 对页岩气藏中压裂水平井瞬态压力曲线的影响。从图中可以看出，压裂裂缝条数 m 主要影响典型曲线的第 II、III、IV 流动阶段（如图 4-34 所示）。压裂裂缝条数越多，早期和中期的拟压力及拟压力导数曲线位置越靠下。这是由于裂缝条数的增多会显著改善裂缝附近地层的渗流能力，使得气体流动所消耗的压降更小。

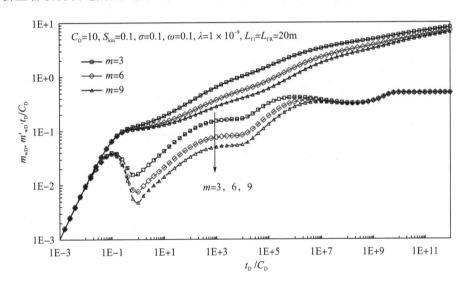

图 4-36　裂缝条数对页岩气藏中压裂水平井瞬态压力曲线的影响

图 4-37 为不同裂缝间距（压裂裂缝等距分布）对压裂水平井瞬态压力曲线的影响。从图中可以看出，裂缝间距主要影响早期第一径向流阶段的曲线特征。当裂缝半长一定时，裂缝间距越小，压裂裂缝间相互干扰出现的时间就越早，在地层中形成单条裂缝的拟径向流就越困难，且第二线性流阶段出现得越早。

图 4-38 为不同裂缝半长（压裂裂缝左右半长相等）对压裂水平井瞬态压力曲线的影响。从图中可以看出，裂缝半长主要影响第 II、III 流动阶段，即垂直于裂缝壁面的线性流阶段与单条裂缝的拟径向流阶段对应的曲线特征。裂缝半长越长，裂缝附近改善的储层体积越多，早期垂直于裂缝壁面的线性流持续时间越久，因此拟压力导数曲线位置越靠下。且随着裂缝半长的增加，单条裂缝形成拟径向流越困难，典型曲线上早期拟径向流的特征就越不明显。

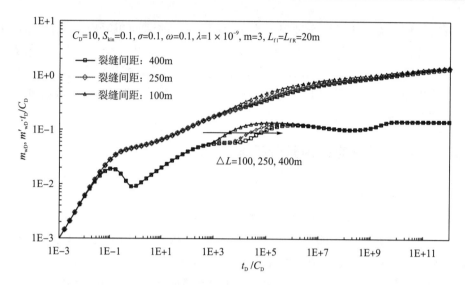

图 4-37　裂缝间距对页岩气藏中压裂水平井瞬态压力曲线的影响

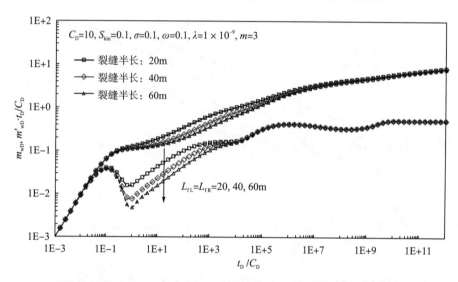

图 4-38　裂缝半长对页岩气藏中压裂水平井瞬态压力曲线的影响

从图 4-39 中可以观察到,解吸系数 σ 主要影响基质系统向裂缝系统窜流段的"凹子"深度及宽度。解吸系数反映了颗粒表面向页岩基质纳米孔隙提供解吸气的能力。当裂缝系统中储存的游离气产出时,裂缝系统的压力降导致气体从基质系统向裂缝系统的窜流。从图中可以看出,解吸系数 σ 越大,"凹子"越深,窜流段越长,且并不影响其他阶段的曲线形态。这说明解吸系数 σ 越大,在基质系统压力下降时能够提供更多的解吸气,能减缓井筒压力的下降,反映在压力导数曲线上的"凹子"就越深。

图 4-40 为 Knudsen 扩散及滑脱效应对页岩气藏压裂水平井拟压力和拟压力导数曲线的影响。根据表观渗透率的定义($k_{app}=c_g D_m \mu_g + F k_m$),其中包括滑脱因子和 Knudsen 扩散系数,因此这里用 k_{app}/k_m 来评价滑脱及扩散效应对曲线形态的影响。从图 4-40 中可以发现,k_{app}/k_m 值越大,基质系统的视渗透率越大,基质向裂缝的窜流阶段结束得越早,越早

进入到晚期拟径向流阶段。

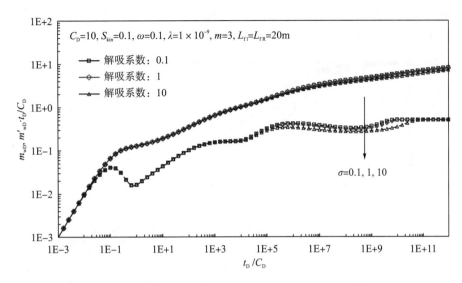

图 4-39　解吸系数对页岩气藏中压裂水平井瞬态压力曲线的影响

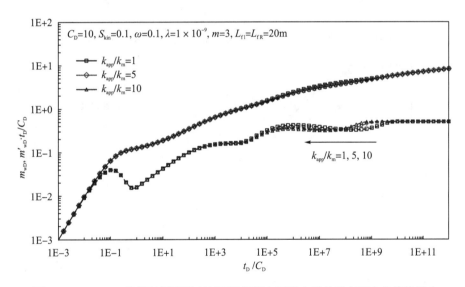

图 4-40　Knudsen 扩散及滑脱效应对页岩气藏中压裂水平井瞬态压力曲线的影响

2. 产量动态曲线影响因素分析

图 4-41 为压裂裂缝条数 m 对页岩气藏中压裂水平井产量动态曲线的影响。压裂裂缝条数的增多会显著改善裂缝附近储层的渗流能力，因此在压裂水平井生产早期和中期，裂缝条数越多，产量提高越快。但随着压裂裂缝附近储层中的气体被开采出来后，距离压裂裂缝较远区域的气体开始被采出，这时压裂裂缝对产量的贡献开始减弱，但由于压裂裂缝对储层的改善作用还在，因此还是会提高压裂水平井后期的产量。

图 4-42 为不同裂缝间距(压裂裂缝等距分布)对压裂水平井产量动态曲线的影响。压裂

裂缝间距并不影响早期第一线性流阶段[气体垂直于裂缝壁面进行线性流动，如图 4-35(a) 所示]，因此在该流动阶段产量不变。但是当压裂裂缝之间开始相互干扰[图 4-35(b)]时，裂缝间距越小，产量下降越快。

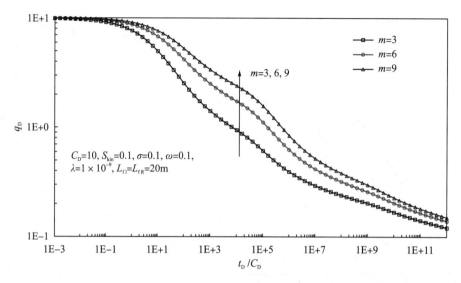

图 4-41　压裂裂缝条数对页岩气藏中压裂水平井产量动态曲线的影响

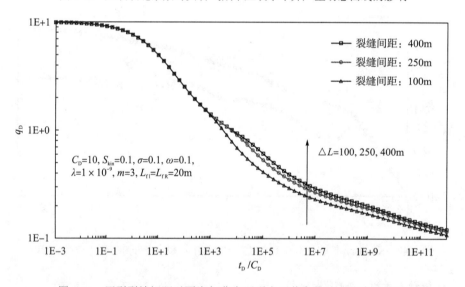

图 4-42　压裂裂缝间距对页岩气藏中压裂水平井产量动态曲线的影响

图 4-43 为不同压裂裂缝半长(压裂裂缝左右半长相等)对压裂水平井产量动态曲线的影响。从图中可以看出，裂缝半长主要影响第 II、III 流动阶段，即垂直于裂缝壁面的线性流阶段与单条裂缝的拟径向流阶段对应的曲线特征。裂缝半长越长，裂缝附近改善的储层体积越多，在压裂水平井开采初期和中期能显著提高气井产量。但是裂缝半长的增加使得压裂裂缝的相互干扰更加严重(压裂水平井开采后期)，因此随着开采时间增加，裂缝半长对产量的影响越来越小。

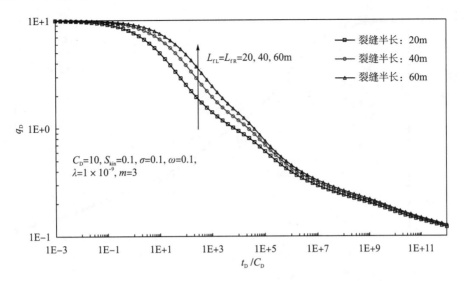

图 4-43 压裂裂缝半长对页岩气藏中压裂水平井产量动态曲线的影响

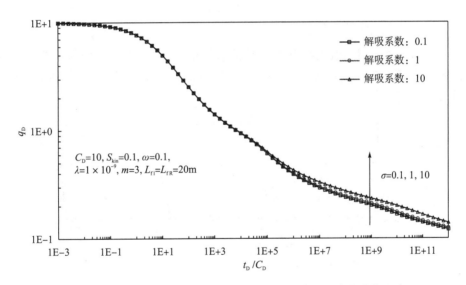

图 4-44 解吸系数 σ 对页岩气藏中压裂水平井产量动态曲线的影响

图 4-44 为解吸系数 σ 对产量动态曲线的影响。解吸系数 σ 越大，说明有更多的页岩气吸附在基质颗粒表面，因此解吸系数 σ 越大，在窜流段就会有更多的吸附气从基质颗粒表面解吸进入基质系统从而流向裂缝系统，从而当压裂井以定井底流压生产时在窜流段有较高的产气量。

图 4-45 为 Knudsen 扩散和滑脱效应对压裂水平井产量动态曲线的影响。扩散和滑脱效应主要影响基质纳米孔隙的视渗透率，Knudsen 扩散系数和滑脱因子越大，页岩基质的视渗透率越大，从而当压裂井以定井底流压生产时在窜流段有较高的产气量。

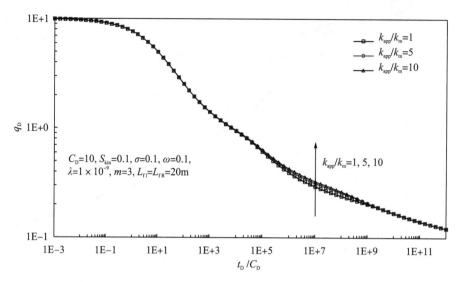

图 4-45　Knudsen 扩散和滑脱效应对页岩气藏中压裂水平井产量动态曲线的影响

3. 压裂水平井离散单元流量分析

图 4-46 为具有 6 条无限导流压裂裂缝的水平井在不同时刻所对应的压裂裂缝离散单元流量分布（从第 1 条裂缝的第 1 个离散单元开始编号，每条裂缝被离散成 10 个单元，共有 60 个离散单元）。

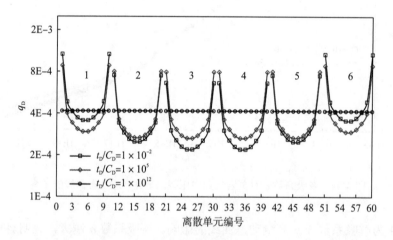

图 4-46　页岩气藏中无限导流压裂水平井离散单元流量分布

从图 4-46 中可以看出，在压裂水平井开采早期（$t_D/C_D=1×10^{-2}$），压裂裂缝各离散单元的线密度流量相同。这是由于此时各压裂裂缝之间尚未出现干扰，各裂缝处于独立生产状态。但随着生产时间增加（$t_D/C_D=1×10^5$），压裂裂缝各离散单元的线密度流量不再相同，压裂裂缝端部的线密度流量要比裂缝中部的线密度流量大，且随着生产时间继续增加（$t_D/C_D=1×10^{12}$），裂缝之间的干扰更加严重，裂缝中部的流量继续减小，裂缝端部的流量继续增加。

　　此外，从图 4-46 中还可以发现，对于不同的压裂裂缝(共有 6 条压裂裂缝)，位于水平井筒两端的压裂裂缝流量要大于位于水平井筒中部裂缝的流量。这是由于位于井筒中部的裂缝会受到相邻裂缝的干扰作用，导致其有效泄气面积减少；而位于井筒两端的压裂裂缝的有效泄气面积要大于位于井筒中部的裂缝的泄气面积。因此，在进行水平井压裂施工设计时，可以适当增加位于井筒中部压裂裂缝的裂缝间距(不等距压裂)。

第五节　页岩气藏数值模型

一、页岩气输运的数学模型

(一)模型的基本假设

页岩气储层气-水两相渗流模型的基本假设为：

(1)气藏处于恒温，流体在流动过程中处于热动力学平衡状态。

(2)页岩储层为可压缩、各向异性的储层。

(3)页岩储层中存在气(游离气、吸附气)、水两相，且互不相溶。

(4)在页岩的纳米孔隙中，气体流动主要包括气体从孔隙表面解吸、压力差作用产生的黏性流动、孔隙壁上产生的滑脱流以及气体分子与孔隙壁碰撞产生的 Knudsen 扩散，其中气体的吸附解吸现象可以用 Langmuir 等温吸附理论来描述。

(5)页岩中的游离气满足真实气体状态方程，且地层水为微可压缩流体。

(6)在裂缝中，气、水两相的流动遵循达西渗流，考虑重力和毛管力的影响。

(二)质量守恒方程

1. 气相方程

　　为了推导出三维情况下流体在渗流过程中的质量守恒方程，可在整个渗流场中取一个微小体积单元来进行具体分析。所取的微小体积单元为一个六面体，单元体的长为 Δx，宽为 Δy，高为 Δz，如图 4-47 所示。

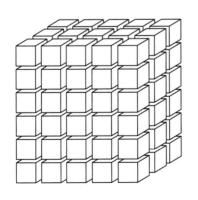
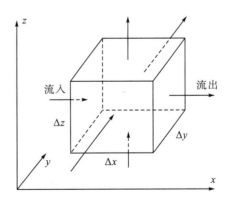

图 4-47　单元体示意图

流体在 x、y、z 3 个方向上的速度分别是 v_x、v_y、v_z，流体密度分别为 ρ_x、ρ_y、ρ_z。首先研究 x 方向，即在 Δt 时间内由左侧面流入单元体的流体质量为

$$m_{x_1} = \left(\rho_g v_x\right)\big|_x \cdot \Delta y \Delta z \Delta t \tag{4-152}$$

在 Δt 时间内从单元体右侧面流出的流体质量为

$$m_{x_2} = \left(\rho_g v_x\right)\big|_{x+\Delta x} \cdot \Delta y \Delta z \Delta t \tag{4-153}$$

因此，在 x 方向上，Δt 时间内流入和流出单元体的质量差为

$$\Delta m_x = -\left[\left(\rho_g v_x\right)\big|_{x+\Delta x} - \left(\rho_g v_x\right)\big|_x\right] \cdot \Delta y \Delta z \Delta t \tag{4-154}$$

同理，可求得在 y 方向和 z 方向上，Δt 时间内流入和流出单元体的质量差：

y 方向：
$$\Delta m_y = -\left[\left(\rho_g v_y\right)\big|_{y+\Delta y} - \left(\rho_g v_y\right)\big|_y\right] \cdot \Delta x \Delta z \Delta t \tag{4-155}$$

z 方向：
$$\Delta m_z = -\left[\left(\rho_g v_z\right)\big|_{z+\Delta z} - \left(\rho_g v_z\right)\big|_z\right] \cdot \Delta x \Delta y \Delta t \tag{4-156}$$

由于流体和多孔介质是可压缩的，那么 Δt 时间内单元体中的气体质量的变化应等于单元体内孔隙体积和流体密度的变化。因此在 Δt 时间内，在考虑气体吸附解吸作用下，流体在单元体中的累计质量增量为

$$\Delta m = \left[\left(\rho_g \phi s_g + \rho_{gsc}\rho_{bi}\frac{V_L p_g}{p_L + p_g}\right)\bigg|_{t+\Delta t} - \left(\rho_g \phi s_g + \rho_{gsc}\rho_{bi}\frac{V_L p_g}{p_L + p_g}\right)\bigg|_t\right] \cdot \Delta x \Delta y \Delta z \tag{4-157}$$

其中，吸附气可以用 Langmuir 等温吸附方程来表示：

$$V_a = \frac{V_L p_g}{p_L + p_g} \tag{4-158}$$

根据质量守恒原理，在 Δt 时间内，单元体内的累积质量增量应等于 Δt 时间内在 x、y、z 方向上流入、流出单元体的质量流量差之和：

$$-\left[\left(\rho_g v_x\right)\big|_{x+\Delta x} - \left(\rho_g v_x\right)\big|_x\right] \cdot \Delta y \Delta z \Delta t - \left[\left(\rho_g v_y\right)\big|_{y+\Delta y} - \left(\rho_g v_y\right)\big|_y\right] \cdot \Delta x \Delta z \Delta t$$
$$-\left[\left(\rho_g v_z\right)\big|_{z+\Delta z} - \left(\rho_g v_z\right)\big|_z\right] \cdot \Delta x \Delta y \Delta t \tag{4-159}$$
$$= \left[\left(\rho_g \phi s_g + \rho_{gsc}\rho_{bi}\frac{V_L p_g}{p_L + p_g}\right)\bigg|_{t+\Delta t} - \left(\rho_g \phi s_g + \rho_{gsc}\rho_{bi}\frac{V_L p_g}{p_L + p_g}\right)\bigg|_t\right] \cdot \Delta x \Delta y \Delta z$$

上式左右两边同除 $\Delta x \Delta y \Delta z \Delta t$，得

$$-\frac{1}{\Delta x}\left[\left(\rho_g v_x\right)\big|_{x+\Delta x} - \left(\rho_g v_x\right)\big|_x\right] - \frac{1}{\Delta y}\left[\left(\rho_g v_y\right)\big|_{y+\Delta y} - \left(\rho_g v_y\right)\big|_y\right]$$
$$-\frac{1}{\Delta z}\left[\left(\rho_g v_z\right)\big|_{z+\Delta z} - \left(\rho_g v_z\right)\big|_z\right] \tag{4-160}$$
$$= \frac{1}{\Delta t}\left[\left(\rho_g \phi s_g + \rho_{gsc}\rho_{bi}\frac{V_L p_g}{p_L + p_g}\right)\bigg|_{t+\Delta t} - \left(\rho_g \phi s_g + \rho_{gsc}\rho_{bi}\frac{V_L p_g}{p_L + p_g}\right)\bigg|_t\right]$$

对上式取极限，可得流体渗流的微分方程：

$$-\frac{\partial}{\partial x}\left(\rho_g v_x\right)-\frac{\partial}{\partial y}\left(\rho_g v_y\right)-\frac{\partial}{\partial z}\left(\rho_g v_z\right)=\frac{\partial}{\partial t}\left(\rho_g\phi s_g+\rho_{gsc}\rho_{bi}\frac{V_L p_g}{p_L+p_g}\right) \tag{4-161}$$

单相流体一维渗流时的达西定律可表示为

$$v=\frac{Q}{A}=-\frac{k}{\mu}\frac{\partial p}{\partial x} \tag{4-162}$$

在三维空间情况下，可以把上述微分形式的达西定律加以推广，此时渗流速度 v 是一个空间向量。考虑重力的影响，则三维流动的达西方程为

$$\vec{v}=-\frac{\vec{k}}{\mu}\left(\nabla p-\rho g\nabla D\right) \tag{4-163}$$

式中，∇——Hamilton 算子；

D——由某一基准面算起的垂直方向深度（海拔），m。

三维流动时，渗流速度在 x、y、z 方向上的分量为

$$v_x=-\frac{k_x}{\mu}\left(\frac{\partial p}{\partial x}-\rho g\frac{\partial D}{\partial x}\right) \tag{4-164}$$

$$v_y=-\frac{k_y}{\mu}\left(\frac{\partial p}{\partial y}-\rho g\frac{\partial D}{\partial y}\right) \tag{4-165}$$

$$v_z=-\frac{k_z}{\mu}\left(\frac{\partial p}{\partial z}-\rho g\frac{\partial D}{\partial z}\right) \tag{4-166}$$

将考虑重力作用的运动方程代入式（4-161），可得

$$\frac{\partial}{\partial x}\left[\rho_g\frac{k_x k_{rg}}{\mu_g}\left(\frac{\partial p_g}{\partial x}-\rho_g g\frac{\partial D}{\partial x}\right)\right]+\frac{\partial}{\partial y}\left[\rho_g\frac{k_y k_{rg}}{\mu_g}\left(\frac{\partial p_g}{\partial y}-\rho_g g\frac{\partial D}{\partial y}\right)\right]+\frac{\partial}{\partial z}\left[\rho_g\frac{k_z k_{rg}}{\mu_g}\left(\frac{\partial p_g}{\partial z}-\rho_g g\frac{\partial D}{\partial z}\right)\right]$$

$$=\frac{\partial}{\partial t}\left(\rho_g\phi s_g+\rho_{gsc}\rho_{bi}\frac{V_L p_g}{p_L+p_g}\right) \tag{4-167}$$

将上式写为微分算子的形式，即

$$\nabla\cdot\left[\frac{\rho_g\vec{k}k_{rg}}{\mu_g}\left(\nabla p_g-\rho_g g\nabla D\right)\right]=\frac{\partial}{\partial t}\left(\rho_g\phi s_g+\rho_{gsc}\rho_{bi}\frac{V_L p_g}{p_L+p_g}\right) \tag{4-168}$$

结合 Beskok-Karniadakis 模型，渗透率的表达式可写为

$$\vec{k}=\vec{k}_0\xi=\vec{k}_0\left(1+\alpha\frac{3\pi\mu\phi}{64K_0 p}D_K\right)\left(1+\frac{12\pi\mu\phi D_K}{64K_0 p-3\pi b\mu\phi D_K}\right) \tag{4-169}$$

将上式代入式（4-168），即可得考虑解吸、滑流和扩散的气相渗流方程：

$$\nabla\cdot\left[\frac{\rho_g\vec{k}_0\xi k_{rg}}{\mu_g}\left(\nabla p_g-\rho_g g\nabla D\right)\right]=\frac{\partial}{\partial t}\left(\rho_g\phi s_g+\rho_{gsc}\rho_{bi}\frac{V_L p_g}{p_L+p_g}\right) \tag{4-170}$$

气体的体积系数定义为

$$B_g=\frac{V_g}{V_{gsc}}=\frac{\rho_{gsc}}{\rho_g} \tag{4-171}$$

式中，B_g——气体的体积系数；

$\qquad$ V_g——气体在储层条件下的体积；

$\qquad$ V_{gsc}——气体在地面标识状况下的体积；

$\qquad$ ρ_g——气体在储层条件下的密度；

$\qquad$ ρ_{gsc}——气体在地面标识状况下的密度。

将式(4-171)代入式(4-170)，且考虑采出项时可得单位时间单位页岩表观体积的气相质量守恒方程：

$$\nabla \cdot \left[\frac{\vec{k}_0 \xi k_{rg}}{B_g \mu_g} \left(\nabla p_g - \rho_g g \nabla D \right) \right] - q_g = \frac{\partial}{\partial t} \left(\frac{\phi s_g}{B_g} + \rho_{bi} \frac{V_L p_g}{p_L + p_g} \right) \tag{4-172}$$

式中，q_g 为采出项，表示地面标准条件下，单位体积页岩中采出的气体体积流量。

2. 水相方程

同理可得，页岩中水相的质量守恒方程为

$$\nabla \cdot \left[\frac{\vec{k}_0 \xi k_{rw}}{B_w \mu_w} \left(\nabla p_w - \rho_w g \nabla D \right) \right] - q_w = \frac{\partial}{\partial t} \left(\frac{\phi s_w}{B_w} \right) \tag{4-173}$$

式中，q_w 为采出项，表示地面标准条件下，单位体积页岩中采出的地层水体积流量。

（三）辅助方程

s_w 和 s_g 分别是水相饱和度和气相饱和度，因此饱和度约束方程为

$$s_w + s_g = 1 \tag{4-174}$$

同时，p_g 和 p_w 分别是气相压力和水相压力，因此毛管压力方程为

$$p_{cgw}(s_w) = p_g - p_w \tag{4-175}$$

（四）定解条件

1. 初始条件

页岩气藏的初始压力和初始饱和度可以定义为

$$p_g(x, y, z, 0)\big|_{t=0} = p_g^0(x, y, z) \tag{4-176}$$

$$s_g(x, y, z, 0)\big|_{t=0} = s_g^0(x, y, z) \tag{4-177}$$

2. 外边界条件

假设页岩气藏是没有边底水的封闭气藏，因此外边界条件可以写为

$$\frac{\partial p_g}{\partial n}\bigg|_{\tau} = 0 \tag{4-178}$$

式中，τ——气藏外边界；

$\qquad$ $\dfrac{\partial p_g}{\partial n}$ ——边界法线方向的压力梯度。

3. 内边界条件

当井以定产量生产时，由于井筒半径与井距相比特别小，因此可以采用 Dirac 函数来处理井点。因此网格块的产量可以表示为

$$q_g(i,j,k,t) = q_g(t)\delta(i,j,k) \tag{4-179}$$

式中，$\delta(i,j,k)$——Dirac 函数，网格块中有井存在时为 1，没有井存在时为 0。

当井以定井底流压生产时，气体在网格块（网格块中有井存在）的流动为拟稳态流动，因此网格块中井的产量可以用 Peaceman 模型来表示：

$$q_{vg} = \frac{2\pi h\xi k_0 k_{rg}}{B_g\mu_g\left(\ln r_e/r_w + S\right)}\left(p_{g\,i,j,k} - p_{wf}\right)\delta(i,j,k) \tag{4-180}$$

$$q_{vw} = \frac{2\pi h\xi k_0 k_{rw}}{B_w\mu_w\left(\ln r_e/r_w + S\right)}\left(p_{w\,i,j,k} - p_{wf}\right)\delta(i,j,k) \tag{4-181}$$

式中，S——表皮系数，无因次；

h——储层厚度，m；

r_w——井筒半径，m；

r_e——井的等效供给半径，m；

$p_{g\,i,j,k}$——网格 (I,j,k) 处的压力，Pa；

p_{wf}——井底流压，Pa。

对于各向异性储层，式(4-180)和式(4-181)中的页岩渗透率可以用式(4-182)计算，并且井点处网格块的等效半径可以用式(4-183)计算（渗透率的方向参考表 4-7）：

$$K_0 = \sqrt{k_l k_m} \tag{4-182}$$

$$r_e = 0.28\frac{\left[\left(k_l/k_m\right)^{1/2}\Delta m^2 + \left(k_m/k_l\right)^{1/2}\Delta l^2\right]^{1/2}}{\left(k_l/k_m\right)^{1/4} + \left(k_m/k_l\right)^{1/4}} \tag{4-183}$$

表 4-7 坐标变换

坐标	水平井		直井
	水平段与 X 轴平行	水平段与 Y 轴平行	
L	Y	X	X
M	Z	Z	Y
N	X	Y	Z

二、页岩气输运的计算机模型

MATLAB（MATrix LABoratory——矩阵实验室）软件是一款基于矩阵运算的计算机编程语言。考虑到页岩气藏气-水两相流动的数值模型需要进行大量矩阵运算，并且 MATLAB 软件是基于矩阵运算、自带大量的函数以及拥有强大的 2D 和 3D 图像输出功能。因此，通过 Matlab 软件进行整个模型的编译工作。程序具体流程如图 4-48 所示。

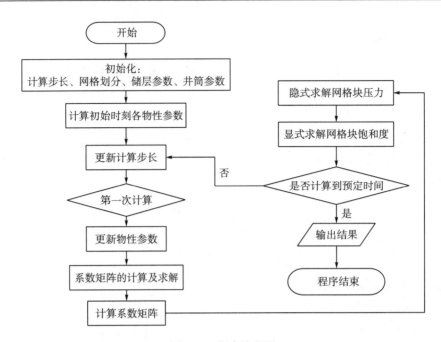

图 4-48 程序流程图

建立的页岩气藏实际尺寸为 1500m×750m×50m，将气藏划分为 114×21×1 的网格系统，具体的网格尺寸及压裂水平井分布如图 4-49 所示。压裂水平井位于气藏中心，并通过网格加密和采用等效导流能力方法来模拟水力压裂裂缝。

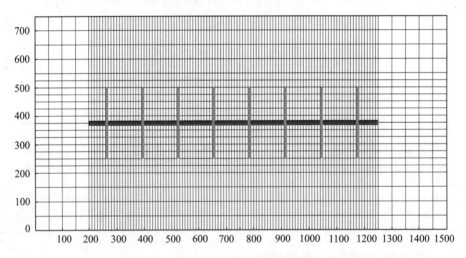

图 4-49 多级压裂水平井设计图（单位：m）

模拟计算气体解吸作用、Knudsen 扩散和滑脱效应对多级压裂水平井的日产气量和累计产气量的影响，见图 4-50。由于 3 种模型的压裂水平井参数一致，因此在开采初期产量相同。但是在开采后期，忽略气体解吸、Knudsen 扩散和滑脱效应往往会低估页岩气藏压裂水平井产量。当压裂水平井处于线性流阶段及双线性流阶段时，裂缝及裂缝附近储层中的气体更容易被采出，储层压力下降较快，且产量递减较快；当压裂水平井逐渐向裂缝拟径向流阶段和压裂井线性流阶段转变时，压裂裂缝周围越来越多的储层得到动用，且随压力下降，气体的解吸量增多、Knudsen 扩散和滑脱效应逐渐增强，从而使得产量递减逐渐变缓。

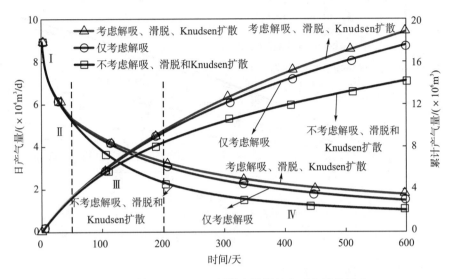

图 4-50　解吸、Knudsen 扩散和滑脱效应对产量的影响

三、页岩气压裂水平井的产量影响因素分析

（一）Knudsen 扩散和滑脱效应对产量的影响

图 4-51 为不同页岩渗透率条件下多级压裂水平井的日产气量和累计产气量随时间变化的曲线。日产气量和累计产气量均随着页岩渗透率的增加而提高，且增长速度也随之变大。但是，相比于不考虑扩散和滑脱效应的日产量和累积产量，考虑扩散和滑脱效应时增加的日产气量和累计产量随页岩渗透率的增加而减少。这说明当页岩渗透率变小（孔隙尺寸减小）时，Knudsen 扩散和滑脱效应对压裂水平井的日产气量和累计产量的影响变大。

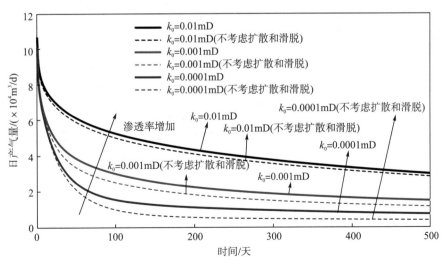

（a）不同渗透率条件下的日产气量

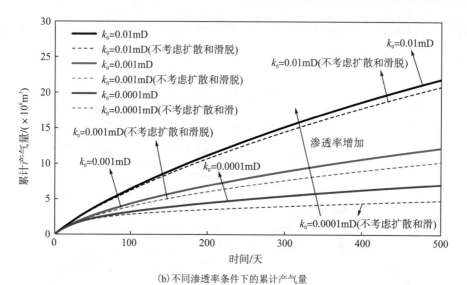

(b) 不同渗透率条件下的累计产气量

图 4-51   不同渗透率条件下扩散和滑脱效应对对压裂水平井产能的影响

(二) 气体解吸对产量的影响

图 4-52 为不同 Langmuir 体积 V_L 对多级压裂水平井的日产气量和累计产气量的影响。当模型中不考虑气体解吸的时候，压裂水平井的日产气量递减加快。随着 Langmuir 体积 V_L 增大，日产气量和累计产气量越大，然而产量的增长幅度逐渐减少。Langmuir 体积越大意味着储层中存储了更多的吸附气，因此当储层压力下降时有更多的气体解吸出来并伴随着游离气被采出。在图 4-53 中，Langmuir 压力 p_L 对压裂水平井日产气量和累计产气量的影响与 Langmuir 体积类似。当储层的压力降相同时，Langmuir 压力高的储层能解吸出更多气体。

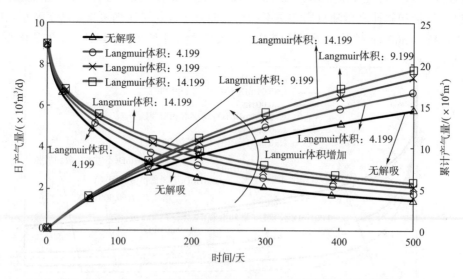

图 4-52   Langmuir 体积 V_L 对压裂水平井日产气量和累计产量的影响

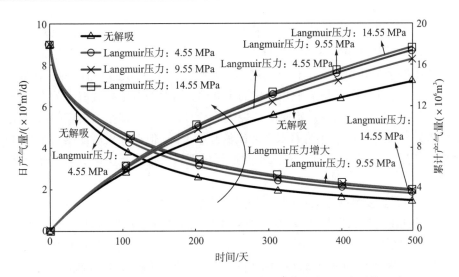

图 4-53　Langmuir 压力 p_L 对压裂水平井日产气量和累计产量的影响

(三)初始含水饱和度对产量的影响

由于页岩气井不产水或产水极少,因此主要对比初始含水饱和度对压裂水平井产量的影响。图 4-54 为初始含水饱和度 s_w 对页岩气藏多级压裂水平井的日产气量和累计产气量的影响。初始含水饱和度越大,说明存储在裂缝和储层中的游离气越少,因此当初始含水饱和度变大时,开发初期的产气量会减少很多。同时,较高的含水饱和度会使得气相相对渗透率降低,也不利于气体在储层中流动。因此,初始含水饱和度越大,日产气量越低,累计产气量也随之减少,且初始含水饱和度对气井产量影响较大。

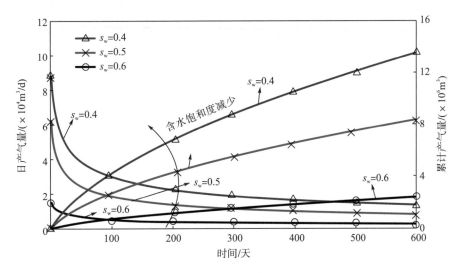

图 4-54　初始含水饱和度对压裂水平井日产气量和累计产气量的影响

(四)多级压裂水平井主要因素对产量的影响

图 4-55 为多级压裂水平井与水平井分别开采时的累计产气量的对比曲线。由于页岩

渗透率极低,在不进行压裂措施的情况下水平井的日产气量也极低,因此只对比了气井的累计产气量,但是从图中发现没有进行压裂措施的水平井累计产气量仍然很低。图 4-55 中也给出了压裂水平井和没有进行压裂措施的水平井产量的比值随时间的变化曲线,在开采初期,压裂水平井的产量是水平井产量的 110 倍,然而随着压裂裂缝中的大部分气体被采出后,储存在页岩中的气体开始向压裂裂缝流动时,由于气体在页岩中的流动较为缓慢从而使得压裂水平井和水平井的累积产量比值开始下降,但在开采后期压裂水平井的产量仍是水平井产量的 29 倍。因此,对水平井进行压裂增产措施是实现页岩气藏经济开采的基础及关键。

图 4-56 为压裂裂缝条数对压裂水平井日产气量和累计产气量的影响。当裂缝条数减少时,日产气量在压裂水平井开采初期(裂缝线性流及双线性流阶段)就迅速减少。压裂裂缝能大幅提高储层的渗流能力,因此累计产气量随着裂缝条数的增加而增大,但是当裂缝条数增加到一定程度时(水平井长度为定值),产量的增长幅度开始变缓。

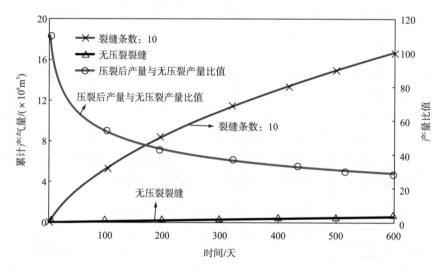

图 4-55　压裂措施对水平井产量的影响

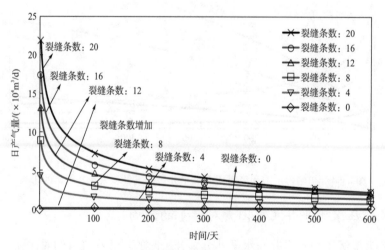

(a)不同裂缝条数下的日产气量

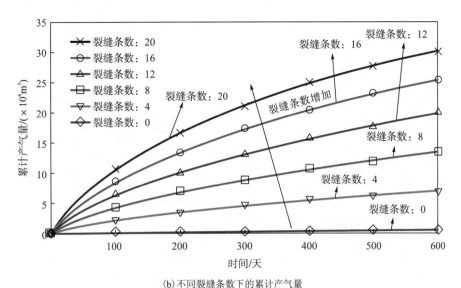

(b)不同裂缝条数下的累计产气量

图 4-56　裂缝条数对压裂水平井产能的影响

图 4-57 为压裂裂缝导流能力对压裂水平井日产气量和累计产气量的影响。压裂水平井的日产气量和累计产气量随着裂缝导流能力的增加而增加，并且当裂缝导流能力降低时，压裂水平井生产初期(裂缝的线性流及双线性流阶段)的产量迅速减少。

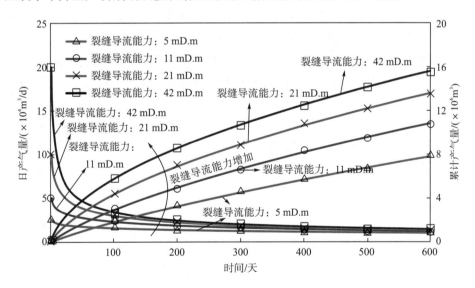

图 4-57　压裂裂缝导流能力对压裂水平井日产气量和累计产气量的影响

图 4-58 为压裂裂缝长度对压裂水平井日产气量和累计产气量的影响，从图 4-58 中可以看出，压裂水平井的日产气量和累计产气量随着裂缝长度的增加而增大。当裂缝长度变小时，虽然压裂水平井的初期产量相等，但随后产量迅速减少。这是由于裂缝导流能力能直接影响气体从裂缝两端向井筒的流动(裂缝线性流阶段)，因此能影响压裂水平井的初期产量。然而裂缝长度并不能影响气体从裂缝近端向井筒的流动，只有当压力波传播到裂缝

远端之后才开始影响压裂水平井的产量，因此气井的初期产量是相同的。

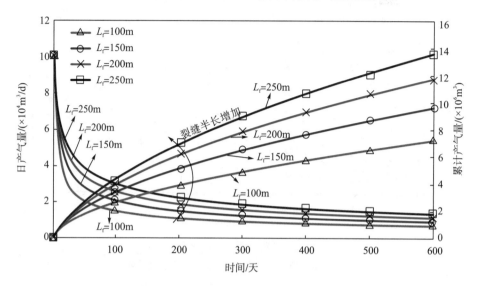

图 4-58   压裂裂缝长度对压裂水平井日产气量和累计产气量的影响

(五)体积压裂参数对产量的影响

页岩储层物性差，孔隙结构复杂、面孔率低、喉道细小，常规压裂技术很难达到预期的增产效果，因此体积压裂技术逐渐成为开采非常规油气藏的重要手段。体积压裂通过水力压裂技术对油气储集岩层进行三维立体改造，在地层中形成复杂裂缝网络(图 4-59)，实现储层内压裂裂缝波及体积的大幅增加，从而极大地提高储层有效渗透率，能大幅度提高压裂后的单井产能。

当主裂缝间距较大或裂缝网络的延伸范围较小时，裂缝网络并不能将裂缝间的储层完全沟通而是形成围绕主裂缝的局部缝网区域。因此本节主要通过对比局部缝网长度逐渐增加直至形成整体缝网时(其中主裂缝间距为 130m)，压裂水平井产量的变化情况。具体模拟方案如表 4-8 及图 4-60 所示。

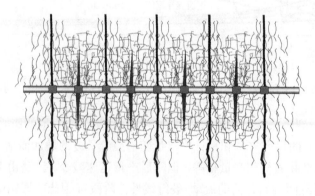

图 4-59   体积压裂缝网

表4-8　不同体积压裂方案的描述

方案名	方案描述	累计产气量/(×10⁶m³)
SRV1	SRV 区域长度：30m	17.414
SRV2	SRV 区域长度：50m	19.637
SRV3	SRV 区域长度：70m	21.168
SRV4	SRV 区域长度：90m	22.200
SRV5	SRV 区域长度：110m	22.846
SRV6	SRV 区域长度：130m	23.205

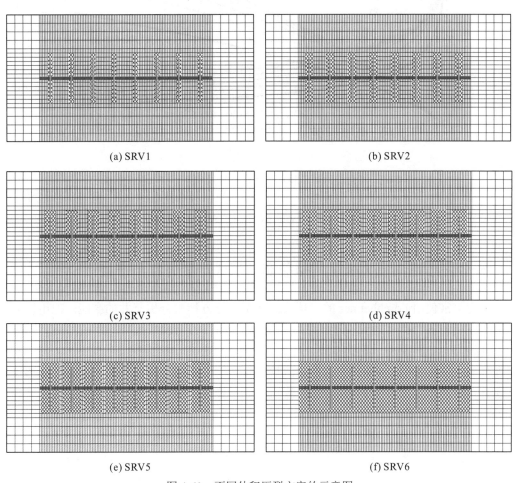

(a) SRV1　　　　　　　　　　　　　　　(b) SRV2

(c) SRV3　　　　　　　　　　　　　　　(d) SRV4

(e) SRV5　　　　　　　　　　　　　　　(f) SRV6

图 4-60　不同体积压裂方案的示意图

　　图 4-61 为体积压裂缝网对页岩气藏压裂水平井日产气量和累计产气量的影响。从图 4-61 中可以看出，随着缝网区域长度增大，日产气量和累计产气量也随之变大。但是当缝网区域长度增加到一定程度时，压裂水平井日产气量和累计产气量增长幅度减慢。

　　进行体积压裂时一旦围绕主裂缝产生缝网，就能大幅提高压裂水平井的产能。例如，在主裂缝周围形成 30m 宽的缝网能增产 28.1%；形成 50m 宽的缝网增产 44.4%；形成 70m 宽的缝网能增产 55.7%，超过无缝网压裂水平井产量的一半。但是当缝网宽度超过主裂缝间距的一半之后，压裂水平井产量增长幅度明显减慢。即当缝网宽度从 70m 增加到 130m 时，产量仅增加了 14.9%。因此，在对储层进行体积压裂时，没有必要追求压裂缝网体积最大化，只要缝网宽度达到压裂裂缝间距一半即可。

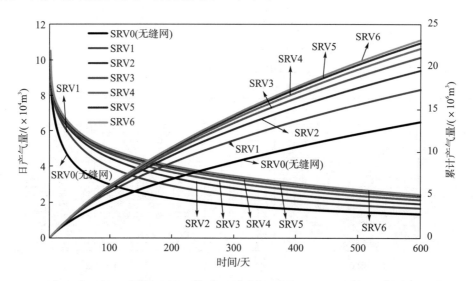

图 4-61 压裂缝网对压裂水平井日产气量和累计产气量的影响

第六节 致密气藏产能评价

一、考虑启动压力梯度的拟稳态三项式产能方程与产能评价

目前，常使用 Forchheimer 的二项式二次型产能方程来分析气井的产能。但用该方法研究存在启动压力梯度的低渗透气藏气井的修正等时试井数据时，$(\bar{p}_R^2 - p_{wf}^2)/q_{sc}$ 与 q_{sc} 的关系曲线为一条斜率小于零的直线，因而不能分析存在启动压力梯度的气井的产能，其原因在于 Forchheimer 的二项式二次型渗流规律只考虑了黏滞力和惯性力，而对于低渗透气藏还存在启动压力，若用 Forchheimer 渗流规律来描述这类气藏的渗流规律，其压力损失将偏小，因此为了研究启动压力梯度对低渗透气藏气井产能的影响，必须建立考虑启动压力梯度的产能方程。

假设圆形等厚水平均质地层中心一口生产井定产量采气（如图 4-62 所示），泄气半径为 r_e，边界压力为 p_e，井底半径为 r_w，井底流压为 p_{wf}，地层厚度为 h，地层渗透率为 k，孔隙度为 φ，流体黏度为 μ。由于气田大多数是以衰竭方式开发，采气全靠泄气范围内气体本身的弹性膨胀，没有外部气源供给，因此在正常生产期内呈拟稳定状态。

根据气体等温压缩系数的定义式可以推得

$$C_g V \frac{\mathrm{d}p}{\mathrm{d}t} = -\frac{\mathrm{d}v}{\mathrm{d}t} = -q_{sc} \tag{4-184}$$

式中，V——气体控制的烃孔隙体积；

C_g——气体等温压缩系数；

q_{sc}——标准状态下恒定的采气量。

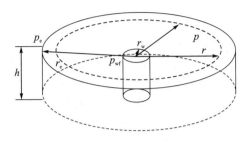

图 4-62 平面径向流模型

所以在标准状态下任一半径为 r 处流过的流量 q'_r 与 r 到边界半径 r_e 之间的气层体积的关系为

$$q'_r = -C_g \pi h \phi (r_e^2 - r^2) \frac{\mathrm{d}p}{\mathrm{d}t} \tag{4-185}$$

当 $r = r_w$ 时

$$q_{sc} = -C_g \pi h \phi (r_e^2 - r_w^2) \frac{\mathrm{d}p}{\mathrm{d}t} \tag{4-186}$$

将式(4-185)除以式(4-186)得

$$q'_r = \frac{r_e^2 - r^2}{r_e^2 - r_w^2} q_{sc} \tag{4-187}$$

由于 $r_w \ll r_e$，所以

$$q'_r \approx \left(1 - \frac{r^2}{r_e^2}\right) q_{sc} \tag{4-188}$$

根据体积系数

$$B_g = \frac{p_{sc}}{T_{sc}} \frac{zT}{p} \tag{4-189}$$

可将 q'_r 转换到地下的流量 q_r：

$$q_r = \frac{p_{sc}}{T_{sc}} \frac{zT}{p} \left(1 - \frac{r^2}{r_e^2}\right) q_{sc} \tag{4-190}$$

因此在 r 处的视渗流速度为

$$v = \frac{q_{sc}}{2\pi h} \frac{p_{sc}}{T_{sc}} \frac{zT}{p} \left(\frac{1}{r} - \frac{r}{r_e^2}\right) \tag{4-191}$$

根据气体的状态方程可得气体在地下的密度为

$$\rho = \rho_{sc} \frac{T_{sc}}{p_{sc}} \frac{p}{zT} \tag{4-192}$$

对于低渗透气藏，渗流曲线往往表现为三段式(图 4-63)：低速非达西流、线性渗流和高速非达西流。当流速很低时，其渗流速度与压力梯度为一条不过原点的曲线；当压力梯度大于启动压力梯度后，渗流曲线逐渐由曲线过渡到直线；当渗流速度达到一定值后，渗流曲线又偏离直线。

根据渗流曲线的特征，可以得到考虑启动压力梯度的渗流规律为

$$\frac{\mathrm{d}p}{\mathrm{d}r} = \frac{\mu}{k}v + \beta\rho\,v^2 + \theta \tag{4-193}$$

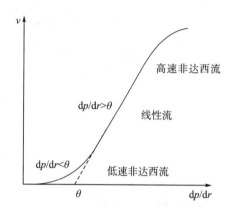

图 4-63　低渗透气藏三段式渗流曲线

将式(4-191)和式(4-192)代入式(4-193)后整理得

$$\frac{2p}{\mu z}\mathrm{d}p = \frac{q_{\mathrm{sc}}p_{\mathrm{sc}}T}{k\pi h T_{\mathrm{sc}}}\left(\frac{1}{r}-\frac{r}{r_{\mathrm{e}}^2}\right)\mathrm{d}r + \frac{\beta\rho_{\mathrm{sc}}q_{\mathrm{sc}}^2 p_{\mathrm{sc}}T}{2\pi^2 h^2 \mu_{\mathrm{i}} T_{\mathrm{sc}}}\left(\frac{1}{r}-\frac{r}{r_{\mathrm{e}}^2}\right)^2\mathrm{d}r + \frac{2p}{\mu z}\theta\mathrm{d}r \tag{4-194}$$

引入拟压力

$$\psi = \int_{p_0}^{p}\frac{2p}{\mu z}\mathrm{d}p \tag{4-195}$$

将上式两边积分得

$$\psi - \psi_{\mathrm{wf}} = \frac{q_{\mathrm{sc}}p_{\mathrm{sc}}T}{k\pi h T_{\mathrm{sc}}}\left(\ln\frac{r}{r_{\mathrm{w}}}-\frac{1}{2}\frac{r^2}{r_{\mathrm{e}}^2}\right) + \frac{\beta\rho_{\mathrm{sc}}q_{\mathrm{sc}}^2 p_{\mathrm{sc}}T}{2\pi^2 h^2 \mu_{\mathrm{i}} T_{\mathrm{sc}}}\frac{1}{r_{\mathrm{w}}} + \int_{r_{\mathrm{w}}}^{r}\frac{2p}{\mu z}\theta\mathrm{d}r \tag{4-196}$$

当 $r=r_{\mathrm{e}}$ 时，有

$$\psi_{\mathrm{e}} - \psi_{\mathrm{wf}} = \frac{q_{\mathrm{sc}}p_{\mathrm{sc}}T}{k\pi h T_{\mathrm{sc}}}\left(\ln\frac{r_{\mathrm{e}}}{r_{\mathrm{w}}}-\frac{1}{2}\right) + \frac{\beta\rho_{\mathrm{sc}}q_{\mathrm{sc}}^2 p_{\mathrm{sc}}T}{2\pi^2 h^2 \mu_{\mathrm{i}} T_{\mathrm{sc}}}\frac{1}{r_{\mathrm{w}}} + \int_{r_{\mathrm{w}}}^{r_{\mathrm{e}}}\frac{2p}{\mu z}\theta\mathrm{d}r \tag{4-197}$$

对于拟稳定状态，一般不用不断变化、难以确定的量，如 ψ_{e} 和 p_{e}，而是用气井控制气体积内的体积平均拟压力或体积平均地层压力，因此定义

$$\overline{\psi} = \frac{\int_{r_{\mathrm{w}}}^{r_{\mathrm{e}}}\psi\mathrm{d}V}{\int_{r_{\mathrm{w}}}^{r_{\mathrm{e}}}\mathrm{d}V} \approx \frac{2}{r_{\mathrm{e}}^2}\int_{r_{\mathrm{w}}}^{r_{\mathrm{e}}}\psi r\mathrm{d}r \tag{4-198}$$

将式(4-198)代入式(4-196)得

$$\overline{\psi} - \psi_{\mathrm{wf}} = \frac{q_{\mathrm{sc}}p_{\mathrm{sc}}T}{k\pi h T_{\mathrm{sc}}}\left(\ln\frac{0.472r_{\mathrm{e}}}{r_{\mathrm{w}}}\right) + \frac{\beta\rho_{\mathrm{sc}}q_{\mathrm{sc}}^2 p_{\mathrm{sc}}T}{2\pi^2 h^2 \mu_{\mathrm{i}} T_{\mathrm{sc}}}\frac{1}{r_{\mathrm{w}}} + \frac{2}{r_{\mathrm{e}}^2}\int_{r_{\mathrm{w}}}^{r_{\mathrm{e}}}\left(\int_{r_{\mathrm{w}}}^{r}\frac{2p}{\mu z}\theta\mathrm{d}r\right)r\mathrm{d}r \tag{4-199}$$

假设气井的启动压力梯度 θ 不随压力变化且恒为常数，则气体流过距离为 r 时由于启动压力梯度的存在所消耗的压力为 $\theta\cdot r$。

因此

$$\frac{\theta dr}{dp} \approx \frac{\theta(r_e - r_w)}{p_e - p_{wf}} \tag{4-200}$$

式(4-200)的物理意义是：由于启动压力梯度的存在造成的压力损失占总的压力损失的比例，用符号 f 表示，所以

$$\frac{2}{r_e^2}\int_{r_w}^{r_e}\left(\int_{r_w}^{r}\frac{2p}{\mu z}\theta dr\right)rdr = f\cdot\int_{\theta\cdot r_w}^{\theta\cdot r_e}\frac{2p}{\mu z}dp = f\cdot\left(\psi_{\theta\cdot r_e} - \psi_{\theta\cdot r_w}\right) \tag{4-201}$$

所以式(4-199)可以简化成

$$\bar{\psi} - \psi_{wf} = \frac{q_{sc}p_{sc}T}{k\pi hT_{sc}}\left(\ln\frac{0.472r_e}{r_w}\right) + \frac{\beta\rho_{sc}q_{sc}^2 p_{sc}T}{2\pi^2 h^2 \mu_i T_{sc}}\frac{1}{r_w} + f\cdot\left(\psi_{\theta\cdot r_e} - \psi_{\theta\cdot r_w}\right) \tag{4-202}$$

考虑地层的伤害因素，引入表皮系数 S，则式(4-202)变成

$$\bar{\psi} - \psi_{wf} = \frac{q_{sc}p_{sc}T}{k\pi hT_{sc}}\left(\ln\frac{0.472r_e}{r_w} + s\right) + \frac{\beta\rho_{sc}q_{sc}^2 p_{sc}T}{2\pi^2 h^2 \mu_i T_{sc}}\frac{1}{r_w e^{-s}} + f\cdot\left(\psi_{\theta\cdot r_e} - \psi_{\theta\cdot r_w}\right) \tag{4-203}$$

将式(4-203)写成压力平方的形式：

$$\bar{p}_R^2 - p_{wf}^2 = aq_{sc} + bq_{sc}^2 + c \tag{4-204}$$

上式即为考虑启动压力梯度的拟稳态三项式产能方程，其中：

$$a = \frac{p_{sc}T\bar{\mu}\,\bar{z}}{k\pi hT_{sc}}\left(\ln\frac{0.472r_e}{r_w} + s\right)$$

$$b = \frac{\beta\rho_{sc}p_{sc}T\,\bar{z}}{2\pi^2 h^2 T_{sc}}\frac{1}{r_w e^{-s}} \tag{4-205}$$

$$c = f\cdot\theta^2(r_e^2 - r_w^2)\frac{\overline{\mu\,z}}{\mu_\theta z_\theta}$$

式中，$\overline{\mu\,z}$——p_{wf} 到 p_e 平均压力下的黏度和压缩因子的乘积；

$\overline{\mu_\theta z_\theta}$——$\theta\cdot r_w$ 到 $\theta\cdot r_e$ 平均压力下的黏度和压缩因子的乘积。

式(4-205)表明，当启动压力梯度 θ 恒为常数时，c 是一个与启动压力梯度有关的正常数，它反映了启动压力对气井产能的影响，启动压力梯度 θ 越大，c 越大。

对于考虑启动压力梯度的拟稳态三项式产能方程(4-205)通常采用试算法进行求解，先令 $Y=(\bar{p}_R^2-p_{wf}^2-c)/q_{sc}$，$X=q_{sc}$，则方程(4-204)可以写成

$$Y = a + bX \tag{4-206}$$

具体求解步骤是：

(1)先假定一个 c 值($c>0$)，在直角坐标中以 q_{sc} 为横轴，以 $(\bar{p}_R^2-p_{wf}^2-c)/q_{sc}$ 为纵轴，将实测数据点作图。

(2)若实测数据点连线为一下凹的曲线，则表明 c 值偏小。若实测数据点连线为一上凸的曲线，则表明 c 值偏大。若实测数据点连线为一条直线，则求出直线的斜率 b 和截距 a，若 $a>0$，$b>0$，则 c 值为所求；若 $a<0$，则表明 c 值偏大；若 $b<0$，则表明 c 值偏小；如此反复试算，直到使实测数据点连线为一条直线且 $a>0$，$b>0$ 为止，并求出 a 和 b 的值，此时假定的 c 值也为所求。

根据求出的 a、b 和 c 值，可由方程(4-204)求得考虑启动压力梯度的气井无阻流量为

$$Q_{AOF} = \frac{-a + \sqrt{a^2 + 4b(\bar{p}_R^2 - c)}}{2b} \tag{4-207}$$

而由常规的二项式产能方程得到的气井的无阻流量为

$$Q_{AOF} = \frac{-a + \sqrt{a^2 + 4b\bar{p}_R^2}}{2b} \tag{4-208}$$

以上两式表明,当存在启动压力梯度时,式(4-207)的无阻流量小于式(4-208)的无阻流量,即启动压力梯度的存在使气井无阻流量减小,且启动压力梯度越大,无阻流量越小。式(4-208)计算出的无阻流量为低渗透气藏气井合理产量的确定提供了依据。

以大牛地气田某一存在启动压力梯度的气井为例来说明产能评价方法。该气井平均地层压力为 20.249MPa,修正等时试井数据见表 4-9,稳定延时产量和井底流压分别为 1.18 万 m^3/d 和 10.835MPa。

表 4-9   压力产量数据表

q_{sc}/(万 m^3/d)	$\bar{p}_R$/MPa	p_{wf}/MPa
0.34	20.249	18.792
0.73	20.249	17.998
1.21	20.249	16.447
1.42	20.249	15.182

若在直角坐标系中作出 $(p_e^2 - p_{wf}^2)/q_{sc}$ 与 q_{sc} 的关系图(见图 4-64),可以看出回归出的常规产能方程系数 $b = -35.988 < 0$,与 $b > 0$ 相矛盾,因此用常规产能方程不能分析存在启动压力梯度的气井的产能。

为了确定该气井的产能方程,可以用考虑启动压力梯度的拟稳态三项式产能方程进行分析,采用试算法可以得出 c 值为 50,a 和 b 值分别为 0.127 和 63.3456,相应的 $(p_e^2 - p_{wf}^2 - c)/q_{sc}$ 与 q_{sc} 的关系曲线见图 4-65。因此,可以确定不稳定产能方程为

$$p_e^2 - p_{wf}^2 = 0.127q_{sc} + 63.3456q_{sc}^2 + 50 \tag{4-209}$$

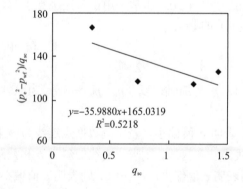

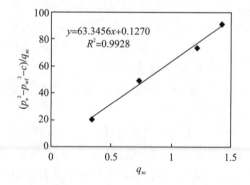

图 4-64 $(p_e^2 - p_{wf}^2)/q_{sc}$ 与 q_{sc} 的关系图   图 4-65 $(p_e^2 - p_{wf}^2 - c)/q_{sc}$ 与 q_{sc} 的关系图

由于所测数据点的每一个流量都没有达到稳定状态,因此,方程(4-209)并不能真正

代表考虑启动压力梯度的气井的产能方程,将稳定延时的产量和井底流压代入不稳定产能方程可得到考虑启动压力梯度的拟稳态三项式产能方程为

$$p_e^2 - p_{wf}^2 = 130.8664 q_{sc} + 63.3456 q_{sc}^2 + 50 \tag{4-210}$$

根据式(4-210)可以计算出该气井的无阻流量为 1.57 万 m³/d。

二、考虑储层岩石的渗透率应力敏感低渗低压低产气藏产能评价

在低渗低压低产气藏开采过程中,有效应力不断压缩岩石骨架,从而使得储集空间减小,造成渗透率不断降低,这种渗透率因应力变化而变化的现象称渗透率的压力敏感性。在渗透率不断降低的过程中,初期表现剧烈,后期则表现缓慢,且其对应力的敏感性大于孔隙度对应力的敏感性。这是因为初期储层岩石较后期更为不致密,岩石一般发生弹性变形,更易被压缩,造成渗透率初期下降剧烈,后期储层岩石被压实并发生流变,由于具有了延展性而形变不可逆,渗透率基本保持不变。

通过实验数据回归分析,可得到渗透率与有效应力的 3 种表达式:

指数式 1:

$$k = k_i e^{-\alpha_k(p_i - p)} \tag{4-211}$$

指数式 2:

$$k = k_i (p / p_i)^{\beta_k} \tag{4-212}$$

幂函数:

$$k = k_0 (p_u - p)^{-m} \tag{4-213}$$

式中, p、p_i、p_u——目前压力、原始地层压力、上覆岩层压力,MPa;

　　　k、k_i——目前压力、原始地层压力下的渗透率,$10^{-3} \mu m^2$;

　　　k_0——空气渗透率,$10^{-3} \mu m^2$;

　　　α_k——渗透率变化系数,MPa^{-1};

　　　β_k——渗透率变化系数;

　　　m——系数。

1. 渗透率应力敏感效应影响下的气井产能方程

从达西公式出发推导考虑储层岩石渗透率应力敏感效应影响的气井产能方程。根据平均压力方法,取气藏平均压力 $\bar{p} = (p_i + p_w) / 2$,用 $\bar{p}$ 去求天然气平均黏度 $\bar{\mu}$ 和偏差因子 $\bar{Z}$,然后基于如上的渗透率压力敏感关系式,可推得如下的气井产能方程。

渗透率应力敏感效应呈指数式 1 变化时的气井产能方程。

由达西公式可得

$$\frac{dp}{dr} = \frac{12.734 \bar{\mu} \bar{Z} T}{2 p k h} q_{sc} \frac{1}{r} \tag{4-214}$$

当考虑储层渗透率应力敏感关系式为(4-212)式时,由上式变形得

$$2 p e^{-\alpha_k(p_i - p)} dp = \frac{12.734 \bar{\mu} \bar{Z} T}{k_i h} q_{sc} \frac{1}{r} dr \tag{4-215}$$

式中，p、p_i——目前压力、原始地层压力，MPa；

k_i——原始地层压力下的渗透率，$10^{-3}\mu m^2$；

r——半径，m；

$\bar{\mu}$——平均压力下的气体粘度，mPa·s；

$\bar{Z}$——平均压力下的气体偏差因子；

h——地层厚度，m；

T——地层温度，K；

q_{sc}——气体产量，$10^4 m^3/d$；

α_k——渗透率变化系数，MPa^{-1}。

对上式两端进行积分得

$$q_{sc}=\frac{\dfrac{2(\alpha_k p_i-1)}{\alpha_k^2}-\dfrac{2(\alpha_k p_{wf}-1)}{\alpha_k^2}e^{-\alpha_k(p_i-p_{wf})}}{\dfrac{1.2734\times10^{-3}\bar{\mu}\bar{Z}T}{k_i h}\left(\ln\dfrac{r_e}{r_w}\right)} \tag{4-216}$$

式中，p_{wf}——井底流动压力，MPa；

r_e、r_w——供给半径、井半径，m。

式(4-216)就是考虑储层渗透率应力敏感关系呈式(4-212)的指数形式时的气井稳定达西流动产能方程。

当考虑表皮系数 S 的影响时，式(4-216)变为

$$q_{sc}=\frac{\dfrac{2(\alpha_k p_i-1)}{\alpha_k^2}-\dfrac{2(\alpha_k p_{wf}-1)}{\alpha_k^2}e^{-\alpha_k(p_i-p_{wf})}}{\dfrac{1.2734\times10^{-3}\bar{\mu}\bar{Z}T}{k_i h}\left(\ln\dfrac{r_e}{r_w}+S\right)} \tag{4-217}$$

若再考虑高速非达西流动的影响，式(4-217)可化为

$$q_{sc}=\frac{\dfrac{2(\alpha_k p_i-1)}{\alpha_k^2}-\dfrac{2(\alpha_k p_{wf}-1)}{\alpha_k^2}e^{-\alpha_k(p_i-p_{wf})}}{\dfrac{1.2734\times10^{-3}\bar{\mu}\bar{Z}T}{k_i h}\left(\ln\dfrac{r_e}{r_w}+S+Dq_{sc}\right)} \tag{4-218}$$

式中，D——非达西流系数，$(10^4 m^3/d)^{-1}$。

在式(4-218)中，非达西流动系数 D 中未考虑应力敏感效应导致的渗透率变化对紊流效应的影响。

同理，可导出拟稳定流动状态的气井产能公式：

$$q_{sc}=\frac{\dfrac{2(\alpha_k p_i-1)}{\alpha_k^2}-\dfrac{2(\alpha_k p_{wf}-1)}{\alpha_k^2}e^{-\alpha_k(p_i-p_{wf})}}{\dfrac{1.2734\times10^{-3}\bar{\mu}\bar{Z}T}{k_i h}\left(\ln\dfrac{r_e}{r_w}-0.75+S+Dq_{sc}\right)} \tag{4-219}$$

2. 渗透率应力敏感效应呈指数式 2 变化时的气井产能方程

由达西公式可得

$$\frac{\mathrm{d}p}{\mathrm{d}r} = \frac{12.734\bar{\mu}\bar{Z}T}{2pkh}q_{sc}\frac{1}{r} \tag{4-220}$$

考虑储层渗透率应力敏感时，由上式变形得

$$2p(p/p_i)^{\beta_k}\,\mathrm{d}p = \frac{12.734\bar{\mu}\bar{Z}T}{k_ih}q_{sc}\frac{1}{r}\mathrm{d}r \tag{4-221}$$

式中，β_k ——渗透率变化系数，由试验研究确定。

对式(4-221)两端进行积分得

$$q_{sc} = \frac{\dfrac{2}{2+\beta_k}\left(p_i^2 - \dfrac{p_{wf}^{2+\beta_k}}{p_i^{\beta_k}}\right)}{\dfrac{12.734\bar{\mu}\bar{Z}T}{k_ih}\left(\ln\dfrac{r_e}{r_w}\right)} \tag{4-222}$$

当考虑表皮效应与高速非达西流动效应影响时，上式可化为

$$q_{sc} = \frac{\dfrac{2}{2+\beta_k}\left(p_i^2 - \dfrac{p_{wf}^{2+\beta_k}}{p_i^{\beta_k}}\right)}{\dfrac{12.734\bar{\mu}\bar{Z}T}{k_ih}\left(\ln\dfrac{r_e}{r_w} + S + Dq_{sc}\right)} \tag{4-223}$$

同理，可导出拟稳定流动状态的气井产能公式：

$$q_{sc} = \frac{\dfrac{2}{2+\beta_k}\left(p_i^2 - \dfrac{p_{wf}^{2+\beta_k}}{p_i^{\beta_k}}\right)}{\dfrac{12.734\bar{\mu}\bar{Z}T}{k_ih}\left(\ln\dfrac{r_e}{r_w} - 0.75 + S + Dq_{sc}\right)} \tag{4-224}$$

3. 渗透率应力敏感效应呈幂函数变化时的气井产能方程

由达西公式可得

$$\frac{\mathrm{d}p}{\mathrm{d}r} = \frac{12.734\bar{\mu}\bar{Z}T}{2pkh}q_{sc}\frac{1}{r} \tag{4-225}$$

当考虑储层渗透率应力敏感关系式为式(4-215)时，由上式变形得

$$2p(p_u - p)^{-m}\,\mathrm{d}p = \frac{12.734\bar{\mu}\bar{Z}T}{k_0h}q_{sc}\frac{1}{r}\mathrm{d}r \tag{4-226}$$

式中，m ——渗透率变化系数，由试验研究确定；

　　　p_u ——上覆岩石压力，MPa；

　　　k_0 ——地面条件测得的储层岩石渗透率，$10^{-3}\mu m^2$。

对式(4-226)两端进行积分得

$$q_{sc} = \frac{2\left[\dfrac{p_{wf}(p_u - p_{wf})^{1-m} - p_i(p_u - p_i)^{1-m}}{1-m} + \dfrac{(p_u - p_{wf})^{2-m} - (p_u - p_i)^{2-m}}{(1-m)(2-m)}\right]}{\dfrac{12.734\bar{\mu}\bar{Z}T}{k_0 h}\ln\dfrac{r_e}{r_w}} \qquad (4\text{-}227)$$

再考虑表皮因子及非达西流，求出考虑渗透率应力敏感性的稳态产能公式为

$$q_{sc} = \frac{2\left[\dfrac{p_{wf}(p_u - p_{wf})^{1-m} - p_i(p_u - p_i)^{1-m}}{1-m} + \dfrac{(p_u - p_{wf})^{2-m} - (p_u - p_i)^{2-m}}{(1-m)(2-m)}\right]}{\dfrac{12.734\bar{\mu}\bar{Z}T}{k_0 h}\left(\ln\dfrac{r_e}{r_w} + S + Dq_{sc}\right)} \qquad (4\text{-}228)$$

同理，可导出拟稳定流动状态下的产能公式

$$q_{sc} = \frac{2\left[\dfrac{p_{wf}(p_u - p_{wf})^{1-m} - p_i(p_u - p_i)^{1-m}}{1-m} + \dfrac{(p_u - p_{wf})^{2-m} - (p_u - p_i)^{2-m}}{(1-m)(2-m)}\right]}{\dfrac{12.734\bar{\mu}\bar{Z}T}{k_0 h}\left(\ln\dfrac{r_e}{r_w} - 0.75 + S + Dq_{sc}\right)} \qquad (4\text{-}229)$$

三、考虑启动压力梯度和应力敏感效应直井产能方程

假设条件：设有一水平均质各向同性圆形等厚地层，其中心有一口完善井以定产量生产，供给边界半径为 r_e，边界压力为 p_e，气井半径为 r_w，井底压力为 p_{wf}，气层厚度为 h。以拟压力形式表示的气体稳定渗流的数学模型如下。

微分方程：

$$\frac{d^2\Psi}{dr^2} + \frac{1}{r}\frac{d\Psi}{dr} = 0 \qquad (4\text{-}230)$$

在井底 $r = r_w$ 处：

$$\Psi = \Psi_{wf} \qquad (4\text{-}231)$$

在供给边界 $r = r_e$ 处：

$$\Psi = \Psi_e \qquad (4\text{-}232)$$

上述稳定渗流数学模型的解为

$$\Psi = \Psi_e - \frac{\Psi_e - \Psi_{wf}}{\ln\dfrac{r_e}{r_w}}\ln\frac{r_e}{r} \qquad (4\text{-}233)$$

或

$$\Psi = \Psi_{wf} + \frac{\Psi_e - \Psi_{wf}}{\ln\dfrac{r_e}{r_w}}\ln\frac{r}{r_w} \qquad (4\text{-}234)$$

以上两个式子就是气体平面径向稳定渗流时拟压力的分布公式。

利用拟压力与压力平方之间的关系可以获得以压力平方形式表示的稳定渗流时压力分布的表达式：

$$p^2 = p_{wf}^2 + \frac{p_e^2 - p_{wf}^2}{\ln \dfrac{r_e}{r_w}} \ln \frac{r}{r_w} \tag{4-235}$$

或

$$p^2 = p_{wf}^2 + \frac{p_e^2 - p_{wf}^2}{\ln \dfrac{r_e}{r_w}} \ln \frac{r}{r_w} \tag{4-236}$$

由上面压力分布表达式可以推导出气层中任意一点的压力梯度为

$$\frac{\mathrm{d}p}{\mathrm{d}r} = \frac{p_e^2 - p_{wf}^2}{\ln \dfrac{r_e}{r_w}} \frac{1}{2pr} \tag{4-237}$$

由含有启动压力梯度的非达西渗流定律可以得到任意一点的渗流速度为

$$v = -\frac{k}{\mu} \left(\frac{\mathrm{d}p}{\mathrm{d}r} - \lambda \right) = -\frac{k}{\mu_g} \left(\frac{p_e^2 - p_{wf}^2}{\ln \dfrac{r_e}{r_w}} \frac{1}{2pr} - \lambda \right) \tag{4-238}$$

利用含有启动压力梯度的非达西渗流定律、气体状态方程并结合上述拟压力和压力平方分布公式，可得到标准状况下（温度 20℃，压力为 0.101325MPa）平面径向流气井产能公式。

压力平方形式：

$$Q_{sc} = \pi h \frac{T_{sc}}{p_{sc} T} \frac{k}{Z \mu_g} \frac{p_e^2 - p_{wf}^2}{\ln \dfrac{r_e}{r_w}} - 2\pi r h \frac{p T_{sc}}{p_{sc} T} \frac{k}{Z \mu_g} \lambda \tag{4-239}$$

其中，r，p 可以取为

$$r = \bar{r} = (r_e - r_w)/2 , \quad p = \bar{p} = (p_e - p_w)/2$$

同时考虑前面的启动压力梯度、应力敏感系数、滑脱效应系数的影响，将下面三个前面试验得到的式子代入上面的式子：

启动压力梯度：$\lambda = \dfrac{b' \mu_g}{k}$;

应力敏感的影响：$K = K_g \Delta p^{-\alpha}$;

滑脱效应的影响：$K_a = K_\infty \left(1 + \dfrac{b}{\bar{p}} \right)$。

在以上各影响因素中应力敏感和滑脱效应均只作用在渗透率上，故在这里先对产能方程中的渗透率进行修正：

$$k = K \Delta p^{-\alpha} \left(1 + \frac{b}{\bar{p}} \right) \tag{4-240}$$

为了避免压力混淆，这里将净压力 ΔP 用 σ 代替，上式就变为

$$k = K \sigma^{-\alpha} \left(1 + \frac{b}{\bar{p}} \right) \tag{4-241}$$

现在将各影响因素带入产能方程，于是得到：

$$Q_{sc} = \pi h \frac{T_{sc}}{p_{sc}T} \frac{K\sigma^{-\alpha}\left(1+\dfrac{b}{\overline{p}}\right)}{Z\mu_g} \frac{p_e^2 - p_{wf}^2}{\ln\dfrac{r_e}{r_w}} - 2\pi \overline{r} h \frac{\overline{p}T_{sc}}{p_{sc}T} \frac{b'}{Z} \tag{4-242}$$

式(4-242)就是考虑了启动压力梯度、应力敏感和滑脱效应的低渗透气藏直井的压力平方形式的产能方程。

根据拟压力和压力平方的关系将压力平方形式的产能方程转换为以下的拟压力形式的产能方程：

$$Q_{sc} = \pi h T_{sc} \frac{K\sigma^{-\alpha}\left(1+\dfrac{b}{\overline{p}}\right)}{p_{sc}T} \frac{\Psi_e^2 - \Psi_{wf}^2}{\ln\dfrac{r_e}{r_w}} - 2\pi \overline{r} h \frac{\overline{p}T_{sc}}{p_{sc}T} \frac{b'}{Z} \tag{4-243}$$

引入标准化拟压力的概念：

$$m = \frac{\mu_{sc}Z_{sc}}{p_{sc}} \Psi \tag{4-244}$$

则标准拟压力形式的产能方程可以变换为

$$Q_{sc} = \pi h T_{sc} \frac{K\sigma^{-\alpha}\left(1+\dfrac{b}{\overline{p}}\right)}{T} \frac{m_e^2 - m_{wf}^2}{\ln\dfrac{r_e}{r_w}} \frac{p_{sc}}{(\mu_{sc}Z_{sc})^2} - 2\pi \overline{r} h \frac{\overline{p}T_{sc}}{p_{sc}T} \frac{b'}{Z} \tag{4-245}$$

式(4-245)便是标准拟压力形式的产能方程。

四、致密气藏水平井产能方程

引入变换方法建立了低渗透气藏水平井产能模型，模型考虑应力敏感效应和启动压力梯度的影响作用。并以某低渗透气藏为例，研究了应力敏感效应和启动压力梯度对低渗透气藏水平井产能的影响。

引入变换方法分别对平面水平气井流量和垂直面水平气井流量进行求取。

1. 水平面水平气井流量

引入如图4-66所示的变换，将 Z 平面上长半轴为 a，短半轴为 b 的椭圆形区域变换成 ω 平面上半径为 $2(a+b)/L$ 的圆形区域，将线段 $(-L/2, 0)$ 到 $(L/2, 0)$ 映射成单位圆周。在 ω 平面上的流动，可以认为是半径为 $2(a+b)/L$ 的圆形供给区域内有一口半径为1的直井的情形。考虑到气层厚度 h 和椭圆性质 $b = \sqrt{a^2 - (L/2)^2}$，得到水平井在水平平面的流量为

$$Q_{sc} = \pi h \frac{T_{sc}}{p_{sc}T} \frac{K\sigma^{-\alpha}\left(1+\dfrac{b}{\overline{p}}\right)}{Z\mu_g} \frac{p_e^2 - p_{wf}^2}{\ln\dfrac{a+\sqrt{a^2-(L/2)^2}}{L/2}} - 2\pi \overline{r} h \frac{\overline{p}T_{sc}}{p_{sc}T} \frac{b'}{Z} \tag{4-246}$$

其中

$$a = 0.5L \left[0.5 + \sqrt{0.25 + \left(2r_e / 4 \right)^4} \right]^{0.5} \tag{4-247}$$

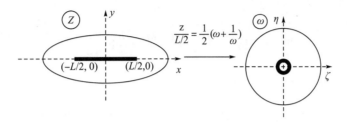

图 4-66　水平平面变换关系

2. 垂直面水平井气体流量

引入保角变换 $\omega_1 = e^{\frac{\pi z}{h}}$，将 Z 平面上带形区域变换成 ω_1 平面上的右半平面，再经镜像反映变换为无穷大地层两个汇点问题。Z 平面上汇点 $(0, 0)$ 在 ω 平面上变成原点 $A(1, 0)$ 和 $B(-1, 0)$，如图 4-67 所示。Z 平面上的油井半径 r_w 在 ω 平面上相应为 ρ_w。

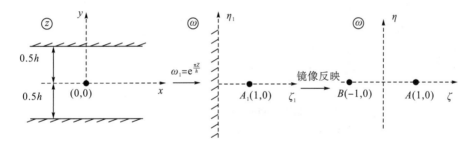

图 4-67　垂直平面保角变换关系

通过变化处理得到垂直平面水平井气体流量为

$$Q_{sc} = \pi h \frac{T_{sc}}{p_{sc} T} \frac{K \sigma^{-\alpha} \left(1 + \dfrac{b}{\overline{p}} \right)}{Z \mu_g} \frac{p_e^2 - p_{wf}^2}{\ln \dfrac{h}{2\pi r_w}} - 2\pi \overline{r} h \frac{\overline{p} T_{sc}}{p_{sc} T} \frac{b'}{Z} \tag{4-248}$$

3. 压力平方形式水平气井产能方程

应用电模拟原理，忽略各向异性影响，考虑启动压力梯度、应力敏感、滑脱效应情况下的水平井压力平方形式的气体产量公式为

$$Q_{sc} = \pi h \frac{T_{sc}}{p_{sc} T} \frac{K \sigma^{-\alpha} \left(1 + \dfrac{b}{\overline{p}} \right)}{Z \mu_g} \frac{p_e^2 - p_{wf}^2}{\ln \dfrac{a + \sqrt{a^2 - (L/2)^2}}{L/2} + \dfrac{h}{L} \ln \dfrac{h}{2\pi r_w}} - 2\pi \overline{r} h \frac{\overline{p} T_{sc}}{p_{sc} T} \frac{b'}{Z} \tag{4-249}$$

4. 拟压力形式水平气井产能方程

根据拟压力的定义，将式(4-249)进行转换得到下面的拟压力形式水平气井产能方程：

$$Q_{sc} = \pi h T_{sc} \frac{K \sigma^{-\alpha} \left(1 + \dfrac{b}{\bar{p}}\right)}{p_{sc}T} \frac{\Psi_e^2 - \Psi_{wf}^2}{\ln \dfrac{a + \sqrt{a^2 - (L/2)^2}}{L/2} + \dfrac{h}{L} \ln \dfrac{h}{2\pi r_w}} - 2\pi \bar{r} h \frac{\bar{p} T_{sc}}{p_{sc}T} \frac{b'}{Z} \tag{4-250}$$

5. 标准拟压力形式水平气井产能方程

根据标准拟压力的定义，将式(4-250)进行转换得到下面的拟压力形式水平气井产能方程：

$$Q_{sc} = \pi h T_{sc} \frac{K \sigma^{-\alpha} \left(1 + \dfrac{b}{\bar{p}}\right)}{T} \frac{m_e^2 - m_{wf}^2}{\ln \dfrac{a + \sqrt{a^2 - (L/2)^2}}{L/2} + \dfrac{h}{L} \ln \dfrac{h}{2\pi r_w}} \frac{p_{sc}}{(\mu_{sc}Z_{sc})^2} - 2\pi \bar{r} h \frac{\bar{p} T_{sc}}{p_{sc}T} \frac{b'}{Z} \tag{4-251}$$

式中，Q_{sc}——标准状况下的气井产量，m^3/s；

K——气层的渗透率，μm^2；

h——气层厚度，m；

T_{sc}——标准状况下的温度，K；

p_{sc}——标准状况下的压力，MPa；

T——气层温度，K；

μ_g——气体黏度，$MPa \cdot s$；

μ_{sc}——标准状况下的气体黏度，$MPa \cdot s$；

Z——平均地层压力及温度下的气体偏差因子。

L——水平井段长度，m；

a——渗流椭圆面长半轴长，m；

b——克林肯贝尔常数。

b'——气相低速渗流曲线截距(代表启动压力梯度的影响)。

以某低渗透气藏为例，研究了应力敏感效应和启动压力梯度对低渗透气藏水平井产能的影响。计算所需参数见表4-10。

表4-10　实例计算低渗透气藏基本参数

参数	数值
水平井长度，m	100，200，300，400，500，600
气层有效厚度，m	5
气层原始渗透率，$10^{-3}\mu m^2$	0.5
气体体积系数	0.001
气体黏度，$\mu pa \cdot s$	0.015

续表

参数	数值
上覆地层压力，MPa	60
地层压力，MPa	23
井底流压，MPa	10
水平井泄气半径，m	400
井筒半径，m	0.07
介质变形系数，MPa^{-1}	0，0.03，0.06，0.09，0.12，0.15
气体启动压力梯度，MPa/m	0，0.00005，0.0001，0.00015，0.0002，0.00025

　　计算结果见图 4-68～图 4-74。由图可见：①启动压力梯度对水平气井产量影响呈一线性下降关系，而压力敏感对水平气井产量影响为一幂函数下降关系；②随着启动压力梯度和介质变形系数增大，水平气井产量减少；③当启动压力梯度 λ 分别取 0.00005MPa/m、0.0001MPa/m、0.00015MPa/m、0.0002MPa/m、0.00025MPa/m 时，对应水平气井产量比不考虑启动压力梯度影响分别降低了 15%、31%、46%、62%和 77%；④当介质变形系数 a_k 分别取 0.03MPa、0.06MPa、0.09MPa、0.12MPa、0.15MPa 时，对应水平气井产量比不考虑压敏效应分别降低了 67.0%、89.1%、96.4%、98.8%和 99.6%；⑤随水平段长度增加，油井产能增大；但当启动压力梯度或(和)介质变形系数增加到一定程度后，则水平井段长度对产能影响不明显；⑥压力敏感效应比启动压力梯度对水平气井产量的影响强烈得多。

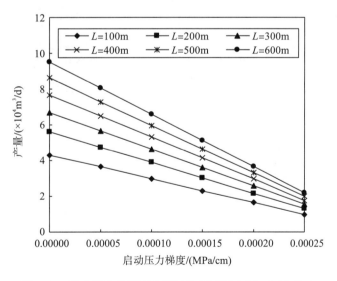

图 4-68　启动压力梯度对水平气井产量影响（λ=0.06MPa）

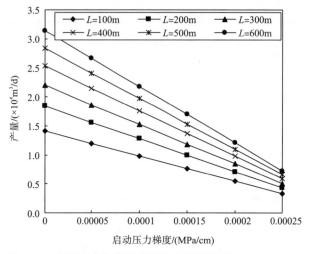

图 4-69   启动压力梯度对水平气井产量影响(λ =0.09MPa)

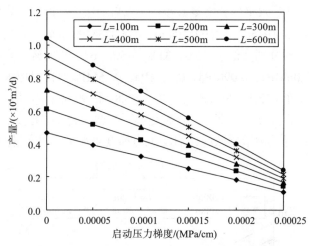

图 4-70   启动压力梯度对水平气井产量影响(λ =0.12MPa)

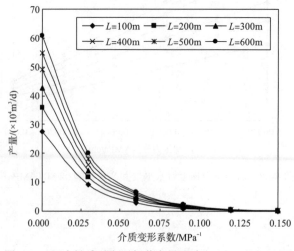

图 4-71   压力敏感对水平气井产量影响(a_k=0.0001MPa/m)

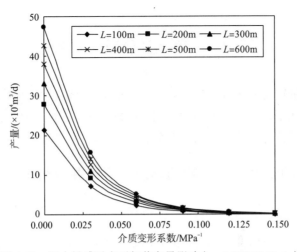

图 4-72 压力敏感对水平气井产量影响(a_k=0.00015MPa/m)

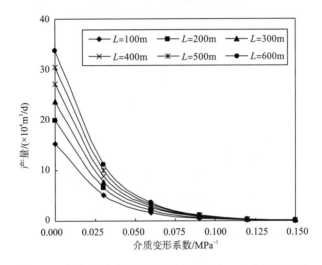

图 4-73 压力敏感对水平气井产量影响(a_k=0.0002MPa/m)

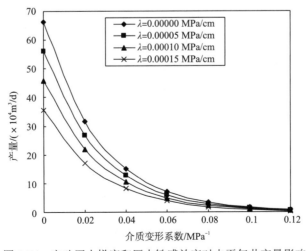

图 4-74 启动压力梯度和压力敏感效应对水平气井产量影响

第七节　致密气藏试井分析

致密气藏渗流机理实验研究结果表明,启动压力梯度与应力敏感效应对气藏的渗流规律和压力动态有较大影响,基于达西渗流规律的常规试井分析方法难以正确反求地层参数,需要建立新的理论开展致密气藏试井分析。

一、考虑启动压力梯度影响的均质储层试井分析理论

1. 数学模型及求解

当流动存在启动压力梯度影响时,由质量守恒定律、状态方程、运动方程等可推导出描述致密均质气藏定产量生产井的不稳定试井解释模型。

基本方程:

$$\frac{1}{r_{\mathrm{De}}}\frac{\partial}{\partial r_{\mathrm{De}}}\left[r_{\mathrm{De}}\frac{\partial p_{\mathrm{D}}}{\partial r_{\mathrm{De}}}\right]+\frac{1}{r_{\mathrm{De}}}\lambda_{\mathrm{BD}}\mathrm{e}^{-S}=\frac{\partial p_{\mathrm{D}}}{\partial t_{\mathrm{De}}} \tag{4-252}$$

初始条件:

$$p_{\mathrm{D}}(r_{\mathrm{De}},t_{\mathrm{De}}=0)=0 \tag{4-253}$$

内边界条件:

$$\begin{cases} C_{\mathrm{De}}\dfrac{\mathrm{d}p_{\mathrm{WD}}}{\mathrm{d}t_{\mathrm{De}}}-\dfrac{\partial p_{\mathrm{D}}}{\partial r_{\mathrm{De}}}\bigg|_{r_{\mathrm{De}}=1}=1+\lambda_{\mathrm{BD}}\mathrm{e}^{-S} \\ p_{\mathrm{WD}}=p_{\mathrm{D}}(r_{\mathrm{De}}=1) \end{cases} \tag{4-254}$$

外边界条件:

(1)压力波瞬间传播情形的无限大外边界:

$$p_{D}(r_{\mathrm{De}}\to\infty)=0 \tag{4-255}$$

(2)压力波瞬间传播情形的圆形封闭地层:

$$\frac{\partial p_{\mathrm{D}}}{\partial r_{\mathrm{De}}}\bigg|_{r_{\mathrm{De}}=R_{\mathrm{De}}}=0 \tag{4-256}$$

(3)压力波瞬间传播情形的圆形供给地层:

$$p_{\mathrm{D}}(r_{\mathrm{De}}=R_{\mathrm{De}})=0 \tag{4-257}$$

(4)考虑流动边界影响,无限大地层或压力扰动未传到真实边界之前:

$$\begin{cases} \dfrac{\partial p_{\mathrm{D}}}{\partial r_{\mathrm{De}}}\bigg|_{r_{\mathrm{De}}=r_{\mathrm{FDe}}(t_{\mathrm{De}})}=-\lambda_{\mathrm{BD}}\mathrm{e}^{-S} \\ p_{\mathrm{D}}\left[r_{\mathrm{De}}>r_{\mathrm{FDe}}(t_{\mathrm{De}})\right]=0 \end{cases} \tag{4-258}$$

式中,　p_{D}、　p_{WD}——无因次拟压力、井底无因次拟压力;

$$p_{\mathrm{D}}=\frac{kh}{0.01273Tq_{\mathrm{g}}}\Delta\psi \tag{4-259}$$

$\psi(p)$ ——拟压力，$MPa^2/(mPa \cdot s)$ ；

$$\psi(p) = \int_{p_0}^{p} \frac{2p}{\mu_g Z_g} \mathrm{d}p \qquad (4\text{-}260)$$

t_{De} ——无因次时间；

$$t_{De} = t_D e^{2S} = \frac{3.6kt}{\phi \mu C_t r_w^2} e^{2S} \qquad (4\text{-}261)$$

r_{De} ——无因次距离；

$$r_{De} = r_D e^{S} = \frac{r}{r_{we}} = \frac{r}{r_w e^{-S}} \qquad (4\text{-}262)$$

r_{FDe} ——无因次流动边界距离；

$$r_{FDe} = r_{FD} e^{S} = \frac{r_F}{r_{we}} = \frac{r_F}{r_w e^{-S}} \qquad (4\text{-}263)$$

R_{De} ——无因次外边界距离；

$$R_{De} = R_D e^{S} = \frac{R}{r_{we}} = \frac{R}{r_w e^{-S}} \qquad (4\text{-}264)$$

C_{De} ——无因次井筒储存常数；

$$C_{De} = C_D e^{2S} = \frac{0.159C}{\phi h C_t r_w^2} e^{2S} \qquad (4\text{-}265)$$

λ_{BD} ——无因次启动拟压力梯度；

$$\lambda_{BD} = \frac{khr_w}{0.01273Tq_g} \lambda_B \qquad (4\text{-}266)$$

S ——表皮系数；

r_F、R ——流动边界及外边界半径，m；

r_w ——井半径，m；

C ——井筒储存常数，m^3/MPa ；

h ——地层厚度，m；

k ——地层渗透率，$10^{-3} \mu m^2$ ；

T ——地层温度，K；

q_g ——气井产量，$10^4 m^3/d$ ；

t ——时间，h；

μ_g、Z_g ——平均地层压力下的气体黏度及偏差因子，$mPa \cdot s$、无因次；

λ ——启动压力梯度，MPa/m。

通过拉普拉斯变换和格林函数方法可求解上述方程，具体求解结果如下。

(1) 压力波瞬间传播情形的无限大外边界的解：

$$\bar{p}_D = \frac{(1+d)K_0\left(\sqrt{g/C_{De}}\, r_{De}\right)}{g\left[\sqrt{g/C_{De}}\, K_1\left(\sqrt{g/C_{De}}\right) + gK_0\left(\sqrt{g/C_{De}}\right)\right]} + \int_1^{\infty} G(r_{De}, \tau)\mathrm{d}\tau \qquad (4\text{-}267)$$

$$d = \lambda_{BD} e^{-S} + \frac{\pi \lambda_{BD} e^{-S}}{2} I_1\left(\sqrt{g/C_{De}}\right) - \frac{\pi \lambda_{BD} e^{-S}}{2\sqrt{g/C_{De}}} g I_0\left(\sqrt{g/C_{De}}\right) \tag{4-268}$$

式中，g——拉普拉斯变量；

$\overline{p}_D$——拉普拉斯空间无因次压力；

$$\overline{p}_D(g) = \int_0^\infty p_D e^{-gt_{De}/C_{De}} d(t_{De}/C_{De}) \tag{4-269}$$

$G(r_{De}, \tau)$——格林函数。

$$G(r_{De}, \tau) = \begin{cases} \dfrac{\lambda_{BD} e^{-S}}{g} K_0\left(r_{De}\sqrt{g/C_{De}}\right) I_0\left(\tau\sqrt{g/C_{De}}\right) & (1 < \tau < r_{De}) \\[3mm] \dfrac{\lambda_{BD} e^{-S}}{g} K_0\left(\tau\sqrt{g/C_{De}}\right) I_0\left(r_{De}\sqrt{g/C_{De}}\right) & (r_{De} < \tau < \infty) \end{cases} \tag{4-270}$$

在式(4-267)中取 $r_{De} = 1$ 时井底无因次拟压力解为

$$\overline{p}_{WD} = \frac{(1+d)K_0\left(\sqrt{g/C_{De}}\right)}{g\left[\sqrt{g/C_{De}}K_1\left(\sqrt{g/C_{De}}\right) + gK_0\left(\sqrt{g/C_{De}}\right)\right]} + \frac{\pi \lambda_{BD} e^{-S}}{2g\sqrt{g/C_{De}}} I\left(\sqrt{g/C_{De}}\right) \tag{4-271}$$

(2)压力波瞬间传播情形的圆形封闭地层的解：

$$\overline{p}_D = bE(r_{De}) + H(r_{De}) + \int_1^{R_{De}} G(r_{De}, \tau) d\tau \tag{4-272}$$

其中，

$$E(r_{De}) = \frac{I_0\left(\sqrt{g/C_{De}} r_{De}\right) K_1\left(\sqrt{g/C_{De}} R_{De}\right) + K_0\left(\sqrt{g/C_{De}} r_{De}\right) I_1\left(\sqrt{g/C_{De}} R_{De}\right)}{I_1\left(\sqrt{g/C_{De}} R_{De}\right)} \tag{4-273}$$

$$H(r_{De}) = \frac{c I_0\left(\sqrt{g/C_{De}} r_{De}\right)}{I_1\left(\sqrt{g/C_{De}} R_{De}\right)} \tag{4-274}$$

$$c = \frac{\lambda_{BD} e^{-S}}{g} K_1\left(R_{De}\sqrt{g/C_{De}}\right) \int_1^{R_{De}} I_0\left(\tau\sqrt{g/C_{De}}\right) d\tau \tag{4-275}$$

$$b = \frac{\dfrac{1}{g} + \dfrac{\lambda_{BD} e^{-S}}{g} - gH(r_{De}=1) + gd + M(r_{De}=1) + e}{\left[\sqrt{g/C_{De}} F(r_{De}=1) + gE(r_{De}=1)\right]} \tag{4-276}$$

$$F(r_{De}) = \frac{-I_1\left(\sqrt{g/C_{De}} r_{De}\right) K_1\left(\sqrt{g/C_{De}} R_{De}\right) + K_1\left(\sqrt{g/C_{De}} r_{De}\right) I_1\left(\sqrt{g/C_{De}} R_{De}\right)}{I_1\left(\sqrt{g/C_{De}} R_{De}\right)} \tag{4-277}$$

$$M(r_{De}) = \frac{c\sqrt{g/C_{De}} I_1\left(\sqrt{g/C_{De}} r_{De}\right)}{I_1\left(\sqrt{g/C_{De}} R_{De}\right)} \tag{4-278}$$

$$d = \frac{\lambda_{BD} e^{-S}}{g} I_0\left(\sqrt{g/C_{De}}\right) \int_1^{R_{De}} K_0\left(\tau\sqrt{g/C_{De}}\right) d\tau \tag{4-279}$$

$$e = \frac{\lambda_{BD}}{g} \sqrt{g/C_{De}} I_1\left(\sqrt{g/C_{De}}\right) \int_1^{R_{De}} K_0\left(\tau\sqrt{g/C_{De}}\right) d\tau \tag{4-280}$$

在式(4-272)中取 $r_{De} = 1$ 时井底无因次拟压力解为

$$\overline{p}_{\mathrm{WD}} = bE\left(r_{\mathrm{De}}=1\right) + H\left(r_{\mathrm{De}}=1\right) + d \tag{4-281}$$

(3) 压力波瞬间传播情形的圆形供给地层的解：

$$\overline{p}_{\mathrm{D}} = bE\left(r_{\mathrm{De}}\right) + H\left(r_{\mathrm{De}}\right) + \int_{1}^{R_{\mathrm{De}}} G(r_{\mathrm{De}},\tau)\mathrm{d}\tau \tag{4-282}$$

$$E(r_{\mathrm{De}}) = \frac{-I_0\left(\sqrt{g/C_{\mathrm{De}}}r_{\mathrm{De}}\right)K_0\left(\sqrt{g/C_{\mathrm{De}}}R_{\mathrm{De}}\right) + K_0\left(\sqrt{g/C_{\mathrm{De}}}r_{\mathrm{De}}\right)I_0\left(\sqrt{g/C_{\mathrm{De}}}R_{\mathrm{De}}\right)}{I_0\left(\sqrt{g/C_{\mathrm{De}}}R_{\mathrm{De}}\right)} \tag{4-283}$$

$$H\left(r_{\mathrm{De}}\right) = -\frac{cI_0\left(\sqrt{g/C_{\mathrm{De}}}r_{\mathrm{De}}\right)}{I_0\left(\sqrt{g/C_{\mathrm{De}}}R_{\mathrm{De}}\right)} \tag{4-284}$$

$$c = \frac{\lambda_{\mathrm{BD}}\mathrm{e}^{-S}}{g}K_0\left(R_{\mathrm{De}}\sqrt{g/C_{\mathrm{De}}}\right)\int_{1}^{R_{\mathrm{De}}} I_0\left(\tau\sqrt{g/C_{\mathrm{De}}}\right)\mathrm{d}\tau \tag{4-285}$$

$$b = \frac{\dfrac{1}{g} + \dfrac{\lambda_{\mathrm{BD}}\mathrm{e}^{-S}}{g} - gH\left(r_{\mathrm{De}}=1\right) + gd + M\left(r_{\mathrm{De}}=1\right) + \mathrm{e}}{\left[\sqrt{g/C_{\mathrm{De}}}F\left(r_{\mathrm{De}}=1\right) + gE\left(r_{\mathrm{De}}=1\right)\right]} \tag{4-286}$$

$$F(r_{\mathrm{De}}) = \frac{I_1\left(\sqrt{g/C_{\mathrm{De}}}r_{\mathrm{De}}\right)K_0\left(\sqrt{g/C_{\mathrm{De}}}R_{\mathrm{De}}\right) + K_1\left(\sqrt{g/C_{\mathrm{De}}}r_{\mathrm{De}}\right)I_0\left(\sqrt{g/C_{\mathrm{De}}}R_{\mathrm{De}}\right)}{I_0\left(\sqrt{g/C_{\mathrm{De}}}R_{\mathrm{De}}\right)} \tag{4-287}$$

$$M\left(r_{\mathrm{De}}\right) = -\frac{c\sqrt{g/C_{\mathrm{De}}}I_1\left(\sqrt{g/C_{\mathrm{De}}}r_{\mathrm{De}}\right)}{I_0\left(\sqrt{g/C_{\mathrm{De}}}R_{\mathrm{De}}\right)} \tag{4-288}$$

$$d = \frac{\lambda_{\mathrm{BD}}\mathrm{e}^{-S}}{g}I_0\left(\sqrt{g/C_{\mathrm{De}}}\right)\int_{1}^{R_{\mathrm{De}}} K_0\left(\tau\sqrt{g/C_{\mathrm{De}}}\right)\mathrm{d}\tau \tag{4-289}$$

$$\mathrm{e} = \frac{\lambda_{\mathrm{BD}}}{g}\sqrt{g/C_{\mathrm{De}}}I_1\left(\sqrt{g/C_{\mathrm{De}}}\right)\int_{1}^{R_{\mathrm{De}}} K_0\left(\tau\sqrt{g/C_{\mathrm{De}}}\right)\mathrm{d}\tau \tag{4-290}$$

在式 (4-282) 中取 $r_{\mathrm{De}}=1$ 时井底无因次拟压力解为

$$\overline{p}_{\mathrm{WD}} = bE\left(r_{\mathrm{De}}=1\right) + H\left(r_{\mathrm{De}}=1\right) + d \tag{4-291}$$

(4) 流动边界情形的解：

$$\overline{p}_{\mathrm{D}} = bE\left(r_{\mathrm{De}}\right) + H\left(r_{\mathrm{De}}\right) + \int_{1}^{R_{\mathrm{De}}} G(r_{\mathrm{De}},\tau)\mathrm{d}\tau \tag{4-292}$$

其中，

$$E(r_{\mathrm{De}}) = \frac{I_0\left(\sqrt{g/C_{\mathrm{De}}}r_{\mathrm{De}}\right)K_1\left(\sqrt{g/C_{\mathrm{De}}}r_{\mathrm{FDe}}\right) + K_0\left(\sqrt{g/C_{\mathrm{De}}}r_{\mathrm{De}}\right)I_1\left(\sqrt{g/C_{\mathrm{De}}}r_{\mathrm{FDe}}\right)}{I_1\left(\sqrt{g/C_{\mathrm{De}}}r_{\mathrm{FDe}}\right)} \tag{4-293}$$

$$H\left(r_{\mathrm{De}}\right) = \frac{cI_0\left(\sqrt{g/C_{\mathrm{De}}}r_{\mathrm{De}}\right)}{I_1\left(\sqrt{g/C_{\mathrm{De}}}r_{\mathrm{FDe}}\right)} \tag{4-294}$$

$$c = \frac{\lambda_{\mathrm{BD}}\mathrm{e}^{-S}}{g}K_1\left(r_{\mathrm{FDe}}\sqrt{g/C_{\mathrm{De}}}\right)\int_{1}^{r_{\mathrm{FDe}}} I_0\left(\tau\sqrt{g/C_{\mathrm{De}}}\right)\mathrm{d}\tau - \frac{\lambda_{\psi\mathrm{BD}}\mathrm{e}^{-S}}{g\sqrt{g/C_{\mathrm{De}}}} \tag{4-295}$$

$$b = \frac{\dfrac{1}{g} + \dfrac{\lambda_{BD}e^{-S}}{g} - gH(r_{De}=1) + gd + M(r_{De}=1) + e}{\left[\sqrt{g/C_{De}}F(r_{De}=1) + gE(r_{De}=1)\right]} \tag{4-296}$$

$$F(r_{De}) = \frac{-I_1\left(\sqrt{g/C_{De}}\,r_{De}\right)K_1\left(\sqrt{g/C_{De}}\,r_{FDe}\right) + K_1\left(\sqrt{g/C_{De}}\,r_{De}\right)I_1\left(\sqrt{g/C_{De}}\,r_{FDe}\right)}{I_1\left(\sqrt{g/C_{De}}\,r_{FDe}\right)} \tag{4-297}$$

$$M(r_{De}) = \frac{c\sqrt{g/C_{De}}\,I_1\left(\sqrt{g/C_{De}}\,r_{De}\right)}{I_1\left(\sqrt{g/C_{De}}\,r_{FDe}\right)} \tag{4-298}$$

$$d = \frac{\lambda_{BD}e^{-S}}{g}I_0(\sqrt{g/C_{De}})\int_1^{r_{FDe}}K_0(\tau\sqrt{g/C_{De}})d\tau \tag{4-299}$$

$$e = \frac{\lambda_{BD}}{g}\sqrt{g/C_{De}}\,I_1\left(\sqrt{g/C_{De}}\right)\int_1^{r_{FDe}}K_0\left(\tau\sqrt{g/C_{De}}\right)d\tau \tag{4-300}$$

在式 (4-292) 中取 $r_{De}=1$ 时井底无因次拟压力解为

$$\bar{p}_{WD} = bE(r_{De}=1) + H(r_{De}=1) + d \tag{4-301}$$

在上述公式中，只要令 $\lambda_{BD}=0$，则考虑启动压力梯度的低速非达西渗流的解就简化为常规的达西线性渗流的解。

2. 典型曲线分析

利用 Stehfest 反演算法，可以将上述模型在拉普拉斯空间解反演为实空间解。图 4-75 是流动边界特性对井底压力动态的影响关系图。从图中可知，流动边界特性以及启动压力梯度对井底压力动态的影响主要反映在井筒储存阶段以后，即达西线性渗流情形的径向流动阶段。当不存在启动压力梯度时，径向流动阶段压力变化平缓，导数曲线为一水平直线段；当考虑启动压力梯度影响时，如果假设压力波瞬间传播到无限远，则压力变化较陡，压力及导数曲线均往上翘，曲线的表现特征类似于达西线性渗流情形下的断层边界的反映或地层物性变差的情形；如果假设流体的流动存在流动边界，压力及导数曲线也均往上翘，但是上翘的幅度要小些。因此，针对致密气藏，当出现晚期曲线上翘时，不要因此而判断是边界反映或地层物性的变化，而应根据地层的实际情况做出具体的分析。

图 4-76 是 $\lambda_{BD}e^{-S}$ 对井底压力动态的影响双对数关系图。$\lambda_{BD}e^{-S}$ 的大小影响压力降落曲线晚期上翘段的斜率，$\lambda_{BD}e^{-S}$ 越大，曲线上翘程度越大，$\lambda_{BD}e^{-S}$ 越小，曲线的上翘幅度越小，当 $\lambda_{BD}e^{-S}$ 很小时，压力导数曲线出现水平直线段，反映出符合达西线性渗流的径向流特征。

图 4-77 是 R_De^{S} 对圆形封闭气藏井底压力动态的影响双对数关系图。R_De^{S} 只影响流动边界已经扩展到封闭外边界以后的井底压力动态；在流动边界扩展到封闭外边界以前，井底压力动态遵循无限大地层流动边界模型解；在流动边界扩展到封闭外边界以后，反映出达西线性渗流拟稳定流动特征，即晚期压力及导数双对数曲线呈现 45° 直线段；R_De^{S} 越大，出现边界反映的时间越晚，R_De^{S} 越小，出现边界反映的时间越早。

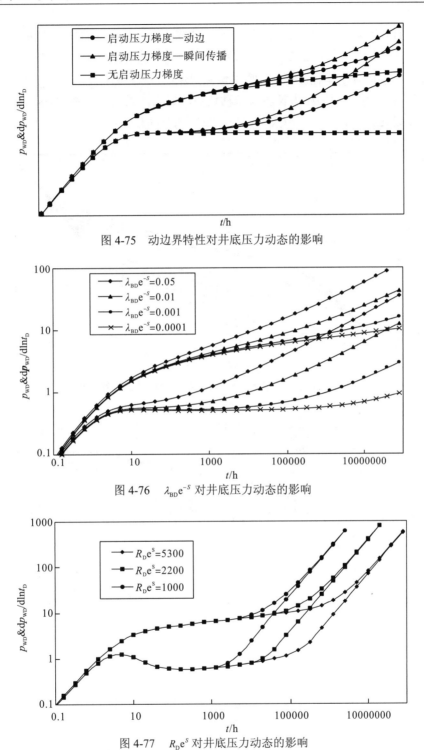

图 4-75　动边界特性对井底压力动态的影响

图 4-76　$\lambda_{BD}e^{-S}$ 对井底压力动态的影响

图 4-77　$R_D e^S$ 对井底压力动态的影响

图 4-78 是 $\lambda_{BD}e^{-S}$ 对圆形封闭地层井底压力动态的影响双对数关系图。在流动边界半径小于圆形封闭边界的真实半径之前，$\lambda_{BD}e^{-S}$ 对井底压力动态的影响同无限大地层的流动

边界模型一样，即$\lambda_{BD}e^{-S}$的大小影响压力降落曲线晚期上翘段的斜率，$\lambda_{BD}e^{-S}$越大，曲线上翘程度越大，反之亦然，当$\lambda_{BD}e^{-S}$很小时，压力导数曲线出现水平直线段。当流动边界半径扩展到地层的真实半径以后，反映出拟稳定流动特性，即压力及导数双对数曲线重合且呈 45°直线。由于启动压力梯度及流动边界的影响，当$\lambda_{BD}e^{-S}$越大时，流动边界向外扩展的速度越慢，因此$\lambda_{BD}e^{-S}$越大出现边界反映的时间越晚。

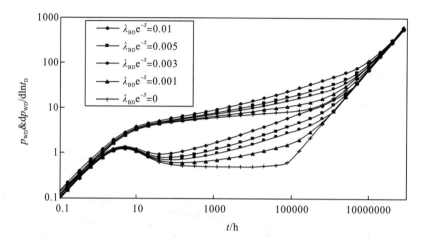

图 4-78　$\lambda_{BD}e^{-S}$ 对圆形封闭地层井底压力动态的影响

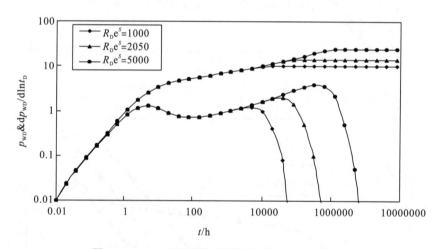

图 4-79　$R_{D}e^{S}$ 对圆形供给气藏井底压力动态的影响

图 4-79 是$R_{D}e^{S}$对圆形供给气藏井底压力动态的影响双对数关系图。$R_{D}e^{S}$只影响流动边界已经扩展到供给边界以后的井底压力动态；在流动边界扩展到供给边界以后，反映供给边界作用的稳定流动特征，即晚期压力曲线呈现水平直线段，而导数曲线则逐渐下滑变为零。$R_{D}e^{S}$越大，出现边界反映的时间越晚，稳定的井底流压越低；$R_{D}e^{S}$越小，出现边界反映的时间越早，稳定的井底流压越高。

图 4-80 是$\lambda_{BD}e^{-S}$对圆形供给地层井底压力动态的影响双对数关系图。在流动边界半

径小于圆形供给边界的真实半径之前，$\lambda_{\text{BD}}e^{-s}$ 对井底压力动态的影响同无限大地层的流动边界模型解一样；当流动边界半径扩展到地层的真实半径以后，反映出供给边界作用的稳定流动特性，即井底压力以及地层中压力不再随时间的变化而改变。由于启动压力梯度及流动边界的影响，当 $\lambda_{\text{BD}}e^{-s}$ 越大时，流动边界向外扩展的速度越慢，因此 $\lambda_{\text{BD}}e^{-s}$ 越大，出现边界反映的时间越晚，稳定的井底流压越低而无因次的拟压力则越高。

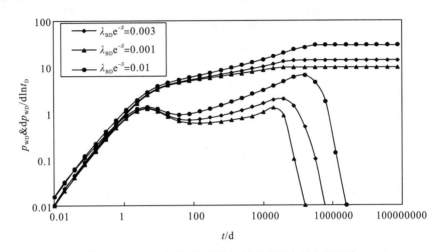

图 4-80　$\lambda_{\text{BD}}e^{-s}$ 对圆形供给地层井底压力动态的影响

二、考虑渗透率应力敏感效应的气藏不稳定试井分析理论

1. 应力敏感地层气体渗流基本方程

由运动方程、状态方程和物质平衡方程可以建立起考虑渗透率应力敏感(即认为渗透率是随压力变化而变化的)时的渗流微分基本方程应为

$$\frac{1}{r}\frac{\partial}{\partial r}\left(rk\frac{\partial \psi}{\partial r}\right)=\frac{\varphi\mu_{\text{g}}C_{\text{t}}}{3.6}\frac{\partial \psi}{\partial t} \tag{4-302}$$

为了进一步对上述两式进行展开，我们定义渗透率模量为

$$\gamma=\frac{1}{k}\frac{\partial k}{\partial \psi} \tag{4-303}$$

对上式进行积分得

$$k=k_{\text{i}}e^{-\gamma(\psi_{\text{i}}-\psi)} \tag{4-304}$$

式中，p_{i}——原始地层压力；

　　　k_i——原始地层压力下的储层渗透率；

　　　Ψ_{i}——原始地层压力下的气体拟压力。

将式(4-304)代入式(4-303)得

$$\frac{1}{r}\frac{\partial}{\partial r}\left(r\frac{\partial \psi}{\partial r}\right)+\gamma\left(\frac{\partial \psi}{\partial r}\right)^{2}=\frac{\varphi\mu_{\text{g}}C_{\text{t}}}{3.6k_{\text{i}}}e^{\gamma(\psi_{\text{i}}-\psi)}\frac{\partial \psi}{\partial t} \tag{4-305}$$

式(4-305)就是应力敏感地层气体渗流基本微分方程。从方程式中，我们可以看出，该方程是一个非线性很强的偏微分方程，直接求解是无法进行的，要获得其解析解，需要对方程式进行线性化处理。

2. 数学模型及解

定义如下无因次变量：

无因次压力：

$$p_D = \frac{78.55 k_i h}{q_g T} \Delta \psi(p) \tag{4-306}$$

无因次时间：

$$t_D = \frac{3.6 k_i t}{\varphi \mu C_t r_w^2} \tag{4-307}$$

无因次距离：

$$r_D = \frac{r}{r_w} \tag{4-308}$$

无因次渗透率模量：

$$\gamma_D = \frac{1.842 \times 10^{-3} q_o B_o \mu_o}{k_i h} \gamma \tag{4-309}$$

无因次井筒储存系数：

$$C_D = \frac{C}{2\pi h \varphi C_t r_w^2} \tag{4-310}$$

将上述无因次变量代入渗流微分方程，再加上内外边界条件和初始条件，可得到以下试井解释数学模型：

$$\begin{cases} \frac{1}{r_D} \frac{\partial}{\partial r_D}\left(r_D \frac{\partial p_D}{\partial r_D}\right) - \gamma_D \left(\frac{\partial p_D}{\partial r_D}\right)^2 = e^{\gamma_D p_D} \frac{\partial p_D}{\partial t_D} \\ p_D(r_D, 0) = 0 \\ C_D \frac{dp_{wD}}{dt_D} - \left(r_D e^{-\gamma_D p_D} \frac{\partial p_D}{\partial r_D}\right)_{r_D=1} = 1 \\ p_{wD} = \left[p_D - S r_D e^{-\gamma_D p_D} \frac{\partial p_D}{\partial r_D}\right]_{r_D=1} \\ \lim_{r_D \to \infty} p_D(r_D, t_D) = 0 \end{cases} \tag{4-311}$$

引入变换式：

$$p_D(r_D, t_D) = -\frac{1}{\gamma_D} \ln[1 - \gamma_D \eta_D(r_D, t_D)] \tag{4-312}$$

于是，井筒储存效应内边界条件和表皮效应内边界条件转化为

$$\frac{C_D}{1 - \gamma_D \eta_{wD}} \frac{d\eta_{wD}}{dt_D} - \left(r_D \frac{\partial \eta_D}{\partial r_D}\right)_{r_D=1} = 1 \tag{4-313}$$

$$-\frac{1}{\gamma_D}\ln(1-\gamma_D\eta_{wD})=\left[-\frac{1}{\gamma_D}\ln(1-\gamma_D\eta_D)-Sr_D\frac{\partial\eta_D}{\partial r_D}\right]_{r_D=1} \tag{4-314}$$

应用以下各式摄动技术变换式：

$$\eta_D=\eta_{0D}+\gamma_D\eta_{1D}+\gamma_D^2\eta_{2D}+\cdots \tag{4-315}$$

$$\frac{1}{1-\gamma_D\eta_{wD}}=1+\gamma_D\eta_{wD}+\gamma_D^2\eta_{wD}^2+\cdots \tag{4-316}$$

$$-\frac{1}{\gamma_D}\ln(1-\gamma_D\eta_D)=\eta_D+\frac{1}{2}\gamma_D\eta_D^2+\cdots \tag{4-317}$$

$$-\frac{1}{\gamma_D}\ln(1-\gamma_D\eta_{wD})=\eta_{wD}+\frac{1}{2}\gamma_D\eta_{wD}^2+\cdots \tag{4-318}$$

考虑到较小无因次渗透率模量，只要取零阶摄动解即可，于是有

$$\frac{1}{r_D}\frac{\partial}{\partial r_D}\left(r_D\frac{\partial\eta_{0D}}{\partial r_D}\right)=\frac{\partial\eta_{0D}}{\partial t_D} \tag{4-319}$$

$$\eta_{0D}(r_D,0)=0 \tag{4-320}$$

$$C_D\frac{d\eta_{0wD}}{dt_D}-\left(r_D\frac{\partial\eta_{0D}}{\partial r_D}\right)_{r_D=1}=1 \tag{4-321}$$

$$\eta_{0wD}=\left[\eta_{0D}-Sr_D\frac{\partial\eta_{0D}}{\partial r_D}\right]_{r_D=1} \tag{4-322}$$

$$\lim_{r_D\to\infty}\eta_{0D}(r_D,t_D)=0 \tag{4-323}$$

对式(4-319)～式(4-323)进行 Laplace 变换，可得其 Laplace 空间解：

$$\overline{\eta}_{0wD}=\frac{K_0\left(\sqrt{u}\right)+S\sqrt{u}K_1\left(\sqrt{u}\right)}{u\left\{\sqrt{u}K_1\left(\sqrt{u}\right)+C_Du\left[K_0\left(\sqrt{u}\right)+S\sqrt{u}K_1\left(\sqrt{u}\right)\right]\right\}} \tag{4-324}$$

其中，K_0，K_1——零阶、一阶修正贝塞尔函数；

s——Laplace 变量。

于是，可得井底无因次压力为

$$p_{wD}=-\frac{1}{\gamma_D}\ln\left\{1-\gamma_DL^{-1}\left[\overline{\eta}_{0wD}+O(\gamma_D)\right]\right\} \tag{4-325}$$

式中，L^{-1}——Laplace 逆变换。

利用同样的方法，可以获得均质气藏圆形封闭和圆形恒压外边界的解如下：

圆形封闭外边界解：

$$p_{wD}=-\frac{1}{\gamma_D}\ln\left\{1-\gamma_DL^{-1}\left[\overline{\eta}_{0wD}+O(\gamma_D)\right]\right\} \tag{4-326}$$

$$\overline{\eta}_{0wD}=\frac{E\left(r_D=1\right)+S\sqrt{u}F\left(r_D=1\right)}{u\left\{\sqrt{u}F\left(r_D=1\right)+C_Du\left[E\left(r_D=1\right)+S\sqrt{u}F\left(r_D=1\right)\right]\right\}} \tag{4-327}$$

$$E(r_{\mathrm{D}}) = \frac{I_0\left(\sqrt{u}r_{\mathrm{D}}\right)K_1\left(\sqrt{u}r_{\mathrm{eD}}\right) + K_0\left(\sqrt{u}r_{\mathrm{D}}\right)I_1\left(\sqrt{u}r_{\mathrm{eD}}\right)}{I_1\left(\sqrt{u}r_{\mathrm{eD}}\right)} \tag{4-328}$$

$$F(r_{\mathrm{D}}) = \frac{-I_1\left(\sqrt{u}r_{\mathrm{D}}\right)K_1\left(\sqrt{u}r_{\mathrm{eD}}\right) + K_1\left(\sqrt{u}r_{\mathrm{D}}\right)I_1\left(\sqrt{u}r_{\mathrm{eD}}\right)}{I_1\left(\sqrt{u}r_{\mathrm{eD}}\right)} \tag{4-329}$$

圆形恒压外边界解:

$$p_{\mathrm{wD}} = -\frac{1}{\gamma_{\mathrm{D}}}\ln\left\{1 - \gamma_{\mathrm{D}}L^{-1}\left[\bar{\eta}_{0\mathrm{wD}} + O(\gamma_{\mathrm{D}})\right]\right\} \tag{4-330}$$

$$\bar{\eta}_{0\mathrm{wD}} = \frac{E(r_{\mathrm{D}}=1) + S\sqrt{u}F(r_{\mathrm{D}}=1)}{u\left\{\sqrt{u}F(r_{\mathrm{D}}=1) + C_{\mathrm{D}}u\left[E(r_{\mathrm{D}}=1) + S\sqrt{u}F(r_{\mathrm{D}}=1)\right]\right\}} \tag{4-331}$$

$$E(r_{\mathrm{D}}) = \frac{-I_0\left(\sqrt{u}r_{\mathrm{D}}\right)K_0\left(\sqrt{u}r_{\mathrm{eD}}\right) + K_0\left(\sqrt{u}r_{\mathrm{D}}\right)I_0\left(\sqrt{u}r_{\mathrm{eD}}\right)}{I_0\left(\sqrt{u}r_{\mathrm{eD}}\right)} \tag{4-332}$$

$$F(r_{\mathrm{D}}) = \frac{I_1\left(\sqrt{u}r_{\mathrm{D}}\right)K_0\left(\sqrt{u}r_{\mathrm{eD}}\right) + K_1\left(\sqrt{u}r_{\mathrm{D}}\right)I_0\left(\sqrt{u}r_{\mathrm{eD}}\right)}{I_0\left(\sqrt{u}r_{\mathrm{eD}}\right)} \tag{4-333}$$

3. 典型曲线特征分析

通过 Laplace 数值反演方法可将以上解析解转化为实空间的数值解。我们取 $C_{\mathrm{D}}\mathrm{e}^{2S}$、$\gamma_{\mathrm{D}}$ 为曲线参数,以 p_{wD} 及其导数 p'_{wD} 的对数为纵坐标, $t_{\mathrm{D}}/C_{\mathrm{D}}$ 的对数为横坐标作应力敏感均质气藏试井解释模型的特征曲线如图 4-81 所示。

从图 4-81 可以看出,存在与不存在应力敏感均质气藏试井解释模型特征曲线可分为两部分来说明:

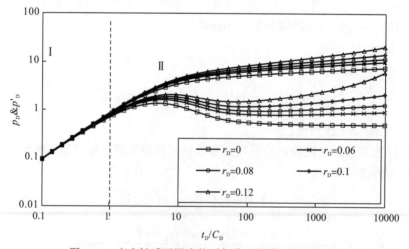

图 4-81 应力敏感无限大均质气藏试井模型特征曲线

(1)在第 I 阶段,存在与不存在应力敏感均质气藏试井解释模型特征曲线基本上是一样的,主要受纯井筒储存效应影响所控制,无因次压力及其导数为一条斜率为 1.0 的直线段。

（2）在第 II 阶段，存在与不存在应力敏感均质气藏试井解释模型特征曲线开始出现区别，随着无因次渗透率模量数值的增加，无因次压力及其导数往上翘起，无因次渗透率模量数值越大，无因次压力及其导数往上翘越明显，这种特征和不存在应力敏感均质气藏加不渗透外边界试井模型以及致密气藏存在启动压力梯度的情形相类似。

图 4-82 是受应力敏感影响的均质圆形封闭外边界气藏井底压力相应的双对数曲线。从图中仍可以看出，由于受压力敏感效应的影响，压力导数曲线从早期井筒储存过渡期开始上翘。当压力波传播到油藏外边界时，由于受封闭外边界和应力敏感效应的共同影响，导数曲线上翘幅度加剧，斜率超过了拟稳定流动的 45° 直线。

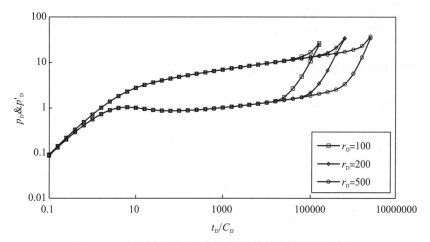

图 4-82 应力敏感圆形封闭均质气藏试井模型特征曲线

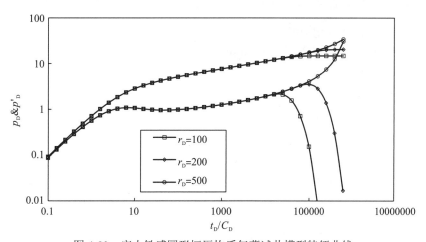

图 4-83 应力敏感圆形恒压均质气藏试井模型特征曲线

图 4-83 是受应力敏感影响的均质圆形恒压外边界气藏井底压力相应的双对数曲线。从图中仍可以看出，由于受压力敏感效应的影响，在压力波传播到恒压边界以前，压力导数曲线从早期井筒储存过渡期开始上翘。当压力波传播到油藏外边界后，由于受恒压边界的影响，导数曲线迅速下掉并很快趋于 0，而井底压力值则保持一恒定的值。但当恒压边界较远时，由于应力敏感效应的影响导致渗透率下降，致使压力波在讨论的时间范围内尚

未传播到气藏边界（如 $r_{eD}=5000$）。

第八节　致密气藏数值模拟

一、模型的假设条件

(1)气藏中流体只有气相和水相，且气相与水相互不相溶；
(2)气藏中流体渗流为等温渗流；
(3)考虑重力和毛管力的影响；
(4)考虑启动压力梯度影响作用。

二、致密气藏流动数学模型

1. 考虑启动压力梯度的运动方程

当考虑启动压力梯度时，流体渗流过程中总压降应为流体流动压降与启动压力之和，若同时考虑重力的影响，水相和气相的运动方程可以写为

$$\vec{v}_w = -\frac{Kk_{rw}}{\mu_w}\left[\nabla\left(p_w-\rho_w gH\right)-\lambda_w\right]$$
$$\vec{v}_g = -\frac{Kk_{rg}}{\mu_g}\left[\nabla\left(p_g-\rho_g gH\right)-\lambda_g\right]$$

$$(4\text{-}334)$$

式中，$\vec{v}_p$——p 相的渗流速度，cm/s；

ρ_p——p 相的密度，g/cm^3；

λ_p——p 相的启动压力梯度，MPa/m；

μ_p——p 相的黏度，mPa·s；

k_{rp}——p 相的相对渗透率；

p_p——p 相的压力，MPa；

K——岩石的绝对渗透率，mD；

H——基准面以下的垂直深度，m；

g——重力加速度，m/s^2。

2. 气水两相渗流数学模型

引入势函数 Φ_p，Φ_p 表示 p 相的势，定义为

$$\Phi_p = p_p - \rho_p gH - \lambda_p\Delta L \qquad (4\text{-}335)$$

考虑气相和水相间的毛管压力：

$$p_{cgw} = p_g - p_w \qquad (4\text{-}336)$$

则水相和气相的势可表示为

$$\Phi_{w} = p_{g} - p_{cgw} - \rho_{w}gH - \lambda_{w}\Delta L$$
$$\Phi_{g} = p_{g} - \rho_{g}gH - \lambda_{g}\Delta L \tag{4-337}$$

式中，ΔL——某给定方向上两相邻网格间的距离，m；

p_{cgw}——气水两相毛管压力，MPa。

根据上述对势函数的定义，则水相和气相在 x 方向的势梯度可以表示为

$$\frac{\partial \Phi_{w}}{\partial x} = \frac{\partial}{\partial x}\left(p_{g} - p_{cgw} - \rho_{g}gH\right) - \lambda_{xw}$$
$$\frac{\partial \Phi_{g}}{\partial x} = \frac{\partial}{\partial x}\left(p_{g} - \rho_{g}gH\right) - \lambda_{xg} \tag{4-338}$$

同样，水相和气相在 y 方向和 z 方向的势梯度也有类似的表达式：

$$\frac{\partial \Phi_{w}}{\partial y} = \frac{\partial}{\partial y}\left(p_{g} - p_{cgw} - \rho_{g}gH\right) - \lambda_{yw}$$

$$\frac{\partial \Phi_{g}}{\partial y} = \frac{\partial}{\partial y}\left(p_{g} - \rho_{g}gH\right) - \lambda_{yg}$$

$$\frac{\partial \Phi_{w}}{\partial z} = \frac{\partial}{\partial z}\left(p_{g} - p_{cgw} - \rho_{g}gH\right) - \lambda_{zw}$$

$$\frac{\partial \Phi_{g}}{\partial z} = \frac{\partial}{\partial z}\left(p_{g} - \rho_{g}gH\right) - \lambda_{zg} \tag{4-339}$$

式中，λ_{xp}，λ_{yp}，λ_{zp}——分别表示 p 相在 x 方向、y 方向和 z 方向的启动压力梯度，MPa/m；

因此，水相和气相的渗流速度可用势函数表示如下：

$$\vec{v}_{w} = -\vec{K}\cdot\frac{k_{rw}}{\mu_{w}}\nabla\Phi_{w} = -\frac{k_{rw}}{\mu_{w}}\left[\vec{i}K_{x}\frac{\partial\Phi_{w}}{\partial x} + \vec{j}K_{y}\frac{\partial\Phi_{w}}{\partial y} + \vec{k}K_{z}\frac{\partial\Phi_{w}}{\partial z}\right]$$

$$\vec{v}_{g} = -\vec{K}\cdot\frac{k_{rg}}{\mu_{g}}\nabla\Phi_{g} = -\frac{k_{rg}}{\mu_{g}}\left[\vec{i}K_{x}\frac{\partial\Phi_{g}}{\partial x} + \vec{j}K_{y}\frac{\partial\Phi_{g}}{\partial y} + \vec{k}K_{z}\frac{\partial\Phi_{g}}{\partial z}\right] \tag{4-340}$$

其中，符号 $\vec{K}$ 表示渗透率的二级张量，符号 $\nabla\Phi_{p}$ 表示

$$\nabla\Phi_{p} = \vec{i}\frac{\partial\Phi_{p}}{\partial x} + \vec{j}\frac{\partial\Phi_{p}}{\partial y} + \vec{k}\frac{\partial\Phi_{p}}{\partial z} \tag{4-341}$$

联合等式(4-200)～式(4-206)，可得

水相渗流微分方程为

$$\nabla\cdot\left(\vec{K}\cdot\frac{k_{rw}}{B_{w}\mu_{w}}\nabla\Phi_{w}\right) - \frac{q_{w}}{\rho_{wsc}} = \frac{\partial}{\partial t}\left(\frac{\phi S_{w}}{B_{w}}\right) \tag{4-342}$$

气相渗流微分方程为

$$\nabla\cdot\left(\vec{K}\cdot\frac{k_{rg}}{B_{g}\mu_{g}}\nabla\Phi_{g}\right) - \frac{q_{g}}{\rho_{gsc}} = \frac{\partial}{\partial t}\left(\frac{\phi S_{g}}{B_{g}}\right) \tag{4-343}$$

三、致密气藏机理模型

建立机理研究模型网格，划分为 41×41×2，每一网格上的网格尺寸为 30m×30m×15m，

在模型中只存在气、水两相，且水相处于束缚水状态，考虑四口生产井同时生产，四口生产井的井位坐标分别为(11，11，2)，(11，31，2)，(31，11，2)，(31，31，2)。

所建立的机理模型有两种，分别为均质模型和非均质模型。在均质模型中孔隙度和渗透率均为常值，分别取为 0.0822mD 和 0.4270mD，根据回归出的启动压力梯度与渗透率的关系式计算启动压力梯度值为 0.004518MPa/m，每个网格上的孔隙度、渗透率和启动压力梯度的分布图分别见图 4-84～图 4-86；在非均质模型中孔隙度和渗透率都为非均匀分布，根据启动压力梯度与渗透率的关系可知启动压力梯度也为非均匀分布，其等值线分布图分别见图 4-87～图 4-89。

为了研究启动压力梯度对致密气藏储层开发指标的影响，在均质模型中启动压力梯度分别取为 0(不存在启动压力梯度)、0.002259MPa/m、0.004518MPa/m 和 0.006777MPa/m；在非均质模型中考虑每个网格块中的启动压力梯度值全部为零(不存在启动压力梯度)和每个网格块中启动压力梯度值不同(存在启动压力梯度，且启动压力梯度为非均匀分布)。在模拟计算前，模型中的孔隙度、渗透率和启动压力梯度按照给定的参数场格式录入到模拟器中，然后分别赋值给对应的模拟网格。

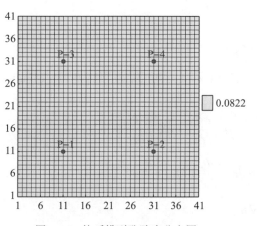

图 4-84　均质模型孔隙度分布图

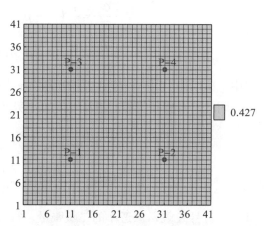

图 4-85　均质模型渗透率(mD)分布图

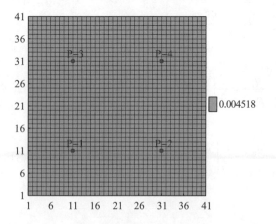

图 4-86　均质模型启动压力梯度(MPa/m)分布图

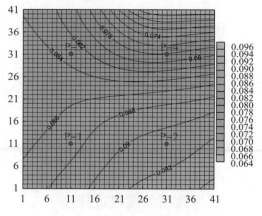

图 4-87　非均质模型孔隙度等值线分布图

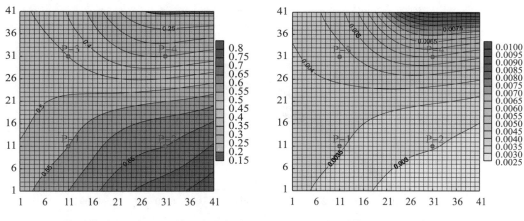

图 4-88 非均质模型渗透率(mD)等值线分布图　　图 4-89 非均质模型启动压力梯度(MPa/m)分布图

模拟计算四口生产井以定产量 25000m³/d 同时生产，目标井底流压为 6MPa(先定产后定压)，模拟生产时间为 20 年，分别对比均质模型在启动压力梯度分别为 0、0.002259MPa/m、0.004518MPa/m 和 0.006777MPa/m 时的数值模拟结果和非均质模型不存在启动压力梯度和存在启动压力梯度时的数值模拟结果。

1. 均质模型区块各项开发指标对比

图 4-90～图 4-92 分别为均质模型在不同启动压力梯度下区块日产气量、区块累计产气量和平均地层压力随时间变化的对比图。

以上模拟计算可见：

(1)存在启动压力梯度的稳产时间小于不存在启动压力梯度的稳产时间，且随着启动压力梯度的增大，稳产时间越来越短，在递减期内产量降低的幅度越来越小。

(2)在模拟的时间范围内，存在启动压力梯度的累计产气量小于不存在启动压力梯度的累计产气量，且随着启动压力梯度的增大，累计产气量越来越小。

(3)在模拟的时间范围内，存在启动压力梯度的平均地层压力大于不存在启动压力梯度的平均地层压力，且随着启动压力梯度的增大，平均地层压力越来越大。

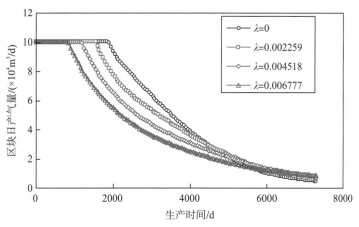

图 4-90 区块日产气量对比图

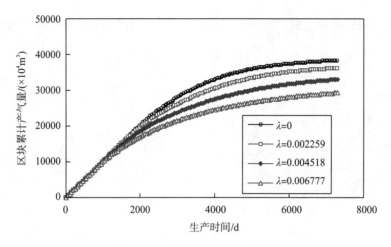

图 4-91　区块累计产气量对比图

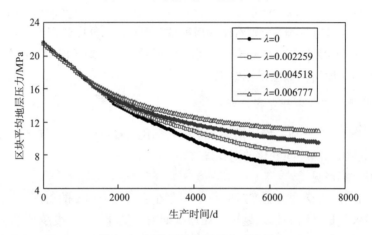

图 4-92　区块平均地层压力对比图

　　表 4-11 给出了均质模型在不同启动压力梯度下区块的稳产时间、生产 7300 天时的累计产气量和生产 7300 天时的平均地层压力。

表 4-11　区块不同启动压力梯度下的稳产时间、累计产气量和平均地层压力对比

参数名称	$\lambda=0$	$\lambda=0.002259$	$\lambda=0.004518$	$\lambda=0.006777$
稳产时间/d	1894	1554	1191	842
累计产气量/($\times 10^4 \mathrm{m}^3$)	38323	36128	33069	29338
平均地层压力/MPa	6.68	8.01	9.57	10.96

2. 非均质模型区块各项开发指标对比研究

　　图 4-93～图 4-95 分别为非均质模型在存在启动压力梯度和不存在启动压力梯度下区块日产气量、区块累计产气量和平均地层压力随时间变化的对比图。

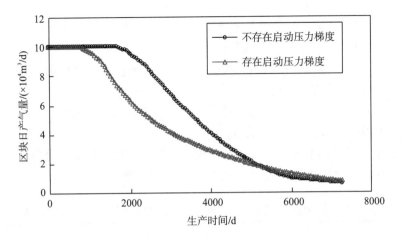

图 4-93　区块日产气量对比图

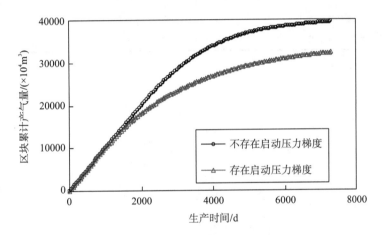

图 4-94　区块累计产气量对比图

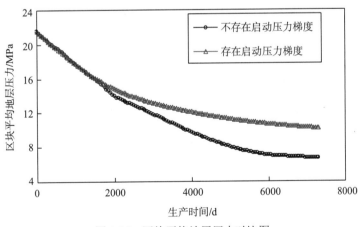

图 4-95　区块平均地层压力对比图

由图可见：

(1)对于非均质模型，存在启动压力梯度的稳产时间比不存在启动压力梯度的稳产时间短；随着稳产期的结束，产量进入递减期，在递减期内，存在启动压力梯度的产量降低幅度比不存在启动压力梯度的产量降低幅度小。

(2)对于非均质模型，在模拟的时间范围内，存在启动压力梯度的累计产气量比不存在启动压力梯度的累计产气量小。

(3)对于非均质模型，在模拟的时间范围内，存在启动压力梯度的平均地层压力比不存在启动压力梯度的平均地层压力大。

表 4-12 给出了非均质模型在存在启动压力梯度和不存在启动压力梯度下区块的稳产时间、生产 7300 天时的累计产气量和生产 7300 天时的平均地层压力。

表 4-12　区块两种情况下的稳产时间、累计产气量和平均地层压力对比

参数名称	存在启动压力梯度	不存在启动压力梯度
稳产时间/d	799	1729
累计产气量/($\times 10^4 \mathrm{m}^3$)	32275	39401
平均地层压力/MPa	10.23	6.65

第五章　非常规油气藏开采技术

第一节　煤层气开发技术

由于煤层气是以吸附状态赋存于地下煤层之中，煤储层为低渗透、变形双重介质，煤层气藏的识别和开采难度大。国内外加强对煤层气勘探和开发的技术攻关，例如，煤层气地球物理勘探技术、煤层气钻井技术、煤层气完井技术、煤层气增产工艺技术等。特别是我国高变质无烟煤煤层气的开采技术，通过多年的攻关取得了实质性进展。

中国煤层气资源储量非常丰富，位列世界第三位。目前提高煤层渗透率主要有洞穴法和水力压裂法，其中包括：垂直井套管射孔完井、清水加砂压裂、活性水加砂压裂、洞穴完井等工艺；并开展空气钻井，氮气泡沫压裂、清洁压裂液、胶加砂压裂，注入二氧化碳，以及欠平衡钻井、欠平衡水平钻井和多分支水平井钻井完井技术等多项技术研究与尝试，以提高煤层气井产量和采收率，积累了很多经验，但煤层气开发效果并不理想。

根据中国石油天然气股份有限公司在沁水盆地和鄂尔多斯盆地的煤层气规模商业勘探开发实践，结合国外煤层气商业性开发经验，煤层气商业开发要实施地震、钻井、压裂、排采和地面集输工程作业，其研究和工作流程划分为四个阶段。

第一阶段：煤层气选区评价——在含煤盆地通过综合分析地震、煤田钻孔、探井及相关地质资料，查明地下煤层气资源基础与形成条件、优选出可供煤层气勘探开发的有利区，提出评价井井位，进行评价井的钻井、压裂和排采。

第二阶段：煤层气目标评价——在煤层气勘探开发有利区，围绕效果好的煤层气评价井实施大井组试验，以获取煤储层的真实产能，落实煤层气控制(或探明)储量；确定主力开发煤层和有利开发区；进行工艺井试验，确定主体开发工程工艺。为规模产能建设奠定产能参数，进行工艺技术准备。

第三阶段：煤层气开发方案编制——在证实有开发价值的有利开发区，以低成本、高效益、快速形成规模化生产为原则，按照煤层气开发程序，编制《XX地区煤层气开发方案》，并上报主管部门。

第四阶段：煤层气产能建设——按照上级部门批复的《XX地区煤层气开发方案》，以着力提高煤层气单井产量为目的，加强开发技术创新与集成，进行相关的煤层气钻井、压裂、排采、地面集输工程和管网建设。

一、煤层气地球物理勘探技术

国外地震勘探技术方面，美国目前主要采用地面地震探测技术来预测储层富集部位，煤层气采用地面抽排以降低矿井瓦斯突出的危险，页岩气注重通过地质和储层物性来确定蕴藏高品质气藏的"核心区";苏联地区的地质学家则更重视利用各类地质参数和物理、地球化学特征来预测储层气体含量的变化;德国认为横波地震探测非常规天然气是最具前景的方法;澳大利亚主要应用沿煤层钻探、横波地震、地面地震及地震填图等手段来寻找煤层气富集区。页岩气勘探方法有地质法、地球物理法、地球化学勘探法、钻井法,页岩气开发技术主要是水平井、压裂技术。

国内在利用地震勘探技术进行煤层及煤层气勘探方面取得了较大的进展,彭苏萍等在淮南煤田开展了三维三分量地震勘探,初步建立了煤层厚度、裂缝发育和煤层气富集的预测方法:按照地震属性反演的对象,将地震属性反演分为三个层次进行,即纵波叠后反演、纵波叠前反演、方位 AVO 反演和多波联合反演。纵波叠后反演主要反演与纵波速度有关的岩性参数;纵波叠前反演以 AVO 为主要手段(包括方位 AVO),主要反演与含气性有关的参数;方位 AVO 反演用于预测裂隙和非均质性方面的岩性信息;多波联合反演以探测裂隙(方向和密度)、压力、流体性质为主,同时在总波反演的基础上更精确的厘定岩石物性参数。

通常采用井震联合反演预测煤储层,进行煤层气井位优选。煤层气选井技术就是充分利用露头、钻井取芯、测井和开发生产测试资料,进行地震资料精细解释和煤储层反演,摸清煤层气基本地质条件,总结煤层气富集规律,按高产富集规律优选井位。

二、煤层气钻井完井技术

地面煤层气井主要有垂直井和水平井两种,钻井工艺方式也有所不同。对于压力低的煤层一般采用旋转或冲击钻钻井,用控气、泡沫做循环介质,由于煤层压力低,孔渗低,在欠平衡方式下钻进,对地层伤害小;对于压力较高的煤层一般采用常规旋转。煤层气完井方式有五种:裸眼完井、套管完井、裸眼/套管混合完井、裸眼洞穴完井。丛式井钻完井技术能减少占地、减少集气管线,便于管理,如图 5-1 所示。

图 5-1 丛式井钻完井技术实例

中国石油勘探开发研究院廊坊分院对煤层气定向羽状水平井经过两年多的基础研究，提出了我国第一口煤层气定向羽状水平井设计方案。通过数值模拟及增产机理研究，认识到地层压力下降是以整个羽状水平井为"源"向外贮不扩散的，从平面上看，整个水平井筒都可看作地层压力下降的"源"，几乎整个煤层区域同时得到动用，使煤层的开采潜力得到了充分的发挥。特别是对中国高变质低渗透无烟煤煤层气的开采，羽状水平井技术更为有效。

三、煤层气开发技术

我国煤层气开发包括井下抽采、地面开采两种。井下抽采即煤矿区矿井瓦斯抽放，我国煤矿区矿井瓦斯抽放最先在辽宁抚顺矿务局试验获得成功，1952 年开始工业应用，后来推广到各地的高瓦斯矿区。全国已有 308 对矿井建立了矿井瓦斯抽放系统，年抽放总量 18.7 亿立方米。我国煤层气地面钻井开采利用，尚未进入规模开发。在山西沁水盆地南部、辽宁阜新矿区、山西河东煤田中部、陕西韩城矿区等地实现了煤层气小规模的商业化生产。总的来看，我国煤层气开发处于勘探开发试验阶段。

煤层气排采概括来说就是使用油管抽水、利用套管产气，选择技术上可行、经济上合理的煤层气排采方式对有效开采煤层气具有重要意义，随着研究的不断深入，人们通过理论结合实际发明了当前煤层气开发的几种主要技术途径，即地面垂直钻井开采、井下抽放煤层气、煤与瓦斯共采和废弃矿井开采等。

在煤层气开发领域，美国在开发规模、技术水平等各个方面一直处于领先地位。美国煤层气生产已达到商业规模，是有成熟独特的、区别于油气开采的理论和先进技术作保障。美国从 20 世纪 80 年代初开始投入 4 亿美元用于煤层气的基础研究，从建立"排水→降压→解析→扩散→渗流"理论开始实现了突破，然后以圣胡安和黑勇士盆地勘探为试验和验证，形成了中阶煤煤层气成藏与开发的系统理论。同时以理论指导开采实践，促进技术的发展与进步，建立了以排水采气理论为核心的整套煤层气开采技术(图 5-2)，例如：欠平衡和多分支水平钻井技术，注气增产技术，潜油电泵和螺杆泵排采设备等煤层气开发新技术，并取得了巨大的经济效益，促进了美国的煤层气产业发展。

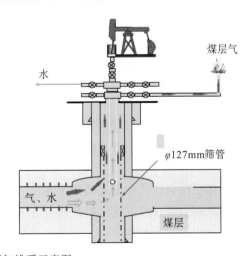

图 5-2 煤层气排采示意图

关于煤层气开采使用的排采设备，美国在研究本国煤层地质特性的基础上，根据煤层气井的实际采用多种排采设备，不仅进行常规油气田的常规开采工艺的移植与改进，而且从20世纪80年代中期开始，陆续尝试采用各种排采设备来排水采气。到目前为止，已经形成部分煤层气专用开采设备及工艺技术。

我国有较丰富的煤层气资源且有其自身的特点，在技术层面上不能简单照搬美国等国家的技术，尤其是排采设备，必须适应我国井深结构复杂、出水量不稳定、采出液固相含量高的开采实际，对排采设备进行系统而科学的选型，这对提升煤层气的开采效益，解决煤层气开采中的关键技术问题，实现我国煤层气的商业化开采十分必要。

目前国内多采用地面垂直钻井开采的方式，该方式又多采用柱塞泵抽油机井系统来进行煤层气的开采。这种开采方式是通过抽排煤储层的承压水，降低煤储层压力，促使煤储层中吸附的甲烷解吸的全过程。对煤层抽水降压是煤层气生产的手段，也是人们目前唯一可以采用的方法，能否抽出地层中的承压水以降低煤层压力是煤层气生产的关键。

我国煤层埋藏一般较浅，深度一般都小于1000m，单井产水量从不到一方到几十方不等，井深低于500m的通常采用Ⅲ型抽油机，埋深超过500m的通常采用Ⅴ型抽油机。

(一)煤层气的增产措施

我国的煤层气藏普遍存在"三低一高"(压力较低、饱和度低、渗透率低和吸附性高)的特点，这种特点造成煤层气勘探开发难度较大，如果只采用抽排煤层中的承压水来降低煤层压力的方法，使煤层中吸附的甲烷气释放出来，而不采取任何增产措施，不仅煤层气单井产量较低，而且许多井将失去开采的价值。为了提高煤层气单井的产量，获得经济产率，必须采取一些增产措施。

目前国内外煤层气增产措施有水力压裂改造技术、注气增产技术、多分支水平井技术、复合射孔压裂技术、采煤采气一体化技术和洞穴完井技术。

煤层气压裂首先需要选层，选层原则和依据以及压前评估技术如下：

选层原则和依据：

(1)综合地质录井、测井等各种资料，选择气层评价可信度高的层位。

(2)压裂井段应具有一定的厚度及平面上分布有一定含气面积。

(3)储层具有良好的物性，天然微裂缝发育，压前评价预期压裂效果较好的井层。

(4)试气须有较好的显示且有一定的基础产量，有地层测试资料反映地层能量充足的井层。

压前评估技术：

(1)依据压裂选井选层原则，结合目的井层所在地区及层位，明确压裂目的。

(2)评价压裂井层的井身结构，从套管强度和固井质量等方面，判断是否具备压裂施工条件。

(3)储层综合评价和压裂效果预测。

(4)选择射孔井段，优化射孔井段方案，控制压裂缝高度。

1. 水力压裂增产法

水力压裂增产技术是开采煤层气的一种首选的有效增产措施,美国 2/3 以上的煤层气井是由水力压裂改造的,目前我国几乎所有产气量在 $1000m^3/d$ 以上的煤层气井都是通过水力压裂改造而获得的。增产原理为:通过高压驱动水流挤入煤中,压开煤层裂缝,加入支撑剂,进而在煤中产生更多的延伸很远的次生裂缝与裂隙,增加煤层的透气性。最后通过排水-降压-解吸过程,达到正常排气的目的。目前,国内外煤层气井的压裂方法有凝胶压裂、加砂水压裂、不加砂水压裂、泡沫压裂、清水压裂等。

图 5-3 为射流分层压裂技术,就是利用射流深穿透煤层的能力降低施工煤层破裂压力,从而满足压裂施工要求。

图 5-4 为一趟管柱分压两层工艺技术,该工艺管柱主要由水力锚、套管、Y344 封隔器、Y244 封隔器、脱接喷砂器组成。该工艺技术通过封隔器的封隔及中下喷砂器滑套的开启来实现由下往上逐层改造,最终实现一趟管柱一井两层分层改造、分层改造完成后一次合层排液生产。

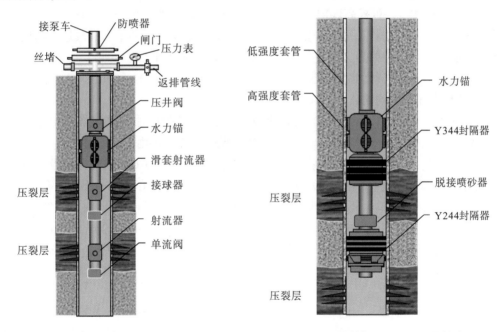

图 5-3　射流分层压裂技术　　　　　　图 5-4　一趟管柱分压两层工艺技术

通过对煤层进行水力压裂,可产生有较高导流能力的通道,有效地联通井筒和储层,使得在井中抽气时井孔周围出现大面积压力下降,煤层受降压影响产生气体解吸的表面积增大,保证了煤层气能迅速并相对持久的泄放,其产量较压裂前增加 5~20 倍,增产效果非常显著。

水力压裂改造技术也存在一些不足。由于煤层的高吸附能力,吸附压裂液后会引起煤层孔隙的堵塞和基质的膨胀,使割理孔隙度及渗透率下降,为了预防压裂液对煤层的这种伤害,当前的压裂改造技术中,开始使用大量清水来代替交联压裂液,但其造缝效果受到一定的影响；另外，由于煤岩易破碎，在压裂施工中，受压裂液的水力冲蚀及与煤岩表面的剪切与磨损的影响，煤岩破碎产生大量的煤粉及大小不一的煤屑，不易分散于水或水基溶液，极易聚集起来阻塞压裂裂缝的前缘，改变裂缝的方向，在裂缝前缘形成一个阻力屏障。

水力压裂增产技术仍是今后煤层气增产的首选和主要措施。我国含煤地层一般都经历了成煤后的强烈构造运动，煤层的原始结构往往遭到很大破坏，塑性大大增强，导致水力压裂时，往往既不能进一步扩展原有的裂隙和割理，也不能产生新的较长的水力裂缝，使得压裂效果并不理想。客观认识煤层，揭示煤层基本特征，掌握煤层地质与参数规律，科学诊断和评估压裂裂缝，研究适合我国煤层气储层特点的低伤害高效压裂液、支撑剂及配套装备是水力压裂的主要研究方向。

2. 注气驱替增产法

注气驱替增产法是一种新型的煤层气增产方法，它是通过向煤层中注入 CO_2、N_2 等气体来获得增产的。该技术有先注气后采气的间断性注气和边注气边采气的连续性注气两种模式。抽采前注气，可提高煤层内孔隙的压力，从而增大煤层内的压力梯度，有利于提高渗透速度；边注气边采气则可补偿煤层气开采时，由于煤层气的不断抽放造成的煤层孔隙压力降低，使煤层内的压力梯度保持在一个较高的稳定水平。

由于煤层对不同气体的吸附能力不同，从强到弱依次为 CO_2、CH_4 和 N_2，注入 CO_2 和 N_2 的增产机理是不同的。

注 CO_2 增产的原理为：注 CO_2 可促进煤层内甲烷的解吸和扩散。注气提高了渗流速度，使煤层甲烷的分压下降加快，从而加快其解吸扩散速率；由于煤层对 CO_2 的吸附作用大于 CH_4，当向煤层中注入 CO_2 时，将排挤吸附在煤层里的 CH_4，使其解吸，而 CO_2 则被吸附到煤表面，这种作用被称为竞争吸附置换作用；煤层中存在大小不等的孔隙裂隙，其表面有强烈的吸附势场，不同大小的气体分子可进入的孔隙直径不同，对于超细微孔隙，直径较大的气体分子几乎不能进入，而 CO_2 的分子直径都小于 CH_4 的分子直径，他们可以进入相对更小的微孔隙中，而 CH_4 则被挡在孔隙之外，这种筛滤吸附置换作用使得煤层中 CO_2 的吸附量大于 CH_4，平衡了煤的表面能，降低了煤层对 CH_4 的吸附力，促进 CH_4 的解吸。

注 N_2 的增产机理为：由于煤对 N_2 的吸附能力比对 CH_4 的弱，N_2 是不能与 CH_4 竞争吸附的，只能在等压状态下通过降低游离甲烷的分压来影响其吸附等温线，促使吸附的 CH_4 被置换出来。

注入增产法也存在一些不足。研究表明，气体在煤层中的吸附能力越强，它对煤层形变、孔隙度和渗透率的影响也越大。注入 CO_2 到煤层中，会产生煤基质膨胀、应力增大及渗透率降低的现象；注入 N_2 到煤层中，虽然不会对煤层物性产生负面影响，但 N_2 的优先迁移方向是沿着主要渗透率方向的，这会降低区域驱气效率。

注气增产技术主要用于深部煤层（2000m 以上），如何解决注入 CO_2 和 N_2 的不足之处或寻找新的注入气体将是注入增产法的研究方向。

3. 注热技术

向煤层中注入水蒸气来实现注热开采煤层气。热量作用下，煤体、扩散至裂隙的煤层气的性质会发生变化。如果温度升高，煤体会发生膨胀，孔、裂隙受到挤压后会发生变形，影响 CH_4 气体在其中的流动。当 CH_4 气体吸热时，动能、活性、解吸能力都会增强，煤层内吸附平衡遭到破坏，解吸率升高，CH_4 气体会从煤层表面解吸扩散至裂隙，从而使煤层裂隙中的气体浓度升高，由于浓度梯度和压力梯度增大，CH_4 气体由裂缝系统流至井筒，从而煤层气产量增加。二者共同决定煤层气的产量。在开采过程中，可以先对煤层进行压裂，然后向煤层中注入热量，这样可增加煤层气的产量。

4. 声震法

声震法提高煤层气采收率技术：①声场促进煤层气在煤层微孔中解吸、扩散；②声场促进煤层气在空裂隙系统中渗流。声场促进煤层气的渗流主要表现为：声场可以提高煤层的温度，改变煤层温度分布，促进煤层气的解吸和扩散；声场在煤层中存在明显的衰减，在其衰减范围内，声场对煤层存在机械振动、机械损伤和热效应，可以大幅度提高煤层的渗透率，降低煤层的应力，促进煤层气在孔裂隙中的渗流。

(二)煤层气开发工程技术研究

该研究内容主要包括煤层气储层保护研究、增产措施研究、煤层气解吸速率和解吸量研究等。

1. 煤层气储层保护研究

煤层气储层保护研究主要是指在煤层气钻井和完井工程作业过程中对煤层气储层所造成的伤害进行预防并使伤害程度最小化。

(1)钻井技术。采用常规钻井技术对煤层气井进行施工时，主要是钻井液对煤层气储层的伤害。采用的主要措施包括：①选择的钻井液与煤层气储层具有很好的配伍性；②采用清水钻井液，如果井壁稳定性差，可采用近无固相钻井液，密度必须小于 $1.05g/cm^3$，在钻井液中尽量少加或不加 KCl，pH 保持在 7.5～8；③保持平衡或近平衡钻井。

同时，积极探索欠平衡钻井技术，以泡沫或空气为钻井液的煤层气钻井技术在美国已经比较成熟，可以借鉴已有的技术和经验开拓中国煤层气钻井新技术。

(2)完井技术。包括：①固井技术，合理设计固井程序，采用低密度水泥浆的固井技术；②完井方式，主要完井方式有裸眼完井(目前基本不采用)和套管完井；③射孔技术，目前在我国最常用、最成功、比较成熟的射孔技术是在中阶煤区采用 60°相位角、12 孔/m；在高阶煤区采用 90°相位角、16 孔/m。

2. 煤层气储层增产措施研究

煤层气储层增产措施研究主要是指建立有效的原地应力释放区、井间干扰效果明显、提高储层的导流能力以及有效压差，使煤层气单井日产气量得到提高。

(1)建立有效原地应力释放区。洞穴完井是未采区原地应力释放的最有效手段，但该技术对地质条件要求严格，目前只在美国圣胡安盆地的 Fairway 地区取得了成功，在世界其他地区均未取得成功，根据我国独特的地质环境，目前不适合试验该技术，应积极寻找原地应力相对比较低的区块。

（2）井间干扰效果明显。煤层气开发必须建立井间干扰效应。首先根据地质环境进行模拟以寻找最佳井间间距，然后通过先导性开发试验来完善模拟结果，为进入正式开发提供正确的参数。井间间距过大则达不到预期的干扰效果，过小则经济性差。

（3）提高煤层气储层的导流能力。导流能力是控制煤层气开发的主要因素之一，只有提高导流能力才有可能提高煤层气单井产量。

在美国的中阶煤地区目前基本采用压裂技术来降低表皮系数，改善储层环境，提高煤层气储层产能。我国目前采用压裂技术改善储层环境已取得很大成绩，特别是在无烟煤地区采用该技术已积累了丰富经验。采用压裂技术改善储层环境主要考虑以下因素。

①优化压裂设计。压裂设计是实施压裂作业的关键，需要周密地考虑储层特性、井筒设计、压裂方法、压裂设备、压裂液和支撑剂等方面的资料。对于低渗储层，最重要的是要有足够长的裂缝，而对于高渗储层，最重要的是要有强导流能力的裂缝。

②优选压裂液。首先，所选择的压裂液必须与储层具有良好的配伍性；其次，必须能够造成足够宽的裂缝来容纳支撑剂，同时具有强的携砂能力。一般来说，对于低渗储层要增加裂缝的宽度就必须提高压裂液的黏度；对于高渗储层要增加裂缝的长度就必须减少滤失量，同时加大泵的排量。

水基压裂液的成本低，性能好，易于使用，应用最广泛，但可能引起水敏性地层的损害。泡沫压裂液是一种多相压裂液，最适合低压煤层气储层，可以达到快速返排的目的。当地层压力系数小于 0.7 时，一般应选用泡沫压裂液。美国最新采用的聚合物作为压裂液，其胶量少、携砂能力强、对储层伤害程度低、易破胶。

由于我国煤层气储层温度低、渗透率低，必须选用低温破胶、携砂能力强的压裂液。根据实践经验一般采用清水压裂液并实施大排量作业比较经济，但泡沫压裂液的效果可能更好。

③优选支撑剂。理想的支撑剂特性为：强度高、抗腐蚀、低重力、成本低。

美国最新采用一种固砂能力强的树脂加入支撑剂中，可以减少返排过程中支撑剂的回流，同时采用 10/20 目比较大的支撑剂。这种技术比较适合我国煤层气井的压裂，可以使裂缝长度增大，而且在返排时不易形成砂堵和煤粉堵塞。

④压裂规模的优选。我国高煤阶地区由于渗透率低，割理和裂隙连通性差，必须实施大规模压裂作业才能够形成有效的裂缝长度，达到提高导流能力的目的。美国目前主要实施的大规模压裂作业效果好。

⑤质量控制。质量控制可分为压前和压裂过程中两个大的阶段。压裂前，按设计要求配制少量压裂液测定各种性能、认真清洗各种压裂容器；对地面管线等进行试压；清点所有要入井的化学剂的数量。

压裂施工过程中，主要是密切注意压力和加砂曲线，同时注意排量和总的泵注量。在压裂施工后期，关键是准确计算顶替液的体积，顶替液体积过大或过小都使裂缝得不到有效支撑，压力下降后裂缝有可能闭合。

(4)提高有效压差。提高煤层气储层的有效压差是提高煤层气井产能的主要途径，主要通过提高储层压力或(和)降低井底压力来实现。

提高储层压力主要通过注气或注水来实现，降低井底压力目前最常用和最有效的技术就是排水降压。美国目前在粉河盆地广泛采用一种称为"Blower"的真空泵设备，以达到降低井底压力、增加煤层气产能的效果。注水或注气以及负压抽排非常适合于我国低储层压力的煤层气开发。

(5)煤层气解吸速率和解吸量研究。

煤层气解吸速率和解吸量研究主要是指如何加快煤层气解吸速率，提高解吸量，对提高煤层气产能具有重要意义。

影响和控制煤层气解吸速率和解吸量的主要因素包括煤变质程度、储层压力、储层温度和气体组分。相对于低阶煤和中阶煤来说，高阶煤具有较强的吸附能力，因而解吸速率低。提高储层温度有利于加快解吸速率和提高解吸量，但目前在经济和技术上都存在困难。最大限度地降低井底压力可以加快煤层气解吸速率和提高解吸量，主要通过排水和采气降低井底压力来实现。

改变气体组分即实现气体置换是当前加快煤层气解吸速率和提高解吸量的最有效手段，主要是通过注入 CO_2 提高煤层气采收率。由于 CO_2 在煤层中比 CH_4 具有更强的吸附能力，单位煤颗粒表面积上吸附 CO_2 和 CH_4 分子数的比例是 2:1，从而达到加快煤层气解吸速率和提高解吸量以及实现 CO_2 埋藏的目的。

目前，最大限度地降低井底压力和改变气体组分(气体置换)是最适合于我国煤层气开发的关键技术，但同时可以探索其他降低井底压力的技术。

第二节　页岩气藏体积压裂

页岩储层通过体积压裂后，多级裂缝交织在一起形成缝网系统，增大储层基质与裂缝壁面的接触面积，提高储层整体渗透率，实现储层长宽高三维方向的全面改造。本节主要阐释了体积压裂的概念，介绍了页岩气藏体积压裂的工艺，并给出了体积压裂设计实例。

一、页岩气藏体积压裂概念

(一)体积压裂的概念与内涵

体积压裂是在水力压裂的过程中，在形成一条或者多条主裂缝的同时，通过分段多簇射孔、高排量、大液量、低黏液体以及转向材料和技术的应用，实现对天然裂缝、岩石层理的沟通，以及在主裂缝的侧向强制形成次生裂缝，并在次生裂缝上继续分枝形成二级次生裂缝。以此类推，尽最大可能增加改造体积，让主裂缝与多级次生裂缝交织形成裂缝网络系统，将可以进行渗流的有效储集体"打碎"，使裂缝壁面与储层基质的接触面积最大，使得油气从任意方向的基质向裂缝的渗流距离最短，极大地提高储层整体渗透率，实现对储层在长、宽、高三维方向的全面改造，有效改善储集层的渗流特征及整体渗流能力，从而提高压裂增产效果和增产有效期。

内涵之一：体积改造技术的裂缝起裂模型突破了传统经典模式，不再是单一的张性裂缝起裂与扩展，而是具有复杂缝网的起裂与扩展形态。形成的裂缝不是简单的双翼对称裂缝，而是复杂缝网。在实际应用中，目前主要采用裂缝复杂指数(FCI)来表征体积改造效果的好坏。一般来说，FCI值越大，说明产生的裂缝就越复杂、越丰富，形成的改造体积就越大，改造效果就越好。

内涵之二：利用体积改造技术"创造"的裂缝，其表现形式不是单一的张开型破坏，而是剪切破坏以及错断、滑移等。体积改造技术"打破"了裂缝起裂与扩展的传统理论与模型。目前对裂缝剪切起裂以及张性起裂的研究大多使用经典力学理论，而 Hossain 等采用分形理论反演模拟天然裂缝网络，在考虑了线弹性和弹性裂缝变形以及就地应力场变化的基础上，建立了节理、断层发育条件下裂缝剪切扩展模型，是今后推动体积改造技术在理论研究方面进步的基础。国内学者在进行缝网压裂技术探索的同时，也在积极探索建立体积改造技术的理论与技术体系。

内涵之三：体积改造技术"突破"了传统压裂裂缝渗流理论模式，其核心是基质中的流体向裂缝的"最短距离"渗流，大幅度降低了基质中的流体实现有效渗流的驱动压力，大大缩短了基质中的流体渗流到裂缝中的距离。由于传统理论模式下的压裂裂缝为双翼对称裂缝，往往以一条主缝为主导来实现改善储集层的渗流能力，主裂缝的垂直方向上仍然是基质中的流体向裂缝的"长距离"渗流，单一主流通道无法改善储集层的整体渗流能力。在基质中的流体向单一裂缝的垂向渗流中，如果基质渗透率极低，基质中流体向人工裂缝实现有效渗流的距离(L)将非常短，要实现"长距离"渗流需要的驱动压力非常大，因此，该裂缝模式极大地限制了储集层的有效动用率。如果采用水平井开发，井眼轨迹沿砂体展布有利方向布置，然后实施分段压裂，可以大幅度缩短基质中气体向裂缝流动的距离。若采用体积改造技术，通过压裂产生裂缝网络，就可使基质中流体向裂缝的渗流距离变得更短。这样的技术理念将会促使井网优化的理念随之发生改变。在实施"体积改造"过程中，由于储集层形成复杂裂缝网络，使储集层渗流特征发生了改变，主要体现在基质中的流体可以"最短距离"向各方向裂缝渗流，压裂裂缝起裂后形成复杂的网络缝，被裂缝包围的基质中的流体自动选择向流动距离最短的裂缝渗流，然后从裂缝向井筒流动。此外，这个"最短距离"并不一定单纯指路径距离，也含有最佳距离的含义，即在基质中流体向裂缝的渗流过程中，其流动遵循最小阻力原理，自动选择最佳路径(并不一定是物理意义上的最短距离)。

内涵之四：体积改造技术适用于具有较高脆性指数的储集层。储集层脆性指数不同，体积改造技术方法也不同。按照岩石矿物学分类判断，一般石英含量超过30%可认为页岩具有较高脆性指数。由于脆性指数越高，岩石越易形成复杂缝网，因此，脆性指数的大小是指导优选改造技术模式和液体体系的关键参数。

内涵之五：体积改造技术通常采用"分段多簇射孔"改造储集层的理念，是对水平井分段压裂通常采用的单簇射孔模式的突破。"分段多簇"射孔利用缝间干扰实现裂缝的转向，产生更多的复杂缝，是储集层压裂改造技术理论的一个重大突破，是体积改造技术的关键之一。简言之，分段多簇射孔及相应的改造技术方法是体积改造技术理念的重要体现形式，实现缝间应力干扰的最重要的手段就是分段多簇射孔压裂，判断水平井油气层改造中是否充分使用了狭义的体积改造技术理念，关键看是否采用了分段多簇射孔及相应的改造技术方法。

（二）体积压裂适用地层条件

（1）天然裂缝发育，且天然裂缝方位与最小主地应力方位一致。在此情况下，压裂裂缝方位与天然裂缝方位垂直，容易形成相互交错的网络裂缝。天然裂缝存在与否、方位、产状及数量直接影响到压裂裂缝网络的形成，而天然裂缝中是否含有充填物对形成复杂缝网起着关键作用。在"体积压裂"中，天然裂缝系统更容易先于基岩开启，原生和次生裂缝的存在能够增加产生复杂裂缝的可能性，从而极大地增大改造体积（SRV）。

（2）岩石硅质含量高（大于 35%），脆性系数高。岩石硅质（石英和长石）含量高，使得岩石在压裂过程中产生剪切破坏，不是形成单一裂缝，而是有利于形成复杂的网状缝，从而大幅度提高了裂缝体积。大量研究及现场试验表明：富含石英或者碳酸盐岩等脆性矿物的储层有利于产生复杂缝网，黏土矿物含量高的塑性地层不易形成复杂缝网，不同页岩储层"体积压裂"时应选用各自适应的技术对策。

（3）敏感性不强，适合大型滑溜水压裂。弱水敏地层，有利于提高压裂液用液规模，同时使用滑溜水压裂，滑溜水黏度低，可以进入天然裂缝中，迫使天然裂缝扩展到更大范围，大大扩大改造体积。

二、页岩气井压裂技术

（一）水平井分段压裂

水平井分段压裂或其他材料段，在水平井筒内一次压裂一个井段，逐段压裂，压开多条裂缝如图 5-5 和图 5-6。目前水平井分段压裂主要施工方式有滑套封隔器分段压裂和可钻式桥塞分段压裂。

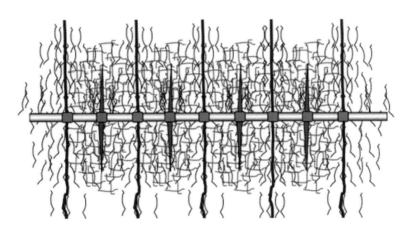

图 5-5　水平井分段压裂示意图

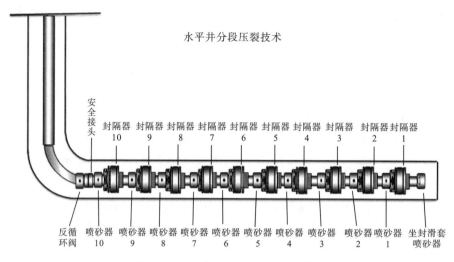

图 5-6　水平井分段压裂技术示意图

滑套封隔器分段压裂工艺过程为：①将水平井预置可开关滑套配接的套管串下入后固井；②连续管配接液控开关工具作为启闭滑套的钥匙，下入套管串内；③钥匙到达第 1 个预置滑套内，启动液控开关工具（油管加压）；④使启闭滑套的钥匙开始工作，开启预置可开关滑套，进行压裂；⑤压裂完成后，再启动液控开关工具，关闭预置可开关滑套；⑥如此动作反复对每一级进行开启关闭，完成每一级的压裂工作。滑套封隔器分段压裂采用套管固井完井方式，因而可以满足页岩气体积压裂大规模大排量的要求。除此以外，其还具有分段级数不受限制、周期短、费用低、后期可通过启闭滑套实施重复压裂等特点。

可钻式桥塞分段压裂施工过程与滑套封隔器分段压裂过程类似：①进行第一段主压裂之前，利用电缆下入射孔枪对第一施工段进行射孔；②完成第一段射孔后，利用光套管进行主压裂；③待第一段主压裂完成后，利用电缆下入复合桥塞和射孔枪联作工具串，坐封复合桥塞暂堵第一段，坐封完成后对桥塞丢手，上提射孔枪至第二施工段，进行射孔；④完成第二段射孔后，起出电缆，利用套管对第二段进行主压裂；⑤后续层段施工可重复第二段施工步骤，直至所有层段都压裂完成。

（二）水力喷射压裂

水力喷射压裂（hydraulic jetting fracturing，HJD）是用高速和高压流体携带砂体进行射孔，打开地层与井筒之间的通道后，提高流体排量，从而在地层中打开裂缝的水力压裂技术。该压裂技术是集射孔、压裂、隔离一体化的增产措施，具有自身独特的定位性，无须封隔器，通过安装在施工管柱上面的喷射工具，利用水力作用在地层形成一个或者数个喷射通道，一趟管柱即可实现多段射孔压裂。

水力喷射压裂增产机理为：流体通过喷射工具，油管中的高压能量被转换成动能，产生高速流体冲击岩石，形成射孔通道，完成水力射孔。高速流体的冲击作用在水力射孔孔道顶端产生微裂缝，降低了地层起裂压力。射流继续作用在喷射通道中形成增压。向环空中泵入流体增加环空压力,喷射流体增压和环空压力的叠加超过破裂压力瞬间将射孔孔眼顶端处地层压破。环空流体在高速射流的带动下进入射孔通道和裂缝中,使裂缝得以充分扩展,能够得到较大的裂缝。水力喷射压裂由 3 个过程共同完成:水力喷砂射孔、水力压裂和环空挤压。其优点是不受水平井完井方式的限制,可在裸眼和各种完井结构的水平井中实现压裂,缺点是受到压裂井深和加砂规模的限制。水力喷射压裂技术在低压、低产、低渗、多薄互层的页岩储层改造中能够获得良好的效果。

(三)重复压裂

所谓重复压裂是指同层第二次或更多次的压裂,即第一次对某层段进行压裂后,对该层段再进行压裂,甚至更多次的压裂。当页岩气井初始压裂处理已经无效或现有的支撑剂因时间关系损坏或质量下降,导致气体产量大幅下降时,可采用重复压裂技术。重复压裂能够重新压裂裂缝或使裂缝重新取向,使页岩气井产能恢复到初始状态甚至更高。

重复压裂技术对处理低渗、天然裂缝发育、层状和非均质地层很有效,特别是页岩气藏,重复压裂能重建储层到井眼的线性流,在井底诱导产生新裂缝,从而增加裂缝数量和空间,提高作业井的生产能力。在页岩气藏中应用重复压裂技术能够很好地重建储层到井眼之间的线性流,产生导流能力更强的支撑裂缝系统来恢复或增加产能。决定页岩气重复压裂成功与否的一个重要因素是裂缝转向。

(四)同步压裂

同步压裂指对 2 口或 2 口以上的配对井进行同时压裂,是近几年在 Barnett 页岩储层改造过程中逐渐发展起来的主流技术之一。同步压裂采用使压裂液和支撑剂在高压下从一口井向另一口井运移距离最短的方法,来增加水力压裂裂缝网络的密度和表面积,利用井间连通的优势来增大工作区裂缝的程度和强度,最大限度地连通天然裂缝。同步压裂最初是 2 口互相接近且深度大致相同的水平井间的同时压裂,目前已发展成 3 口同时压裂,甚至 4 口井同时压裂。同步压裂对页岩气井短期内增产非常明显,而且对工作区环境影响小,完井速度快,节省压裂成本,是页岩气开发中后期比较常用的压裂技术。

(五)缝网压裂

所谓"缝网压裂"就是利用储层两个水平主应力差与裂缝延伸净压力的关系,一旦实现裂缝延伸净压力大于两个水平主应力差值与岩石抗张强度之和时,则容易产生分叉缝,多个分叉缝形成缝网系统,最终形成以主裂缝为主干的纵横"网状缝"系统,其中,主裂缝为"缝网"系统的主干,而分叉缝延伸一定长度后又回复到原来的方位。这种实现"网状"裂缝系统的压裂技术称为"缝网压裂"技术(图 5-7)。

"缝网压裂"在垂直于主裂缝方向上形成人工多裂缝,改善了储层的渗流特征,提高了改造效果和增产有效期。目前,进行"缝网压裂"主要采取主缝净压力控制法、端部脱砂压裂法及水平井横切缝多段压裂技术等,其缺点就是没有切实可行的检测方法,有待进一步加强。

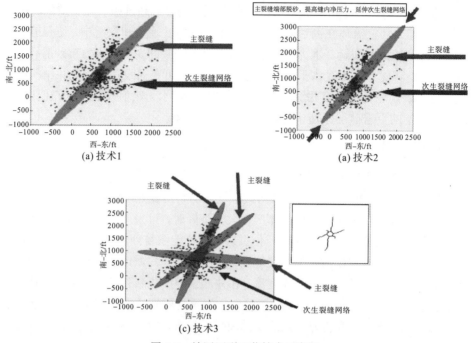

图 5-7　缝网压裂工艺技术示意图

（六）清水压裂

清水压裂（又称滑溜水压裂或减阻水压裂）技术是在清水中加入少量的添加剂，如表面活性剂、稳定剂、减阻剂等作为压裂液，携带少量支撑剂，采用大液量、大排量工艺技术进行的压裂作业。清水压裂用清水添加微量添加剂作为压裂液，相比以往使用的凝胶压裂液，不但能够减小压裂对地层的伤害，获得比凝胶压裂更高的产量，而且还能节约 30％的成本。清水压裂技术采用的压裂液主体是清水，压裂作业结束后残渣少，不需要清理，且更有利于裂缝的延伸，因此在低渗透气藏储层改造中能取得很好的效果。由于该技术具有成本低、伤害低以及能够深度解堵等优点，是一种清洁压裂技术，所以是目前应用较多的压裂技术手段。

清水压裂的过程是首先泵入"岩石酸"来清理可能被钻井液封堵的近井地带，然后进行清水压裂，将大量的带有少量粗砂支撑剂的清水注入裂缝中，使裂缝延伸，最后进行冲刷，将支撑剂从井眼中移除。清水压裂利用储层中的天然裂缝，将压裂液注入其中使地层产生诱导裂缝，在压裂过程中，岩石碎屑脱落到裂缝中，与注入的粗砂一起起到支撑剂的作用，使裂缝在冲刷之后仍保持张开。

（七）泡沫压裂

CO_2、N_2 泡沫压裂是由液态 CO_2、N_2 和增稠剂及多种化学添加剂组成的液-液混合物携带支撑剂迅速进入地层，完成压裂的过程。

作为一种新型的压裂方式，泡沫压裂特别适合于低压、低渗透水敏地层。与常规水力压裂相比，它具有如下优点：

（1）氮气泡沫压裂液和常规水基压裂液相比只有固体支撑剂和少量压裂液进入地层。

（2）氮气泡沫压裂液可在裂缝壁面形成阻挡层，从而大大降低压裂液向地层内滤失的速度，减少滤失量，减轻压裂液对地层的伤害。

（3）返排效果好。

上述以"体积压裂"为目的的压裂工艺，都有自身独特的技术特点（表5-1）。在开采页岩气时，要结合实际情况和各压裂技术的适用条件，选取合适的压裂方式。

表 5-1 压裂技术特点及适用性

技术名称	技术特点	适用性
水平井分段压裂	分段分级压裂，技术较为成熟，使用广泛	产层较多或水平井段较长的井
水力喷射压裂	定位准确，不需要机械封隔，节省作业时间	很适用于裸眼完井水平井
重复压裂	通过重新打开裂缝或裂缝重新取向增产	适用于老井和产量下降的井
同步压裂	多口井同时作业，节省作业时间且效果好于一次压裂	井眼密度大，井位距离近
清水压裂	减阻水为压裂液主要成分，成本低，但是携砂能力有限	适用于天然裂缝系统发育的井
泡沫压裂	地层伤害小，滤失低，携砂能力强	水敏性地层和埋深较浅的井

三、页岩气藏体积压裂缝网模型

在页岩层进行体积压裂时，由于页岩特殊物理性质及其内部天然裂缝的影响，会产生一个水力裂缝与天然裂缝相互连通的复杂缝网系统。

（一）离散化缝网模型

离散化缝网模型 DFN 最早由 Meyer（2010，2011）等提出。该模型基于自相似原理及 Warren 和 Root 的双重介质模型利用网格系统模拟解释裂缝在 3 个主平面上的拟三维离散化扩展和支撑剂在缝网中的运移及铺砂方式，通过连续性原理及网格计算方法获得压裂后缝网几何形态。DFN 模型基本假设如下：①压裂改造体积为 $2a\times2b\times h$ 的椭球体由直角坐标系 XYZ 表征 X 轴平行于最大水平主应力，方向 Y 轴平行于最小水平主应力，方向 Z 轴平行于垂向应力方向；包含一条主裂缝及多条次生裂缝；②主裂缝垂直于 h 方向在 X-Z 平面内扩展；次生裂缝分别垂直于 X、Y、Z 轴，缝间距分别为 dx，dy，dz；③考虑缝间干扰及压裂液滤失地层及流体不可压缩。基于以上假设作出 DFN 模型几何模型的示意图（图 5-8）。DFN 模型主要数学方程如下所示。

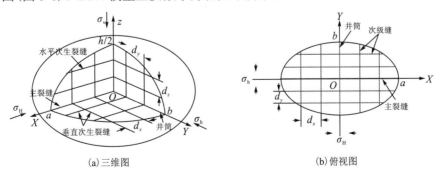

(a) 三维图　　　　　　　　　　　(b) 俯视图

图 5-8 DNF 几何模型三维，平面俯视图

1. 连续性方程

在考虑滤失的情况下压裂液泵入体积与滤失体积之差等于缝网中所含裂缝的总体积。即

$$\int_0^t q(\tau)\mathrm{d}\tau - V_t(t) - V_{sp}(t) = V_f(t) \tag{5-1}$$

式中，q——压裂液流量，$\mathrm{m}^3/\mathrm{min}$；

V_t——滤失量，m^3；

V_{sp}——初滤失量，m^3；

V_f——总裂缝体积，m^3。

2. 流体流动方程

假设压裂液在裂缝中的流动为层流，遵循幂率流体流动规律，其流动方程为

$$\frac{\mathrm{d}p}{\mathrm{d}x} = -\left(\frac{2n'+1}{4n'}\right)^{n'} \frac{k'(q/a)^{n'}}{\Phi(n')^{n'} b^{2n'+1}} \tag{5-2}$$

式中，p——缝内流体压力，MPa；

n'——流态指数无因次；

k'——稠度系数，$\mathrm{Pa \cdot s}^n$；

a，b——分别为椭圆长轴半长及短轴半长。

3. 缝宽方程

主裂缝缝宽方程为

$$\omega_x = \Gamma_w \frac{(1-v^2)}{E}(p - \sigma_h - \Delta\sigma_{xx}) \tag{5-3}$$

应用离散化缝网模型进行压裂优化设计时，需要首先设定次生裂缝缝宽、缝高、缝长等参数与主裂缝相应参数的关系，假设次生裂缝几何分布参数。然后按设计支撑剂的沉降速度以及铺砂方式，将地层物性、施工条件等参数代入以上数学模型，通过数值分析方法求得主裂缝的几何形态和次生裂缝几何形态。最后得到压裂改造后的复杂缝网几何形态。DFN 模型是目前模拟页岩气体积压裂复杂缝网的成熟模型之一，特别是考虑了缝间干扰和压裂液滤失问题后，更能够准确描述缝网几何形态及其内部压裂液流动规律，对缝网优化设计具有重要意义，其不足之处在于需要人为设定次生裂缝与主裂缝的关系，主观性强，约束条件差，且本质上仍是拟三维模型。

(二)线网模型

线网模型又称 HFN 模型，首先由 Xu 等(2009，2010)提出，该模型基于流体渗流方程及连续性方程，同时考虑了流体与裂缝及裂缝之间的相互作用。

HFN 模型基本假设如下：①压裂改造体积为沿井轴对称 $2a \times 2b \times h$ 的椭柱体，由直角坐标系 XYZ 表征，X 轴平行于 σ_H 方向，Y 轴平行于 σ_h 方向，Z 轴平行于 σ_v 方向；②将缝网等效成两簇分别垂直于 X 轴、Y 轴的缝宽、缝高均恒定的裂缝，缝间距分别为 $\mathrm{d}x$、$\mathrm{d}y$；

③考虑流体与裂缝以及裂缝之间的相互作用；④不考虑压裂液滤失。基于以上假设，做出 HFN 模型的几何模型示意图(图 5-9)。

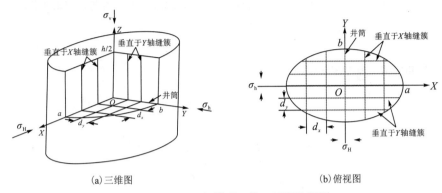

(a)三维图　　　　　　　　(b)俯视图

图 5-9　HFN 几何模型三维、平面俯视图

　　HFN 模型考虑了压裂过程中改造体积的实时扩展以及施工参数的影响，能够对已完成压裂进行缝网分析，同时可以基于该分析对之后的压裂改造方案进行二次优化设计。其不足之处在于模拟缝网几何形态较为简单，需借助于地球物理技术的帮助获取部分参数，同时由于不能模拟水平裂缝的起裂及扩展问题，及忽略了滤失问题，所以使用时具有较大的局限性。

四、页岩气藏压裂水平井产能模型

(一)页岩气藏压裂水平井产能模型

1. 基本假设

(1)流体为单相微可压缩的，渗流是非稳态的，不考虑重力的影响。

(2)裂缝穿过整个油层厚度。

(3)流体先从地层流入裂缝，再沿裂缝流入井筒，则压裂水平井产量为各条裂缝流体产量之和。

(4)裂缝垂直于水平井筒的横向裂缝，并与井眼对称。

(5)各条裂缝之间存在相互干扰。

(6)裂缝内存在渗流阻力和压力损失。

　　页岩气藏中，压裂水平井的渗流过程可分为 2 个阶段，即气藏-裂缝渗流阶段和裂缝-井筒渗流阶段。不同阶段具有不同的渗流区域、流动介质和渗流机理，分别考虑各个阶段的影响因素和渗流特征，建立相应的产能模型。

2. 气藏-裂缝渗流模型

1)稳态渗流方程

　　气藏-裂缝渗流中，流动介质为储集层基质。对于页岩气藏，基质内流体的流动呈非达西渗流特征，启动压力梯度、压敏效应等非达西因子对产能的影响非常大。

可将每一条裂缝简化为线源，则油井生产时在地层中发生平面二维非达西椭圆渗流，即形成以油井为中心、以裂缝端点为焦点的共轭等压椭圆柱面和双曲面流线族。

当气井生产时在地层中形成等压椭圆柱面(图 5-10)，其直角坐标和椭圆坐标的关系为

$$\begin{cases} x = a\cos\lambda \\ y = b\sin\eta \end{cases} \tag{5-4}$$

其中，$a = x_f \cosh\xi$，$b = x_f \sinh\xi$。

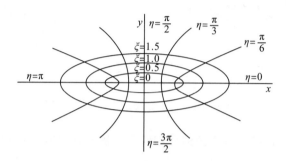

图 5-10 等压椭圆住面流场

考虑启动压力梯度和压敏效应的单相液体不稳定渗流数学模型由下列基本方程组成：

广义达西公式：

$$\bar{v} = \frac{k}{\mu}\left(\frac{\mathrm{d}p}{\mathrm{d}\bar{y}} - G\right) \tag{5-5}$$

应力敏感方程：

$$k = k_i \mathrm{e}^{-\alpha_k(p_i - p)} \tag{5-6}$$

式(5-4)中，平均短半轴半径为

$$\bar{y} = \frac{1}{\pi/2}\int_0^{\pi/2} y\mathrm{d}\eta = \frac{2b}{\pi} = \frac{2x_f \sinh\xi}{\pi} \tag{5-7}$$

则

$$\frac{\mathrm{d}p}{\mathrm{d}\bar{y}} = \frac{\mathrm{d}p}{\mathrm{d}\xi}\frac{\mathrm{d}\xi}{\mathrm{d}\bar{y}} = \frac{\mathrm{d}p}{\mathrm{d}\xi}\frac{1}{\mathrm{d}\bar{y}/\mathrm{d}\xi} = \frac{\mathrm{d}p}{\mathrm{d}\xi}\frac{\pi}{2x_f \cosh\xi} \tag{5-8}$$

在 Y 轴方向椭圆过流断面的平均质量流速为

$$\bar{v} = \frac{q}{A} = \frac{q}{4x_f h\cosh\xi} \tag{5-9}$$

由(5-5)式～式(5-9)可得到

$$\frac{q}{4x_f h\cosh\xi} = \frac{k_i}{\mu}\exp\left[\alpha_k\left(p - p_i\right)\right]\left(\frac{\mathrm{d}p}{\mathrm{d}\xi}\frac{\pi}{2x_f \cosh\xi} - G\right) \tag{5-10}$$

定义拟压力函数为

$$m(p) = \frac{k_i}{\mu}\exp\left[\alpha_k\left(p - p_i\right)\right] \tag{5-11}$$

由(5-11)式代入(5-10)式得

$$\frac{\mathrm{d}m}{\mathrm{d}\xi} - \frac{2\alpha_k x_f G}{\pi}(\cosh\xi)m = \frac{\alpha_k q}{2\pi h} \tag{5-12}$$

求解一阶非齐次线性微分方程式(5-12)，得到油藏-裂缝的稳态渗流压力分布方程为

$$m(p) = m(p_i)\exp\left[\frac{2\alpha_k x_f G}{\pi}(\sinh\xi - \sinh\xi_i)\right] + \frac{\alpha_k q}{2\pi h}\int_{\xi_i}^{\xi}\exp\left[\frac{2\alpha_k x_f G}{\pi}(\sinh\xi - \sinh u)\right]\mathrm{d}u \tag{5-13}$$

将(5-11)式代入(5-13)式得

$$p = p_i + \frac{1}{\alpha_k}\ln\left\{\exp\left[\frac{2\alpha_k x_f G}{\pi}(\sinh\xi - \sinh\xi_i)\right] + \frac{\alpha_k q\mu}{2\pi h k_i}\int_{\xi_i}^{\xi}\exp\left[\frac{2\alpha_k x_f G}{\pi}(\sinh\xi - \sinh u)\right]\mathrm{d}u\right\} \tag{5-14}$$

2) 非稳态渗流方程

由(5-4)式得到

$$\cos h\xi = (e^{\xi} + e^{-\xi})/2 = a/x_f \tag{5-15}$$

则

$$\xi = \ln\left[\left(a + \sqrt{a^2 - x_f^2}\right)/x_f\right] \tag{5-16}$$

其中，椭圆长半轴 a 与基质泄油半径 $r_e(t)$ 存在一定的关系(图5-11)，即

$$a = x_f + r_e(t) \tag{5-17}$$

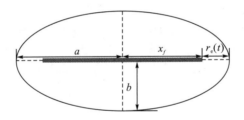

图 5-11　椭圆渗流区示意

基质的泄油半径 $r_e(t)$ 是一个非稳态的值，随着时间的推移逐渐增大。因此，ξ 也是一个时间函数，即 $\xi = \xi(t)$。

下面先由物质平衡方程来确定基质泄油半径 $r_e(t)$。

物质平衡方程为单位时间内采出的液量等于同一时间间隔内地层激动区内液体弹性储量的改变量，即

$$q = C_t\frac{\mathrm{d}}{\mathrm{d}t}[V(t)\Delta\overline{p}] \tag{5-18}$$

考虑启动压力梯度的低渗透气藏的不稳定渗流方程为

$$\frac{1}{r}\left\{\frac{\partial}{\partial r}\left[r\left(\frac{\partial p}{\partial r} - G\right)\right]\right\} = \frac{1}{\eta}\frac{\partial p}{\partial t} \tag{5-19}$$

初始和边界条件为

$$\begin{cases} p(r,0)=p_{\mathrm{i}}; \\ \left.\left(\dfrac{\partial p}{\partial r}-G\right)\right|_{r=r_{\mathrm{w}}}=\dfrac{q\mu}{2\pi khr_{\mathrm{w}}}; \\ \left.\left(\dfrac{\partial p}{\partial r}-G\right)\right|_{r=r_{\mathrm{e}}(t)}=0; \\ p=p_{\mathrm{i}},r\geqslant r_{\mathrm{r}}(t) \end{cases} \tag{5-20}$$

由积分法求得非稳态渗流的近似解为

$$p=a_0\ln\frac{r}{r_0(t)}+a_1+a_2\ln\frac{r}{r_{\mathrm{e}}(t)}+\cdots+a_{n+1}(t)\ln\frac{r^n}{r_{\mathrm{e}}^n(t)} \tag{5-21}$$

考虑到计算的复杂性，忽略高次项，取式(5-21)右方的前三项，则

$$p=a_0\ln\frac{r}{r_0(t)}+a_1+a_2\ln\frac{r}{r_{\mathrm{e}}(t)},r_{\mathrm{w}}\leqslant r\leqslant r_{\mathrm{e}}(t) \tag{5-22}$$

将式(5-20)代入方程组(5-22)中，解出式(5-22)中的系数 a_0、a_1、a_2，即可得出地层压力分布方程为

$$p=p_{\mathrm{i}}+\frac{q\mu}{2\pi kh}\left[\ln\frac{r}{r_{\mathrm{e}}(t)}+1-\frac{r}{r_{\mathrm{e}}(t)}\right]-G\left[r_{\mathrm{e}}(t)-r\right] \tag{5-23}$$

由(5-23)式可得到地层加权平均压力

$$\overline{p}=\frac{1}{V(t)}\int_{V(t)}p(r,t)\mathrm{d}V(t)=p_{\mathrm{i}}-\frac{q\mu}{12\pi kh}-\frac{1}{3}r_{\mathrm{e}}(t)G \tag{5-24}$$

将(5-24)式代入(5-19)式中，即可求得 $r_e(t)$ 的表达式，即

$$\frac{12\left[k_{\mathrm{i}}\mathrm{e}^{-\alpha_k(p_{\mathrm{i}}-\overline{p})}\right]}{\phi\mu C_{\mathrm{t}}}=\left[r_{\mathrm{e}}^2(t)-r_{\mathrm{w}}^2\right]\left[1+\frac{4\pi\left(k_{\mathrm{i}}\mathrm{e}^{-\alpha_k(p_{\mathrm{i}}-\overline{p})}\right)hr_{\mathrm{e}}(t)G}{q\mu}\right] \tag{5-25}$$

联立式(5-16)、式(5-17)和式(5-21)可以得到 $\xi-t$ 的关系，将其代入式(5-14)中，即可求出任意时刻地层中的压力分布。

假设椭圆渗流区的流量为 q_1，地层与裂缝边缘交界面处的压力为 p_{f1}，即为裂缝尖端处的压力，且其对应的 ξ 为 ξ_n，则油藏—裂缝的产量公式为

$$p_{\mathrm{f1}}=p_{\mathrm{i}}+\frac{1}{\alpha_k}\ln\left\{\begin{matrix} \exp\left[\dfrac{2\alpha_k x_{\mathrm{f}}G}{\pi}(\sin h\xi_{\mathrm{n}}-\sin h\xi_{\mathrm{i}})\right]+ \\ \dfrac{\alpha_k q\mu}{2\pi hk_{\mathrm{i}}}\displaystyle\int_{\xi_{\mathrm{i}}}^{\xi_{\mathrm{n}}}\exp\left[\dfrac{2\alpha_k x_{\mathrm{f}}G}{\pi}(\sin h\xi_{\mathrm{f1}}-\sinh u)\right]\mathrm{d}u \end{matrix}\right\} \tag{5-26}$$

其中，在裂缝尖端处 $\xi_n=0$，则

$$p_{\mathrm{f1}}=p_{\mathrm{i}}+\frac{1}{\alpha_k}\ln\left\{\begin{matrix} \exp\left[\dfrac{2\alpha_k x_{\mathrm{f}}G}{\pi}(-\sinh\xi_{\mathrm{i}})\right]+ \\ \dfrac{\alpha_k q\mu}{2\pi hk_{\mathrm{i}}}\displaystyle\int_{\xi_{\mathrm{i}}}^{0}\exp\left[\dfrac{2\alpha_k x_{\mathrm{f}}G}{\pi}(-\sinh u)\right]\mathrm{d}u \end{matrix}\right\} \tag{5-27}$$

3. 裂缝-井筒渗流模型

流体在水平井横向压裂缝内的流动与在有限导流垂直井压裂裂缝内的流动相比
（图 5-12，图 5-13），由于裂缝的横截面积远远大于水平井筒横截面积，所以裂缝内的流
体从裂缝边缘向井筒周围聚集，在井筒附近（半径为 $h/2$）因径向流动而产生附加压力降，
这一现象称为径向聚流效应。

裂缝-井筒渗流中，流动介质为压裂裂缝。流体在裂缝系统内的流动包含近井筒附近
的径向流动和裂缝内远离井筒的线性流动，均服从达西定律。

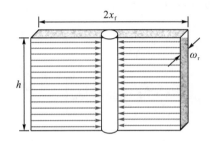

图 5-12　垂直井压裂裂缝内渗流示意图

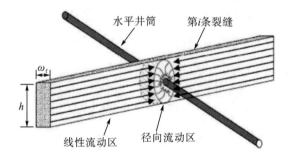

图 5-13　水平井压裂裂缝内渗流示意

1）线性流动区

假设裂缝内线性流动区的流量为 q_2，裂缝内线性流动区与径向流动区（半径为 $h/2$）
的交界面处的压力为 p_{f2}，则线性流的流速为

$$v = \frac{q_2}{2w_f h x_f}\frac{x}{x_f} = \frac{k_f}{\mu}\frac{\mathrm{d}p}{\mathrm{d}x} \tag{5-28}$$

对（5-28）式进行分离变量积分，得到线性流动区的产量公式

$$p_{f1} - p_{f2} = \frac{\mu x_f}{4W_f h k_f}q_2 \tag{5-29}$$

2）径向流动区

假设裂缝内径向流动区的流量为 q_3，则其流速为

$$v = \frac{q_3}{2\pi r W_f} = \frac{k}{\mu}\frac{\mathrm{d}p}{\mathrm{d}r} \tag{5-30}$$

在径向流动区，相当于井径为 r_w 的油井在圆形供给半径为 $h/2$、地层厚度为 w_f 的地

层中心生产。

对式(5-30)进行分离变量积分，得到径向流动区的产量公式

$$p_{f2} - p_w = \frac{\mu q_3}{2\pi W_f k_f} \ln \frac{h/2}{r_w} \tag{5-31}$$

4. 压裂水平井单条裂缝的产能

整个压裂水平井的渗流场可以分为外部流场(油藏-裂缝)和内部流场(裂缝-井筒)，内部流场和外部流场串联供油，此时 $q_1 = q_2 = q_3 = q$ ，且交界面处压力相等。

联立式(5-27)、式(5-29)和式(5-31)，得到考虑启动压力梯度和压敏效应下的压裂水平井单条裂缝的产能公式

$$p_i - p_w = -\frac{1}{\alpha_k} \ln \left\{ \begin{array}{l} \exp\left[\frac{2\alpha_k x_f G}{\pi}(-\sinh \xi_R)\right] + \\ \frac{\alpha_k q\mu}{2\pi hk_i} \int_{\xi_R}^0 \exp\left[\frac{2\alpha_k x_f G}{\pi}(-\sinh u)\right] du \end{array} \right\} + q\left(\frac{\mu x_f}{4hW_f k_f} + \frac{\mu}{2\pi W_f k_f} \ln \frac{h/2}{r_w}\right) \tag{5-32}$$

5. 当量井径模型

分别对同一复杂条件下的 1 口水平井和 1 口普通直井求解得到相应的产量公式，若令其产量和压差相等，所得到的等效井筒半径即为当量井径 r_{equ}。

由广义达西公式和应力敏感方程得到考虑启动压力梯度和应力敏感下的普通直井压力分布公式:

$$p_i - p = -Gr - \frac{1}{\alpha_k} \ln \left\{ \exp[-\alpha_k Gr_w] + \frac{\alpha_k q\mu}{2\pi hk_i}\left[\ln \frac{r_{equ}}{r_e} + \alpha_k G(r_e - r)\right] \right\} \tag{5-33}$$

普通直井的产量公式为

$$p_i - p = -Gr_{equ} - \frac{1}{\alpha_k} \ln \left\{ \exp[-\alpha_k Gr_w] + \frac{\alpha_k q\mu}{2\pi hk_i}\left[\ln \frac{r_{equ}}{r_e} + \alpha_k G(r_e - r_{equ})\right] \right\} \tag{5-34}$$

联立式(5-32)与式(5-34)，可以得到横向压裂水平井单条裂缝的当量井径 r_{equ}。

6. 压裂水平井产能

对于一口压裂 n 条横向裂缝的压裂水平井，各条裂缝之间存在着相互干扰，且不同位置的裂缝影响各不相同。

根据压降叠加原理，利用当量井径模型，将水平井带有的多条横向裂缝用等效的多口直井代替，即可将带有多条横向裂缝的水平井的渗流问题转化为多口井的叠加问题。由 i 条裂缝在第 j 条裂缝处产生的压力降落的叠加，得到方程组:

$$\left\{ \begin{array}{l} p_i - p_{w1} = \Delta p_{11}(q_{f1}) + \Delta p_{21}(q_{f2}) + \cdots + \Delta p_{n1}(q_{fn}) \\ p_i - p_{w2} = \Delta p_{12}(q_{f1}) + \Delta p_{22}(q_{f2}) + \cdots + \Delta p_{n2}(q_{fn}) \\ p_i - p_{w3} = \Delta p_{13}(q_{f1}) + \Delta p_{23}(q_{f2}) + \cdots + \Delta p_{n3}(q_{fn}) \\ \qquad\qquad\qquad\qquad \vdots \\ p_i - p_{wn} = \Delta p_{1n}(q_{f1}) + \Delta p_{2n}(q_{f2}) + \cdots + \Delta p_{nn}(q_{fn}) \end{array} \right. \tag{5-35}$$

由于未考虑水平井筒压降对产能的影响，则

$$p_{w1} = p_{w2} = p_{w3} = \cdots = p_{wn} \tag{5-36}$$

压裂水平井产量为

$$Q = \sum_{i=1}^{n} q_{fi} \tag{5-37}$$

(二)分段体积压裂射孔簇数与加砂规模优化

页岩水平井体积压裂后，以每簇射孔段为中心形成缝网系统(图5-14)，缝网是油气渗流的主要通道，缝网体积和渗透率是影响压后产能的关键因素。根据等效渗流理论，将缝网等效为一个高渗透带(图5-15)，用高渗透带的数量体积和渗透率表征缝网特征。

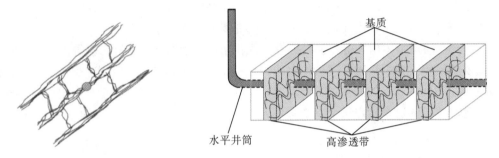

图 5-14　页岩储层压裂后形成的网状裂缝　　　图 5-15　与缝网系统等效的高渗带示意图

根据等效渗流理论，将缝网等效为一个高渗透带，用高渗透带的数量、体积和渗透率表征缝网特征。

高渗透带系统的渗流能力无限大于储层基质的渗流能力，忽略储层基质向井筒中的渗流，取一高渗透带单元做如下假设：①缝网空间完全由支撑剂充填；②高渗透带向井筒中的渗流等效为高渗透带的基质渗流和裂缝渗流；③高渗透带的渗流符合达西定律，近似为线性渗流。

高渗透带基质流向井筒中的流量，由达西定律：

$$q_m = \frac{K_m A_m (p_e - p_w)}{\mu L_m} = \frac{K_m V_m (p_e - p_w)}{\mu L_m^2} \tag{5-38}$$

同理，高渗透带裂缝流向井筒中的流量：

$$q_f = \frac{K_f A_f (p_e - p_w)}{\mu L_f} = \frac{K_f V_f (p_e - p_w)}{\mu L_f^2} \tag{5-39}$$

高渗透带系统的流量为

$$q = \frac{\overline{K} A (p_e - p_w)}{\mu L} = \frac{\overline{K} V (p_e - p_w)}{\mu L^2} \tag{5-40}$$

由等效渗流原理知：

$$q = q_m + q_f \tag{5-41}$$

假设 $L = L_m = L_f$，由式(5-38)～式(5-41)，可得

$$\overline{K} = K_{\mathrm{m}} \frac{V_{\mathrm{m}}}{V_{\mathrm{m}} + V_{\mathrm{f}}} + K_{\mathrm{f}} \frac{V_{\mathrm{f}}}{V_{\mathrm{m}} + V_{\mathrm{f}}} = K_{\mathrm{m}} \frac{V - V_{\mathrm{f}}}{V} + K_{\mathrm{f}} \frac{V_{\mathrm{f}}}{V} \tag{5-42}$$

式中，q_{m}、q_{f}、q——高渗透带基质的流量、裂缝的流量、高渗透带系统的流量，$\mathrm{m^3/d}$；

K_{m}、K_{f}、$\overline{K}$——基质渗透率、支撑裂缝渗透率、高渗透带平均渗透率，$10^{-3}\,\mu\mathrm{m}$；

A_{m}、A_{f}、A——基质渗流截面积、支撑裂缝渗流截面积、高渗透带渗流截面积，$\mathrm{m^2}$；

L_{m}、L_{f}、L——基质体长度、支撑裂缝长度、高渗透带长度，m；

V_{m}、V_{f}、V——基质体积、支撑裂缝体积(砂量)、高渗透带体积，$\mathrm{m^3}$；

μ——原油黏度，$\mathrm{mPa \cdot s}$；

p_{e}——泄油边界压力，MPa；

p_{w}——井底流动压力，MPa。

分段多簇射孔实施应力干扰是实现体积压裂的关键技术。页岩储层改造后以每簇射孔段为中心形成高渗透带，因此，优选的高渗透带数量即为射孔簇数。

其中，高渗透带体积采用数值模拟方法优化求得；考虑支撑裂缝伤害等因素后，取室内导流实验测得支撑裂缝渗透率的50%作为地层支撑裂缝渗透率。根据式(5-42)计算单簇高渗透带在不同砂量下的高渗透带渗透率，并数值模拟对应的累积产量和采出程度，结合优化的高渗透带渗透率确定每个高渗透单元的加砂量，进一步确定每段加砂规模和整个水平井的加砂规模。

(三)改造体积计算方法

对于改造体积的计算方法有很多种，总结国内外学者对体积压裂后改造体积的计算方法见表5-2。

表 5-2   改造体积 SRV 计算方法

计算方法		示意图
Fisher 等学者	"通道长度"和"通道宽度"来表征裂缝扩展的长度和宽度	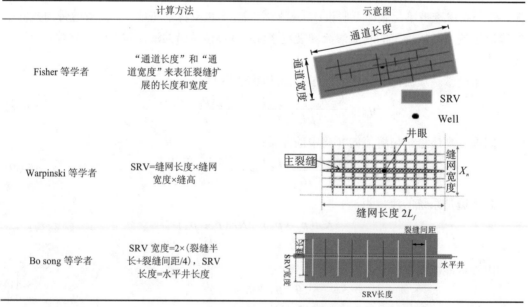
Warpinski 等学者	SRV=缝网长度×缝网宽度×缝高	
Bo song 等学者	SRV 宽度=2×(裂缝半长+裂缝间距/4)，SRV 长度=水平井长度	

计算方法		示意图
M.J.Mayerhofer 等学者	微地震图计算	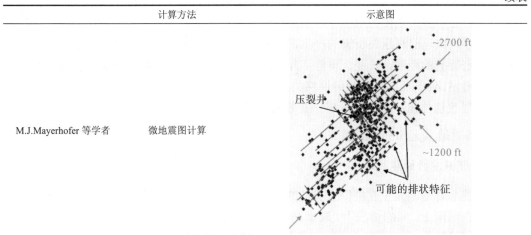

五、微地震监测技术

(一)微地震检测的概念

微地震监测技术是通过观测、分析由压裂、注水等石油工程作业时导致岩石破裂或错断所产生的微地震信号,监测地下岩石破裂、裂缝空间展布的地球物理技术。微地震监测技术能够实时监测压裂裂缝的长度、高度、宽度、方位、倾角、储层改造体积等,是目前比较有效、可靠性最高的一种压裂裂缝监测技术。

微地震监测是一种用于油气田开发的新地震方法,该方法优于利用测井方法监测压裂裂缝的效果,在压裂施工中,可在邻井(或在增产压裂措施井中)布置井下地震检波器,也可在地面布设常规地震检波器,监测压裂过程中地下岩石破裂所产生的微地震事件,记录在压裂期间由岩石剪切造成的微地震或声波传播情况,通过处理微地震数据确定压裂效果,实时提供压裂施工过程中所产生的裂缝位置、裂缝方位、裂缝大小(长度、宽度和高度)、裂缝复杂程度,评价增产方案的有效性,并优化页岩气藏多级改造的方案。图 5-16、图 5-20 以直井为列展示了微地震监测压裂裂缝的微地震事件。从图 5-17 可以看出微地震活动性表征的复杂裂缝系统显示,裂缝模式随时间推移而扩展。

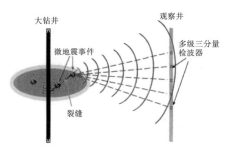

图 5-16　微地震监测示意图

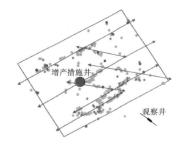

图 5-17　微地震监测压裂裂缝的微地震事图

(据 Weatherford 公司)

微地震监测技术能够对压裂裂缝方位、倾角、长度、高度、宽度、储层改造体积进行定量计算，近年被大规模应用于非常规油气储层改造压裂监测。主要有以下作用：①与压裂作业同步，快速监测压裂裂缝的产生，方便现场应用；②实时确定微地震事件发生的位置；③确定裂缝的高度、长度、倾角及方位；④直接鉴别超出储层、产层的裂缝过度扩展造成的裂缝网络；⑤监测压裂裂缝网络的覆盖范围；⑥实时动态显示裂缝的三维空间展布；⑦计算储层改造体积；⑧评价压裂作业效果；⑨优化压裂方案。

(二) 微地震检测的机理

1. 压裂诱发微地震机理

微地震事件通常发生在裂隙之类的断面上。地层内地应力呈各向异性分布，剪切应力自然聚集在断面上。常态情况下，断面是稳定的。然而，当原有应力状态受到生产活动(如水力压裂)干扰时，岩石中原来存在或新产生的裂缝附近就会出现应力集中、应变能增高。根据断裂力学理论，当外力增加到一定程度，地层应力强度因子大于地层断裂韧性时，原有裂缝的缺陷地区就会发生微观屈服或变形、裂缝扩展，从而使应力松弛，储集能量的一部分随之以弹性波(声波)的形式释放，即产生微地震事件。

根据莫尔-库仑准则，岩石破裂的条件可以写为

$$\tau \geqslant \tau_0 + \frac{1}{2}\Big[\mu\big(S_1 + S_2 - 2p_0\big) + \mu\big(S_1 - S_2\big)\cos\big(2\varphi\big)\Big] \tag{5-43}$$

$$\tau = \frac{1}{2}\Big[\big(S_1 - S_2\big)\sin\big(2\varphi\big)\Big] \tag{5-44}$$

式中，τ ——作用在裂缝面上的剪应力，MPa；

$\quad\tau_0$ ——岩石固有的抗剪断强度，数值从几兆帕到几十兆帕，若沿已有断裂面错段，其数值为零；

$\quad S_1$、S_2 ——最大、最小主应力，MPa；

$\quad p_0$ ——地层压力，MPa；

$\quad\varphi$ ——最大主应力与裂缝面法相的夹角，(°)；

$\quad\mu$ ——岩石的内摩擦系数。

式(5-43)表明微地震易沿已有断裂面发生。τ_0 为零时，式(5-43)左端大于右端，这时会发生微地震；p_0 增大，左端也会大于右端。这两种因素都会诱发微地震，且微地震优先发生在已有断裂面上。试验结果表明，压裂作业的压力达到一定的值后，在井周围就会发生微地震事件，通过确定微地震事件出现的位置可以检测裂缝的分布范围。

由断裂力学理论可知，当地层应力强度因子大于地层中断裂韧性时，已有的裂缝产生扩展，即当公式成立时，裂缝发生扩展现象，即满足下式

$$\big(p_d - s_n\big)Y / \big(\pi l\big)^{1/2} \int_0^1 \Big[\big(1+x\big) / \big(1-x\big)^{1/2}\Big]\mathrm{d}x \geqslant k_{ic} \tag{5-45}$$

式中，左侧——是地层应力强度因子；

$\quad k_{ic}$ ——断裂韧性；

$\quad p_d$ ——井底注入压力；

s_n——裂缝面上的法向应力；

Y——裂缝形状因子；

l——裂缝长度；

x——自裂缝端点沿裂缝面走向的坐标。

由式(5-45)可知，在压裂过程中，p_d增大到一定的值，就要造成地层破裂，从而诱发微地震事件，这就是微地震监测方法的理论依据。

2. 微地震震源定位原理

微地震震源定位是微震监测的核心和目的，其依据就是在地层压裂造缝过程中，由于压力增大造成岩石开裂，类似于沿断层发生的微地震。这些微地震事件产生的地震波动信息被附近监测井的地震检波器接收，同时采集系统对接收到的微震信号进行严格判别，保证每个接收到的微震信号的真实性，避免伪信号的进入。通过数据分析处理，可得到震源的信息。在压裂过程中，裂缝延伸所产生的微震能量以弹性波的方式向前传播，随着微地震事件在时间和空间上的产生，微地震定位结果便连续不断更新，形成一个裂缝延伸的动态图。通过求解这一系列微震源点，便可直观得到裂缝方位、长度、宽度、顶底深度以及两翼长度。

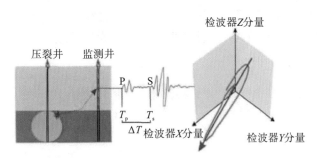

图 5-18　微地震震源定位的示意图

图 5-18 是根据一个三分量检波器记录到的波列进行微地震震源定位的示意图。如图所示，检波器布置在监测井中，记录压裂井中因压裂改造形成的纵波 P 波和横波 S 波微地震信号。在已知地层的纵、横波速度的条件下，监测井中的检波器记录到的微地震信号中，因纵波速度快，最先到的是纵波 P，质点振动方向平行于波的传播方向，即平行于震源到观测点的径向矢量 L。随后是横波 S，其质点振动矢量垂直于径向矢量 L，并位于垂直于 L 的平面内。通过拾取纵、横波波至时间 T_P 与 T_S，根据已知的地层纵、横波速度 v_P 及 v_S，可得到震源距离检波器的距离 L。

震源定位过程采用矩阵分析理论判别微地震震源坐标、设 $Q_k(X_{qk}, Y_{qk}, Z_{qk})$ 点为第 k 次破裂时的破裂源，$p_i(X_{pi}, Y_{pi}, Z_{pi})$ 为第 i 个测点，L_{ki} 为两点间的距离，则有

$$L_{ki} = \left[\left(X_{pi} - X_{qk} \right)^2 + \left(Y_{pi} - Y_{qk} \right)^2 + \left(Z_{pi} - Z_{qk} \right)^2 \right]^{1/2} \tag{5-46}$$

设介质内的平均速度为已知，且在点记录信号可以确定 S 波和 P 波的到达时间之差，则有

$$\Delta T_{ki} = L_{ki} / v_S - L_{ki} / v_P \tag{5-47}$$

整理可得

$$\left[\left(X_{pi} - X_{qk}\right)^2 + \left(Y_{pi} - Y_{qk}\right)^2 + \left(Z_{pi} - Z_{qk}\right)^2\right]^{1/2} = \Delta T_{ki} v_P v_S / \left(v_P - v_S\right) \tag{5-48}$$

测点的坐标是已知的，式中仅含有 3 个未知量，即破裂源坐标。当测点的个数 $i \geq 3$ 时，由其中的任意三个方程都可以解出一组来，所以该式是求解点坐标的基本方程组。通过求解方程组可以得到微地震震源坐标。

(三) 微地震裂缝监测技术

1. 地面微地震裂缝监测技术

根据莫尔-库仑准则，水力压裂裂缝扩展时，必将沿裂缝面形成一系列微震。记录这些微地震，并进行微地震震源定位，由微地震震源的空间分布可以描写人工裂缝的轮廓。微地震震源的空间分布在柱坐标系的三个坐标面上的投影，可以给出裂缝的三视图，分别描述裂缝的长度、方位、产状及参考性高度。

整个监测工程分三步：收集相关资料，现场监测，以及数据分析处理、获得完整的解释报告。该项技术操作简单、成本低，国内普遍应用，压裂过程中在压裂井周围地面环状布置一组检波器(图 5-19)。该项技术采用 3~6 只检波器，可安装在套管上，也可埋在地表 30cm 处，主要以接收 P 波为主，主要解释的参数为裂缝方位和裂缝动态缝长。

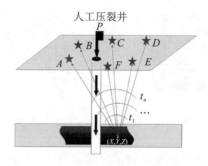

图 5-19 地面微地震裂缝监测技术示意图

2. 微破裂影像裂缝监测技术

微地震地下影像技术是近年来出现的用于油气田勘探开发中的新技术，该技术属于油藏地球物理的范畴，是运用无源地震的微地震三分量数据，进行多波(纵波和横波)振幅属性分析，并采用相关体数据计算处理方法，得出监测期内各时间域三维空间体地下地层岩石破裂和高压流体活动释放的能量分布情况。

微破裂四维影像裂缝监测技术是通过在监测区近地表布置 12 套数据采集站系统形成采集站仪器阵列，共同接收地下油层液体流动压力引起的岩石微破裂所产生全体体波——纵波(P 波)和横波(S 波)。利用多波属性分析、相干振幅体向量叠加扫描、三维可视化技术、描述裂缝三维形态，解释出裂缝方位、裂缝动态缝长、裂缝动态缝高。

该项技术主要包括数据采集、震源成像和精细反演等几个关键步骤，具有三分量监测，先进的去噪技术，可实现震级描述和 4D 输出优点，但解释过程复杂，需 3～4d 时间。在压裂时，采用在压裂井 1000～2000m 的圆环内布 20～30 只三分量检波器，在地表 30cm 处布置。

3. 井下微地震裂缝监测技术

井下微地震裂缝监测技术是美国 Pinnacle 公司开发的监测压裂过程中人工裂缝的技术，是目前判断压裂裂缝最准确的方法之一。水力压裂产生的微地震释放弹性波，频率大概在声音频率的范围内。压裂时，震源信号被位于压裂井旁的井中检波器所接收，将接收到的信号进行资料处理，反推出震源的空间位置，用震源分布图就可以解释水力裂缝的方位、深度、延伸范围、长度、高度和裂缝发生顺序。

该项技术在精度、可靠性、处理速度、设备布放等四个方面都十分成熟。对井的要求如下：①被监测井对应至少一口监测井；②井距小于 400m，两口井井口位置最好不在同一井场；③监测井最大井斜小于 30°，狗腿度小于 3°/30m。

4. 阵列式地面微地震裂缝监测技术

该技术为美国 MSI 公司的专利技术，类似勘探检波器阵排列，使用多条测线、上千个接收道，在地表监测微地震信号；使用被动地震发射层析成像[PSET(r)]技术对压裂过程中微地震事件活动结果成像。多种数据采集方法包括：地面阵列、埋置阵列、井下阵列、组合阵列，根据检波器信号特征识别纵向破碎、横向破碎滑动、斜向破碎三种破裂形态。

阵列式微地震裂缝监测技术，克服了井下微地震裂缝监测系统监测范围有限、环境条件要求严、方向偏差、需观测井的缺陷；监测范围广、数据采集量大，数据处理解释精度高；能够提供满足压裂裂缝展布情况、射孔优化、压裂设计优化、开发井网部署和油藏动态监测等多种信息功能。该项技术为一项新技术，目前认为精度较高，在国内还没有应用，但由于解释技术属于美国，一口井的费用很高，推广难度大。

上述几种微地震裂缝监测技术是目前国内外常用的微地震裂缝测试技术，这些方法都有各自的特点和局限性，也有各自的技术适应性（见表 5-3）。

表 5-3　几种微地震技术能力与特点对比（据李雪，2012）

测试方法	缝长	缝高	对称性	缝宽	方位	倾角	容积	特点
地面微地震	Y	Y/N	Y	N	Y	Y/N	N	费用低，操作简单，精度差，易受地面设备造成的微地震影响
井下微地震	Y	Y	Y	N	Y	Y/N	N	费用昂贵，对监测井要求高，条件较严苛
地面微破裂影像	Y	Y	Y	N	Y	Y/N	N	解释过程复杂，需 3～4 天
阵列式地面微地震	Y	Y	Y	N	Y	N	N	费用昂贵，精度较高

（四）地面微地震监测实例

1. Barnett 页岩气井微地震监测

在 Barnett 页岩 19 口有井下微地震监测资料的井，改造后的体积与压后 6 个月和 3 年累计产量的比较曲线见图 5-20。由图 5-20 可见：19 口井的压裂改造体积在 $5.3 \times 10^6 \sim$ $52.7 \times 10^6 \mathrm{m}^3$，且压后 4 个月的累计产量随着改造体积的增加而增加，压后 3 年增加的幅度更大，这充分说明改造体积对页岩气压后产量的重要作用。

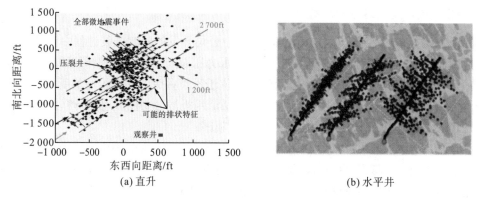

(a) 直升   (b) 水平井

图 5-20   直井与水平井井下微地震波裂缝监测结果图

2. 威远区块页岩气井微地震监测

1) 项目概况

威远构造属于川中隆起的川西南低陡褶皱带，东及东北与安岳南江低褶皱带相邻，南界新店子向斜接自流井凹陷构造群，北西界金河向斜于龙泉山构造带相望，西南与寿保场构造鞍部相接，是四川盆地南部主要的页岩气富集区之一。H 井为水平井，目的层为志留系龙马溪组，水平段长约 1000m，水平段垂深约 3500m。由于页岩气藏本身具有低孔、低渗的特征，须对该井进行水力压裂作业，旨在扩大裂缝网络，提高最终采收率。压裂作业采用复合桥塞+多簇射孔方式，设计压裂 12 段，由于可能存在天然断层，第 4 段跳过，实际压裂 11 段。此次地面微地震实际监测的主要任务是现场实时展示微地震事件结果，确定裂缝方位、高度、长度等空间展布特征及复杂程度，后期处理解释对压裂效果予以评价。

2) 数据采集

地面微地震监测采用的是基于波形叠加的偏移类定位方法。为了提高成像精度，在观测系统设计时充分考虑了聚焦"光圈"（成像孔径）的大小和穿过"光圈"的光线数量（接收点密度）。常见的地面监测观测系统有矩形观测系统和星型观测系统。该项目野外数据采集采用星型观测系统，即以压裂井口为中心，在其四周呈放射状布设测线。实际监测排列包括 10 条测线共计 1300 余道接收站，每站 6 只检波器，覆盖地表面积约 69km²，采样间隔 2ms。

通常地面监测与井中监测相比，距离更远，监测到的事件数更少，事件信号强度更弱。因此，弱事件的识别是地面监测成功与否的关键。从实际监测记录发现，地面噪声主要以人为干扰为主，经过滤波、静校正等一系列技术处理之后，微地震事件识别度明显提高。

3) 数据处理

微地震事件定位的方法通常分为三类：①基于直达波质点位移的矢端技术；②基于直达波到时的三角定位法；③基于波形叠加的相干能量法。原则上 3 种定位方法都可用于地面监测成像，但前两种定位方法通常对信号采用离散识别方法，对地面监测的弱信号效果甚微。因此，国内外大多数地面监测定位方法都倾向于基于波形叠加的相干能量法。

该项目中数据处理工作大致包括数据解编、去假频、静校正、噪声抑制滤波、带通滤波、四维能量聚焦定位法。检波器方位校正采用燃爆索信号。初始速度模型参考了 H 井的声波测井曲线，通过对射孔信号定位调整速度模型，同时兼顾定位精度与时间，最终速度模型确定为恒定速度模型(5000m/s)。工区位于山区，地表起伏较大，利用强能量微地震时间计算静校正速度，静校正速度确定为 3000m/s，校正后事件初至平滑，效果较好。干扰主要来自周围机械作业、人为活动，汽车和飞机通过检波器周围空间时也会产生异常波形，通过特定去单频干扰和 10~90Hz 带通滤波可以达到去除干扰的目的。随着压裂逐段推进，速度模型在先前模型基础上调整。总体上，各段射孔水平定位误差小于 15m，垂向定位误差小于 20m，以此可估算事件定位误差。

四维能量聚焦定位法的基本思想是：根据工区情况采用指定大小的网格将地下模型网格化。针对一个指定网格，计算该网格作为震源的微震信号到达各监测站的到时，将与微震信号到达各个监测站的到时对应的有效波振幅相加，从而获得叠加能量。获得不同到时下的叠加能量，并将叠加能量中的最大值归位到指定网格中；遍历所有网格，重复之前的步骤获得所有网格的最终能量谱；根据预先设置的阈值对最终能量谱的能量值过滤，从而将能量值大于阈值的网格定位为微震有效事件点。

4) 监测结果

此次地面监测共计识别、定位事件 2245 个(图 5-21、图 5-22)，各段裂缝长度从 1480m 到 1800m 不等，平均缝长 1730m，裂缝高度从 90m 到 200m 不等，平均缝高 170m。微地震事件主体发生在两个线性构造内：第一个位于井筒西侧大约距出靶点 100m 处，宽约 200m，高约 170m。第二个位于第 7、8 压裂段附近，宽约 100m，高约 110m。所有

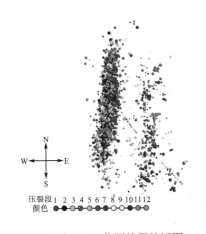

图 5-21　监测结果俯视图

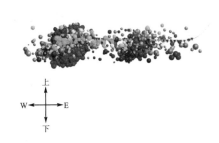

图 5-22　监测结果侧视图

事件集分布呈现近似南北走向，垂深范围从 3420m 到 3620m。排除孤立的事件点，估算的累计压裂改造体积 M-SRV 为 $34.9×10^6 m^3$，各段压裂改造体积之和为 $87×10^6 m^3$，重叠率约为 60%。为 EUR(单井预期产气量)的计算提供了基础资料。

六、页岩气藏体积压裂应用实例

(一)页岩气藏体积压裂模拟软件介绍

1. FracproPT 软件简介

FracproPT 系统被特别地设计为工程师用于水力压裂设计及分析的最综合的工具。比其他的水力压裂模型更多的功能是:有实效的使用现场施工数据是 FracproPT 的重要主题。这一点使 FracproPT 不同于有关的同类软件产品。实时数据的使用为工程师提供了对施工井响应的更深刻、更合理的理解,这些响应反映了在压裂施工之前、之中和之后,储藏中所发生的物理过程的真实性。

FracproPT 是作为美国天然气研究所(GRI)的天然气供应规划的项目被开发的。FracproPT 在全世界的天然气、石油和地热的储藏领域中,有很多的商业应用。集总参数的三维压裂裂缝模型(它不应该与所谓的拟三维模型相混淆)充分地表现出了水力压裂物理过程的复杂性和实际状况。

FracproPT 主要有四个功能模块:压裂设计模块,压裂分析模块,产能分析模块,经济优化模块。

压裂设计模块:这个模块生成设计的施工泵序一览表。用户输入要求的无因次导流能力并评价经济最适合的裂缝半长。FracproPT 帮助用户选择支撑剂和压裂液体并生成满足要求的缝长和导流能力的推荐的施工泵序一览表。

压裂分析模块:使用本方式可以进行详细的预压裂设计,实时数据分析和净压力历史拟合。实时数据分析可以是实时的,或使用先前获取的数据进行压裂后的分析。这个方式可以用测试压裂分析估算所形成的裂缝几何尺寸,确定裂缝闭合应力以及分析近井筒扭曲来确定早期脱砂的潜在可能性。

产能分析模块:该模块被用来预测或者历史拟合压裂井或非压裂井的生产状态。在本模块中,FracproPT 把由压裂裂缝扩展和支撑剂运移模型确定的支撑剂浓度剖面传输给产能分析软件,之后产能分析软件模拟支撑剂浓度剖面对生产井生产的影响。这对评估压裂井的经济效果以及后续施工井的经济预测是必不可缺的。

经济优化模块:该模块在施工规模的优化循环中,把 FracproPT 的压裂裂缝模型连接在储藏模型上。该模块首先应用于粗略的范围,然后再精确地确定经济上最优化的压裂施工规模。

2. Meyer 软件简介

Meyer 软件是 Meyer&Associates,Inc.公司开发的水力措施模拟软件,可进行压裂、酸化、酸压、泡沫压裂/酸化、压裂充填、端部脱砂、注水井注水、体积压裂等模拟和分析。该软件从 1983 年开始研制,1985 年投入使用。目前该软件在世界范围内拥有上百个客户,包括油公司、服务公司、研究所和大学院校等。

Meyer 软件是一套在水力措施设计方面应用非常广泛的模拟工具。软件可提供英语和俄语两种语言版本。其模块如表 5-4 所示。

表 5-4　Meyer 软件模块清单

模块名称	功能中文描述
MFrac	常规水力措施模拟与分析
MPwri	注水井的模拟和分析
MView	数据显示与处理
MinFrac	小型压裂数据分析
MProd	产能分析
MNpv	经济优化
MFrac-Lite	MFrac 简化模拟器
MWell	井筒水力 3D 模拟
MFast	2D 裂缝模拟
MShale	缝网压裂设计与分析(非常规油气藏如页岩、煤层)

1) MFrac_常规水力措施模拟与分析模块

MFrac 是一个综合模拟设计与评价模块,含有三维裂缝几何形状模拟和综合酸化压裂解决方案等众多功能。该软件拥有灵活的用户界面和面向对象的开发环境,结合压裂支撑剂传输与热传递的过程分析,它可以进行压裂、酸化、酸压、压裂充填、端部脱砂、泡沫压裂等模拟。MFrac 还可以针对实时和回放数据进行模拟,当进行实时数据模拟时,MFrac 与 MView 数据显示与处理连接在一起来进行分析。

模块性能如下:

(1)根据预期的结果(裂缝长度和导流能力)自动设计泵注程序。

(2)不同裂缝参数与多方案优选。

(3)压裂、酸化和泡沫压裂/酸化、端部脱砂(TSO)和压裂充填 FRAC-PACK 模拟和设计优化。

(4)根据实时数据和回放数据进行施工曲线拟合及模型校准。

(5)预期压裂动态分析(例如裂缝延伸、效率、压力衰减等)。

(6)综合应用 MFrac、MProd 和 MNpv 开展压裂优化设计研究。

模块主要功能:压裂数据的实时显示和回放;井筒和裂缝中热传递模拟;酸化压裂设计;精确的斜井井筒模型(包括水平井)设计;支撑剂传输设计;(射孔)孔眼磨蚀计算;可压缩流体设计(泡沫作业时);近井筒压力影响分析(扭曲效应);多层压裂(限流法);综合的支撑剂、压裂液、酸液、油套管和岩石数据库;多级压裂裂缝模拟(平行或者多枝状的);2D 和水平裂缝设计;先进的裂缝端部效果分析(包括临界压力);根据时间和泵注阶段统计漏失量;3D 绘图;端部脱砂(TSO)和压裂充填 FRAC-PACK 高传导性裂缝的模拟。

与其他模块的联合应用:①MFrac 进行回放数据和实时数据模拟分析时,数据要从 MView 模块导入,数据包括随时间变化的排量、井底压力、井口压力、支撑剂浓度、氮气或二氧化碳注入量等。②MinFrac 模块中小型压裂分析结果也可直接应用到 MFrac 中,在实施主压裂作业之前对地应力、裂缝模型、裂缝效率、前置液体积等进行校正。

2）MShale_裂缝网络压裂设计与分析

Mshale 是一个离散缝网模拟器（DFN），用来预测裂缝和孔洞双孔介质储层中措施裂缝的形态。该三维数值模拟器用来模拟非常规油气藏层页岩气和煤层气等措施形成的多裂缝、丛式/复杂/簇、离散缝网特征。

这个多维的 DFN 方法基于裂缝网络网格化系统，可以选择连续介质理论和非连续介质理论（网格）算法。程序提供用户自定义 DFN 特征参数，包括输入裂缝网络间隔、孔径、长宽比等，以及确定性 DFN 特征参数，如定义应力差（如 $\sigma_2-\sigma_3$ 和 $\sigma_1-\sigma_3$）和裂缝网络参数。然后，系统就会计算出 X、Y、Z 方向上（如 x-z、y-z 和 x-y 平面）的裂缝特征参数、孔径和扩展范围等。

裂缝间的相互干扰可以由用户自定义，也可以根据经验基于所生成的网络裂缝及其间隔计算出来。支撑剂的运移和分布总是沿着主裂缝方向，或者根据用户指定某裂缝面支撑剂分布最小的条件下计算出支撑剂的运移和分布结果。

（二）页岩气藏体积压裂模拟应用实例

1. 体积压裂模拟应用实例

1）设计理念

随着储集层改造技术的不断发展，旨在增大页岩气储集层改造体积（SRV）的水平井分段压裂设计理念也随之发生变化，概念更加清晰，方法更加明确。关键的设计理念有以下几个方面：优化缝间距，利用缝间干扰，形成复杂裂缝。缝间距的优化即为簇间距优化。在具体的优化设计中，需通过数值模拟首先确定簇间距，然后根据簇间距确定分簇数，再根据分簇数确定每次压裂段的长度，进而根据水平段的长度来确定每口井压裂段数。

2）目的井地质情况简述

X 井自上至下钻遇地层为下三叠统嘉陵江组、飞仙关组，二叠系上统长兴组、龙潭组，下统茅口组、栖霞组、梁山组，石炭系中统黄龙组，志留系中统韩家店组，下统小河坝组、龙马溪组，地层层序正常。全井段未钻遇断层，各段地层厚度正常。

志留系：下统龙马溪组（S1l）：钻厚（斜厚）1987.0m（未穿），垂厚 300.27m，上部以深灰色泥岩为主；中部灰-灰黑色泥质粉砂岩、粉砂岩互层；下部以大套灰黑色页岩、碳质页岩及灰黑色泥岩、碳质泥岩为主。

志留系水平段（2622～4152m）：本井自井深 2622m（斜深）进入水平段，水平段总长 1500m。水平段岩性相对较为单一，主要为灰黑色碳质泥岩。与邻井相比，X 井水平段 2622（垂深 2378.29m）～4152m（垂深 2383.99m）井段相当于邻井富有机质泥 2377.5～2415.5m/38m 层段中的 2405.0～2413.0m/8m 井段。

3）分段压裂总体思路

X 井进行分段压裂设计的总体思路如下：

（1）按照井组试验方案部署，该井通过开展支撑剂类型优选试验，评价不同支撑剂类型对产能的影响。设计分 21 段压裂，每段 3 簇，每簇射孔长度为 1.0m。

(2)考虑 X 井整体水平段靠底板，轨迹基本上在五峰组-龙马溪组界面附近穿行，裂缝以向上扩展为主，整体降低加砂规模。针对五峰组-龙马溪组储层岩性、物性上的差异，五峰组(第 1～2 段、8～18 段、21 段)增加单段酸量及防膨剂加量，适当降低砂比及加砂规模；第 3～7 段和 19 段、20 段均为龙马溪组中下部，裂缝可上下扩展，加砂相对容易，提高砂比。

(3)参照已施工井的布缝模式，采用"W"形裂缝布局。

(4)采用组合加砂、混合压裂模式，提高裂缝导流能力和连通性，增加有效改造体积。支撑剂选用低密度陶粒，采用 100 目粉陶+40/70 目低密度陶粒+30/50 目低密度陶粒支撑剂组合。

(5)经过可压性评价，水平应力差异系数大，但脆性较好，经过 X 井压裂后分析，主要以复杂裂缝形成为主；储层层理发育，纵向延伸难度大，增加排量，提高净压力，使缝高在储层中延伸，打开页理层理，增大裂缝的复杂程度。

(6)根据储层物性、脆性矿物含量、气测显示以及固井质量等参数，优选分段级数、射孔位置和桥塞位置。

(7)采用前置盐酸处理，降低破裂压力；活性胶液平衡顶替，保持近井带导流能力。

4)分段压裂工具选择

本井为套管完井，分段压裂工具选用球笼式可钻式复合压裂桥塞，桥塞具体性能参数及结构见表 5-5 和图 5-23。桥塞下入方式为水力泵送。防喷管耐压：105MPa。

图 5-23　可钻桥塞结构示意图

表 5-5　X 井分段改造桥塞作业工具数量及技术参数

序号	名称	尺寸			工作压力/MPa	工作温度/℃	数量
		长度/m	外径/mm	内径/mm			
1	可钻桥塞	0.438	109.2	N/A	70	149	20 套

5)分段优化设计

本方案以水平段地层岩性特征、岩石矿物组成、油气显示、电性特征(GR、电阻率和三孔隙度测井)为基础，结合岩石力学参数、固井质量，同时参照 X 井压裂分段坐标情况，对 X 井水平段进行划分；综合考虑各单因素压裂分段设计结果，重点参考层段物性、岩性、电性特征及固井质量四项因素进行综合压裂分段设计，共分为 21 段。具体分段情况及桥塞位置见表 5-6。

表 5-6 水平井分段设计表

分段序号	起始井深/m	终止井深/m	段长/m	桥塞位置/m
21	2622	2698	76	2698
20	2698	2774	76	2774
19	2774	2852	78	2852
18	2852	2926	74	2926
17	2926	2991	65	2991
16	2991	3057	66	3057
15	3057	3132	75	3132
14	3132	3209	77	3209
13	3209	3285	76	3285
12	3285	3351	66	3351
11	3351	3428	77	3428
10	3428	3494	66	3494
9	3494	3569	75	3569
8	3569	3634	65	3634
7	3634	3698	64	3698
6	3698	3774	76	3774
5	3774	3849	75	3849
4	3849	3914	65	3914
3	3914	3978	64	3978
2	3978	4052	74	4052
1	4052	4121	69	——

6）压裂材料优选

本井借鉴压裂液经验采用混合压裂液体系压裂，即减阻水+胶液体系。减阻水压裂液体系采用 JC-J10 减阻水体系，胶液体系采用 SRLG-2 胶液体系。

（1）减阻水体系。

JC-J10 减阻水体系：减阻剂为固体粉末，其他为液体。

①五峰组（第 1～2 段、8～18 段、21 段）：0.1%减阻剂 JC-J10+0.4%防膨剂 JC-FC03+0.1%增效剂 JC-Z01+0.02%消泡剂。

②龙马溪组（第 3～7 段、19 段、20 段）：0.1%减阻剂 JC-J10+0.3%防膨剂 JC-FC03+0.1%增效剂 JC-Z01+0.02%消泡剂。

减阻水压裂液体系性能指标见表 5-7，完全能够满足页岩气藏水平井多级压裂的需要。

表 5-7 减阻水压裂液体系性能对比表

项目	JC-J10 减阻水体系
减阻率，%	80.9
表面张力，mN/m	26.48
界面张力，mN/m	2.83
25℃、170s-1 黏度，mPa·s	5-8
防膨率，%	87.5

JC-J10 减阻水体系，在广义雷诺数 3000～72000 的范围内，减阻率可达 75%以上，室内测试具有良好的减阻效果。

（2）胶液体系。

0.3%低分子稠化剂、SRFR-CH3+0.3%流变助剂、SRLB-2+0.15%复合增效剂、SRSR-3+0.05%黏度调节剂、SRVC-2+0.02%消泡剂。

胶液水化性好，基本无残渣，悬砂好，裂缝有效支撑好，返排效果好（低伤害、长悬砂、好水化，易返排）。从室内实验结果来看，加入流变助剂后液体体系黏度可增加 12～18mPa·s。

该体系在 X 井现场施工最大携砂比为 22%～27%，性能稳定。

（3）破胶剂。

根据井底温度预测结果，以压后同步破胶为目标，确定每段破胶剂（黏度调节剂）加量如表 5-8 所示。

表 5-8　不同压裂段数黏度调节剂加量

段数	黏度调节剂加量/t	黏度调节剂 SRVC-2 含量/%
第 1 段	0.1	0.025
第 2 段	0.1	0.025
第 3 段	0.125	0.031
第 4 段	0.125	0.031
第 5 段	0.15	0.038
第 6 段	0.15	0.038
第 7 段	0.175	0.044
第 8 段	0.175	0.044
第 9 段	0.2	0.05
第 10 段	0.2	0.05
第 11 段	0.225	0.056
第 12 段	0.225	0.056
第 13 段	0.25	0.063
第 14 段	0.25	0.063
第 15 段	0.275	0.069
第 16 段	0.275	0.069
第 17 段	0.3	0.075
第 18 段	0.3	0.075
第 19 段	0.325	0.081
第 20 段	0.325	0.081
第 21 段	/	/

(4)酸液优选。

预处理酸液:单段盐酸酸液用量为 10～15m³,有效降低破裂压力。

预处理酸配方:15%HCl+2.0%缓蚀剂+1.5%助排剂+2.0%黏土稳定剂+1.5%铁离子稳定剂。

(5)其他液体。

按照平均每段泵送桥塞液体用量 45m³设计,共需 1000m³活性水。

泵送桥塞用活性水配方为:0.3%防膨剂 JC-FC03+清水。

钻塞液选用高黏 CMC,要求黏度大于 40mPa·s,用量为 200m³。

(6)支撑剂。

页岩储层压裂通常选择 100 目支撑剂在前置液阶段做段塞,打磨降低近井摩阻,中后期选择 40/70 目+30/50 目支撑剂组合增加裂缝导流能力,降低砂堵风险。

本井开展支撑剂类型试验,采用的低密度陶粒在低密度、高强度、高导流能力等性能方面更具优势,可满足施工要求(表 5-9)。

表 5-9   不同类型低密度陶粒性能测试

序号	检验项目	标准要求	试验结果		
			20/40	30/50	40/70
1	酸溶解度,%	≤7.0	3.2	5.2	4.2
2	(69MPa)破碎率,%	≤10.0	12.2	8.3	7.4
3	浊度,NTU	≤100	28.3	55.9	47.8
4	视密度,g/cm³	/	2.78	2.78	2.78
5	体积密度,g/cm³	/	1.48	1.5	1.5
6	圆度	≥0.8	0.85	0.85	0.84
7	球度	≥0.8	0.86	0.85	0.85

考虑支撑剂耐压性、支撑剂嵌入情况等因素,X 井采用 100 目粉陶+40/70 目低密度陶粒+30/50 目低密度陶粒。

7)施工参数优化设计

(1)规模设计。

参照 X 井裂缝布局模式,X 井钻井轨迹穿行在五峰组下部,采用"W"形裂缝布局(图 5-24)。

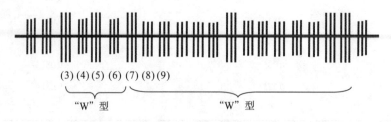

图 5-24   各层段裂缝布局及施工规模设计示意图

针对不同层段不同簇数条件，不同压裂液规模进行模拟分析。

以三簇进行模拟，选取压裂液用量分别为 1200m³、1300m³、1400m³ 和 1500m³，支撑剂用量分别为 50m³、60m³、70m³、80m³，则不同参数对裂缝半长的影响如图 5-25 所示，支撑半长在 170~270m，裂缝波及半长在 300~380m。

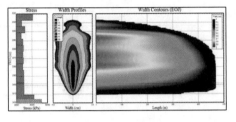
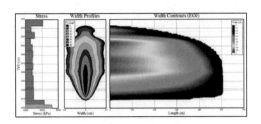
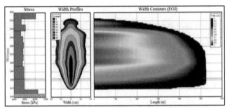
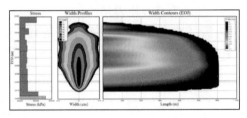

图 5-25 不同液量对应支撑半缝长(三簇)

根据 X 井水平段测井解释结果，同时考虑"W"形缝长布局模式，设计不同层段主压裂施工规模，该井 21 段压裂施工参数及裂缝参数见表 5-10。

表 5-10 压裂施工参数及裂缝参数设计表

层位	段数	段长/m	单段簇数	液量/m³	砂量/m³	波及缝长/m	支撑缝长/m
五峰组	1	76	3	1300	55	330	190
	2	76	3	1300	55	330	190
龙马溪组	3	78	3	1460	80	360	270
	4	74	3	1370	70	350	240
	5	65	3	1460	80	360	270
	6	66	3	1370	70	350	240
	7	75	3	1460	80	360	270
五峰组	8	77	3	1300	55	330	190
	9	76	3	1300	55	330	190
	10	66	3	1300	55	330	190
	11	77	3	1300	55	330	190
	12	66	3	1300	55	330	190
	13	75	3	1500	70	380	240
	14	65	3	1300	55	330	190

续表

层位	段数	段长/m	单段簇数	液量/m³	砂量/m³	波及缝长/m	支撑缝长/m
	15	64	3	1300	55	330	190
	16	76	3	1300	55	330	190
	17	75	3	1300	55	330	190
	18	65	3	1300	55	330	190
龙马溪组	19	64	3	1460	80	360	270
	20	74	3	1460	80	360	270
五峰组	21	69	3	1300	55	330	190

(2)注入方式及压力预测。

为满足工艺要求，本次施工采用套管注入工艺。对不同排量下的井口施工压力进行预测(表 5-11)。

表 5-11　施工压力预测表

延伸压力梯度/MPa	延伸压力/MPa	不同排量(m³/min)下的井口施工压力(MPa)							
		8	9	10	11	12	13	14	15
0.021	49.833	46.67	49.26	52.07	55.16	58.49	62.06	65.88	69.95
0.022	52.206	49.04	51.64	54.44	57.53	60.86	64.43	68.25	72.32
0.023	54.579	51.41	54.01	56.81	59.9	63.23	66.81	70.62	74.69
0.024	56.925	53.79	56.38	59.18	62.28	65.61	69.18	73	77.06
0.025	59.325	56.16	58.76	61.56	64.65	67.98	71.55	75.37	79.44
0.026	61.698	58.53	61.13	63.93	67.02	70.35	73.93	77.74	81.81
0.027	64.071	60.91	63.5	66.3	69.4	72.73	76.3	80.12	84.18
0.028	66.444	63.28	65.88	68.68	71.77	75.1	78.67	82.49	86.56
0.029	68.817	65.65	68.25	71.05	74.14	77.47	81.05	84.86	88.93
沿程摩阻/MPa		7.95	9.82	11.87	14.09	16.48	19.04	21.76	24.63
孔眼摩阻/MPa		2.62	3.34	4.09	4.96	5.9	6.92	8.02	9.21
总摩阻/MPa		20.57	23.16	25.96	29.05	32.38	35.96	39.78	43.84

考虑套管材质、施工安全限压、压力安全窗口影响，设计施工排量为 12～14m³/min，预计施工压力为 65～75MPa。

(3)测试压裂及主压裂泵注方案。

X 井井眼轨迹穿行位置比较特殊，考虑进一步对储层的认识，通过小型测试压裂可获取地层参数指导主压裂，泵注程序见表 5-12。本井第一段穿行位置与 X 井相近均在五峰组，可视 X 井小压测试分析结果决定本井是否需要进行小型测试压裂。

表 5-12 测试压裂泵注程序

泵注类型	排量/(m³/min)	净液体积/m³	阶段时间/min	液体类型	备注
升排量测试	1	2	2	减阻水	
	2	4	2	减阻水	
	4	8	2	减阻水	
	6	12	2	减阻水	
	8	16	2	减阻水	
	10	20	2	减阻水	
	12	24	2	减阻水	
诱导小型压裂	14	56	4	减阻水	
降排量测试	12	3.6	0.3	减阻水	根据实际情况可采用逐级降低泵车档位和逐台停车方式
	10	3	0.3	减阻水	
	8	2.4	0.3	减阻水	
	6	1.8	0.3	减阻水	
	4	1.2	0.3	减阻水	
	2	0.6	0.3	减阻水	
	1	0.3	0.3	减阻水	
停泵	0	0	30	停泵	
校正测试	12	48	4	减阻水	排量快速提至12m³/min
停泵	0	0	30	停泵	
合计		202.9	84.1		

X 井主压裂施工设计要点:

①分 21 段压裂,每段 3 簇,每簇射孔长度为 1.0m。

②整体水平段靠底板,裂缝以向上扩展为主,整体降低加砂规模。

③第 1~2 段、8~18 段、21 段均为五峰层位,位置靠底板,脆性较好,但裂缝主要向上扩展,加砂相对较为困难,砂比降低,总砂量降低。第 3~7 段和 19 段、20 段均为龙马溪层位,裂缝可上下扩展,加砂相对容易,提高砂比。

④五峰组黏土矿物含量相对较高,前置酸用量为 15m³,防膨剂用量为 0.4%;龙马溪组前置酸用量为 10m³,防膨剂用量为 0.3%。

⑤规模:单段 3 簇(21 段),液量 1300~1500m³,砂量 55~80m³。

⑥本井采用混合压裂液体系压裂,支撑剂采用低密度陶粒。

X 井 21 段压裂施工的泵注程序如下:

针对五峰组的压裂施工泵注程序如表 5-13 所示,单段压裂材料参数如表 5-14 所示,模拟结果如图 5-26 所示。

表 5-13　压裂施工泵注程序

阶段	液体类型	排量/(m³/min)	净液量/m³	累计净液量/m³	砂比/%	砂浓度/(kg/m³)	阶段砂量/kg	阶段砂量/m³	累计砂量/kg	累计砂量/m³	备注
1	15%HCL	2	15								前处理酸
	减阻水	2-4-6-8	80	80							阶梯升
2	减阻水	10	40	120							
3	减阻水	12	35	155	2	36	1246	0.7	1246	0.7	100目
4	减阻水	12	30	185							
5	减阻水	14	30	215	3	53	1602	0.9	2848	1.6	100目
6	减阻水	14	30	245							
7	减阻水	14	40	285	4	71	2848	1.6	5696	3.2	100目
8	减阻水	14	30	315							
9	减阻水	14	35	350	5	89	3115	1.8	8811	5	100目
10	减阻水	14	30	380							
11	减阻水	14	35	415	2	30	1050	0.7	9861	5.7	100目
12	减阻水	14	35	450							
13	减阻水	14	40	490	4	60	2400	1.6	12261	7.3	40/70目
14	减阻水	14	35	525							
15	减阻水	14	40	565	6	90	3600	2.4	15861	9.7	40/70目
16	减阻水	14	35	600							
17	减阻水	14	40	640	8	120	4800	3.2	20661	12.9	40/70目
18	减阻水	14	43	683							
19	减阻水	14	40	723	9	135	5400	3.6	26061	16.5	40/70目
20	减阻水	14	45	768							
21	减阻水	14	40	808	11	165	6600	4.4	32661	20.9	40/70目
22	减阻水	14	45	853							
23	减阻水	14	40	893	13	195	7800	5.2	40461	26.1	40/70目
24	减阻水	14	15	908							
25	胶液	14	40	948							
26	胶液	14	35	983	14	210	7350	4.9	47811	31	40/70目
27	胶液	14	40	1023							
28	胶液	14	25	1048	15	225	5625	3.8	53436	34.7	40/70目
29	胶液	14	20	1068	16	240	4800	3.2	58236	37.9	40/70目
30	胶液	14	40	1108							
31	胶液	14	20	1128	17	255	5100	3.4	63336	41.3	40/70目
32	胶液	14	20	1148	18	270	5400	3.6	68736	44.9	40/70目
33	胶液	14	45	1193							
34	胶液	14	25	1218	19	285	7125	4.8	75861	49.7	30/50目
35	胶液	14	25	1243	21	315	7875	5.3	83736	54.9	30/50目
36	胶液	14	15	1258							顶替
	减阻水	14	42	1300							

表 5-14　单段压裂规模

簇数/簇	3
预处理酸/m³	15
减阻水/m³	950
胶液/m³	350
压裂液总量/m³	1300
100 目粉陶/m³	5
40/70 目低密度陶粒/m³	40
30/50 目低密度陶粒/m³	10
支撑剂总量/m³	55

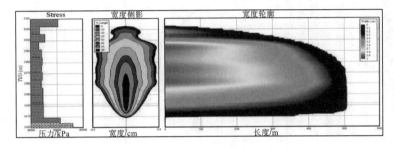

图 5-26　用 Mshale 压裂模拟结果

2. 体积压裂模拟应用实例二

根据电成像测井解释，对识别出的新页 HF-1 井天然缝进行了统计（表 5-15），共统计天然缝 9 条，全部为高导缝（图 5-27）。图中反映了裂缝的主要分布井段和产状。从图中可以看出须五段裂缝不发育，以低角度裂缝和斜交缝为主，裂缝倾角、走向变化较大。裂缝走向与最大主应力夹角小于 30° 者，裂缝有效性较好，从裂缝倾角统计图看，须家河组须五段部分裂缝的有效性较好。

表 5-15　新页 HF-1 井须五段裂缝统计表

序号	裂缝类型	深度/m	倾向/deg	倾角/deg
1	高导缝	2751.5744	302.67798	25.00158
2	高导缝	2751.6023	115.27986	15.34655
3	高导缝	2751.7446	275.26257	19.3821
4	高导缝	2760.1189	335.78708	14.97673
5	高导缝	2825.6052	98.2762	35.34286
6	高导缝	2914.9726	137.24692	26.04585
7	高导缝	3076.3058	186.02779	67.62254
8	高导缝	3076.4963	171.76707	69.93003
9	高导缝	3077.1719	357.36578	71.54213

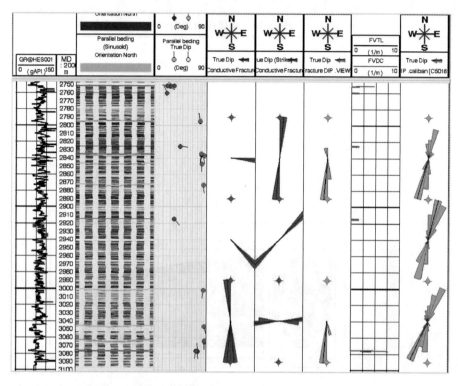

图 5-27　新页 HF-1 井 2750.0～3100.0m 裂缝产状成果图

　　新页 HF-1 井复杂裂缝系统影响因素主要有水平应力差异系数、脆性矿物含量、脆性指数、天然裂缝发育情况、净压力系数，见表 5-16。

表 5-16　新页 HF-1 井复杂裂缝系统影响因素分析汇总表

影响因素	本井数值	形成缝网有利条件	判断结果
水平应力差异系数	0.41	<0.25	不利于形成缝网
脆性矿物含量	53%～70%	>40%	利于形成缝网
脆性指数	50%	40%～60%	利于形成缝网
天然裂缝发育情况	部分井段发育	发育	部分井段利于形成缝网
净压力系数	0.75	≈2	不利于形成缝网

　　根据表 5-16 的复杂裂缝系统影响因素分析可知，在新页 HF-1 井能够形成局部复杂裂缝，但是由于水平主应力差过大，不利于形成大范围的网络裂缝，最终形成的裂缝形态应该是狭长的裂缝网络带，不易形成宽大的裂缝网络。

　　依据 HF-1 井井深结构剖面，根据测井数据解释得到的地层应力剖面以及杨氏模量、泊松比等力学参数，结合井筒数据以及地层参数，使用 Meyer 软件分别模拟了排量在 $8m^3/min$、$9m^3/min$、$10m^3/min$、$11m^3/min$、$12m^3/min$、$13m^3/min$，规模在 $40m^3$、$50m^3$、$60m^3$ 时的压裂裂缝形态。

　　砂量为 $40m^3$ 时不同排量下的模拟结果见图 5-28、图 5-29。

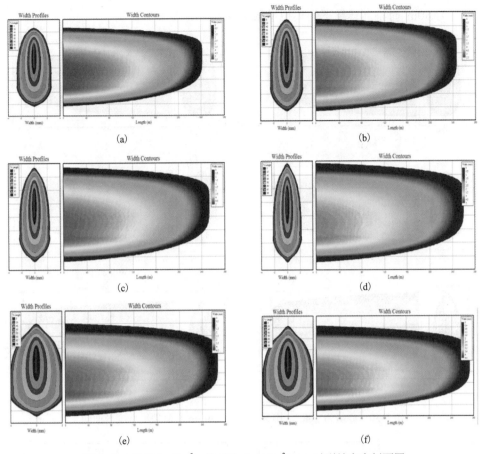

图 5-28　砂量为 40m³，排量为 8～13m³/min 时裂缝宽度剖面图

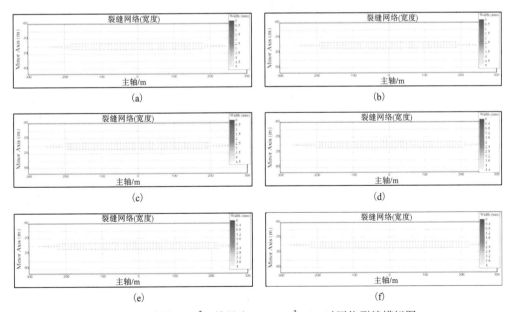

图 5-29　砂量 40m³，排量为 8～13m³/min 时网络裂缝模拟图

砂量为 $50m^3$ 时不同排量下的模拟结果见图 5-30、图 5-31。

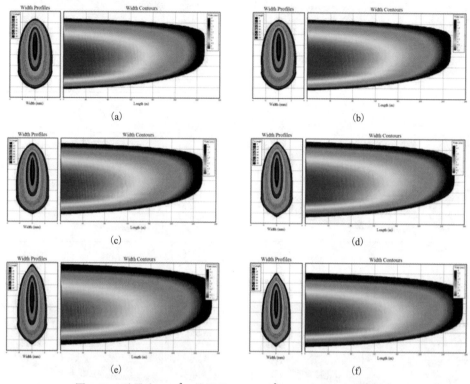

图 5-30　砂量为 $50m^3$，排量为 8～$13m^3$/min 时裂缝宽度剖面图

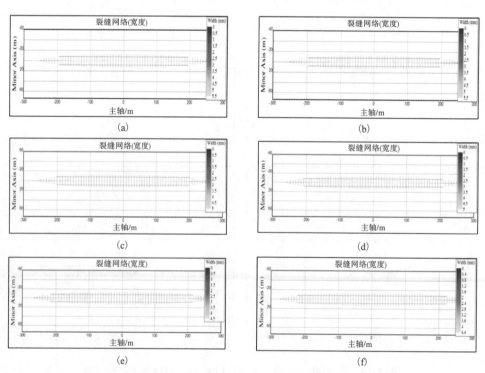

图 5-31　砂量为 $50m^3$，排量为 8～$13m^3$/min 时裂缝网络模拟图

砂量为 60m³ 时不同排量下的模拟结果见图 5-32、图 5-33。

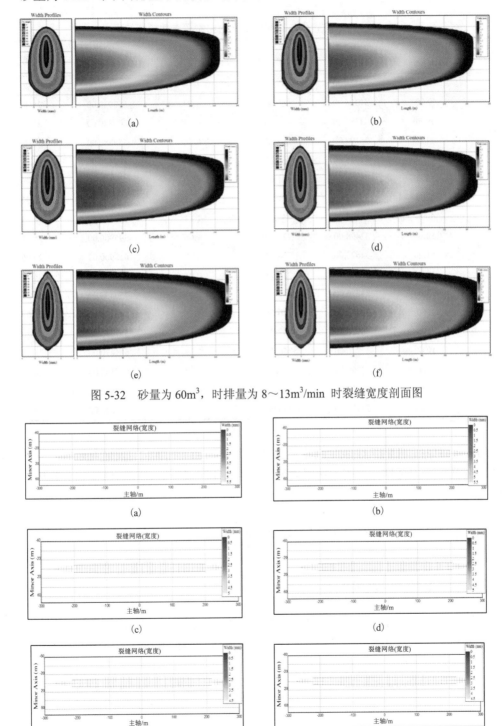

图 5-32　砂量为 60m³，时排量为 8～13m³/min 时裂缝宽度剖面图

图 5-33　砂量为 60m³，排量为 8～13m³/min 时裂缝网络模拟图

使用不同砂量、不同排量模拟出的网络裂缝参数及改造体积(SRV)如表 5-17 所示。

表 5-17   不同砂量、不同排量下网络裂缝参数模拟结果

砂量/m³	排量/(m³/min)	DFN 长度/m	DFN 体积/m³	平均 DFN 宽度/mm	增产体积/m³	裂缝区宽度/m
	8.00	29428.00	657.99	1.10	511110.00	25.20
	9.00	31226.00	660.00	1.02	553910.00	25.33
40.00	10.00	33284.00	661.29	0.93	606380.00	25.62
	11.00	35198.00	663.57	0.86	658380.00	26.23
	12.00	37015.00	666.83	0.80	709480.00	26.84
	13.00	38709.00	671.07	0.76	758470.00	27.40
	8.00	30588.00	721.59	1.12	550660.00	24.22
	9.00	31109.00	734.69	1.11	563270.00	24.72
50.00	10.00	32498.00	739.19	1.06	595980.00	25.38
	11.00	34673.00	738.02	0.97	613900.00	26.06
	12.00	36510.00	739.73	0.91	701910.00	26.72
	13.00	38226.00	742.44	0.85	750430.00	27.32
	8.00	30432.00	736.00	1.15	545120.00	25.05
	9.00	30926.00	749.72	1.15	557330.00	25.20
60.00	10.00	32776.00	750.46	1.07	601470.00	25.63
	11.00	34190.00	754.53	1.02	637180.00	26.01
	12.00	36652.00	752.27	0.91	704840.00	26.84
	13.00	38103.00	756.00	0.87	745800.00	27.32

通过对 HF-1 井的压裂裂缝网络模拟认识到，HF-1 井形成的裂缝复杂程度有限，裂缝主要在缝长方向延伸，形成的网络裂缝宽度为 24.2～27.4m，在数值模拟分析中，可以将缝网宽度取值为 25m。

第三节   天然气水合物开采技术

一、天然气水合物资源

天然气水合物是甲烷等烃类气体或挥发性液体与水相互作用形成的白色结晶状"笼形化合物"，俗称"可燃冰"，高密度、高热值、分布广是天然气水合物的显著特点，通常一单位体积的天然气水合物分解最多可产生 164 单位体积的甲烷气体。据估计，陆地上 20.7%和深水海底 90%的地区具有形成天然气水合物的有利条件，其中海洋天然气水合物的储量是陆地的约 100 倍，总量达到 $7.6×10^{18}m^3$，是已知含碳化合物总和(包括煤、石油和常规天然气等)的 2 倍，因此被认为是 21 世纪最有潜力的接替能源。

天然气水合物巨大的资源潜力以及对环境的潜在影响等吸引着世界各国勘查、实验开采以及配套环境影响评价工作的不断深入，美国、加拿大、德国、挪威以及我国周遍的日

本、印度、韩国等国家都制定了天然气水合物长期研究计划。目前，"一陆三海"的格局初步形成，"一陆"以北极冻土带的加拿大 MARLIK、美国阿拉斯加为主，"三海"包括墨西哥湾、印度沿海、南中国海和日本海。加拿大冻土带 MALLIK 计划、BP（British Petroleum）牵头的阿拉斯加热冰计划、雪佛龙牵头的墨西哥湾深水试开采三个实验性开采工业联合项目吸引了诸多国家、研究机构的参与。

我国在南海北部陆坡东沙、神狐、西沙、琼东南四个海区开展了水合物资源调查，2007年、2013 年成功获取海域水合物岩心，初步证实我国海域具有广阔的天然气水合物资源前景。据国土资源部研究者估算，仅南海天然气水合物的总资源量就达到 643.5～772.2亿吨油当量，约相当于我国陆上和近海石油天然气总资源量的1/2。

目前，全世界已获取水合物岩心 32 处，其中海洋 24 处。从取样情况看，在海底发现的天然气水合物通常在水深 300～3000m 以下，主要附存于陆坡、岛屿和盆地的表层沉积物或沉积岩中，也有部分散布于海底或湖底以水合物沙粒状出现。目前，探测的水合物资源主要储存在极地砂岩、海洋砂岩中，对具有良好封闭的储存在砂岩中的水合物资源可以通过常规的开发方式进行开发，而对于储存在海底表层百米之内亚稳态的天然气水合物的开发则需要考虑一种全新的开采模式。一方面，这部分松散流动性较好的弱胶结水合物作为孔隙性介质中水合物的良好盖层，如果不前期开发，则会造成在开发深层成岩水合物时海底温度压力场的改变。这种温度压力场的改变会直接使上部弱胶结水合物大量分解、气化和自由释放，这种情况的出现不仅会大量浪费这种资源，而且海水中大量气体的自由膨胀、上升会导致一些灾难性事故如：海面航行的船只在低密度气液混合物中运动造成沉船事件；在低空海面上飞机发动机吸入大量高浓度天然气从而造成发动机缺氧失效，形成坠机事故。再者会造成环境的污染。综上所述，针对位于海底浅层弱胶结水合物资源，如何合理、经济、安全开发是摆在国内外业界的难题。

二、海洋天然气水合物现场试采技术

国内外进入海洋天然气水合物现场试采的技术主要包括（图 5-34）：降压法、注热法和注化学试剂法、二氧化碳置换开采法等。

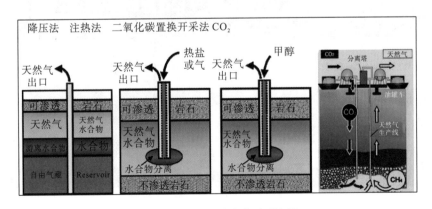

图 5-34　天然气水合物试采方法

(1)降压法开采。该方法是钻一口生产井到水合物层，通过降低井底压力，使水合物发生分解，天然气成分由管路排出。其缺点在于仅依靠降压开采可能导致水合物藏内结冰严重，开采能量供给不足。

(2)加热法开采。该方法主要利用钻井技术在天然气水合物稳定层中安装管道，对含天然气水合物的地层进行加热，提高局部储层温度，破坏水合物中的氢链，从而促成天然气水合物分解，再用管道收集采出析出的天然气。

(3)注化学剂开采法。从井眼向地层中注入某些化学剂，诸如盐类($CaCl_2$，$NaCl$ 等)、醇类(如甲醇、乙醇、乙二醇、丙三醇等)，可以改变水合物形成的相平衡条件，降低水合物相平衡温度，从而可以使水合物在较低的温度下分解，添加化学剂较加热法作用缓慢，但却有降低初始能量输入的优点。添加化学剂最大的缺点是费用昂贵，并且对环境和储层也存在较大的污染。

(4)二氧化碳置换法开采。该方法是目前国内外较为流行的一种开采模式，在置换过程中，二氧化碳水合物的生成和甲烷水合物的化解同时进行，二氧化碳水合物的生成过程提供了甲烷水合物化解过程所需要的热量。

(5)海洋非成岩天然气水合物固态流化开采。

世界上已经实施的试采均在成岩天然气水合物矿体进行，海洋浅层天然气水合物开采技术和方法还是空白，由西南石油大学提出的海洋非成岩天然气水合物固态流化开采的基本思路为：利用浅层弱胶结天然气水合物的埋深浅、疏松、易破碎的特性，以及海底温度、压力相对稳定不易分离的环境条件以及从海底到地面温度升高，压力降低的自然条件，水合物自动解析，举升，顺势开发，变不可控为可控，实现安全、绿色钻采。

技术流程：将深水浅层弱胶结的天然气水合物藏当作一种海底矿藏资源，利用其在海底温度和压力下的稳定性，采用固态开采方法，即采用采掘设备以固态形式开发天然气水合物矿体，将含天然气水合物的沉积物粉碎成细小颗粒后，再与海水混合、采用封闭管道输送至海洋平台，然后将其在海上平台进行后期处理和加工，其工艺流程如 5-35 所示。

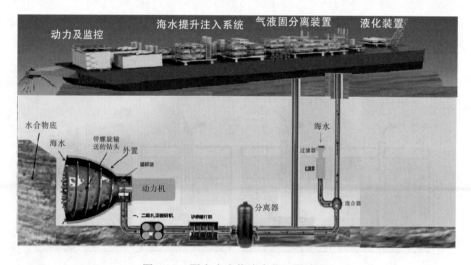

图 5-35　固态水合物流态化开发流程

三、海洋非成岩天然气水合物固态流化开采基础理论和关键技术

为了开展海洋非成岩天然气水合物固态流化开采基础理论和关键技术研究,设置以下研究课题:

子课题 1:海洋非成岩天然气水合物固态流化开采适应性评价

通过海洋天然气水合物勘探及钻采现状的调研分析,针对海底非成岩天然气水合物分布特点、力学特征等结合固态流化采掘技术思路开展该工艺技术的适应性评价及关键设备优选。

子课题 2:海洋非成岩天然气水合物可钻性数值仿真及破岩机理

建立不同含砂量的非成岩天然气水合物孔眼力学模型,建立非成岩天然气水合物在破岩工具作用下的有限元模型,分析应力分布和开裂趋势;在天然气水合物力学参数实验的基础上,建立破岩工具动态破碎天然气水合物有限元动力学模型,分析破碎效率及可钻性,研究天然气水合物的破碎机理及规律。

子课题 3:非平衡复杂介质管流流变特性研究

首先,通过研究形成一套考虑低温、高压的水合物浆体特性参数预测数学模型和数值模拟方法。采用实验方法测试出不同温度、压力等级下水合物浆体的黏度、密度等。通过实验结果验证所建立的水合物浆体特性参数预测数学模型精度。其次,考虑不同井段温度、压力对水合物浆体特性参数的影响,根据井筒中不同空间节点的速度梯度分段优选出最佳流变模式。最终,形成能够表征全域的组合流变模式。

子课题 4:固态流化开采条件下的水下传热、传质规律研究

1)不同水深条件下温度分布规律研究

广泛调研我国近海海域天然气水合物潜力赋存区不同水深条件的温度分布,形成我国近海海域不同水深条件下温度分布规律及剖面。

2)固态流化开采条件下的水下传热、传质规律研究

基于传热、传质模型,耦合不同施工参数(泵入海水量、机械钻速等)条件下的管道流动状态,建立管道流动状态下的海水-管道-水合物浆体热交换数学模型并开展数值模拟研究,形成管内动态温度场分布规律。

子课题 5:海水水合物混合颗粒气液固多相非平衡分解机制研究

1)海水-采掘物气液固多相混合物参数确定

利用水合物分解测试装置测定水合物分解量等基础参数,分析水合物非平衡分解相变的条件,为水合物非平衡分解动力学模型提供实验参数。

2)海水混合水合物气液固多相非平衡分解热力学与动力学研究

应用分子动力学方法研究弱胶结天然气水合物分解动态变化速率,结合实验测试揭示水合物分解过程中的微观机理。考虑海水混合后的影响,采用现代微观测试技术,跟踪、测定相关参数,并实时对分解的水合物进行监测,观察其体积大小的变化。

3)海水混合水合物二次生成机理研究

通过复杂介质多相非平衡相态管流热力学分布规律以及环境热交换规律,结合相态转

化数学模型，探寻水合物二次生成机理。

子课题6：水合物藏固态采掘水下输送气液固多相非平衡管流

1)采出物与海水混合物输送流程及关键环节多相流动特征参数演变数学模型

通过所确定的开采流程及关键设备工艺，建立关键设备环节相应多相流动特征参数预测模型，主要指压力降、速度变化、温度特征等。

建立室内实验装置模拟不同温度、压力、运移速度条件下不同直径水合物的动态相变规律(测试颗粒直径变化)。在此基础上，建立天然气水合物非平衡相态转化工程实用数学模型和图版。

2)水合物-泥沙-海水混合物输送过程中的流态、速度场、压力场、温度场及物质平衡定量模型研究

从经典流体力学理论出发同时耦合所建立的非平衡态相态转化数学模型，对现有垂直管、水平管多相流模型进行优选，建立耦合钻速等施工参数的稳态气、液、固多相流动数学模型；在考虑相间滑移的情况下建立气液固多相流的控制方程组、动态初始和边界条件，提出流动参数预测模型和数值解法。

3)混合物输送过程中的安全高效输送条件研究(防沙堵、冰堵等)，寻求高效输送的物料配比及输送参数

在所确定的多相流动特征参数预测数值解法基础上以井控安全为目标优化施工参数，如钻速、二次粉碎粒径、泵入液量等，从而得出最优固相颗粒以及水合物运移参数。

4)考虑不同角度、物料配比、不同输送参数的大型井筒流动实验研究，验证和修正建立的物料输送模型

利用建立的多相流大型实验台架模拟气液固多相流动，基于相似性原理，通过调节注入液和注入气的排量、注入液流变参数，模拟不同的流型、流态并监测全管段压力等多相流动特征参数变化，结合数值模拟验证所建立的物料输送理论计算模型。

5)大型固态流化物理模拟实验台架方案设计

基于前期基础理论研究成果和固态流化整体实验要求，设计、论证大型固态流化物理模拟实验台架设计方案，形成设计原理图、关键设备结构图、实验流程图等。

子课题7：固态流化开采地面高效分离器结构及工艺设计

根据海洋非成岩天然气水合物固态流化开采工艺流程及采出效率，结合不同类型分离器特征及结构形成适应固态流化开采气液固组合式高效分离器，并开展结构优化设计及数值仿真。最终，通过研究形成工业用固态流化开采地面高效分离器结构及工艺设计。

子课题8：替代大型固态流化物理模拟实验台架的室内用天然气水合物固相非平衡分解规律实验设备研制。

(1)根据非平衡管流相态理论完成一套室内用天然气水合物固相非平衡分解规律实验设备原理设计及专利申报。

(2)形成设计原理图、关键设备结构图、实验流程图以及实验方案。

(3)联合外协单位加工、制造并开展实验。

四、非成岩水合物固态流化开采物理模拟实验系统设计

非成岩水合物固态流化开采物理模拟实验系统(图 5-36)采用关键技术包括：非成岩水合物样品大量快速制备技术、管输系统预冷排空技术、水合物浆体制备转移技术、垂直和水平管路独立循环运行技术、管输系统分级连续控压技术、管输系统连续调温技术、管输残液清洗分离技术等。

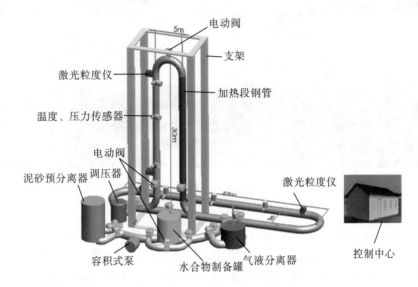

图 5-36　海洋天然气水合物固态流化开采管流实验平台

非成岩水合物固态流化开采物理模拟实验系统设计包括 4 大模块。

(1)水合物样品大量快速制备模块：主要功能为大量快速合成海洋非成岩天然气水合物样品，其温度、压力及组成在一定范围内可任意设定；为天然气水合物固态流化采掘系统提供样品；为天然气水合物多相管输提供保真转移样品。

(2)水合物固体流化采掘模块：主要功能为研究水合物破碎粒度，钻进速度和能耗等参数间的关系；非成岩水合物破碎表面的分解规律研究；模拟海底高压条件下采掘工具密封性能；保真取样器的保温、保压性能评价研究；研究不同海水配比条件下的固态流化效果；研究海底非成岩水合物的可钻性。

(3)水合物浆体多相管输测试模块：主要功能是利用相似原型开展气液固多相稳态流动物理模拟；水合物非平衡分解规律；水合物固相优化运移模拟；非平衡管流流态、压降及温降模拟；不同机械开采速率条件下水合物安全输送；气液固地面分离效率模拟；井控安全条件模拟。

(4)水合物浆体分离测试模块：主要功能为气-液-固多相稳态流动内部三维分离流场物理模拟及测试；水合物非平衡分解规律(加热及降压)；适用于水合物开采气-液-固三相分离器的结构设计及优化，圆柱段直径、排气口、排砂(液)口，锥角角度等；不同多相浆体指标参数(密度差、粒度、黏度、体积分数)的实验测试及对分离性能影响的模拟；不同

机械开采速率及破碎工艺条件下(入口速度、压力)多相浆体的分离性能模拟;不同结构、浆体参数及入口操作条件下能耗损失测定研究;气-液-固三产品出口参数测定及回收、回注系统结构优化模拟。

西南石油大学联合中国海洋石油总公司、宏华集团创新自主设计、自主研发了固态流化大型物理模拟系统,见图 5-37。

图 5-37 固态流化大型物理模拟系统

2017 年 5 月,中国海洋石油总公司联合西南石油大学等优势单位,依托"世界首个海洋天然气水合物固态流化开采实验室"的前期研究成果在南中国海神狐海域以荔湾 3 为目标靶区,全球首次成功实施了在水深 1310m、埋深 117~192m 的固态流化试采并点火成功。5 月 31 日,中国工程院、中国科协、国家自然基金委、中国海洋石油总公司组织了 12 名院士对该工程做出了如下评价:该试采工程全部采用中国自主研发的技术、装备和工艺,依托自主技术、装备和工艺开展了目标区块勘探、钻探取样、固态流化试采一体化工程设计和工程实施,对世界水合物资源高效开发具有划时代意义。

第四节 油页岩加热裂解技术

一、油页岩分布状况

油页岩(又称油母页岩)是一种高灰分的含可燃有机质的沉积岩,它和煤的主要区别是灰分超过 40%,与碳质页岩的主要区别是含油率大于 3.5%,见图 5-38。油页岩经低温干馏可以得到页岩油,页岩油类似原油,可以制成汽油、柴油或作为燃料油。除单独成藏外,油页岩还经常与煤形成伴生矿藏,一起被开采出来。

目前,世界大部分油页岩分布区地质勘探程度低,很难对全球的油页岩资源量正确预测,只有部分国家对该国油页岩矿床进行了详细的勘探和评价工作。就目前的勘探情况而言,美国是世界上油页岩资源最丰富的国家,查明地质资源量为 33400 亿吨,折合页岩油为 3036 亿 t。

图 5-38　油页岩图片

　　2004～2006 年,中国对油页岩资源进行了国内首次评价,查明地质资源量为 7199 亿吨,折合成页岩油为 476 亿吨。中国在煤炭开采过程中产生的油页岩达到近千万吨,仅抚顺西露天矿油母页岩每年排弃量就达 800 万吨,排弃、占用大量耕地,严重影响了矿区周围的生态环境。

　　据调查,全世界油页岩的储量要比煤、石油或天然气多得多。中国是世界上油页岩储量最丰富的国家之一,油页岩储量排在世界第四位。以吉林的农安与桦甸、广东的茂名和辽宁的抚顺为最多,广东茂名地区已探明的油页岩储量就有 70 多亿吨。我国有着丰富的油页岩资源,但含油率变化较大,品位较低。油页岩含油率 3.5%～5%,在全国已勘察的 63 个地区中就有 49 个,而仅有 10 个区的油页岩含油率大于 10%,含油率最高的达到了 26.7%。油页岩资源量已查明的为 330 亿吨,通过折算可以得到查明 5.64 亿吨的可采页岩油资源量。此外,预测松辽、鄂尔多斯、准噶尔、柴达木、四川、喀什等地区存在 2.03 万亿吨的潜在资源量,折算后得 163 亿吨页岩油潜在可采资源量。

二、油页岩物理性质与页岩油藏特征

(一)油页岩物理性质

　　组成:主要包括油母、水分和矿物质。①油母。含量 10%～50%(干基),是复杂的高分子有机化合物,富含脂肪烃结构,而较少芳烃结构。油母的元素组成主要为碳、氢,以及少量的氧、氮、硫;其氢碳原子比为 1.25～1.75。油母含量高,氢碳原子比大,则油页岩产油率高。②水分含量为 4%～25%不等,与矿物质颗粒间的微孔结构有关。茂名油页岩的水分含量较高,热加工过程中消耗较多的热量,且在干燥时易崩碎。③矿物质。主要有石英、高岭土、黏土、云母、碳酸盐岩以及硫铁矿等。含量通常高于有机质。

　　性质:油页岩外观多呈褐色泥岩状,其相对密度为 1.4～2.7。油页岩中的矿物质常与有机质均匀细密地混合,难以用一般选煤的方法进行选矿。含有大量黏土矿物的油页岩,往往形成明显的片理。页岩油很像石油,除了液态的碳、氢物质外,还含有少量氧、氮和硫的化合物。页岩油常温下为褐色膏状物,带有刺激性气味。页岩油中的轻馏分较少,汽油馏分一般仅为 2.5%～2.7%;360℃以下馏分占 40%～50%;含蜡重油馏分占 25%～30%;

渣油占 20%～30%。

若将油页岩打碎并加热至 500℃左右，就可以得到页岩油。中国常称页岩油为人造石油。一般来说，1 吨油页岩可提炼出 38～378 千克(相当于 0.3 至 3.2 桶)页岩油。页岩油加氢裂解精制后，可获得汽油、煤油、柴油、石蜡、石焦油等多种化工产品。

(二)页岩油藏特征

页岩油藏特征总体表现为源储一体、储层致密、脆性矿物含量高、异常高压、热演化程度较高、油质轻、产量递减先快后慢、生产周期长等特征。目前北美开采的页岩油储层主要形成于海相盆地的陆棚及半深海-深海环境，大面积连续分布，有机碳含量高(多数大于 4%，一般为 3%～13%)，脆性矿物含量较高(大多 50%以上，脆性矿物中硅质含量高，大多大于 30%)，热演化程度较高(R_o 一般为 1.1%～2.1%)，原油密度 0.76～0.82g/cm³，埋深一般小于 3000m，地层压力系数一般大于 1.1。中国陆相页岩油与北美地区页岩油的基本特征存在较大差异，国内陆相页岩油涉及半深湖-深湖相，有机碳含量普遍小于北美海相地层(一般 2%左右)，脆性矿物含量较高(一般介于 50%～70%，其中硅质含量低，长石及钙质含量高)，热演化程度较低(R_o 为 0.5%～1.1%)，原油密度大都在 0.86g/cm³ 以上，埋深 2200～3500m，地层压力通常为正常压力(个别地区存在异常高压)，储层储集空间主要发育有页岩裂缝、基质孔隙及有机孔隙等类型。页岩油中含有大量石蜡，凝固点较高，含沥青质较低，含氮量高，属于含氮较高石蜡基油。页岩油经过进一步加工提炼，可以制得汽油、煤油、柴油等液体燃料，具有与石油相同的作用。

评价页岩油的形成条件不同于常规油气藏，一般不需要对圈闭条件、输导条件进行评价，通常根据页岩储层展布特征、生烃条件、储集条件、保存条件、脆性矿物含量、裂缝发育情况、含油气性等方面来评价陆相页岩油的形成条件。以泌阳凹陷为例，泌阳凹陷中部深凹区发育深湖-半深湖相的富含有机质页岩，单层平均厚度 60m 以上，面积近 400km²；有机碳含量大于 2%，有机质类型以 I 型和 II 型为主，热演化程度 R_o 为 0.6%～1.1%；脆性矿物含量大于 65%；页岩储层基质孔隙度 4%～6%，渗透率 0.0035mD；水平缝、层理缝及高角度裂缝发育；页岩层段油气显示丰富，气测全烃最高达 100%，钻井过程中见到良好的槽面显示，钻井取心，岩心出筒时岩芯表面及裂缝含油饱满，呈浸出现象；埋藏深度一般为 2400～3000m；断层不发育，保存条件好。综合评价认为泌阳凹陷页岩具有单层厚度大、横向连续分布、生烃条件好、脆性矿物含量高、储集物性较好、含油气性明显、保存条件有利等特征，具备陆相页岩油形成的有利条件。泌页 HF1 与泌页 2HF 两口水平井钻探及压裂试采成果，进一步证实了泌阳凹陷具泌阳凹陷页岩水平缝、层理缝十分发育，有效改善了页岩储层物性，是水平井多级分段压裂获得高产的关键因素。

三、油页岩的开采技术

过去几十年中，对于页岩油的炼制和副产品加工提出了多种处理方法，都通过输入热量使油页岩中的油母变为原油。总体来说分为两种：地表干馏技术(Surface Retoring)和原位开采技术(in-situ Technology)。

(一)地表干馏技术

地表干馏技术(Surface Retoring)：油页岩地表干馏是在隔绝空气的条件下，控制最终加热温度在 450~600℃，将油页岩进行加工处理。主要分为三个阶段：油页岩的加热过程，即热载体将热量传递给油页岩，然后在油页岩内部进行热的传导过程；其次是油页岩受热后，其有机质受热分解的过程，这一过程是页岩油和气态产物生成的主要过程；最后是热解反应产物扩散和导出的过程。热解生成的液态产物汽化后，与气态物质一起，首先通过页岩内部的孔隙和毛细管扩散导出页岩之外，然后通过页岩间的孔隙导出到页岩层之外，最后通过页岩层外空间导出干馏炉。这三个过程既相互联系又并行的进行。

地表干馏法可分为直接传热法和间接传热法。干馏所需热量通过器壁传入干馏室的方法称为间接传热法，所用的炉型为外热式。外热式传热效率低，且不易放大，在工业生产中已被淘汰。直接传热比间接传热速度快、效率高，所以现代干馏技术主要采用热载体和油页岩直接接触传热的方式，即直接传热法，所用炉型为内热式炉。直接传热方式又可分为气体热载体法(表 5-18)和固体热载体法(表 5-19)。气体热载体法油页岩干馏技术主要有俄罗斯发生式炉技术、爱沙尼亚发生式炉技术和 Kiviter 技术、巴西 Petrosix 技术、美国联合油 SGR 干馏技术、日本 Joseco 干馏技术和中国抚顺炉、桦甸茂名气燃式方型炉干馏技术。固体热载体干馏技术主要包括美国的 Tosco-Ⅱ 干馏技术、爱沙尼亚的 Galoter 干馏技术、德国的 LR 干馏技术、加拿大 ATP 干馏技术和中国大工新法干馏技术。其中，爱沙尼亚 Kiviter 技术和 Galoter 干馏技术、巴西 Petrosix 技术和中国抚顺炉技术经过长期生产考验，已经成熟。加拿大 ATP 干馏技术经过近 5 年的示范性试验开发，也趋于成熟。目前正在工业化生产的国家只有巴西、爱沙尼亚和中国。

表 5-18　气体热载体法干馏技术

类别	Petrosix	Kiviter	Joseco	SGR	抚顺式炉干馏	桦甸茂名气燃式方型炉干馏技术	爱沙尼亚发生式炉	俄罗斯式
开发国家	巴西	爱沙尼亚	日本	美国	中国	中国	爱沙尼亚	俄罗斯
研发年代	1950	1966	1981	1973	1925		1966	
单炉处理能力/(t/d)	2200~8000	1000~3000	162~172	3	100~200		100	100
原料颗粒/mm	6~50	10~125	6~70	3.2~50.8	8~75		10~100	10~100
热载体	循环煤气	循环煤气	循环煤气	循环气	循环煤气	循环煤气	循环煤气	
干馏装置类型	直筒式	直立圆筒式	筒式	立式锥形率	直立圆筒式	方型	直立圆筒式	
干馏温度/℃	500	540~950		500~520	500		540~950	
采收率/%	90	75~80	91	约100	70~75		68	68
设备结构、维护情况	规模大结构复杂，维修操作较难	结构简单	结构复杂	结构复杂	结构简单	结构简单	结构简单	
投资及运行费用	较高	中等	较高	较高	低		中等	

表 5-19　固体热载体干馏技术

类别	Galoter	Tosco-Ⅱ	LR	ATP	DG Process
开发国家	爱沙尼亚	美国	德国	加拿大	中国
研发年代	1966	1963	1949	1974	1981
单炉处理能力 /(t/d)	3000	900	24	6000	150
原料颗粒/mm	0~25	0~12.7	0~6	0~25	0~6
热载体	页岩灰	专用瓷球	页岩灰	页岩灰	页岩灰
干馏装置类型	转筒式	转筒式	双轴螺筒叶片式	水平圆筒回转	
干馏温度/℃	450~650	480	480~500	500	490
采收率/%	85~90	接近100	接近100	95	90~96
设备结构、维护情况	结构复杂，维修操作较难	结构复杂，维修操作较难	结构简单	结构简单	设备结构比较简单，开停灵活，操作弹性大，控制相对容易

(二)原位开采技术

原位开采是针对中深层(大于 500m)较薄的油页岩层开发的一种技术，将热量导入地下油页岩层加热生产油母页岩油和裂解气，产品通过普通的油井采集到地表并进行下一步的精炼处理。原位处理技术又可分为真实原位和改进原位技术。真实原位技术不破坏页岩层，通过打井直接加热；改进原位处理技术则通过爆破或压碎页岩层以产生空隙，然后加热裂解。原位处理技术省略了页岩开采过程，减少了页岩干馏废料排放，但耗时较长，同时对地下水有可能造成污染。

原位开采技术有两种开采方式。第一种是 20 世纪 70 年代的原位干馏技术，先将地下的油页岩采出一小部分在运至地面，使地下的油页岩层形成一定的空间，并对油页岩层进行破碎或爆破，使其成为碎块，通入空气，进行加热干馏产生页岩油气，页岩半焦用于燃烧供热。由于油页岩层已经爆破成为碎块，因此气流可以较顺利地通过油页岩块与块间的空隙，从而使地下干馏的过程能较顺利的进行。另一种方式是原位转化技术，自 20 世纪 80 年代开始就有许多世界的石油公司积极地开发更为经济、环保的原位开采技术。

将热量传递油页岩的方式有 3 种：热传导、热对流和热辐射。热传导加热速度较慢，容易造成大量热量损失，成本较高，且由于油页岩的热膨胀，致使部分裂缝闭合，降低了油页岩的渗透性，而产生的油气压力较低，导致油气回收率较低。相比之下，对流加热油页岩速度较快，但不容易控制，由于流体压力的作用，裂缝一般不会闭合，油气的导出速度较快，但容易形成流体的短路即流体流速过快，不与油页岩换热就流出地层。辐射加热穿透力强，加热速度较快，但成本较高，技术难度较大。由于油页岩地层的低渗透，为了使干馏气体顺利导出，应对油页岩地层进行压裂，增加其孔隙度和渗透率。表 5-20 描述了各种原位开采技术的优劣。

表 5-20 原位开采技术

加热方式	工艺技术	优点	缺点
电加热	壳牌 ICP（图 5-39）	电加热，受热均匀；加热温度低；冷冻墙保护地下水资源；开发深层，低含油率油页岩	工艺复杂，故障多；耗电多，波及面积小，成本高；温度场球状分布，损失大；油气迁移动力小；采收率低
	美孚 Electrofrac TM（图 5-40）	采用压裂技术，提高渗透率；加热速率快	工艺复杂，能耗高；污染地下水
	IEP 的 GFC	受热均匀；能量自给自足	工艺复杂，难以控制；成本高，经济效益低
	E-ICP	新型电加热技术，受热均匀；加热温度低，耗电少；冷冻墙保护地下水资源；可开发深层，低含油率油页岩，	工艺复杂，故障多；波及面积小，成本高；温度场球状分布，损失大；油气迁移动力小；采收率低
流体加热	太原理工对流加热	压裂使群井连通，蒸汽间隔轮换选择注热井与生产井；加热快速、规模大、低成本	裂缝易闭合
	EGL（图 5-41）	热传递效率高；能量自给自足	闭环系统短路，难以控制；系统复杂，成本较高
	雪弗龙 CRUSH（图 5-42）	采用压裂技术，提高渗透率；成本低	裂缝易闭合
	Prtroprobe 空气加热（图 5-43）	能量自给自足；开发地层深原始结构完整	闭环系统短路，空气流速难以控制
	MWE 的 IGE	成本低，污染小；覆盖面积大；开发地层深	工艺复杂；污染地下水
辐射加热	LLNL 射频	无线射频克服了传导加热需要大量的热扩散时间的缺点；穿透力强，容易控制、整体性、高效性	安全性；工艺复杂；成本高；地下水污染
	Raytheon 公司的 RF/CF（图 5-44）	加热速率快，传热快；采油率高、体积加热、选择性加热、容易自动控制	安全性；工艺复杂；成本高；地下水污染
	溶剂提取和伽马射线辐射	完全自动化；室温条件进行；能量损耗少	安全性；成本高；地下水污染

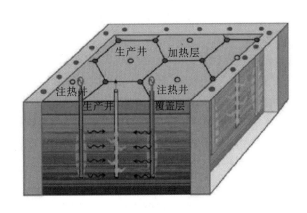

图 5-39 壳牌 ICP 技术

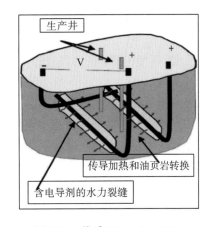

图 5-40 美孚 Electrofrac TM

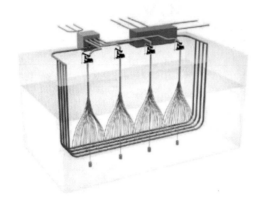

图 5-41 EGL 原位加热技术

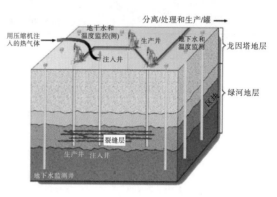

图 5-42 雪弗龙 CRUSH 技术

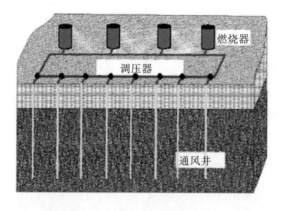

图 5-43 Prtroprobe 空气加热技术

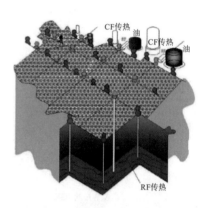

图 5-44 Raytheon 公司的 RF/CF

(三)地表干馏与原位开采技术对比

(1)成本因素。地表干馏工艺需要将油页岩矿产开采到地表,经粉碎后加热干馏。期间产生开采、运输、加工、提炼、再加工、运输等多个环节,致使成本过高,环境难修复,进入市场与其他能源竞争力差。相比传统开采方法及其他地下开采方法,原位开采技术采收率,其干酪根转化能力接近传统的 2 倍且产物以煤油、柴油等轻质油为主,无须后期复杂加工。

(2)环境因素。在油页岩的开采、加工、干馏或燃烧过程中都会产生大量的 SO_2、NO_X、CO_X、HCl、H_2S、CH_4、酚类等有害物质并排放到大气中。在开采与粉碎阶段易产生粉尘以及干馏或燃烧过程中产生的灰尘,吸附大量有害金属元素及有机物沉降到地表对动植物造成严重危害。在开采过程中需抽干地下水,加工过程中也会产生各种工业废水,如冷却水、油页岩或灰渣堆积过程中产生的淋滤水。这些废水含有大量酚类、油类等有机污染物,排放时会污染水体。原位开采的油气转化过程都在地下完成,因此免除了地面开采工艺产生的废气、废液、废渣排放。

(3)占用土地面积。油页岩资源原位开采占用大量土地,甚至造成地表沉降,且大部分开采出来的油页岩需要堆积在地表,加工生产的废渣除少数回填以外,绝大部分堆积在地表,占用大量土地对耕地、植被造成严重破坏。原位开采技术没有任何露天开采也没有任何大型地面设备，类似石油天然气开采，不占用耕地。

第五节 油砂开采技术

油砂(oil sand)，亦称"焦油砂""重油砂"或"沥青砂"，是指富含天然沥青的沉积砂。因此也称为"沥青砂"。油砂实质上是一种沥青、沙、富矿黏土和水的混合物，其中，沥青含量为10%～12%，沙和黏土等矿物占80%～85%，余下为3%～5%的水。具有高密度、高黏度、高碳氢比和高金属含量的油砂沥青油。在有些沉积例如西加拿大"油砂"沉积当中，天然沥青的含量在一些诸如粉砂岩、碳酸盐的岩性当中可能占主导地位。油砂占据了世界石油储量的66%。

一、分布范围

世界上85%的油砂集中在加拿大阿尔伯塔省北部地区，主要集中在阿沙巴斯克(Ashabasca)、冷湖(Cold Lake)和和平河(Peace River)三个油砂区，面积分别达430万公顷、72.9万公顷和97.6万公顷，总面积与比利时的国土面积相当。加拿大的油砂由石英砂、泥土、水、沥青和少量的矿物质组成，其中沥青含量为10%～12%。现已查明，加拿大的油砂中沥青的总含量达4000亿 m^3，是世界上最大的沥青资源，其中240亿 m^3 分布在表层(地下75m以内)、3760亿 m^3 分布在深层。

油砂中石油的含量依开采和提炼技术的不同而有所变化。阿尔伯塔的油砂中储藏有原油1800亿桶，少于沙特的2620亿桶，高于俄罗斯的1120亿桶。但随着油砂提炼技术的改进和石油价格的上涨，到2020年现有的油砂资源可望多提炼出1300亿桶石油，使加拿大的石油总储量达到3100亿桶，成为世界第一石油资源大国。加拿大政府高度重视油砂资源的开发和技术研究，联邦政府和阿尔伯塔省政府均设有多个油砂研究机构，如联邦政府的Devon研究部和阿尔伯塔省政府的阿尔伯塔研究理事会等。1996～2010年，加拿大政府共投资340亿加元于60个大项目中，改进和计划改进油砂开采与提炼技术，扩大生产规模。据加拿大官方统计，到2010年其可进行商业开采的油砂储量约相当于1750亿桶石油，仅次于沙特阿拉伯的石油储量。

二、中国分布

我国也是在世界油砂矿资源丰富的国家之一，居世界第五位。根据初步调查研究，专家推测中国油砂资源潜力可能大于稠油资源，初步估算中国油砂有千亿吨，可采石油资源量100亿吨左右。主要分布在新疆、青海、西藏、四川、贵州。此外，广西、浙江、内蒙古也有分布。我国油砂远景资源量为100亿吨，预计到2050年，产能将达到年产1800万t。油砂资源在各含油气盆地中均有分布，主要分布在4类盆地中：西部挤压盆地，东部裂谷盆地，中部过渡型盆地及南部山间盆地。其中，准噶尔盆地、塔里木盆地、羌塘盆地、柴达木盆地、松辽盆地、四川盆地、鄂尔多斯盆地等7个盆地中油砂资源量巨大，是未来我国油砂资源勘探开发的重点区域。与世界非常规油气资源研究与利用相比，我国在非常规油资源的研究和开发方面相对比较滞后，对油砂矿的资源潜力研究与评价技术、开采技术及综合利用技术研究得比较少。但是，我国油砂矿点多面广，且含油率高，有的地区油砂含油率高达 12%以上，勘探前景十分喜人。在松辽盆地的西坡图牧吉农场处发现了大面积的油砂矿分布区，经勘测在 400km^2 范围内的矿产资源区内可供开采的含油 10%以上的油砂储量为 1.04 亿吨，其中达到 B 级以上储量的矿床面积 9.6km^2，可供开采的油砂量为 1350 万 m^3，含油量达 357.5 亿吨。该区油砂资源储量大，品质高，赋存浅，油砂层厚，宜于露天开采。

三、开采及分离

油砂的开采分为露天开采和原地开采。

加拿大 Syncrude 公司是全世界最大的从油砂中生产石油的制造商，在阿萨巴斯卡从事油砂的露天开采活动，其油砂的露天开采技术在世界上处于领先地位。

世界上第一个大规模油砂开采项目由加拿大大油砂公司(Great Canadian Oil Sands)启动。自那以后，油砂开采的技术也发生了不小变化。起初，油砂开采所用的斗式链轮都是从煤矿中借来的。

1974 年，在阿尔伯塔省政府的大力支持下，成立了阿尔伯塔油砂技术和研究权威机构，该机构的成立在很大程度上扶持并加快了油砂技术的发展。许多先进的油砂开采技术，包括今天仍在发挥重大作用的蒸汽辅助重力驱油技术(SAGD)，都是在该机构的支持下开发或由其直接开发的。

1978 年，加拿大合成油公司(Syncrude Canada)进入阿尔伯塔省北部开始进行大规模油砂开采和提炼，极大促进了该省能源经济的发展，同时也标志着阿尔伯塔省现代油砂开发利用的开始。早先的油砂项目大都属于露天开采，因为露天油砂矿埋深小于 75m，厚度大于 3m，开采难度较小。首次用这种方法开采油砂是在 20 世纪 60 年代。露天开采实际上就是将地表上的土壤、植被和湿地等"覆盖层"用卡车和铲子除去，露出油砂，直接开采。这种方法由于会对"覆盖层"造成毁灭性破坏，成了争论的最大焦点。

采用露天法将油砂矿开采出来以后，再将其与热水以及少量的表面活性剂混合搅拌，通过浮选的手段将沥青质成分析出；或者在采出地面的油砂内注入热水或者蒸汽，再通过离心方法获取沥青成分。使用露天开采法开采油砂矿藏，一般情况下都有较高的采收率。不过露天开采需要大量地剥离油砂上部的"覆盖层"，并且建立油、砂分离的传送装置，投入大，工期长。虽然如此，目前世界上油砂矿开采大部分都是采用此方法。

除去露天开采外，另一类便是适合于埋藏较深的油砂资源开采的就地分离处理开采方法，也就是所谓的井下开采。井下开采可用于埋深大于 75m，厚度大于 10m 的油砂矿，它不需要把地面上的土壤和树木移走。就地开采是通过在油砂储存地层内注入蒸汽、热水或者通过电磁加热等手段在储层内就实现油砂的分离，并使得沥青油在储层中可以流动，从而将其开采出来，然后再在地面上进行原油的改质及运输。目前就地开采方法应用较小，因为该技术手段难度大，但是它对环境的污染影响也相应较小。同时，世界油砂资源大部分的埋藏深度都大于 75m，因此该方法必将成为油砂工业发展的主流方向。如今，该方法主要是一些加拿大的油砂公司进行研究应用。

对于原地开采，广泛采用的方法主要有以下几种：

(1) 循环蒸汽强化法(CSS)；

(2) 蒸汽辅助重力排泄法(SAGD)；

(3) 出砂冷采技术；

(4) 地下水平井注气体溶剂萃取技术(VAPEX)；

(5) 井下就地催化改质开采技术；

(6) 水热裂解开采技术。

国外油砂分离技术主要有 3 种：热水洗法、溶剂萃取法、热解干馏法。据油砂结构不同所采用的分离方法不同，一般水润型油砂适合水洗分离，油润型油砂适合有机溶剂萃取分离或热解干馏分离。在国内油砂分离技术还仅处于室内研究阶段。

第六节 致密油开采技术

致密油(tight oil)是指夹在或紧邻优质生油层系的致密储层中，未经过大规模长距离运移而形成的石油聚集，是与生油岩系共生或紧邻的大面积连续分布的石油资源，储集层岩性主要包括致密砂岩、致密灰岩和碳酸盐岩，覆压基质渗透率小于 0.1mD(也有学者认为 0.2mD)，单井无自然工业产能。致密油四个特征：①大面积分布的致密储层(孔隙度小于 10%，基质覆压渗透率小于 0.1mD，孔吼直径小于 1μm)；②广覆式分布的成熟优质生油层(TOC 大于 1%，R_o 为 0.6%~1.3%)；③连续性分布的致密储层与生油岩紧密接触的共生关系，无明显的圈闭边界，无油"藏"的概念；④致密储层内原油密度大于 40°API，油质较轻。

致密油经过短距离的运移，主要赋存空间为紧邻源岩的致密层中。美国为目前开采致密油最成功的国家，主要产层包括巴肯(Bakken)页岩、奈厄布拉勒页岩、巴尼特页岩和伊格福特页岩。

一、美国的巴肯致密油的开发

巴肯包含三个小层，其中中间层段是目前开发的目的层段。在美国巴肯致密油核心区，中间层段主要是灰色夹层的粉砂岩和砂岩，也可能存在少量的页岩、白云岩和灰岩。巴肯致密油开发经历了三个阶段：传统直井开发阶段(1953~1987 年)、水平井开发巴肯上部页岩层段(1987~2000 年)和水平井开发中巴肯层段(2000 年至今)。目前巴肯核心区初期产量在 160~380 吨/天，已成为美国增长最快的陆上油田，水平井多段压裂被证实是巴肯致密油开发的关键技术。

二、水平井布井和完井方式

致密油主要采用衰竭式开发方式，水平井布井主要考虑水平井的方位和水平段的长度。巴肯致密油水平井方位通常与最大主应力方位存在一定的角度，目前有多项证据证实巴肯致密油裂缝是横切缝。

水平井段的最优长度由油井生产动态决定,但目前在许多油田水平段长度由能压裂的水平井段长度决定,已有水平段超过 7000m 的水平井应用。在巴肯致密油最成熟的开发区域,完井密度大约是每 2.6km^2 一口水平井。水平井横穿两个单元,因此一般水平段长度超过 3000m。水平井有单分支水平井和多分支水平井,但由于多分支水平井有效分隔成本高且偶尔出现封隔无效的问题,目前有单分支水平井应用增多的趋势。

致密油储层完井方式多种多样,无封隔的裸眼井、套管完井和有封隔的套管完井均有应用,主要完井形式包括:①裸眼;②预制射孔或者割缝套管;③套管;④水泥固井的套管;⑤机械管外封隔器;⑥充气式管外封隔器;⑦膨胀封隔器。

三、水平井多段压裂设计

常用的水平井分段压裂手段主要包括以下几种:水力喷射;电缆/泵注快钻陶瓷桥塞射孔;电缆/泵注可通过的快钻陶瓷桥塞射孔;连续油管控制的滑套分压;投球滑套分压;水力喷射射孔+环空加砂+砂塞分隔。

电缆/泵注陶瓷桥塞射孔和投球滑套是最常用的两种分段压裂手段,其中又以桥塞射孔方式应用最多,因为其施工成本最低。也有一些水平井,在较深的井段采用滑套分压,在较浅的段采用桥塞射孔分压,称为"组合","复杂"或"复合"完井。随着工厂化作业程度的提高,目前许多水平井在钻井之前就已决定如何实施多段压裂。

分压段数已从 2008 年少于 10 段快速增长到 2011 年的 40 段,此外,已有水平井分压段数超过 60 段的报道,而在分压工具和技术方面,早已实现无限级数分压的技术储备。统计分析发现,对于水平井段较短(600~2000m)的水平井,产量并没有明显随分段数增加而增加,而对于水平井段较长的水平井(2000~4000m),分压段数越多,压后产量越高。说明对于致密油藏,水平井段越长,分压段数越多,增产效果越好。

毋庸置疑,低成本开发是致密油储层能有效动用的核心。在 Bakken 核心区,超过 85% 的支撑剂是石英砂,其中超过 80% 的支撑剂粒径为 20/40 目,剩下的有 10% 是 100 目,有 10% 是 40/70 目;而更高强度的陶粒和覆膜支撑剂用量在 Bakken 大约是 10%,粒径基本都是 20/40 目。支撑剂的类型及粒径对产量影响不明显。

压裂液方面,平均单井用液量在 3400m^3 左右;超过 40% 的压裂施工采用全程冻胶(80% 以上的体积),稠化剂浓度 0.18%~0.3%;采用滑溜水携砂和线性胶携砂的压裂施工比例分别不到 5% 和 3%;而复合压裂的施工比例超过 50%,其中采用滑溜水或者线性胶作为前置液,洗井液和顶替液,携砂液采用交联冻胶,稠化剂浓度仍为 0.18%~0.3%。液体种类对产量的影响也不明显,但与全程冻胶相比,成本大幅度降低。

四、裂缝转向技术

对于致密油藏,最大程度地接触沟通储层和充分的裂缝导流能力对压后效果至关重要。除了采用长水平井多段压裂之外,还应用了多项技术以达到该目的,其中裂缝转向技术最为突出。

　　裂缝转向技术期望使裂缝变得复杂，而裂缝复杂程度除了与储层类型紧密相关之外，主要取决于地层水平主应力差值、天然裂缝系统和岩石力学性质。参数的评价和获取是取得理想增产效果的基础。目前已有多种室内实验和现场测试手段来评估这三个参数，而且评估手段也在进一步发展中。

　　使用纤维压裂液累积增产量比其他井高 27%。除了能更好地接触沟通储层之外，还有其他一些优点，包括：①应用纤维可大幅度降低聚合物浓度 35% 以上，提高裂缝导流能力；②纤维压裂液帮助减轻支撑剂回流和沉降。采用很高的支撑剂浓度($720\sim1440kg/m^3$)来有意造成脱砂封堵也普遍应用。

　　分簇射孔是致密油储层另一项重要的转向技术。压裂工具的飞速发展使得裂缝间距更短，同时在一段裂缝内实施多簇射孔，提高了储层的改造程度，但也必须注意到应力干扰。

　　应力干扰是指水平井横切缝的延伸方向受相邻裂缝的诱导应力干扰，横切缝之间可能互相相靠或者背离，在有些情况甚至相交。许多研究成果及微地震裂缝监测证实在水平井横切缝附近存在一个吸引区，使新裂缝偏离垂直方位。如果随后的裂缝在该区域内，它将朝着之前的裂缝扩展。如果相同的裂缝进入应力反转区域，裂缝会相交。裂缝相交使裂缝与储层的接触面积减小。

　　显然，分簇射孔有利有弊，因此要优化簇间距。如果簇间距太小，应力阴影区的裂缝延伸会受影响，导致两端的裂缝增长与中间簇增长不成比例；但如果簇间距合理，裂缝可能沿正交方向扩展，从而增加裂缝复杂性，增加与储层的接触。

五、对我国致密油开发的启迪

　　我国致密油与国外致密油相比，有几点不同之处：①我国致密油以陆相沉积为主，分布范围有限，而北美致密油以海相沉积为主，分布稳定，面积大；②我国致密油储集层物性较差，孔隙度和渗透率总体小于北美致密油储集层；③我国致密油油质相对较重，而北美致密油多为凝析油，油质较轻。显然，我国的致密油也具有连续稳定分布的特点，且纵向上小层相对单一，那么我国致密油开发的主体技术是否也要采用长水平井段结合多段压裂技术呢？

　　国内从 2006 年开始采用水平井分段压裂开发致密油田，早期由于钻完井和分段压裂技术不成熟，水平井段长度短，平均在 300～500m；分压段数小于 5 段，甚至采用限流法笼统压裂。经过"十一五"的持续攻关，到 2010 年底，水平井段长度提高到 700～800m，一些试验井超过了 1000m，并形成了水平井双封单卡分段压裂、水平井不动管柱滑套多段压裂和水平井水力喷砂分段压裂三套主体分段压裂技术，现场应用超过 400 口井以上，增产倍数是直井的 3 倍以上，分段压裂能力也提高到 10 段左右。水平井分段压裂在致密油田应用取得了显著效果。

　　根据对我国几个典型的致密油区开发的经验统计，水平井压后产量与水平井段长度和分压段数正相关，即水平井段越长压后效果越好，分压段数越多压后效果越好。

　　2011 年，国内在致密油储层开展了长水平井结合多段压裂现场试验，YP1 和 YP2 两口水平井压后试油产量均超过 $100m^3$，增产效果显著。因此，可以肯定，长水平井段结合多段压裂也同样将成为国内致密油开发的关键技术。

面对国外致密油开发的技术革命浪潮,结合我国的实践,可以认为:长水平井段结合多段压裂是国外致密油开发的关键技术,平均水平井段长度超过 3000m,分压段数超过 30 段;桥塞射孔和滑套分压是最常用的两种分压方式。

转向技术是提高致密油开发效果的关键配套技术,其中分簇射孔和缝内封堵是两种主要的转向手段,簇长度和簇间距的优化应综合考虑改造程度的提高和应力干扰效应。

国内致密油开采处于起步阶段,通过对比国内外致密油储层特点,结合水平井在国内低渗/特低渗/超低渗储层的应用,可知长水平井段结合多段压裂技术也必将成为国内致密油开发的主体技术。

第七节   稠油开采技术

稠油也称重油,即高黏度重质原油,在油层中的黏度高,流动阻力大,甚至不能流动,因而用常规技术难以经济有效地开发。我国目前已在 12 个盆地发现了 70 多个稠油油田。我国陆上稠油油藏多数为中新生代陆相沉积,少量为古生代的海相沉积,储层以碎屑岩为主,具有高孔隙、高渗透、胶结疏松的特征。重质油主要分布在盆地边缘斜坡带、凸起边缘或凹陷中断裂背斜带的浅层。陆相重质油由于受成熟度较低的影响,沥青含量低而胶质含量高。目前,稠油储量最多的是东北的辽河油区,其次是东部的胜利油区和西北的克拉玛依油区。

总结起来,稠油热采有十项重大技术成就:

(1)油藏描述技术取得很大进展。

(2)热采数值模拟及物理模拟技术在稠油开发中发挥重要作用。

(3)深井井筒隔热及保护套管技术。

(4)丛式定向井及水平井钻采技术。

(5)稠油油井防砂技术(机械防砂、高温化学防砂)。

(6)分层注汽及注入化学剂助排技术。

(7)稠油热采井机械采油技术。

(8)井下高温测试技术(辽河油田研制的温度、压力双参数测试仪)。

(9)注蒸汽专用锅炉及热采井口设备。

(10)稠油集输、计量、脱水及输送技术。

一、稠油开采技术

对于已流到井筒中的稠油,采用降黏法或稀释法,对于油层中的稠油采取热力开采法。稠油开采方式如下:

降黏法:在水中加入一定量的水溶性环氧乙烷、环氧丙烷、十二醇醚、烷基苯磺酸钠等活性剂,配成活性水溶液。按一定的比例注入井内,靠机械作用使活性水溶液与井内的稠油混合,形成不稳定的、黏度较低的水包油乳状液,再用常规方法开采。

稀释法：向井内注入一定量的稀油与井筒内的稠油互溶，降低稠油黏度，即可用常规方法开采。适用于有稀油资源地区。此法和降黏法都仅适用于开采在地温下可流入井筒，而无能力举升到地面的稠油。

热力开采法：用加热的方法使油层中的稠油黏度降低。

蒸汽吞吐是指将蒸汽注入生产井中，然后关井一段时间，重新开井生产的稠油热采方法。注入的蒸汽，一方面加热原油，降低原油黏度，降低油流动阻力；另一方面，注入的蒸汽为油藏提供了一定压力，使稀化的原油能够流到地面。蒸汽吞吐的一个最大优点是油井几乎可以一直生产，因为注入蒸汽及关井时间很短，而且投资少，成本低。

蒸汽驱是指蒸汽从注入井进入油层，加热油层及原油，蒸汽穿过整个油层，把原油推向生产井而产出地面。蒸汽驱需要至少一口注入井和一口生产井，而不像蒸汽吞吐只需一口生产井即可。蒸汽驱与蒸汽吞吐相比能更大范围地加热油层，从地层中产出更多的稠油，采收率更高。

火烧油层的过程指将空气注入油层，然后在井底点火，使部分原油产生就地燃烧，燃烧产生的热量加热油层，产生的燃烧气体驱动原油。火烧油层方法是在地下就地产生热量，而不像蒸汽驱一样地面用锅炉产生热蒸汽。

电热法是用井下电炉加热油层以降低稠油黏度。此法耗电量太大，加温井筒周围地层的范围有限，工艺复杂，仅可用于稠油试油或不具备其他开采方法的地区。

二、稠油声波采油技术

20 世纪 70 年代初，苏联发现西伯利亚铁路附近油井产量较高，对此进行了振动频谱分析，认为低频振动对增加石油天然气产量有明显影响，美国加州德哈比培克费尔地震后，使附近的石油产量提高了一倍，并达数周之久。我国地震工作者也发现，在地震前后，震源附近的石油产量有明显增加，如 1975 年海城 7.3 级和 1976 年唐山 7.8 级地震前后，辽河、大港、胜利油田的产量明显增加。由此人们认识到，振动可以增加原油产量，从而开展了声波采油技术的研究。

根据声波采油技术实际应用过程中所使用的声波频率的不同，可以分为低频声波采油技术、电脉冲仪冲击声波采油技术和超声波采油技术。

1. 低频声波采油技术

低频声波采油技术利用的是低频波或次声波，低频声波采油技术所使用的设备有井下低频脉冲波发生器和地面震源两种，产生声波的频率在 50Hz 以下。因声波波长与堵塞地层孔隙的颗粒尺寸相比要大得多，故低频声波采油技术不是用于近井地带地层的解堵，而是由于这种波能在较大半径范围内引起地层的振动，扩大、疏通储层连通孔隙，有助于改善其内部流体的渗流状况，降低原油黏度，促使残余油流动，提高油层原油的采收率。

2. 电脉冲仪冲击声波采油技术

该技术设备包括变频、升压、整流装置，储存电能的高压电容器及放电电极 3 部分。将电容器储存的能量瞬间(通常十几微秒)释放，击穿放电间隙之间的介质，使液体气化成温度高达数万度的等离子体通路，并高速扩张形成液压冲击波.瞬时冲击波压力的幅值可达 $10^3 \sim 10^4$MPa，电能转换成热能、爆炸式机械能，在液体中一次放电产生两次液压冲击波，因空穴扩大时产生的第一液压冲击波起主导作用，空穴迅速闭拢时产生的第二液压冲击波起辅助作用。使油层解堵增产增注的主要作用力是第一液压冲击波.在周期性冲击波作用下，井壁会产生新的微裂缝，使老的裂缝扩大、延伸，使岩石中的毛细管随冲击波发生扩张、收缩振动，增加毛细管中液体的流速，脱去液体中的气体，将污染物、堵塞物从孔隙通道中清除出来，增加了原油流动的通道；同时爆炸时产生的温度场能使原油黏度降低，增加原油流动性，提高原油产量。

3. 超声波采油技术

超声波采油技术设备由地面的超声波发生器、专用电缆及井下超声波换能器(采用圆形磁致伸缩或压电陶瓷材料)组成，也可采用共振腔式井下声波发生器产生超声波。超声波换能器采用径向方式，辐射频率为 18~22kHz，超声波在井筒液体中产生强烈的空化效应，形成局部的瞬时高温高压区，使原油分子键断裂，降低原油黏度，从而提高原油的流动性；超声波的机械效应使井壁产生新的微裂缝，扩大、延伸老的裂缝，清除近井地带的污染、堵塞物，以提高渗透率，同时还能降低储层毛细管的界面张力，促使毛细管中的残余油向井筒流动，这样，增加了油井的产量。在稠油井中，多采用井下声波发生器结合蒸汽注入，在井筒中产生油水乳化液，改善地层径向渗透率，提高蒸汽注入效果，从而提高稠油井的原油产量。在注水井中，利用注水压力使井下声波发生器产生声波作用于地层，可以清除近井地带的污染杂物，改善地层渗透率，提高注水效果。

超声波降粘机理。声波采油技术就是用不同频率和性质的声波激励油层，不同频率和性质的声波对油层的影响机理、处理效果、处理范围也不相同。其中超声波采油技术、电脉冲仪冲击波采油技术适用于处理井底近井地带的污染、堵塞物，电脉冲仪冲击波采油技术处理范围大于超声波采油技术的处理范围。电脉冲仪冲击声波采油技术和超声波采油技术，可在常规修井作业后施工，成本低，配套设备少，易于操作和管理，对需要处理的目标油层能进行分层分段处理，对油层结构和油井套管无污染、无破坏作用，有利于采收率的提高和减少生产井维修费用。该技术主要适用于因各种原因造成的近井地带的污染、堵塞而引起的减产、欠注，且地层有足够的能量。

超声波采油技术和水力振荡解堵技术处理油层过程中振荡作用是主要因素，其频率较高，处理油层的半径范围较小，故而主要适用于解除机械杂质及固体颗粒造成的井壁附近地层及射孔炮眼的堵塞，并可清除井内的无机沉淀物。

超声波在液体媒质中传播时，能产生强烈的空化作用、机械振动作用和热效应。它们对原油的降黏起着特殊的作用。

1) 空化作用

液体在超声波作用下，液体中的微小泡核被激活。当声压[体积单元受声扰动后的压强由 p_0 改变为 p_1，则由声扰动产生的逾量压强(简称逾压)]足够大时，在声波负压作用下，气泡核膨胀，在声波正压作用下被压缩，表现为泡核的振荡、生长、收缩及崩溃等一系列动力学过程。空化泡核崩溃时，在其周围的极小空间和极短时间内，局部产生高温可达

104℃，瞬时压力可达几千甚至几万个大气压，并伴生强烈的冲击波和时速达 400km 左右的射流，这就是空化现象。

空化作用对原油降黏的作用。一般说，原油中都含有蜡、胶质和沥青质高分子聚合物。在超声波作用下，超声空化产生的强大的冲击力及高速微射流，它能使原油中长链石蜡烃分子、沥青质分子断裂，分子量减小，使原油黏度降低，蜡的熔点降低。声波作用于油层，强烈的空化作用使局部瞬时形成高温高压，从而使物质的分子键断链，也对原油产生降黏的作用。

2）热作用

超声波的热作用是一种综合效应，第一，超声波在原油中传播时被吸收，使得声能转化为热能；第二，在不同介质的分界处，边界摩擦使油体温度升高；第三、空化作用在气泡崩溃时释放出大量的热能。频率越高，吸收效果越好，边界摩擦也越剧烈；强度越大空化作用越强，热效应越显著。

3）机械振动作用

边界摩擦对原油产生局部加热作用，在原油与结蜡层、管壁及岩石的分界面处，由于振动速度的巨大差异，使得原油与结蜡层、管壁及岩石的分界面之间发生摩擦，产生局部高温。对于黏度较大的原油，吸收系数大，所造成的局部温升是十分可观的。超声波在弹性介质中传播时，弹性粒子的振幅、速度及加速度会发生显著的变化。机械振动作用可加速原油中较小分子与惰性大的大分子链之间的相对运动，从而增大了它们间的摩擦力。

第六章　非常规油气藏开发实例

第一节　煤层气开发实例

一、沁水盆地构造位置

　　沁水盆地是山西乃至全国煤层气赋存最为富集的地区之一，蕴藏量占山西省煤层气总量的65.8%，占全国煤层气资源总量的1/4，是目前国内勘探程度最高、储量条件稳定、开发潜力巨大、商业化程度较高的煤层气气田。沁水盆地为华北地台内的一个二级构造单元，位于吕梁隆起带东侧、太行复背斜西侧、五台山隆起带以南、中条隆起带以北，是古生界基底基础上形成的沉积盆地，其现今的构造面貌为一个近南向北的大型复式向斜，面积 23923km^2。沁水盆地构造简单，煤系地层分布稳定，内部次级褶皱发育的复式向斜构造南北向褶皱为主，南部和北部以近南北向褶皱为主，局部近东西、北东和弧形走向的褶皱；中部以北北东向褶皱发育为特点。断裂以北东、北东东和北东东向高角度正断层为主，集中分布于盆地西北部、西南部及东南部边缘。图6-1是沁水盆地的构造位置。

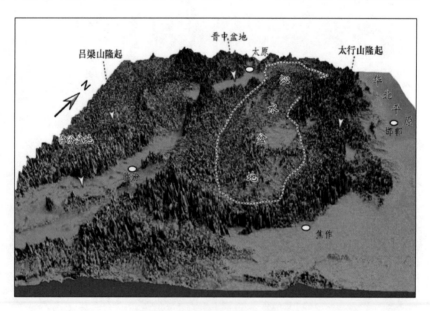

图 6-1　沁水盆地构造位置

　　沁水盆地南部是"九五"期末发现的大型整装煤层气田，总面积 3523.32km^2。估算煤层气资源量 6807 亿 m^3，煤层埋深 200～1500m。南部煤层埋藏浅小于 600m。沁水盆地南部是目前我国煤层气开发热点地区，近年来煤层气开发快速发展，已钻开发井总数超过 2000 口，投产直井 500 口、对分支水平井 20 余口，煤层气日产量达到 120 万 m³，全部投产可建煤层气产能 15 亿 m³/a 以上。樊庄区块位于沁水盆地南部中心地带。经历 1～2 年的排采期，区内大部分煤层气井进入比较稳定的产气阶段。

二、地层特征

沁水盆地含煤地层为二叠系的山西组和石炭系的太原组。区内共发育有 12 个煤层，包括 1#、2#、3#、5#、6#、7#、8#、9#、14#、15#、16# 和 17#，3# 和 15# 煤层是全区稳定发育煤层，两层平均厚度 8m。山西组主要有砂岩、泥岩和煤层组成，太原组主要由砂泥岩、石灰岩和煤层组成。主要可采煤层分别为山西组 3# 煤层和太原组 15# 煤层。

1. 3# 煤层厚度分布特征

3# 煤层厚度变化在 0～8m，其总体变化趋势为：由北向南煤层厚度逐渐变厚，并且在盆地南部，由西向东煤层变厚的趋势比较明显。富煤中心位于南部晋城地区，平均厚度在 6m 左右，一般在 2.7～7.59m。在沁源地区发育最差，煤层分叉变薄，厚度在 0～1.73m，平均厚度在 1m 左右。北部的阳泉寿阳地区煤层薄，厚度平均在 1.5m。

2. 煤层埋藏深度

沁水盆地太原组、山西组煤层埋深由边缘露头向盆地中部增大。沁县一带是向斜轴部，煤层埋深 2000～3000m。埋深小于 1000m 的区域分布于盆地周边，埋深 1000～2000m 含煤带呈环带状分布于前两者之间。在沁南地区，从南向北、从东部向中部煤层埋深呈增大趋势，两套主煤层埋深的总体变化趋势相似，只是 15# 煤层的埋深一般比 3# 煤层深约 100m 左右。3# 煤层的埋深一般在 300～600m。柿庄南和潘河区块的埋深就在 400～600m。

3. 煤级分布

沁水盆地煤层煤级变化规律明显。盆地南北部两端变质程度高，以无烟煤为主，如阳泉、晋城矿区；盆地中部以中高变质烟煤为主，如沁源、潞安矿区。沁水盆地的煤变质作用是以深成变质作用为主，叠加了区域岩浆热变质作用，形成南北两端的高变质无烟煤分布区。东西方向上，随煤层深度增加，煤变质程度呈增高趋势。

4. 煤岩煤质特征

沁水盆地山西组煤岩类型以半亮型煤和半暗型煤为主，太原组煤层以半亮型煤和光亮型煤为主。总体上 15# 煤层镜煤和亮煤比较高。3# 煤层镜质组含量介于 48.1%～96.89%，平均 77.99%；惰质组含量介于 1.8%～51.9%，平均 22%；壳质组含量甚微；矿物质含量为 10.225%～22.53%，平均 13.51%。原煤灰份产率比较低，基本上都在 10%～16%，属中低灰煤。挥发份产率低，在 5.8%～12.24%；含硫量低于 1%，主要在 0.31%～0.47%。煤层气成分单一，组份以甲烷为主，变化于 71.63%～100.00%，一般在 95% 以上。含有少量 N_2、CO_2，N_2 含量为 0～27.47%，一般小于 10%；CO_2 含量为 0～11.72%；部分样品检测出重烃，其含量为 0～3.00%，一般小于 1%。沁水盆地煤层气田的煤级比较高，主要为贫煤-

无烟煤，具有较高的生气能力和吸附能力。

5. 煤储层物性特征

用氮气阀测 3#煤层孔隙度，孔隙度最低位 1.5%，最高位 12.2%，一般在 5%以下，统计研究表明，煤的孔隙度与变质程度有关，一般肥煤和焦煤的孔隙度最低，瘦煤以上有所增高。

用试井方法获得的煤层渗透率，大多分布在 $(0.5\sim3.0)\times10^{-3}\mu m^2$，其次在 $(0.1\sim0.5)\times10^{-3}\mu m^2$ 和 $(3.0\sim10.0)\times10^{-3}\mu m^2$。表明沁水盆地南部煤层有相对较好的渗透性。

通过注入/压降和 DST 试井获得的沁南地区实际的煤储层压力数据统计可知，沁南山西组 3#煤层储层压力在 292.41～780.05m 深度区间内，主要在 2.06～6.85MPa 变化，平均储层压力 3.49。压力梯度在 3.8～12.0kPa/m，平均压力梯度 6.92kPa/m，比正常的静水压力梯度（9.8kPa/m）偏低。

山西组 3#煤层储层温度 15.6～27.75℃，平均储层温度 23.41℃。500m 以上地温梯度平均为 1.15℃/m，500m 以下地温梯度平均为 1.45℃/m。

沁水盆地 3#煤层的吸附能力比较高，储气能力比较强，有利煤层气储集。原煤兰氏体积为 14.06～38.12m³/t，平均 24.27m³/t。兰氏压力中等为 0.9～2.249MPa，平均为 2.03MPa。盆地南北的晋城、阳泉地区兰氏体积大。兰氏体积的大小与煤的变质程度趋势一致，即煤的变质程度高，兰氏体积大，反之则小。

含气饱和度是煤层气评价与开发的重要参数，它与常规天然气的含气饱和度不同。常规气层的含气饱和度是气体在岩石空隙中占据空间的百分比，煤层含气饱和度则是实测含气量与当前储层温度、压力条件下的理论吸附量之比。研究表明，沁水盆地煤层的含气饱和度较高，由浅到深含气饱和度是增大的。根据实测的每次含气量、储层压力及等温吸附试验数据，沁水盆地 3#煤层的含气饱和度为 22.41%～100%，平均为 62.36%。盆地南部晋城地区含气饱和度相对较高，局部区域煤层的含气饱和度达 90%～100%。

由于盆地南部地区煤级高，故含气性较好，3#煤层含气量为 6.78～12.27m³/t，15#煤层为 7.12～19.98m³/t。潘河区块勘探实测 3#煤层平均含气量 13m³/t，柿庄南区块实测含气量为 19.2～31.75m³/t，平均 25.10m³/t。

三、煤岩和煤层气物性特征

1. 煤质分析

煤层显微组分以镜质组为主，3#煤层镜质组含量平均为 87.1%，15#煤层为 82.4%；3#煤层的灰分产率平均为 15.4%，15#煤层为 17%；3#煤层实测镜质体反射率为 2.63%～3.78%，平均 3.20%，15#煤层实测镜质体反射率为 2.74%～3.69%，平均 3.23%。

2. 含气性

3#煤层含气量一般为 16～26m³/t，含气饱和度为 90%～98.9%；15#煤层含气量多为 16～20m³/t，含气饱和度为 73%～93%，属高饱和煤层气田。

3. 煤层物性特征

注入/压降试井测试证实，该区煤层渗透性较差，有效渗透率为 $(0.01\sim0.51)\times10^{-3}\mu m^2$，其中 $3^{\#}$煤层为 $(0.025\sim0.51)\times10^{-3}\mu m^2$，$15^{\#}$煤层为 $(0.01\sim0.067)\times10^{-3}\mu m^2$。

4. 煤层气藏评价

煤层埋深 $300\sim800m$，属于浅、中层；煤层含气量 $16\sim26m^3/t$，属于中、高含气量；储量丰度，$3^{\#}$煤层为 1.42 亿 m^3/km^2、$15^{\#}$煤层为 0.6 亿 m^3/km^2，属于中储量丰度；单井日产气量一般为 $1000\sim3000m^3$，属于中低产能。气田总体上属于浅中层、中低产、中储量丰度的煤层气田，非常适合煤层气的勘探开发。

5. 煤的孔隙结构

煤层孔隙结构特征决定了孔隙流体的存在形式和运动形态。煤储层是一种双孔隙介质，发育有基质孔隙和割理-裂隙。与一般的双孔隙气藏不同的是，煤层气藏中割理将煤分割成若干基质块，基质中包含有大量的微小孔隙，是气体储存的主要空间，其渗透性很低；割理是煤中的次要孔隙系统，但却是煤层中流体(气体和水)渗流的主要通道。

沁水盆地的煤种比较齐全，从气煤到无烟煤都有分布，但以变质煤和无烟煤为主。各煤层均由腐质煤构成，其宏观煤岩组分以亮煤为主，暗煤次之，镜煤和丝碳较少。沁水南部地区煤岩的孔隙范围比较广，基质孔隙的孔径从不足 1 纳米至几百纳米，而煤层中的裂缝(割理)肉眼就能看见。

根据压汞实验测量得出沁水南部地区煤层气藏孔隙结构：大孔约为 76.56%，中孔约为 2.05%，小孔约为 15.21%，微孔约为 6.18%。

通过沁水煤层气田的低温氮吸附实验可以得出其孔径主要分布为 $100\sim200nm$ 的微孔特征。从低温氮实验特征可以看出沁水盆地的煤层孔隙以微孔和小孔为主，大孔和裂隙较发育，孔隙连通性稍差。

由于沁南地区煤微孔发育，比表面积大，有利于气体的在煤基质表面的吸附，构成储集空间，割理-裂隙则构成煤层气的渗流通道。煤层气藏中煤的这种特殊的化学结构和孔隙结构，决定了煤层气在煤层中与常规天然气藏不同的储存和运移形式。

四、等温吸附曲线特征

在山西沁水盆地南部的潘河地区和柿庄南地区的 $3^{\#}$煤层为高吸附量、高煤阶的无烟煤。通过对平衡水样的晋城矿区 $3^{\#}$煤层无烟煤煤样进行吸附等温实验，可以测得其煤层的吸附等温曲线。从煤层的等温吸附曲线中可以看出，煤层气的吸附量是压力的函数，随着压力的增高，吸附量变大。在压力较低的情况下，煤层气容易被吸收到煤晶粒表面上，升高较小的压力就可以使煤的吸附量增加很多；当压力升高时，气体分子在煤晶粒表面上较小空间中相互排斥，升高压力只能增加较小的吸附量，吸收速度减慢；在高压的情况下，气体分子形成紧密堆积，吸收速度趋于零。

图6-2为实验测试得到的沁水盆地南部晋城地区 $3^{\#}$煤层的等温吸附曲线。通过该曲线，

可以求出其 Langmuir 体积常数和压力常数得到吸附规律，预测其采收速度和采收率。

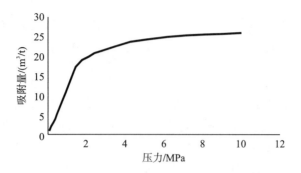

图 6-2   晋城矿区某井煤的等温吸附曲线

对于沁南晋城地区，当压力低于 3.5MPa 时，吸附曲线斜率较大，吸附量增加较大，煤对甲烷的吸附力增强；当压力继续增高时，吸附曲线呈较为平缓升趋势；压力增加到 8MPa 以后，吸附量增长缓慢，基本保持不变。

五、煤的置换解吸

采用置换解吸的原理为：当向煤层中注入 CO_2 时，将会促使吸附在煤层中的煤层气解吸出来。中国地质大学唐书恒教授通过采用气体等温吸附解吸仪，将山西沁水盆地晋城矿区 3# 煤层的无烟煤平衡水煤样进行等温吸附-解吸实验，采用不同的 CH_4-CO_2 组分，研究不同的组分含量对解吸的定量影响程度。实验中采用以下三种不同的 CH_4-CO_2 混合组分进行对比实验：①75%CH_4+25%CO_2 吸附-解吸试验；②35%CH_4+65%CO_2 吸附-解吸试验；③15%CH_4+85%CO_2 吸附-解吸试验。

对于 CH_4、CO_2 纯组分所进行的吸附-解吸实验，所得的数据如表 6-1 所示。

表 6-1   纯组分气体的吸附解吸

气体组成	100% CH_4		100%CO_2	
实验种类	吸附	解吸	吸附	解吸
V_L/(m^3/t)	28.91	28.91	31.31	37.58
P_L/(MPa)	1.09	0.98	0.35	1.05

对于不同组分的二元气体吸附解吸实验的结果如表 6-2 所示。

表 6-2   不同二元组分气体的吸附解吸

气体组成	75%CH_4+25%CO_2		35%CH_4+65%CO_2		15%CH_4 +85%CO_2	
实验种类	吸附	解吸	吸附	解吸	吸附	解吸
V_L/(m^3/t)	31.66	29.22	37.58	37.58	46.98	46.98
P_L/MPa	0.88	0.63	0.6	0.64	0.76	0.48

从以上的实验数据可以得出如下几点结论：

(1)在 CO_2-CH_4 混合气体解吸实验过程中，CO_2 组分的解吸量较小，解吸速率较低；而 CH_4 组分的解吸量较大，解吸速率较高。CO_2 组分对 CH_4 组分具有驱替作用。

(2)在 CO_2-CH_4 混合气体解吸时，单位压降下 CH_4 组分的解吸率和单位压降下 CO_2 组分的吸附率，随着其中 CO_2 组分相对浓度的增加而增大。CO_2 组分的相对浓度越高，越有利于 CH_4 的解吸和 CO_2 的吸附。

(3)研究表明，煤层可以作为储集 CO_2 的场所。向煤层中注入 CO_2，既可以提高煤层 CH_4 的解吸率，还可以达到保存 CO_2 的目的。为了达到减排 CO_2 和驱替煤层 CH_4 双重目的，注入 CO_2 时应将其浓度控制在一个合理的范围内，以取得满意的环境效益和经济效益。

煤层气产出实质是排水降压解吸、扩散和达西流动的过程。受煤层气开发规模(单井或井组开发)、煤层气井所处位置的地质条件、实施的排采作业方式、工作制度等方面的影响，煤层气井的产气效果往往会有很大不同，产能级别差异也较大。沁水盆地多数采气井产量都仅在 1 000m³/d 左右，多数产能甚至更低，产能并不很理想。

中联煤层气有限责任公司开展了山西沁水盆地南部煤层气直井开发示范工程。"十一五"期间模拟研究了沁水盆地南部柿庄南、潘河两个区块的生产动态、开发机理；分析模拟影响开发的主要因素，对未来产量进行预测；研究了沁水盆地南部潘河地区和柿庄南地合理的生产制度，包括合理井距、压裂缝长、裂缝导流能力优化、排采速度和生产压力；研究了多分支井的可行性、排除了注 CO_2 置换煤层气的方法。在对柿庄南、潘河两个区块研究的基础上，提出了沁南盆地直井压裂排水采液的开发技术政策。

孟庆春等对晋城樊庄煤层气区块进行数值模拟研究，开展了不同地层产状条件下水平段长度优化，水平井分支夹角优化，水平段间距与分支间距以及水平井分支形态优化。

1. 不同地层产状条件下水平段长度优化

分别对上倾、水平和下倾地层在相同水平段长度情况下的产气进行对比，当水平段长度小于 500m 的倾斜地层与水平地层的百米日产气量相差较大时，沿下倾地层百米日产气量最低，沿上倾地层百米日产气量最高，但水平长度大于 1000m 后，百米日产气量变化不大，甚至非常相近。因此，认为倾斜地层合理的水平段长度为 500～1000m，但是为获得最大的经济效益，水平段应尽量沿上倾方向钻进。

2. 水平井分支夹角优化

无论均质还是非均质地层，水平井的最佳分支角度为 30°左右；水平井钻进的水平井段方向如果沿着高渗方向钻进，不利于水平井获得最大产气量。因此，在明确主渗透方向的前提下，应尽量使水平井的水平段钻进方向与该主渗方向形成一定的夹角，这样有利于分支之间或分支与主支之间形成最大的压力叠加区，提高水平井的产气量。

3. 水平段间距与分支间距

考虑到沁水盆地煤层气田 3#煤层的渗透率为 0.01～2mD,大部分在 0.02～0.5mD 范围,水平段间距采用十年内累计产气量最高的最优间距,即 100m～200m 范围内,如果渗透率稍高,水平段间距可适当增大,如果煤层渗透率特低,则水平段间距要适当减小。最佳水平段间距、分支角度确定的前提下,可以依据三者之间的关系得到最佳分支间距,例如前面已经确定了最佳分支角度 30°、水平段间距 150m,则可得出最佳分支间距为 300m。同时,数值模拟软件也计算了不同分支间距与产能的关系,与前面分析计算的结果一致。因此确定的最佳分支间距为 200～400m。

4. 水平井分支形态优化

通过几种分支形态计算结果对比分析认为,同侧分支比异侧分支对水平井产量的贡献略大,同侧分布三分支后期产量略大于四分支,扇状略高于平行四边形。因此,在目前设计的总钻井水平长度一定的情况下分支数最好不超过四条,而且同侧分支分布较好。井型优化认为在存在裂缝的情况下羽状水平井可获得较高产量。

根据实际钻采资料初步分析:认为主分支结构合理井型,主分支间距、主分支夹角、主分支数量与理想模型接近,整体产气水平较高,但水平井两侧或前后分支分布不均衡的情况,对产气量有不同程度的影响,而由于钻遇地层地质构造复杂,钻井事故多造成煤层坍塌,使得水平井有效煤层段少,必然影响其产能。

六、沁水盆地南部煤层气开发技术政策

(一)产能影响因素分析

1. 煤储层渗透率

从收集的沁水盆地现有的煤层气井生产状况与煤储层渗透率关系的统计数据表明:①气产量相对较高的井,煤储层渗透率通常位于 0.2×10^{-3}～$4.0\times10^{-3}\mu m^2$,如 TL003、TL006、TL007 及晋试 1 井组等;最高产气量井的煤储层渗透率主要位于 $1.0\times10^{-3}\mu m^2$ 左右。②如果煤储层渗透率低于 $0.2\times10^{-3}\mu m^2$,煤层气井的产气量一般较低,渗透率过低,煤储层卸压速率和煤层气解吸速率将会过低,压降漏斗(抽排)范围有限。但当煤层渗透率大于 $1\times10^{-3}\mu m^2$ 后,产气量也有降低趋势。③一般认为当煤层渗透率大于 $10.0\times10^{-3}\mu m^2$ 后,煤层的产气量会较低,如 TL011 等井。渗透率过高,表明渗流通道发育,一方面当气藏边界有充足的压力补给时,会形成稳定流,即气藏中各点压力不随时间改变,若此时井底压力尚未降到临界解吸压力以下,则气藏不能产气;另一方面,常会导致产水量太大,使煤储层泄压困难,不但需增加排水设备,还需花费很大精力去进行水处理,也不利于煤层气井生产。如美国 Sand-Wash 盆地的 Dixon 地区,由于靠近露头补给区,尽管渗透率高达 $170\times10^{-3}\mu m^2$,但产水量也高达 191m³/d,却不产气;大宁吉县吉试 4 井两层综合解释渗透率分别高达 $233\times10^{-3}\mu m^2$ 和 $43\times10^{-3}\mu m^2$,用大泵分别排水 2 个月、1 个月,前 1 层根本无法将液面降至临界解吸压力以下,未产气,后 1 层也仅见气显示。实际上,我国煤储层试井渗透率达到几十毫达西($1mD=1\times10^{-3}\mu m^2$)的点很少,即使存在这样的点,多数也与构造裂隙的发育有关。但是,构造裂隙的发育程度,也是煤储层的重要特性之一,故就煤层气井产能而言,地质因素的控制作用仍然相当明显,如构造条件、气藏类型等对煤层气产能

的影响。

2. 煤储层厚度分布

煤层厚度是关系到煤层气储量与产量的因素，通常煤层越厚，供气能力越强，产量越大。从盆地煤层厚度与单井日平均稳产气量的关系来，两者呈较好的正相关关系，当煤层厚度小于 4.5m 时，煤层的产气量都低于 1000m³/d，而产气量大于 1500m³/d 以上的井，煤层厚度几乎都在 5m 以上。但煤层厚度并不是煤层高产气量的充分条件，如 TL-009、TL-011 等井 3 号煤的厚度都在 5m 以上但其产气量却非常的低。通常产气量还与煤层上下地层水动力条件相关，如 TL-001 井 3 号煤厚度达 6.5m，但其产气量仅 244m³/d 左右，产水量为 60～70m³/d，最高达 90.6m³/d，主要原因就在于 3 号煤层富水性和补给能力强，产水量过大而不利于煤层气生产。

另外认为煤储层成组产出，层间距较小，层间夹砂岩层的组合最有利于煤层气井高产。这种条件下，煤层有较大的累计厚度，由于煤储层间距较小，围岩与煤储层可一起射孔压裂，增大了生产层厚度大，同时也增强煤储层导流能，可大大提高煤层气井的产能。如铁法大兴井田 DT3 井：上、下煤组煤储层发育，可采 30 层，累计厚度 84m，采用上述压裂方式，地下水补给能力良好，气井生产中没有出现产量衰减的情况，在一年多的排采过程中产气量持续增高，稳定日产气量为 3 500～8 000m³，最高气产量达 13 555m³/d（叶建平等，2002）。

3. 含气量、含气饱和度指标在评判气井产能中非常重要

含气量决定煤层吸附饱和程度，含气量越高，临界解吸压力越高，有效泄气面积越大，单井产量越高。沁水盆地以中高煤阶煤岩为主，统计表明，日稳产气量大于 1 500m³ 的井中，含气量大于 19m³/t 的数量占 83%以上，表明两者之间有一定必然关系。当含气量小于 15m³/t 时，几乎都达不到工业产能。煤层厚度较大时含气量可能较低，如美国粉河盆地，煤储层厚达 91m，含气量仅为 2～4m³/t，也可商业化规模开采。另外煤阶较低、含气量偏低的井也可获得较高产量（如宁武盆地的武试 1 井等），主要与煤阶低、割理裂缝发育、含气饱和度高有关。

含气饱和度综合反映出含气量和吸附能力的双重特性。因煤层气在地质时期有一定程度的散失，煤层气饱和度通常小于 100%。因此，通常煤层为欠饱和的。统计表明：沁水盆地高煤阶储层含气饱和度在小于 60%时，煤层气井主要为低产井，产量小于 700m³/d；含气饱和度在大于 70%时，煤层气井通常为高产井。煤储层含气饱和度高，可能是煤层气井获得较高产量的重要地质标志。这也是煤层气解吸-扩散-运移服从于浓度规则的必然结果。

含气量、含气饱和度对于井距的确定也有重要的影响。含气量升高，不仅经济极限井距减小，而且最优井距同样减小。

4. 煤储层压力与临界解吸压力

煤层原始压力与煤层含气量有重要关系，是决定煤层气井产能的最重要的地质因素。

一般情况下，煤层原始压力高，表明其保存条件好，煤层含气量就高，煤层气井产量也高；否则，煤层原始压力低，含气量也低，煤层气井产能也低。沁水盆地煤储层压力主要分布在2～10MPa，但其与产气量的关系不明显，个别井其储层压力虽达到6MPa，但其产气量却小于1 000m³/d；煤层压力梯度与产气量之间有微弱的正相关关系，压力梯度大于0.5MPa/100m的井中，高产井占70%左右。

临界解吸压力值越大，意味着煤层能释放出更多气量的潜力更大，其与储层压力越接近，解吸时间越早，有效解吸区域越大，则产量越高。如果临界解吸压力比原始煤层压力低得多，势必要长期地排水降压才能产气。根据我国部分目标区煤层气实测含气量、储层压力、平衡水等温吸附曲线等资料，计算的临界解吸压力来看，其值主要分布于0.5～6.51MPa，其中大城、淮北芦岭偏高，为6.51MPa和5.98MPa；与美国圣胡安盆地相比，我国煤层的饱和度与临界解压力普遍偏低。沁水煤田临界解吸压力大多在0.84～3.3MPa；晋城矿高于潞安矿区，大多在2MPa以上；潞安矿区一般低于1MPa。分析表明：沁水盆地临界解吸压力大于1MPa是该区煤层气获得高产的重要条件，该值小于1.8MPa时，其产气量通常小于1 000m³/d。通人们采用临界解吸压力和储层原始压力比值(临压力比)的大小来评价煤层气高产与否。统计显示，煤层气产量较高的气井的临储压力比为0.66～0.86，低产井的临储压力比小于0.46。

5. 煤储层最小主应力

地层最小主应力与煤层渗透率的关系十分密切，因而其与煤层产气量的关系也很密切。应力松弛地区，渗透率高，随深度增加变化幅度不大，储层产气量也较高；在高应力地区，渗透率较低，而且随深度增加渗透率急剧减小，导致煤储层产气困难。

美国黑勇士盆地Oak Grove气田Team area与Cedar Cove气田Coaling area两区块的煤层气高产区与煤储层原地最小主应力有着较好的相关关系，前者煤层气产量大于等于2 265.4m³/d地区，其原地主应力小于6.2MPa，后者产量大于等于2 831.7m³/d的井也分布在地应力小于15.5MPa的相对低值区。与美国、澳大利亚相比，中国的煤储层所承受的原地应力往往较大。美国黑勇士盆地地应力值一般为1～6MPa，澳大利亚东部悉尼盆地、鲍恩盆地为1～10MPa，少数达14MPa。中国地应力低限值相当于美国黑勇士盆地的地应力高限值(唐书恒，2001)。理论上认为，我国煤岩储层的原地应力对煤层气高产与否的影响作用应该更大。

从地应力的关系来看，产气量随最小主应力值的增大而减总体上呈现负相关关系，但关系点较离散。高产主要分布在最小主应力小于8.2MPa的区域，在小主应力值大于8.2MPa的区域，高产井仅占25左右。从最小主应力的梯度值与产气量大小关系看，高产井主要分布在主应力梯度小于1.6MPa/100m的地区，在大于该值的区域高产井仅占22口左右。

6. 煤储层压裂缝参数

通常因煤层固有的特性，仅靠煤层自身的割理、裂隙等作通道，煤层气井很难形成具有商业价值的产能。所以，就必须对煤层结构实施压裂改造，提高其渗透性，水力压裂方法是最常用的方法。利用水力压裂技术，在煤储层中建立一条有效支撑裂缝，可有效地扩大泄气面积，增加两相渗流区，提高煤层气井单井产量。产量提高水平取决于水力压裂规模，以及支撑裂缝的有效性。通常有效支撑缝长越长，则两相渗流区越大，产量越高。统计表明，美国 14000 口煤层气井中有 90%以上通过水力压裂改造获得商业化产量。目前广泛采用的定向羽状水平井技术与洞穴完井技术，其增产机理也主要是扩大渗流面积，提高单井产量。加拿大早期采用氮气增能线性凝胶水压裂，氮气泡沫压裂，液态 CO_2，无支撑剂压裂等，结果压裂液返排很少，几乎没有气体产出；之后发明了大排量氮气(无支撑剂)压裂技术，也取得了较好的增产效果。

　　压裂缝长度对产气量曲线形态有一定的影响，压裂井通常会在早期形成一个产气高峰值，随着压裂裂缝的长度增加，压裂效应导致的第一高峰期出现的时间延后，但第二高峰期出现的时间提前，且峰值都增大，并随生产时间的增加，曲线趋于一致，重合在一起，累计产气量随裂缝长度的增加而增大，同时采收率随裂缝长度的增加而增大。第一产气高峰值持续时间可以通过人为调整生产压差进行控制，且有的井并不出现该峰值(如潘 1井)，其可能与设备排水能力、地层能量、水动力条件等相关。

　　沁水盆地压裂缝的长度与煤层日平均稳产量的大小相关性较好，其中主裂缝比次裂缝与产气量相关性更好：当主裂缝的长度大于 65m 时，可以获得较高的产气量；当主裂缝的长度小于 65m 时，煤层产气量一般不超过 $1000m^3/d$。但若煤层上下有高导水层位，压裂缝高度过大，易导致煤层高度水窜，造成排水难度加大，不利于煤层降压采气。

　　总体上水力压裂方法在中国的运用效果不如美国好，除压裂操作方式、压裂液体使用等方面可能存在的差异外，其主要的原因就在于两国地质条件的差别。美国最适合煤层气开采的中变质烟煤占绝对优势，其煤层厚度适中，横向稳定，构造简单，硬度大，水平应力小，大多含水，渗透率高，容易采用压裂增产技术；而中国与美国相当的中变质烟煤所占比例较少，富含煤层气的煤田大多经历了成煤后的强烈构造运动，使煤层的内生裂缝系统严重破坏，塑变性大大增强，水平应力大，透气性与美国相比，要低 2~3 个煤阶，水力压裂作用于这种煤层时，主要是使煤层发生塑性变形，对裂隙扩展或产生新的裂隙的效果无法达到美国的煤层所能达到的效果。因此，研究适应我国煤储层的改造手段对于进一步提高单井产量十分重要。

　　从单井产能影响因素的分析结果来看，目前沁水盆地煤层气产量较高的井主要分布于：煤层厚度大于 5m，含气量大于 $19m^3/t$，含气饱和度高于 70%，渗透率分布于 $1.0\times10^{-3}\mu m^2$ 左右，临界解吸压力大于 1.8MPa 且地层水动力条件相对较弱的区域。

(二)开发技术对策

1. 开发层系

　　潘河区块目前仅限于 $3^\#$ 投入生产。柿庄南 $3^\#$ 和 $15^\#$ 合采，生产发现 $15^\#$ 号煤由于围岩含水高，导致合产的开发效果反而不如 $3^\#$ 单独开采。

　　从地质条件看，$3^\#$ 煤层优于 $15^\#$ 煤层，其煤层厚度大、分布稳定、含气量高、地解压差小、储层物性好、地层水矿化度低、天然气组分中不含硫化物、探明储量高、试气产量高。从试采效果来看，$3^\#$ 煤层也优于 $15^\#$ 煤层，表现在：单采 $3^\#$ 煤层，动液面和产水量平稳下降，单井产气量稳中有升；单采15#煤层，液面不稳定，影响煤层降压解吸。基于3#煤层和15#煤层的动静态特征，建议优先考虑开采3#煤层，15#煤层在3#煤层产量下降时可视储层发育情况择时投产。

2. 井型选择与井网部署

1) 井型选择

与常规油气田不同，煤层气田开发使用的井型更加丰富，主要井型有：

(1) 地面垂直井、水平井、丛式井：该方式适用于构造简单、埋藏浅、煤层稳定、厚度大、渗透性相对较好的地区，投资费用较高，是煤层气开采的主要井型。

(2) 多分支水平井(定向羽状水平井)：是近几年发展起来的一项新技术，是低渗透煤层气开发技术的一次革命，主要优势是气井产能高、地表占地面积小、对地形条件的适应性强，但对煤层气地质条件要求苛刻，适合构造简单、分布稳定、厚度大、顶底板封闭条件好、煤体结构好的煤层。

(3) 采动区抽放井：该方式大多处在煤矿生产的采动影响区之内，距离煤矿采煤工作面较近，投资费用低。

(4) 井下瓦斯抽放：该方式是服务于煤矿安全生产的一种煤层气开发方式，必须与煤炭生产相结合，投资费用相对较低。

2) 井网部署

沁水煤层气田煤层气资源优越，离煤矿区相对较远，适合地面垂直井、多分支水平井或者丛式井等井型开发。合理的井网布置方式，不仅可以大幅度地提煤层气井产量，而且会降低开发成本，煤层气井井布置方式通常有：不规则井网、矩形井网、五点式网等。

(1) 不规则井网：在受地形限制或地质条件发强烈变化的情况下所采取的一种布井方式，是一非常规的煤层气布井方式。

(2) 矩形井网：要求沿主渗透和垂直于主渗透个方向垂直布井，且相邻的4口井呈一矩形，矩形网规整性好，布置方便，是煤层气开发常用的布井式。

(3) 五点式井网：要求沿主渗透方向和垂直于主渗透两个方向垂直布井，且相邻的4口井呈一菱形。

矩形井网和五点式井网是相对的，在煤层气开发规模较小或不集中布井的情况下，不同井网的单井产能会有一定差别，从数值模拟预测的开发指标看，五点法(梅花型井组)的开发效果相对较好。

3. 增产方式

通过63口井(40口采用活性水压裂液、21口采用清洁压裂液和2口采用冻胶压裂液)的排采效果分析认为：采用活性水压裂液在排采初期可获得较好的产气效果，而且总液量越高，产气量越大，因此在成本允许的范围内，适量增大施工规模，形成更宽更长的裂缝系统有利于提高气井的单井产量；同时认为加砂量与产气量具有一定正相关关系，加砂量达到40m³后高产井增加较明显。建议借助以往煤层气井压裂的经验教训开展相关压裂优化，对部分压裂效果差但地质条件好的井开展重复压裂。可以在新区考虑采用分支水平井。

4. 排采方式

液面下降快，气井见气早，但由于煤储层的塑性特征，降压快，煤岩压敏效应更容易发生，导致井筒附近煤层渗透率降低，气井产气量相对较低；液面下降慢，解吸缓慢，气井见气时间晚，但生产相对比较稳定，容易获得高产。一般情况下，在排采初期快速降压、见浑水后缓慢降压、进入高峰初期平稳降压较为合理。实践证实，井筒液面每天下降速度控制在 2～5m，产气后稳定液面在煤层以上 10～20m，同时控制套压在 0.3～0.5MPa 较为合理。

第二节　页岩气藏数值模拟和产能评价研究实例

一、页岩气藏数值模拟和产能评价

C.L.Cipolla 等调研了非常规油气藏关于产量评价和预测的文章，例如巴尼特页岩气藏。如何使这样的基质渗透率不是以毫达西或者微达西(10^{-3}mD)，而是以低至 10～100 毫微达西(10^{-6}mD)来衡量的气藏具有商业开采价值？关键要通过人工压裂的方法形成裂缝网络，以此增大储层井筒相连接的区域。但是怎样才能产生这样的裂缝网络？答案比较宽泛，高流量的水利压裂技术，可以通过使用水和支撑剂来改造强化原有的天然裂缝和岩石结构。产生的裂缝远不只是平面上的范围，复杂的裂缝网络通常包含了多于 50 英亩[①]的被压开的储层。对于给定的基质渗透率和压力下，气体的产量是由所造裂缝的条数和复杂程度，裂缝的有效导流能力($k_f w_f$)，和贯穿裂缝网络中的有效压力下降而引导初始产能的能力共同决定的。理解裂缝的复杂程度、裂缝的导流能力、基质渗透率和气藏采收率之间的关系是页岩气藏开发中的根本问题所在。

正确表征裂缝网络的导流能力和主要裂缝之间的关系对于评价模拟动态是至关重要的。由于基质渗透率和裂缝网络空间的不确定性，很难在模拟非常规气藏时得出唯一的解。此处就应用油藏数值模拟技术得到的结果与先期的压降曲线分析来进行对比，以证实把处理常规气藏生产数据的方法应用到非常规气藏时的效果。本文研究了复杂裂缝网络中导流能力的分布，裂缝网络的复杂程度，以及岩石基质渗透率对气藏采收率的影响。同时也证实了产气剖面上的气体解析是页岩气藏采收率的影响因素。

实例选自巴尼特页岩气藏，巴尼特气藏结合了微地震裂缝成像和产量数据来核实生产模型的真实应用，从而评估非常规气藏中井的生产动态。目前，大部分页岩气藏的开采使用的都是水平井技术，所以本节数值模拟采用的也是水平井的完井方式。本节重在生产模拟，分析有助于提高产量和采收率的气藏改造和完井方案。

在南美气藏的开采中非常规气藏的开发已经呈现了前所未有的态势，并且全世界对于页岩气开发潜力的兴趣也越来越大。由于储层空隙空间有限，页岩中大量的裂缝就会吸附

---

① 1 英亩＝0.404 686 公顷。

　　1ft＝3.048×10^{-1}m。

　　1ft³＝2.831685×10^{-2}m³。

有机质。巴尼特页岩气藏的成功开发案例引导了南美其他页岩气藏的开发。例如伍德福德气藏，海恩斯维尔气藏，费耶特维尔气藏和马塞卢斯气藏。全美国页岩气藏中所蕴含的天然气储量在 500 万亿～1000 万亿 ft^3。具有代表性的页岩气藏其厚度范围在 50～600ft，孔隙度为 2%～8%，有机碳含量(TOC)为 1%～14%，储层深度在 1000 到 13000 英尺之间。每一个页岩气藏都有其对应的问题，以巴尼特气藏为例是因为这个气藏对于解决问题比较好理解，并且其裂缝的地质结构已经利用微地震成像技术评估过。巴尼特气藏的深度在 6500～8500ft，储层净厚度在 100～600ft，总孔隙度为 4%～5%，有机碳含量为 4.5%，盆地的面积达到了 5000km^2(320 万英亩)，原始地质储量达到了每平方千米 500 亿到 2000 亿。典型的Barne 页岩气井间距大概为 60 到 160 英亩时其最大采出量每口井接近 10 亿～50 亿 ft^3。

　　非常规气藏的经济可行性在于能够对渗透率极低的岩石起到有效的改造作用。在很多实例中，要制造非常复杂的网络系统使储层和井筒有效连接起来，才具有商业开采价值。使用水和细粒支撑剂的大流量水力压裂来改造体积较大的天然裂缝或岩石组织。许多传统的水力压裂都用高流速的液体来降低裂缝的复杂性并使之成为平面裂缝，方便在裂缝中聚集大量的支撑剂。然而，页岩气藏中的改造措施(水利压裂)通常使用低黏度的流体(水)来提升裂缝的复杂程度，并减少小粒径的支撑剂在裂缝中的聚集。在过去 20 年中页岩气藏的压裂设计随着我们对水利压裂技术和产能机制认识的提高有了很大的进展。本节的重点在于研究最近产量模拟的反演和页岩气藏中的生产动态评价。

　　微地震成像技术的广泛应用对于我们对常规气藏和非常规气藏的水利压裂中了解裂缝形成都起到了非常重要的作用，并且我们可以设计更好的措施。在致密气藏中形成裂缝就比页岩气藏容易得多，如图 6-3 所示，在皮森盆地的致密砂岩区块中对两口进行了三级压裂的井使用了微地震记录技术，即运用了对比井地震检测波技术。微地震的图像结果显示水利压裂裂缝主要是线性延伸，与次要裂缝和主要裂缝交叉，这在多数致密砂岩气藏中是比较典型的。图 6-4 显示了微地震方法记录的致密砂岩中多井试验的水力压裂裂缝

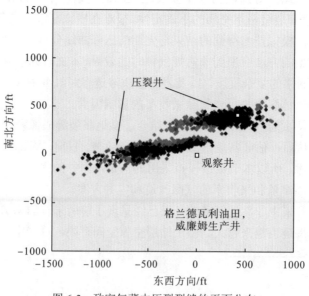

图 6-3　致密气藏中压裂裂缝的平面分布

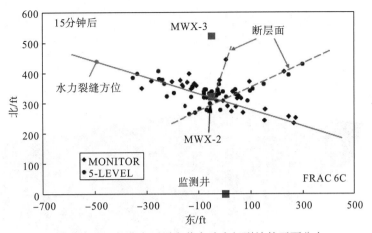

图 6-4 致密气藏中压裂多井实验多级裂缝的平面分布

的延伸，表明了平面上的裂缝在交叉断层上的蔓延并不复杂，在这个例子中，微地震技术只是展现到了相对简单的平面上，图 6-4 中展示了多级压裂。另外，在多井实验中压开岩心的位置有 32 条间距为 4ft 的水力压裂裂缝，另外次生裂缝区域超过 60ft 的地方有 8 条间隔 3ft 的垂直裂缝。裂缝不仅分布在垂直平面上，大多数致密气藏的微地震数据监测结果显示，诱导缝不会大面积地产生，而是包含了正交网格的复杂网络体系，比如页岩气藏和煤层气藏中观察到的。

在致密气藏和常规气藏中，通常都通过设定简单的、平面的、双翼的裂缝来模拟生产，这种裂缝可以提供可靠的水力连续性。根据 200 多个现场的试验研究发现，这些假设通常都是有缺点的，无法得到最优的压裂设计。尽管如此，模拟简化后的平面水力压裂裂缝，对于明确裂缝性能还是有用的。数值模拟可以直接体现水力压裂裂缝的几何形态和导流能力，生成与历史匹配的生产数据，为平面水力压裂裂缝离散模型提供优化裂缝性能的压裂设计参数(图 6-5)。二维建模可以应用到历史拟合的生产数据，还可以通过模拟多

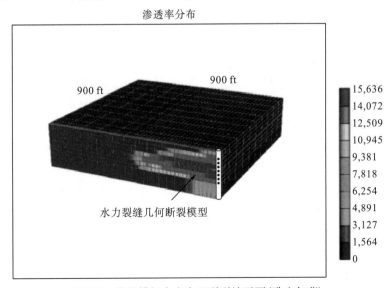

图 6-5 数值模拟中水力压裂裂缝平面(致密气藏)

个平面上的横向裂缝应用到致密砂岩气藏中的水平井完井(图 6-6)。常规致密气藏的数值模拟也可以应用到非常规气藏当中,但是要在模型中加上复杂的裂缝网络体系,如图 6-5 和图 6-6 所示。

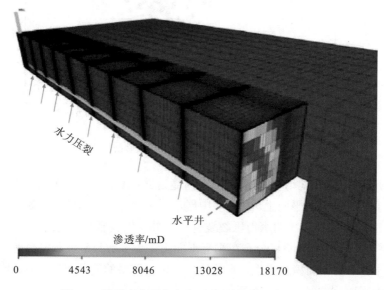

图 6-6   模型中水平井水力压裂裂缝平面(致密气藏)

与致密气藏不同,在页岩储层中,水力压裂裂缝在页岩储层中的延伸通常是非常复杂且不可预测的。图 6-7 显示巴尼特页岩气藏中的一口直井进行了水力压裂改造措施后的微地震成像图,显示了此类页岩气藏中复杂的裂缝网络系统。图中的小圆点或微地震的影像显示的是空间上岩石被压开或裂缝的位置。图 6-8 中的裂缝网络是非常大的,覆盖面积达到了 75 英亩,并且将百万平方英尺面积的储层表面和井筒连接起来。如果不是这幅图,我们很难全面的理解巴尼特页岩气藏中裂缝的延伸及其复杂程度;同时,我们的思路也有可能被现有的平面裂缝模型所限制。尽管这不是本文的主题,非平面性的水力压裂裂缝的延伸模型模拟复杂的网格体系和改进模拟设计的技术正在发展之中。在页岩气藏中,越大面积和复杂程度越高的微地震成像技术显示的网络体系也会带来更高的产气量。通常页岩气的开采都是使用水平井技术,因此,本节中的油藏模拟也采用水平井完井方式为主。

图 6-8 展示了巴尼特页岩气藏中的一口水平井下完套管并用水机胶结固井后进行水力压裂的微地震成像图。图 6-8 中的情况比较特殊,因为水平井的方向和裂缝延伸的方向(纵向)是一致的。这口井采用了单次的大流量水力压力增产措施,即压裂了 5 个射孔段(黄色三角形)来改变水平长度方向上的措施。在非常规气藏中水平井钻井中井的方位决定了很多有利方面,正如图 6-7 和图 6-8 中微地震成像技术所显示的一样。在大多数页岩气藏中比较理想的水平井钻进方向是能与压裂的裂缝相互垂直。这样的方位可以使横向多级水力压裂压出的裂缝沿着水平方向,使得井与油藏的接触面积达到最大,更主要的是可以在每级压裂改造中使垂直裂缝的网络体系加倍。

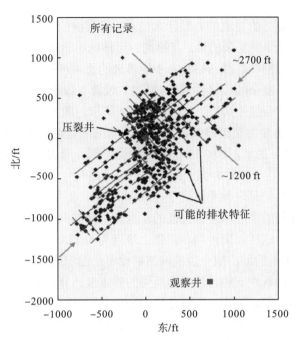

图 6-7　巴尼特页岩气藏中典型直井水力压裂微地震成像图

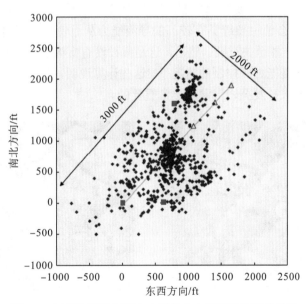

图 6-8　巴尼特页岩气藏中水平井水力压裂微地震成像图

　　尽管微地震图可以为我们观察页岩气藏中裂缝延伸起到提供重要的视角，但是改造措施的整体效果很难通过微地震图观察到，因为支撑剂所下入的位置和裂缝网络中的导流能力分布是很难被测量的(这些参数对控制井的动态很关键)。因此，需要改进气藏模型来模拟这种复杂的气藏，从而评估井的动态、改进增产设计和完井措施。非常规气藏模拟的要求之一就是了解裂缝网络的导流能力以及第一次水力压裂所产生的裂缝特征。要想表征诱导缝网络的导流能力，首先要解决三个主要的问题：在裂缝网络体系中，支撑剂被下到了哪里?什么是已支撑裂缝的导流能力?什么是未支撑裂缝的导流能力?

但是,如果裂缝延伸很复杂的话,支撑剂的运移就不能真实地模拟,这样就很难预测支撑剂所在位置。支撑剂在裂缝网络分布中所带来的影响可以用两种极端的模式来评估:支撑剂平均地分布到了复杂的裂缝体系(情形1),或者支撑剂聚集在了与未被支撑的复杂网络体系相连通的主要裂缝中(情形2),如图6-9所示。图6-8所示的巴尼特页岩气藏增产措施提供了微地震测量的裂缝缝长,缝高和裂缝网络宽度,增产措施(压裂)中使用了60000bbl(1bbl=158.97L)的水,和385000 lb_m 的支撑剂,形成了长3000ft、宽2000ft,高300ft的裂缝。如果假设这个相对较大的网络体系中网格尺寸为200ft(假设是正方形网格),这个复杂裂缝网络体系的总表面积达到了 20000000ft^2。如果支撑剂平均分布在复杂的网络体系中,那么支撑剂的平均浓度是很低的,也就是网格尺寸为200ft时支撑剂浓度低于0.021lb$_m$/ft^{2}或者更低。这样如果使用单层铺上浓度为 0.15lb$_m$/ft^2(1lb$_m$=1 磅=0.4536Kg)的20/40目砂子作为支撑剂的话,整个裂缝网络铺设单层面积的砂子就需要300万磅的支撑剂,如果按照标准测试条件下的导流能力所用的砂浓度计算,就需要多于4000万磅的支撑剂来铺设整个网络体系。因此,仅仅使用385000磅的砂均匀的铺设在这样复杂的网格体系中,会导致支撑剂浓度过低而作用甚微,这样未被支撑的裂缝就成了控制井生产能力的主要因素。

如果支撑剂仅铺设在主要裂缝中(情形2),主裂缝的支撑剂的平均浓度就会达到0.43lb$_m$/ft^2。这个浓度会使主裂缝具有较高的导流能力从而使裂缝网络和井筒之间形成更好的连接,这对提高产能至关重要。然而,这是假设没有支撑剂进入到裂缝网络,且产能受不受支撑裂缝的导流能力所控制的情况下。这些计算说明,未支撑裂缝和部分支撑裂缝网络的导流能力对未来开发页岩气藏是非常重要的。

情形1 支撑剂均匀分布   情形2 支撑剂集中在主裂缝中

图6-9 裂缝网络体系中支撑剂的分布情况

图6-10是实验室测试的未支撑裂缝和部分支撑裂缝导流能力与闭合压力拟合的近似曲线。导流能力的估算对于很多页岩气藏都比较合理。最下面的曲线表示未支撑的裂缝在闭合时裂缝的两个面对齐情况下的导流能力。根据很多现有页岩气藏的经验来看,如果裂缝的两个面是对齐的,未被支撑的裂缝在闭合应力超过3000psi的时候其导流能力极低,然而如果裂缝的壁面因为剪切应力移位或者裂缝被密度为0.1lb/ft^{2}的支撑剂部分支撑,裂

缝的导流能力就会大幅度的提高(如图中蓝线所示)。但是，在部分支撑的情况下，由于支撑剂颗粒会承受极大的应力，从而导致石英砂支撑剂很容易破碎(部分单层)。当使用高强度的支撑剂如烧结铝矾土(烧结陶粒)在被部分支撑的裂缝网络中时，裂缝的导流能力就会显著提高(如最上方的橘红色曲线所示)。因为在页岩储层的改造中，裂缝网络中的平均支撑剂浓度远小于 $0.1lb/ft^2$，由于大多数情况下作为支撑剂的石英砂会破裂并嵌入到储层中，这样部分支撑裂缝的导流能力就很难在本质上得到改善。然而，在很多页岩压裂中，可能发生剪切作用使裂缝的壁面发生移位，所以会使未被支撑裂缝的导流能力达到 0.5 到 5mD/ft。这对未被支撑裂缝网络的导流能力预测和评价井的生产能力和增产措施设计提供了一个出发点。下一步就是整合未被支撑裂缝导流能力的数据，进行评估，或者做一些特殊的实验来测量基质的渗透率，并且利用通过微地震图像结合油藏模拟得到的信息来评估增产设计和完井措施。

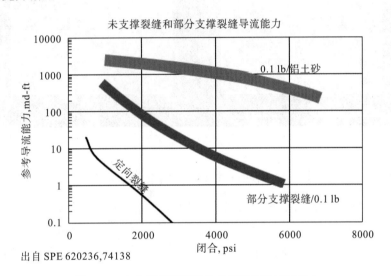

图 6-10　未支撑裂缝和部分支撑裂缝的导流能力

二、模拟井的生产动态

气体从渗透率极低的基质储层流入复杂的裂缝网络中时，必须通过气藏模拟的方式来评估增产设计和完井措施。因此复杂的裂缝网络体系和主要裂缝(如果有的话)在模型中必须分开来表征。微地震裂缝图像可以提供测量出的被改造储层的总体体积(就是前面说过的被压裂的裂缝体积或者 SRV)，并且特殊的岩心分析技术可以测量基质的渗透率。有了这两项参数，就可以用气藏数值模拟技术来评估裂缝网络的空间(复杂程度)和裂缝的导流能力。模拟得出的产量剖面可以用来和真实的井的动态来对比，从而评价数值模拟和钻井设计的可靠程度，并评估主要裂缝的相对导流能力(如果存在主要裂缝)。下面的数值模拟设定了巴尼特气藏的储层和裂缝属性($Pi=3000psi$，$h=300ft$，孔隙度=3%，$S_w=30\%$，储层温度=180°F，气体比重=0.6)，但是模拟所使用的方法以及从中得出的结论也适用于其他非常规气藏。模拟最初假设具有均匀的裂缝网络体系(如图 6-9 中的情形 1)，这种情况下原生裂缝导流能力和压裂的裂缝网络的导流能力是相等的(在本例中不存在原生裂缝)。

　　图6-11显示了非常规气藏中一口典型水平井完井后生产1年和15年后压力分布情况。显示的压力分布图是油藏的一半(数值模型为对称模型)。红色的区域代表的是油藏初始压力,而蓝黑色区域代表的是井底流压(FBHP)。在本例中,水力压裂的裂缝在每隔400英尺的水平井段上,次生裂缝网络的面积为$250ft^2$,裂缝网络导流能力为4md/ft。水平井两段的裂缝网络各延伸了1000ft[①]。一年后,气藏的产气区域限定在了裂缝网络附近,15年后,泄气面积也限定在了裂缝网络附近。这个例子说明,由于渗透率极低(低至0.0001mD),气藏的采收率受有效裂缝网络区域影响。通过模拟这些复杂的裂缝网络,就可以研究增产设计和完井措施的效果。

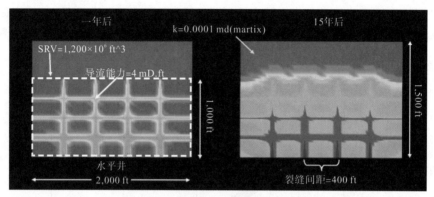

图6-11　非常规气藏中的压力分布

(一)裂缝网格尺寸,裂缝间距和裂缝网络的导流能力

　　裂缝网络尺寸的影响如图6-12所示,说明气体的采收率随着裂缝网络体积的增加而显著提高。由此可知要在非常规气藏中进行非常大型的水力压裂改造,对于典型的水平井,多级水力压裂要使用500万gal[②]水和750000lb[③]的支撑剂。图6-13表明了裂缝间隔的影响

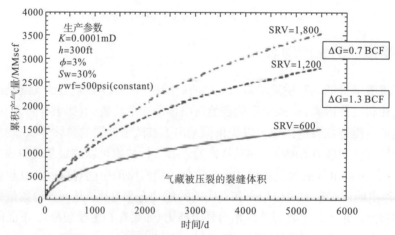

图6-12　裂缝网络尺寸对气藏采收率的影响

---

① 1ft=$3.048×10^{-1}$m。
② 1gal=3.78543L。
③ 1lb=0.453592kg。

并说明如果裂缝网络越复杂，气藏的采收率越高，泄气面积也会大大改善（即更小的裂缝网络间距情况下）。裂缝网络间隔为 100ft 和 200ft 生产一年后的压力分布情况如图中的上部分所示，而裂缝网络间隔从 25ft 到 300ft 情况下的累积产量如图中下部分所示。从气藏数值模拟中得出的结论可以知道压裂设计和完井方案，以其使网格的复杂程度达到最大，包括射孔孔眼间距变小对水平井进行多级压裂，使用更小粒径的支撑剂来改变压裂液的浓度从而创造出新的裂缝，提高注入率，减小各压裂段间的距离，并利用水平补偿井同时或交替地进行压裂来集中改造的能量。

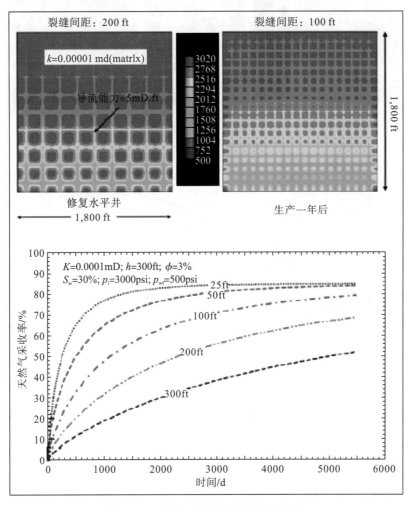

图 6-13　裂缝间隔（复杂性）带来的影响

图 6-14 是裂缝网络的导流能力对气藏产能的影响。图中上方的图表示裂缝导流能力为 0.5mD/ft、5mD/ft 和 20mD/ft 时生产一年后的压力分布情况，证明当导流能力过低的时候致密气藏基质中的气很难有效地采出。图中下方的图示表示裂缝导流能力从 0.5 到 50mD/ft 时的累计产气量，强调了裂缝导流能力对井的生产动态和气藏采收率的重要影响。裂缝导流能力大于或等于 50mD/ft 时将会使气的生产速率和气藏采收率达到最大，即使基

质的渗透率只有 0.0001mD。

裂缝网络的导流能力对井生产动态的影响，与很多裂缝不能被有效支撑的可能性，已经在实验室进行定量研究。为了改善裂缝的导流能力，已经有压力设计的实验，包括加大支撑剂的体积和加强支撑剂的强度，另外裂缝网络越深，需要支撑剂的密度就越小。

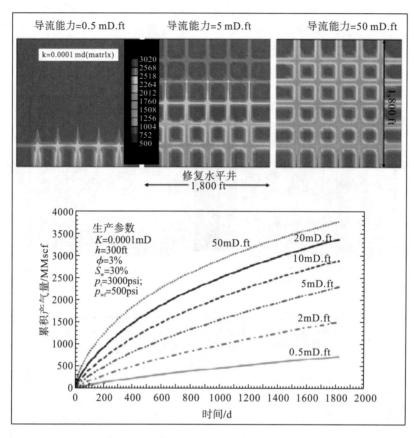

图 6-14　裂缝网络导流能力带来的影响

(二) 主要裂缝的导流能力和间距

早期的气藏模拟假设支撑剂均匀地分布在裂缝网络中，并且导流能力是由未支撑或部分支撑裂缝来控制的，然而，支撑剂可能不会被有效传送到复杂的网络体系中还可能卡在主要裂缝中 (图 6-9 中的情形 2)。在这种情况下，主要裂缝的导流能力就会受裂缝中支撑剂的类型和浓度影响。裂缝网络则可能不被支撑。

图 6-15 显示了非常规气藏中主要裂缝的导流能力对气藏采收率的影响。模拟的是下套管并水泥胶方式结完井的水平井，每隔 400ft 进行一段压裂 (主要裂缝) 以及裂缝网络导流能力为 2mD/ft 的 100 平方英尺的基质岩块。基质的渗透率只有 0.0001mD，油藏初始压力为 3000psi，井底压力为 1000psi。图 6-15 上方的图显示了主要裂缝的导流能力为 100md/ft 时生产 1 个月和 3 个月后的压力分布情况，目的是呈现支撑剂大多在主要裂缝中而非有效的传输到邻近的裂缝网络中的情况。当主要裂缝的导流能力相对较高时，致密基质中的排

气效率也会很高。图 6-15 下方的图显示了主要裂缝的导流能力与裂缝网络体系的导流能力相等时的压力分布情况(平均导流能力为 2mD/ft),呈现的是支撑剂均匀分布在巨大的裂缝网络中的情况。在缺少相对高导流能力的主要裂缝时,有效排气区域小了很多,从而导致了气藏采收率较低。

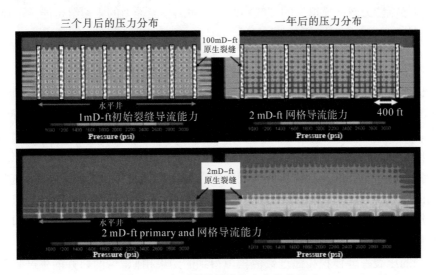

图 6-15 主要裂缝导流能力产生的影响

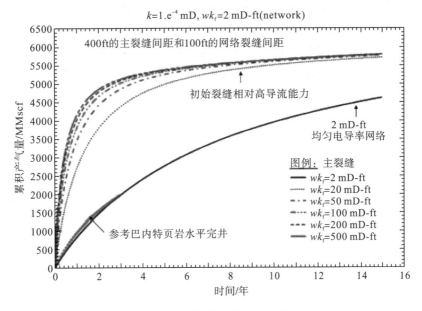

图 6-16 主要裂缝导流能力产生的影响

图 6-16 显示了生产 15 年后非常规气藏中主裂缝的导流能力对气藏采收率的影响,并且证明如果没有主裂缝的话,气藏的采收率将会受到较大的影响(均匀网络的导流能力为 2mD/ft)。通过这些模拟出的数据,可以把主要裂缝的导流能力提高到 20mD/ft 来加速气藏的开采,但是,如果主裂缝导流能力提高到了 100mD/ft 以上,同导流能力为 20mD/ft 相比,

增加的幅度就很小了。当存在高导流能力的主裂缝时产气剖面和均匀导流能力的网络相比也会完全不同。要了解当前完井方式的好坏，可以把真实的产气剖面和模拟的气藏采出程度二者间进行比较。图 6-16 显示了巴尼特页岩气藏一口标准的水平井完井后气藏采收率的对比。这口标准井在气藏数值模拟中进行了压裂裂缝体积和完井方式的对比。这口井显示了具有均匀导流能力网络模拟后的产气剖面，说明高导流能力的主裂缝可能并不存在。

（三）需要多大的导流能力

图 6-17 显示了水平井完井后主裂缝之间的间距对累计产气量产生的影响。在下套管水泥固井的水平井中主要裂缝的间距是液压裂级数的函数。所有的基质或者裂缝网络的间距为 100ft，裂缝网络的导流能力为 2mD/ft（未支撑缝）。此项模拟也证明了高导流能力缝（200mD/ft）的存在对累计产气量的影响。图示说明如果能压裂出相对高导流缝，那么高导流缝之间间距的影响就会很小。然而，如果不能压裂出相对高导流缝的话，那么通过增加压裂的级数来减小主要的高导流缝间的间距也会提高产气速率和气藏采收率。这些对比结果中得出的结论十分重要。除了大幅度的提高产量外，如果能压裂出相对高导流缝的话也可以减少压裂的级数，这样可以节省资金。图 6-17 显示了巴尼特页岩气藏两口井的产能情况和数值模拟得出的结果进行的对比（上面的曲线和图 6-16 中表示的一样）。通过微地震成像得到的压裂裂缝体积和通过数值模拟得到的结果相似。这两口井的生产趋势和模拟的在均匀导流能力为 2mD/ft，主要裂缝间距从 500ft 到 600ft 时的情况相同。而这两口井实际的主要裂缝间距（射孔间距）为 500ft 到 700ft。两口井的生产数据表明并没有压裂出相对高导流缝，提高产量和气藏采收率的关键措施应该是改变完井方式和压裂级数。为了改变设计方案，现有的经过实践的或被推荐的方法包括泵入低密度、高强度的支撑剂，并在压裂的初期和末期泵入大粒径的支撑剂。大粒径的支撑剂或许会难以进入裂缝网络从而促进主要裂缝的形成，并提高主要裂缝的导流能力。

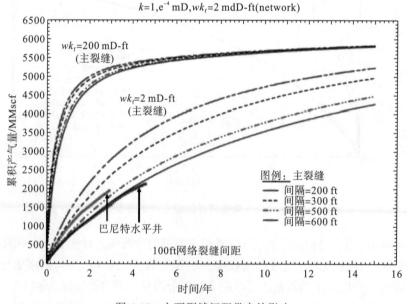

图 6-17 主要裂缝间距带来的影响

除了要压裂出复杂的裂缝网络，非常规气藏的经济效益的开发也要依赖于足够的裂缝网络(未支撑裂缝)来增加裂缝的复杂性。即使是最复杂的网络体系，如果没有充分的导流能力也是没有经济效益的。图 6-18 给出了基质渗透率为 0.01mD 和 0.001mD 时，裂缝网格尺寸小至 300ft×2000ft 和大至 1000ft×2000ft 时要充分开发所需要的导流能力。图中表明存在无限导流能力的主裂缝的情况时，对于裂缝网络导流能力的要求就会明显降低。例如，需要对基质渗透率为 0.0001mD 的大规模裂缝网络充分开发的话，如果存在一个无限导流的主裂缝，那么裂缝网络所需要的导流能力就会由 71mD/ft 降至 2.8mD/ft。通过比较图 6-18 中所需的裂缝导流能力和图 6-10 中导流能力曲线得出通过现有的水力压裂改造(蓝色的曲线)所得到的裂缝的导流能力不能满足充分开发的需要，除非创造出一个导流能力更高的裂缝，因为未支撑裂缝的导流能力为 0.5～5mD/ft，这个值很可能就是大多数气藏中未支撑裂缝的上限值。由于缺少高导流能力的主要裂缝，很多页岩气藏完井后的产量可能就是受到裂缝网络的低导流能力的限制。

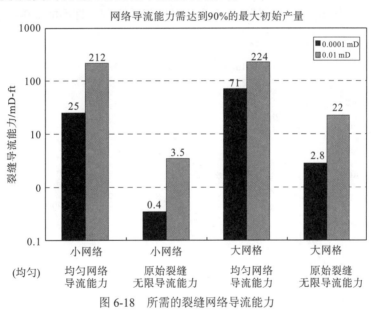

图 6-18　所需的裂缝网络导流能力

接下来的问题就是求出无限导流能力或者相对高导流主要裂缝到底需要多大的导流能力。对于大多数具有复杂裂缝网络体系和基质渗透率极低的非常规气藏，压裂出至少是裂缝网络导流能力 5 到 10 倍的主要裂缝对于提高采气速率和气藏采收率是至关重要的。一般情况下，在大多数页岩气藏中如果主要裂缝的导流能力达到了 20～200mD/ft 就可以称之为高导流能力的主要裂缝了。尽管传统支撑剂导流能力数据表明这样的情况比较容易实现，通过产量的分析表明，实际获得的有效导流能力并不能像预期那样达到限定值(考虑到支撑剂的不规则分布、储层伤害、非达西流以及嵌入的影响)。因此，对于多数页岩气井改善完井性能的空间也会很大。

(四)解吸气是否重要

在先前的气藏模拟中很多都忽略了气体解析对井的产能和气藏采收率的影响。尽管巴尼特页岩气藏 40%的地质储量都是吸附气，模拟的结果表明气体解析对井动态的影响还是比较小的。图 6-19 表示了巴尼特页岩气藏一口典型水平井中气体解析对产气剖面和气藏采收率的影响。表明气体解析最高可使气藏采收率提高 5%～15%。图 6-19 得到的结果是假设气藏压力为 3800psi，而之前巴尼特气藏模拟时使用的初始压力是 3000psi，气体解析的影响主要发生在井后期的时候，这时致密气藏的压力应该下降到足够低直到解析出大量的气体。然而，由于裂缝网络的尺寸加大并且裂缝和基质的导流能力下降，生产解析气的能力就会变得越来越弱了。这可以通过对网格尺寸为 50ft（Dx=50ft）和网格尺寸为600ft（Dx=600ft）的气井解析带来的影响对比来证明，当裂缝尺寸为 600ft 时气体解析的影响就以及微乎其微了。

图 6-19 对巴尼特气藏的两口水平井的产能进行了对比。这些井就是图 6-16 与图 6-17中的井。这两口井的生产情况表明网格尺寸较大也就是网格尺寸为 600ft 下的生产剖面的两条曲线比网格尺寸为 50ft 时离的要近。在投入生产的前 5 年气体解析的影响可以忽略不计（如图 6-19），另外实际生产数据由于受到递减时间的限制也许不能提供关于气体解析影响的结论。

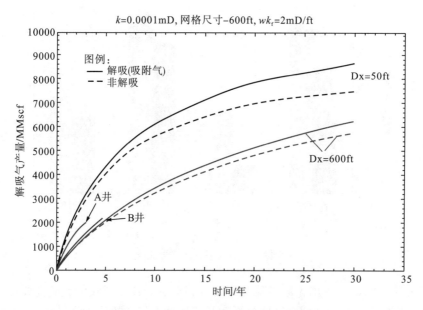

图 6-19　巴尼特页岩气藏气体解析的影响

（k=0.0001mD，均匀裂缝网络的导流能力=2mD/ft）

把井底流压从 1000psi 减小到 500psi 可以增加解析气的产量，并能在 30 年内把采收率提高将近 10%。图 6-20 表示了巴尼特气藏典型水平井井底流压对气体解析、产气剖面、气藏采收率的影响，表明了井底流压减小对解析气的产能造成的影响较小。由于很难降低裂缝网络体系的压力，解析过程就会受到阻碍。巴尼特页岩气井早期会产出少量的解析气，而解析气对于经济效益的影响看起来并不重要。气体解析过程在很多数值模拟时都可以忽略，尤其是在评价井初期产能的时候（前 5 年）。

在马塞卢斯页岩气藏中解析气对于气井产能影响的规律和巴尼特页岩气藏相似,生产30年的话,也仅可能把气藏产量提高10%。而且对于初期产气剖面并无太大影响。因此,在考虑页岩气藏经济效益的时候,解析气的产量所占的比重较小。

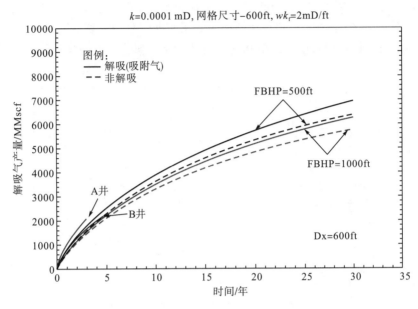

图 6-20 井底流压对解析气产量的影响

($k=0.0001\text{mD}$,$Dx=600\text{ft}$)

(五)多解,简化和不确定性

因为裂缝复杂性的增加,评估井的动态时越来越难得到唯一的解。只能通过有限数量的岩心特殊分析来评估非常规气藏中基质的渗透率和未支撑裂缝的导流能力,并且这些测试都具有各自的不确定性,尽管微地震成像技术可以提供很多关于储层体积的信息,这些信息可以用于数值模拟和裂缝复杂性分析,但是并不能提供关于裂缝网络间隔的细节信息或者支撑剂的准确位置。并且页岩气藏为了简化模拟的过程通常忽略了产水和气体解析。因此,我们还不能通过历史拟合精确的评价出基质的渗透率,裂缝网络的导流能力和尺寸,以及主要裂缝的导流能力。然而,通过数值模拟足以给出这些数据的合理范围并评估这些因素对井的动态的影响,并确定基本的生产走向,为优化压裂设计和完井方案提供重要参考。图 6-16 和图 6-17 中的对比就是用来确定生产趋势的。尽管在参数上有很多不确定性,但是可以明显地看到在巴尼特页岩气藏中的两口井中不存在相对高导流能力的裂缝,这样对改善井的动态的空间就很大。

(六)基质渗透率的影响

图 6-21 展示了基质渗透率的不确定性。对比了网格间距从 50ft 到 300ft,基质渗透率从 0.00001mD 到 0.0001mD 情况下的累计产量。在这些模拟中主要裂缝的间距和网格间距相等,裂缝网络的导流能力和主要裂缝的导流能力也相等,都是 2mD/ft。和预期的一样,

随着裂缝网络的间距变小和基质渗透率的增加，气藏的采收率是有所提高的。然而，当裂缝网格的尺寸很小时（图 6-21 中的 50ft）基质渗透率对产气速率和气藏采收率的影响就变得很小，证实对于各种不同假设的裂缝网络下的不同的基质渗透率可以得到相似的产气剖面。更有趣的是当裂缝网格间隔 50ft 时，对于基质渗透率改变了 10 倍，15 年内对于采收率的影响还不到 10%。这证实了超致密储层中如果有非常复杂的裂缝网络那么就会由足够的泄气能力。虽然很难把基质渗透率和网络尺寸量化，但是可以确定重要的生产趋势。

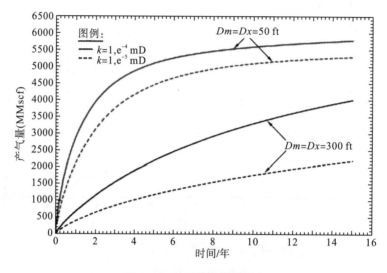

图 6-21　基质渗透率的影响

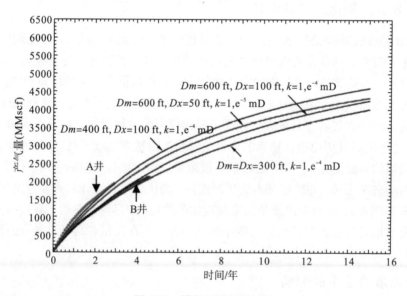

图 6-22　模拟结果的多解性

图 6-22 表示了在基质渗透率为 0.00001mD 和 0.0001mD 时，对于一定范围内的主裂缝 (Dm) 和裂缝网络 (Dx) 产气剖面的模拟。裂缝网络和主裂缝的导流能力都是 2mD/ft。巴尼

特页岩气藏的两口水平井的生产数据也展示在了图 6-22 上。此图显示通过乘或除 10 改变基质的渗透率可以得到非常相似的生产剖面(根据历史拟合),这依赖于主裂缝和裂缝网络的间距,二者都不确定且很难定量。实际的生产趋势也表明了裂缝的导流能力相对来说较低,且增加射孔层段和压裂的级数对于提高产量非常重要(如图 6-17)。尽管图 6-22 中没有表示,还是可以看出存在高导流能力的主要裂缝可以极大地加速气藏的开采(如图 6-16)。

三、常规产能分析及其多解性

本节的重点在于用离散模型模拟非常规气藏中的致密基质网格,未被支撑的裂缝网络和主要裂缝。然而,用现有的曲线类型来分析气藏生产数据已经被广泛应用到很多低渗透油藏中。不过这些技术都没有提供能够确定地评估非常规气藏的压裂设计和完井措施的方法。用已有的曲线类型进行了两次匹配,证实了应用这些技术到非常规气藏时的局限性。巴尼特页岩气藏中一口直井对生产数据的两次匹配;第一次拟合得到的裂缝的半长为 7000ft,基质渗透率为 0.000005mD,泄油面积为 69 英亩,第二次拟合得到的裂缝半长只有 300ft,基质渗透率为 0.004mD,泄油面积为 8.5 英亩。在评估生产数据的时候确定,甚至定性地分析基质渗透率和主要裂缝导流能力,以及网格尺寸,裂缝复杂程度,和裂缝网络导流能力对井生产动态带来的影响是非常重要的。应用曲线类型分析方法来评估页岩气藏中水平井的增产措施和完井动态就变得更困难了。

四、页岩气藏产能分析特征

前面的研究说明了能够用来在非常规气藏中使用的全面增产效果进行比较的产能评估依据。表征裂缝网络和主要裂缝的相对导流能力对于评估增产效果是很关键的。由于基质渗透率和裂缝网络间距的不确定性,在模拟非常规气藏的生产数据时很难得到唯一的解。然而,这对于能够识别关键生产机制定性的动态或许还是足够的。气藏数值模拟用来确定预期的生产特征,这种特征可以用来衡量非常规气藏中增产措施的效果好坏。有观点指出多种生产特征和相似的特性可能是由于把不同的基质渗透率,裂缝网络尺寸和导流能力以及裂缝网络尺寸的综合考虑造成的。然而,裂缝网络和主要裂缝的导流能力下产能特征高低的区分可以用现有的曲线图版技术。这样就可以知道整个裂缝网络的尺寸和间距。很多气藏和裂缝特征参数影响了非常规气井的生产特征,并且这些参数不好理解或是很难测量。然而,气藏模拟研究建议可以使用 Blasingame 方法和双对数产能曲线来区分裂缝网络导流能力的高低。图 6-23 表示了典型的高、中、低裂缝网络导流能力下的生产曲线特征。尽管不同网格尺寸、总体网络尺寸和基质的渗透率下,不稳定早期的曲线特征各不相同,曲线还是会逐渐接近裂缝网络导流能力下的通用产能特征方程。高导流能力裂缝网络展示的早期曲线更陡峭一些,产量和产量积分曲线的间距更大,而产量积分曲线和产量积分导数曲线的间距更小。并且高导流裂缝网络特点是展示的边界控制流动(产量曲线的斜率为 1 时)明显的早于低导流能力裂缝网络。

Blasingame 方法中产量和产量积分导数曲线的交点可能为裂缝网格的尺寸或者整个裂缝网络的尺寸提供了一个定性的推断。在早期就相交的话,可以推断出裂缝网格尺寸较小，裂缝网络的复杂程度更高，这些是在页岩气藏中水力压裂改造中所要达到的目标。而另一方面，Blasingame 产量曲线和产量积分导数曲线在早期相交的话也可以推断出整体裂缝网络尺寸较小，这对于压裂改造来说就是一个不好的迹象。因此，微地震数据通常被用来约束典型裂缝网络的维数，以增加产能特征分析方法的可靠性。

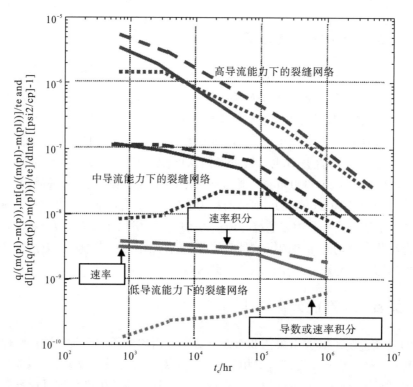

图 6-23 高、中、低导流能力下裂缝网络的普遍生产特征

(一)产能特征分析

巴尼特页岩气藏的两口直井，一口示例井是先用胶联凝胶压裂，接着再进行水力压裂。另一口示例井使用了结合微地震成像数据的水力压裂。

例 1 水力压裂

示例井是巴尼特页岩气藏中的一口进行了水力压裂的直井。图 6-24 表示了水力压力后微地震成像技术的结果，推测出一个宽约 350ft 长约 2200ft(18 英亩)的复杂裂缝网络。微地震数据提供了裂缝网络最大的延伸距离，但是不能给出裂缝网络性质的评估，比如导流能力，网格尺寸。然而结合微地震数据、气藏数值模拟和产能特征分析或许就能推测出裂缝网格的特性了，这些特性可以用来改善进一步的压裂设计。图 6-25 表示了这口井的生产数据的 Blasingame 图版，证明了中导流能力的裂缝网络的产能特征。Blasingame 产量曲线和产量积分导数曲线的交点大概在 6 到 7 年之间(生产历史结束的时候)。之所以在时间延长段上得到交点很可能是由于在水力压裂期间创造出了更大尺寸的裂缝网络。如果没有微地震数据，要想区分是裂缝网格尺寸比较大还是裂缝网络体系比较大就比较困难了。Mayerhofer 等所做的气藏数值模拟历史拟合也推断出应该是大的裂缝网格尺寸和中导流能力的裂缝网络，这与 Blasingame 产能分析方法定性的解释相一致。

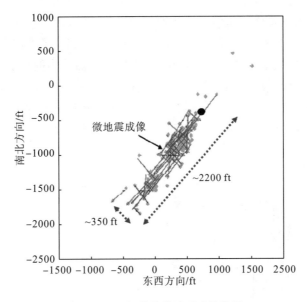

图 6-24　示例井的微地震成像数据

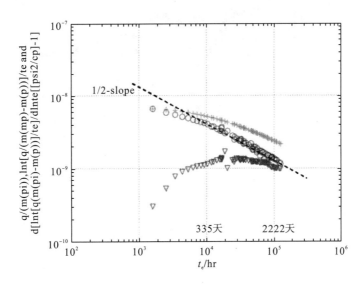

图 6-25　示例井的 Blasingame 图版

例 2 交联凝胶压裂接着再进行水力压裂

图 6-26 比较了初期交联凝胶压裂和水力压裂再压裂两种情况下的生产历史。水力压裂的效果较交联凝胶压裂相比要优越很多，这可能是由于水力压裂所接触的油藏表面区域远多于交联凝胶的接触区域。尽管微地震裂缝成像技术对这些改造措施并不适用，有记录表明水力压裂能创造出比交联凝胶压裂更复杂的裂缝。图 6-27 展示了初期用交联凝胶压

裂时的 Blasingame 图，三条线的斜率都呈现出 1/2 斜率的情况意味着高导流能力的水力压裂缝，但都不是裂缝网络流动的产能特征。乍一看，这或许是个有效的压裂改造，然而，在很多页岩气藏开发的实例中，倾向于开发中裂缝的复杂性或者裂缝网络的增长，使裂缝的导流能力达到最大以及增加压裂裂缝体积都能很大的提高气井产能和最终气藏采收率。图 6-28 表示了用水力压裂重新压裂后的 Blasingame 图，展现了中或高导流裂缝网络的产能特征。在图 6-28 中展示的产能特征和图 6-23 中中导流能力的裂缝网络特征最相似(红色的中导流能力的曲线簇)。Cipolla 等人在关于评价产能特征还提出了其他一些细节问题。

　　重复水力压裂的 Blasingame 图假设和早期的交联凝胶压裂时的气藏压力相同。一般情况下，不确定的油藏压力可能会使所有的曲线上移或者下移，但主要的产能特征不会受很大的影响。

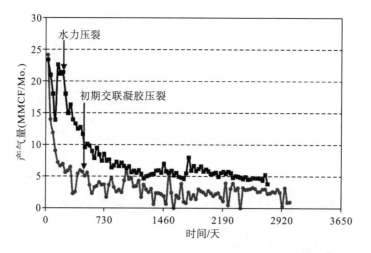

图 6-26　例 2 中的产量数据

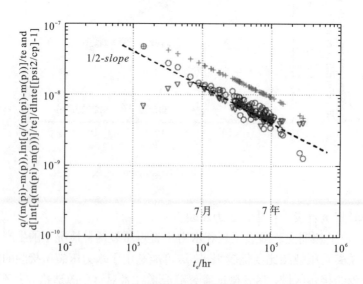

图 6-27　例 2 中交联凝胶压裂的 Blasingame 图版

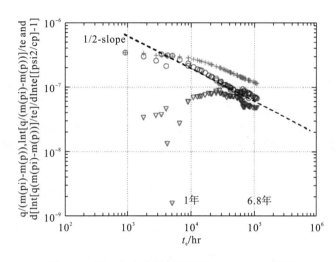

图 6-28　例 2 中水力重复压裂的 Blasingame 图版

(二)产能特征评价的应用

　　这项技术在评估巴尼特页岩气藏 41 次压裂作业时使用过,包括压裂和重复压裂。这个资料库中包括了使用水力压裂和交联凝胶压裂设计来增产的直井和水平井。在直井中多于 60%的交联凝胶压裂展现的产能特征可以被解释为高导主要裂缝连接了低导流能力的裂缝网络或者是均匀的高导流能力的裂缝网络。剩下的直井中交联凝胶压裂则多表现为中导流能力的裂缝网络产能特征。大多数直井在重复压裂时使用了减阻水压裂(水力压裂)展现的产能特征表现为低导流能力的裂缝网络,多于 60%的被评估井展示了这种特征,剩下的井展示的是中导流能力的裂缝网络的产能特征。尽管初期交联凝胶压裂显示的产能特征意味着裂缝的导流能力比后来的水力重复压裂时的高,但是所有的水力压裂重复压裂都会极大地提高气井产能。在巴尼特页岩气藏中使用微地震技术表明水力重复压裂技术能创造出更大和更复杂的裂缝网络,因此能接触到更大的气藏表面面积,这样就能够解释尽管裂缝的导流能力较低还是可以有更高的产量。大多数水平井,其中多于70%表现出中导流能力的产能特征,但是还有 30%表现出低导流能力的特征。对水平井使用水力压裂技术同对直井使用水力压裂技术相比,会得到更大的相对导流能力。被改进的裂缝网络导流能力归功于水平井压裂设计的更改,沿着水平段的邻近的压裂层段形成了小的裂缝网格尺寸,然后小尺寸的裂缝网格中的页岩气通过沿水平方向的每个主要裂缝开采出来。

　　对不同的增产措施和完井方法进行区分,甚至做定性划分的能力,使得所做的经济评价更加可靠,也会使现有增产措施中不确定的设计因素变得准确。至今进行的工作表明提高裂缝网络的导流能力和水力压裂出的主要裂缝的导流能力可以极大地提高气井产能和气藏采收率。产能特征分析有助于压裂出高导流能力的裂缝和裂缝网络的增产以及完井技术的提高。这些评估的结果可以和气藏数值模拟所研究的细节与经济分析结合,从而决定出非常规气藏中增产措施和提高气藏采收率最经济有效的办法。

五、总结

近些年来微地震成像技术的进步已经提供了以前没有的评估水力裂缝延伸的信息并且记录了很多储层环境的复杂性。目前为止,如巴尼特页岩气藏中的裂缝延伸已经证明是最复杂的。清楚水力压裂缝的延伸是巨大的北美页岩气藏商业化的一个重要成就。后面加快对非常规理解的是研究出了气藏数值模拟技术来研究产能机理,提高增产设计使气藏采收率和经济回报达到最大化。

使用微地震成像技术来表征裂缝网络的尺寸和复杂程度,特别是通过对未支撑缝的导流能力和基质渗透率的岩芯实验为非常规气藏的可靠模拟提供了关键的参数。把这些信息和油藏模拟软件相结合来分别模拟超致密气藏基质岩块,复杂的未支撑的裂缝网,以及主要裂缝(如果存在的话)就能够确认提高压裂设计和完井措施。

当前很多页岩气藏的完井趋势旨在打水平井并进行多级压裂使储层和井筒的接触区域达到最大。然而,过程中也有一个优化的部分,就是油藏模拟有助于决定每口水平井可以控制多大的气藏泄油面积。裂缝网络的导流能力和复杂程度,以及创造出主要裂缝的能力将会极大的影响每口井能够有效地采出多少气,影响井的间距和布井。

使用气藏数值模拟已经使我们对非常规气藏影响井动态的主要因素有了更好的理解。明白了这些关键的生产机制导致增加了泵入流体和支撑剂的使用量,更新了完井方式(比如把邻近井同时压裂),在使用支撑剂或者其他材料的革新技术,和更多级数的压裂,以来增加裂缝尺寸和裂缝网络的复杂程度。明白了裂缝网络和主要裂缝导流能力的重要性,从而实验使用低密度,高强度,并且尺寸更小的支撑剂,同时在多级压裂中使用特别的压裂计划来改善裂缝网络和主要裂缝的双重导流能力。

气体解析可能在很多中等到较深的页岩气藏中是一个关键的因素,比如巴尼特气藏,Marcellus 气藏,和 Haynesville 气藏。尽管吸附气占了地质储量的 40%到 50%,因为超致密的岩石基质特性,相对较高的井底流压,而气体解析剖面需要基质中穿过的压力相对较低才能诱导解析出有意义数量的气体,所以产出吸附气的能力受到了限制。为了有效地产出数量巨大的吸附气或许要求完井措施中的步骤有所改变。完井中要求很低的井底流压和极高的裂缝导流能力相结合并在压力损失很小的情况下,诱导气藏中大部分的气体能够有效地发生解析。

我们在认识非常规气藏中所取得的进步,也许就是极大地改善了压裂设计,完井措施和使整体资源的开发将变得可能。这些努力中一项重要组成部分将是继续研究能够精确描述这些气藏中复杂的产能机理的气藏数值模拟方法。尽管典型曲线分析对于描述裂缝网络的复杂性还不到位,但对于比较不同压裂和完井措施下的裂缝网络的尺寸以及导流能力还是较为有用的,并且可以为优化非常规气藏产气速率和提高气藏采收率提供重要的(虽然只是定性的)信息。

第三节　页岩气藏开发设计实例

一、区域基本特征

(一)地层特征

页岩 I 区块古生界奥陶系中生界三叠系自下而上主要发育：十字铺组、宝塔组、涧草沟组、五峰组、龙马溪组、小河坝组、韩家店组、黄龙组、梁山组、栖霞组、茅口组、龙潭组、长兴组、飞仙关组、嘉陵江组。根据目前勘探开发情况，将下志留统龙马溪组下部—上奥陶统五峰组约 86m 层段含气泥页岩段作为本区主要的目的层。

根据已钻井的资料信息，该区地层岩石硬度大、可钻性较差；浅表有溶洞、暗河发育，呈不规则分布；三叠系地层存在水层，二叠系长兴组、茅口组、栖霞组在局部地区存在浅层气，水层和浅气层均属于低压地层；志留系地层的坍塌压力与漏失压力之间的区间较小，目的层龙马溪组底部页岩气层，油气显示活跃、地层压力异常，气层压力系数为 1.41~1.55，而目的层之上的地层压力系数较正常。该地区五峰组—龙马溪组总体上分布稳定，尤其是目的含气层段在地震剖面和连井对比剖面上都有很好的响应。气层总厚度为 83~90m，纵向上连续，中间无隔层。据现有钻井测井、录井以及岩芯特征，该地区目的含气页岩段从下到上可划分出三段、五个亚段，其中第 1 段(分 1^1 亚段和 1^2 亚段)为碳质硅质泥页岩，厚度分别约为 33m 和 18m；第 2 段为含炭质粉砂质泥岩，厚度约 17m；3^1 亚段为含炭质灰云质泥页岩，厚度约 13m；3^2 亚段为含炭质粉砂质泥页岩，厚度约 6m，通过现有资料发现，各亚段在全区分布基本稳定。

(二)页岩储层特征

五峰—龙马溪组页岩储层段发育孔隙类型包括无机孔隙、有机质孔隙、微裂缝、构造缝 4 种储集空间类型，其中无机孔隙主要包括黏土矿物晶间孔、粒间孔以及粒内孔；有机孔隙属于有机质在后期热演化过程形成的孔隙，页理缝则主要发育于纹层发育段，在刚性矿物与塑性矿物间易于形成页理缝，根据岩芯观察结果表明，构造缝多为直劈缝和高角度构造剪切缝，整体欠发育。储层储集层脆性矿物为 33.9%~80.3%，平均为 56.5%。在纵向上，五峰组—龙马溪组一段一亚段脆性矿物含量高，多大于 50%；一段二亚段—三亚段下部脆性矿物含量降低，主要为 40%~65%；三亚段上部脆性矿物含量普遍较低。储集空间以纳米级有机质孔、黏土矿物间微孔为主，并发育晶间孔、次生溶蚀孔等，孔径主要为中孔，页岩气层孔隙度分布为 1.17%~8.61%，平均 4.87%。稳态法测定水平渗透率主要为 0.001~355mD。其中基质渗透率普遍低于 1mD，最小值为 0.0015mD，最大值为 5.71mD，平均值为 0.25mD，而层间缝发育的样品稳态法测定渗透率显著增高，普遍高于 1mD，最高可达 355.2mD。

(三)地化特征

根据岩芯资料，有机碳含量最小为 0.55%，最大为 5.89%，平均为 2.55%/173 块，且具有自上而下有机碳含量逐渐增加趋势。纵向上五峰组—龙马溪组一段一亚段处于深水陆棚亚相,有机碳含量主要为 3%~5.5%;一段二亚段—三亚段下部有机碳含量降低,主要为 1.5%~3%;三亚段上部由于水体明显变浅,有机碳含量普遍较低。该区块下志留统龙马溪组和上奥陶统五峰组有机质类型指数为 92.84 和 100,均为 I 型干酪根,镜质体反射率分别为 2.42%和 2.8%,以生成干气为主。

(四)储层含气特征

根据气层解释结果,储层含气量随着深度增加含气丰度逐渐增加。

从单井含气量实测结果来看目的层总含气量为 0.44~5.19m³/t,平均值为 1.97m³/t,主要以损失气与解吸气为主,残余气含量低。损失气含量为 0.11~3.9m³/t,平均值为 1.14m³/t;解吸气含量为 0.31~1.4m³/t,平均值为 0.79m³/t;残余气含量为 0.01~0.07m³/t,平均值为 0.04m³/t。含水饱和度测试结果表明该地区五峰—龙马溪组含气页岩段束缚水饱和度介于 28.2~40%,平均为 34.1%。

(五)温度压力特征

根据已钻井的资料信息,该区地层出露老、岩石硬度大、可钻性较差;浅表有溶洞、暗河发育,呈不规则分布;三叠系地层存在水层,二叠系长兴组、茅口组、栖霞组在局部地区存在浅层气,水层和浅气层均属于低压地层;志留系地层的坍塌压力与漏失压力之间的区间较小,目的层龙马溪组底部页岩气层,油气显示活跃、地层压力异常,气层压力系数为 1.41~1.55,而目的层之上的地层压力系数较正常,地温梯度 2.80~2.84℃/100m,地层温度 87℃。

(六)页岩脆性矿物特征和黏土矿物特征

页岩脆性矿物含量越高,其可压裂性越好,越易于在后期的储层改造中产生新的裂缝。储层脆性矿物为 33.9%~80.3%,平均为 56.5%。在纵向上,五峰组—龙马溪组一段一亚段脆性矿物含量高,多大于 50%;一段二亚段—三亚段下部脆性矿物含量降低,主要为 40%~65%;三亚段上部脆性矿物含量普遍较低。由此可知,该目的层的脆性矿物含量高,页岩储层适合进行压裂改造。

黏土矿物样品来自井下样品,其中龙马溪组 40 个,五峰组 3 个,共 43 个,分析结果不含蒙脱石和高岭石,伊利石平均为 38.49%,伊蒙间层平均为 55.65%,绿泥石平均为 5.09%。

(七)岩石力学特征

对该区块目的层岩芯开展岩石力学参数测试,测得杨氏模量 23~37GPa,泊松比 0.11~0.29,体积模量为 14~18GPa,剪切模量 10~14GPa,实测最大主应力为 61.50MPa,最小主应力为 52.39MPa,根据应力剖面图可以得到上下隔层应力差约 8MPa。YY1 井测井数据计算脆性系数为 59.9%;YY2 井测井数据计算脆性系数为 57.5%;YY3 井测井数据计算脆性系数为 53.1%;YY4 井测井数据计算脆性系数为 52.7%;YY5 井测井数据计算脆性系数为 55.3%。通过式 6-1,计算出该目的层的应力差异系数 K_h 为 0.1739,小于 0.3,

因而最大主应力与最小主应力差别不大，压裂利于形成缝网。

$$K_h = \frac{\sigma_H - \sigma_h}{\sigma_h} \tag{6-1}$$

式中，K_h——地层应力差异系数；

　　　σ_h——最小水平主应力，MPa；

　　　σ_H——最大水平主应力，MPa。

二、气藏模型基本参数

(一)基质裂缝扩散系数

页岩中气体扩散是气体以分子形式进行的无规则运动，而浓度差的存在使气体由浓度高的区域向浓度低的区域进行运动，即所谓的扩散流动。

本区块的岩心测定的扩散系数如表 6-3 和表 6-4 所示，采用算术平均的处理方法估算出该区块的扩散系数。

表 6-3　岩心扩散系数测试表(YY1)

仪器名称	天然气扩散系数测定装置		烃类气体类型	甲烷
井号	YY1	岩性	刚性	饱和介质	氮气
直径	2.5cm	测试压力	4.0MPa	测试温度	60.0℃
长度	2.4cm	扩散		$9.503 \times 10^{-7} cm^2 \cdot s^{-1}$	

表 6-4　岩心扩散系数测试表(YY3)

仪器名称	天然气扩散系数测定装置		烃类气体类型	甲烷
井号	YY3	岩性	刚性	饱和介质	氮气
直径	2.50cm	测试压力	4.0MPa	测试温度	60.0℃
长度	2.41cm	扩散		$2.987 \times 10^{-7} cm^2 \cdot s^{-1}$	

(二)流体高压物性参数

气体组分检测结果表明，目的层气体为以甲烷为主的优质天然气，含量高达 94.497%～97.35%，另含有少量的二氧化碳和硫化氢。从单井含气量实测结果来看目的层总含气量介于 0.44～5.19m³/t，平均值为 1.97m³/t。经过 pVT 计算得到 pVT 参数，如表 6-5 所示和图 6-29 所示。

表 6-5　干气 pVT 表

压力/bar	体积系数	黏度/cp	压力/bar	体积系数	黏度/cp
8.7155	0.1498	0.0136	185.8615	0.0065	0.0146
16.4175	0.0789	0.0136	193.5635	0.0062	0.0146
24.1195	0.0533	0.0136	201.2655	0.0060	0.0147
31.8215	0.0401	0.0137	208.9675	0.0058	0.0147

压力/bar	体积系数	黏度/cp	压力/bar	体积系数	黏度/cp
39.5235	0.0321	0.0137	216.6695	0.0056	0.0147
47.2255	0.0267	0.0138	224.3715	0.0054	0.0148
54.9275	0.0228	0.0138	232.0735	0.0053	0.0148
62.6295	0.0199	0.0139	239.7755	0.0051	0.0149
70.3315	0.0176	0.0139	247.4775	0.0050	0.0149
78.0335	0.0158	0.0139	255.1795	0.0049	0.0149
85.7355	0.0143	0.0140	262.8815	0.0048	0.0150
93.4375	0.0131	0.0140	270.5835	0.0046	0.0150
101.1395	0.0120	0.0141	278.2855	0.0045	0.0150
108.8415	0.0111	0.0141	285.9875	0.0044	0.0151
116.5435	0.0104	0.0142	293.6895	0.0044	0.0151
124.2455	0.0097	0.0142	301.3915	0.0043	0.0151
131.9475	0.0091	0.0143	309.0935	0.0042	0.0152
139.6495	0.0086	0.0143	316.7955	0.0041	0.0152
147.3515	0.0082	0.0143	324.4975	0.0040	0.0152
155.0535	0.0077	0.0144	332.1995	0.0040	0.0153
162.7555	0.0074	0.0144	339.9015	0.0039	0.0153
170.4575	0.0071	0.0145	347.6035	0.0039	0.0153
178.1595	0.0068	0.0145	36.704	0.00327	0.0154

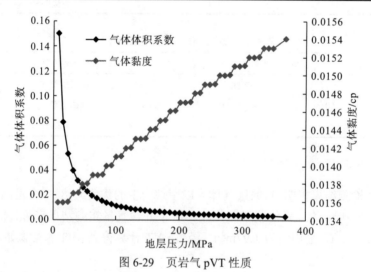

图 6-29　页岩气 pVT 性质

(三) 页岩储层的应力敏感参数

通过储层敏感性分析，储层具有中等偏强应力敏感性。

应力敏感损害率评价：石油行业标准中，计算渗透率损害率公式：

$$D_k = \frac{K_0 - K_{min}}{K_0} \tag{6-2}$$

式中，D_k——应力敏感程度，无因次；

　　　　K_0——初始应力点对应的岩样渗透率，mD；

　　　　K_{min}——最终应力后的岩样渗透率的最小值。应力敏感评价标准，$D_k \leqslant 0.3$，弱；$0.3< D_k <0.5$，中等偏弱，$0.5< D_k <0.7$，中等偏强；$D_k \geqslant 0.7$，强。

　　依据以上应力敏感评价标准分析，页岩应力敏感损害率为 $0.5< D_k <0.7$，将该页岩应力敏感损害率估算为 0.6，假设页岩初始渗透率为 0.25mD，开发过程中出现应力敏感后的最终渗透率为 0.1mD。

(四)气水两相相对渗透率

　　初始含水饱和度(S_{wi})是储油(气)层原始状态下的含水饱和度。束缚水饱和度是指存在储层岩石颗粒表而、孔缝的角隅以及微毛细管孔道中的不流动的水(即束缚水)所占孔隙体积与储层总孔隙体积之比。超低含水饱和度是指储层中初始含水饱和度(S_{wi})小于束缚水含水饱和度最大值(S_{wirr})，也就是与介质毛管压力相比处于欠水饱和度状态。一般认为常规油气储层中不存在超低含水饱和度现象，在致密富含气页岩储层中超低含水饱和度现象却普遍存在。

　　该地区五峰—龙马溪组含水饱和度测试结果表明：含气页岩段束缚水饱和度介于 28.2～40%，平均为 34.1%，为超低含水饱和度，则其气水相对渗透率曲线如图 6-30 所示。超低含水饱和度的存在增大了页岩储层游离气和吸附气的含量，储层油气现实储量将大幅度增加，同时，该现象的存在也大大提高了页岩储层的气相渗透率，有利于页岩气的开采。

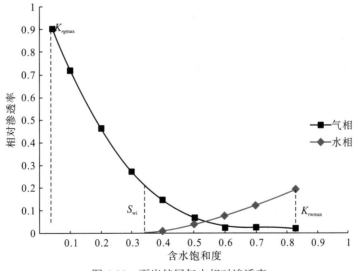

图 6-30　页岩储层气水相对渗透率

(五)页岩吸附特征

　　运用等量吸附热原理对页岩吸附特征进行温度校正。

　　已知温度 T_1 下页岩的等温吸附/解吸曲线以及吸附过程或者解吸过程中页岩的等量吸附热为 q_{st}，计算 T_2 温度下页岩的等温吸附/解吸曲线如图 6-31 所示。

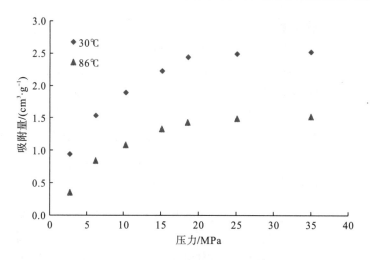

图 6-31　页岩 86℃等温吸附理论计算结果

$$\ln p_1 = -q_{st} / RT_1 + c_1 \tag{6-3}$$

$$\ln p_2 = -q_{st} / RT_2 + c_2 \tag{6-4}$$

由以上两式得：

$$\ln p_2 = \ln p_1 + q_{st} / RT_1 - q_{st} / RT_2 \tag{6-5}$$

$$q_{st} = a_1 n + b \tag{6-6}$$

两式结合得到 T_2 条件下，等温吸附量对应的压力 p_2：

$$p_2 = \exp\left(Lnp_1 + \frac{a_1 n + b}{RT_1} - \frac{a_1 n + b}{RT_2}\right) \tag{6-7}$$

运用等量吸附热原理，基于五峰-龙马溪页岩储层 30℃等温吸附测试结果理论计算出 86℃（页岩储层真实温度）等温吸附测试情况。

三、地质模型建立

（一）地质模型建立

运用 Petrel 软件建立三维地质模型，整理 YY1～YY5 井的相关数据，其包括井头、井轨迹、孔隙度数据、渗透率数据、含气丰度、含水饱和度数据、单井的微地震数据等，将五峰-龙马溪组页岩储层分为五层，从下到上的顺序，第 1、2 层分别为碳质硅质泥页岩，厚度分别约为 33m 和 18m；第 3 层为含炭质粉砂质泥岩，厚度约 17m；第 4 层为含炭质灰云质泥页岩，厚度约 13m；第 5 层为含炭质粉砂质泥页岩，厚度约 6m。

运用 Petrel 中 Structural modeling 模块中的 Pillar gridding 创建出构造的 3D 骨架网格，同时分析 YY1～YY5 水平井的井轨迹数据，确定该研究区块的最小主应力方向大约为西南 45°（SW45°），考虑到井网采用水力压裂人工造缝开采方式，数模网格能真实反映裂缝网格的流动情况，最终确定建立 45°倾角的构造网格的三维地质模型，地质模型为 81×95 网格，网格大小为 100×100m。

依据本研究区块地质资料分析，页岩目的层上下分为五层，依据每层的厚度，运用

Structural modeling 模块中的 Make horizons、Make zones 及 Layering 建立页岩储层分层构造模型。

运用研究区块相应孔、渗、饱和度等储层属性数据，通过 welltop 数据导入 Petrel 三维地质模型中，采用 Property modeling 模块中的 Petrophysical modeling 的 Sequential Gaussian simulation 差值法离散随机差值，生成非均质性的地层属性参数。

本气藏数值模型采用 Warrant-Root 双重介质模型，网格总数为 81×95×10，其中 1～5 层网格代表页岩基质，1 层代表含炭质粉质泥页岩，2 层代表含炭质灰云质泥页岩，3 层代表含炭质粉质泥页岩，4～5 层代表碳质硅质泥页岩；6～10 层代表相应的页岩层天然裂缝。考虑到后期模拟人工压裂缝导流能力方面的优势，将网格方向设置为 SW45°（图 6-32）。

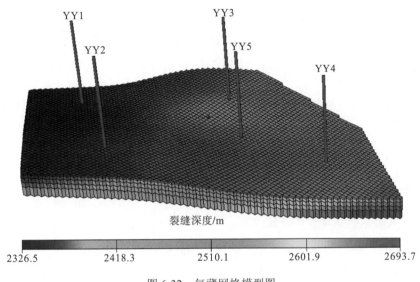

图 6-32　气藏网格模型图

（二）地质储量计算

根据页岩气藏的自身特点，在理论上其地质储量计算有多种方法：勘探新区和开发初期，可以用蒙特卡洛法、丰度类比法和体积法；已经有一定时间实际生产的地区可以用物质平衡法、单井储量递减法等。本研究区块的地质储量采用静态体积法与容积法分别计算出吸附气地质储量和游离气地质储量。

1. 吸附气地质储量计算方法

计算页岩层段中吸附在页岩黏土矿物和有机质表面的吸附气地质储量时，采用体积法：

$$G_x = 0.01 A_g h \rho_y C_x / Z_i \tag{6-8}$$

式中，C_x——页岩层段中吸附气的含气量（小数点后两位），m^3/t；

$\qquad G_x$——页岩吸附气地质储量（小数点后两位），$10^8 m^3$；

A_g——含气面积(小数点后两位),km^2;

h——页岩储层有效厚度(小数点后一位),m;

ρ_y——页岩密度(小数点后两位),t/m^3;

Z_i——原始气体偏差系数(小数点后三位)。

2. 游离气地质储量计算方法

$$G_y = 0.01 A_g h \phi S_{gi} / B_{gi} \qquad (6-9)$$

式中,G_y——游离气地质储量(小数点后两位),$10^8 m^3$;

ϕ——有效孔隙度(小数点后三位),

S_{gi}——原始含气饱和度(小数点后三位);

B_{gi}——原始页岩气体体积系数(小数点后五位),

采用以下公式算得:

$$B_{gi} = P_{sc} Z_i T / P_i T_{sc} \qquad (6-10)$$

3. 溶解气地质储量计算方法

当页岩层段含有原油时,采用容积法计算溶解气地质储量,计算方法与常规油气相同,计算公式如下:

$$G_s = 10^{-4} N R_{si} \qquad (6-11)$$

式中,N——原油地质储量,$10^4 t$;

R_{si}——原始溶解气油比,m^3/m^3。

4. 页岩气总地质储量计算方法

将上述计算的吸附气、游离气和溶解气地质储量相加,即为页岩气总地质储量。

根据大赛所给资料整理相关参数,计算出该研究区块总页岩气地质储量为 513.94 亿 m^3(其中页岩吸附气地质储量为 179.04 亿 m^3,页岩游离气地质储量为 334.90 亿 m^3)。

四、压裂模拟

(一)压裂模拟软件 Meyer

本压裂模拟软件采用 Meyer,Meyer 软件是 Meyer&Associates,Inc.公司开发的水力措施模拟软件,可进行压裂、酸化、酸压、泡沫压裂/酸化、压裂充填、端部脱砂、注水井、体积压裂等模拟和分析。该软件从 1983 年开始研制,1985 年投入使用。目前该软件在世界范围内拥有上百个客户,包括油公司、服务公司、研究所和大学院校等。

Meyer 软件是一套在水力措施设计方面应用非常广泛的模拟工具。软件可提供英语和俄语两种语言版本,NFrac 是三维模拟系统的核心;MView 具有回放数据和实时数据处理和分析的功能;MinFrac 进行小型压裂分析;Mprod 和 MNpv 分别提供产能预测和经济优化;Mwell 井筒水力计算,其模块如表 6-6 所示。

表 6-6　Meyer 软件模块清单

模块名称	功能中文描述
MFrac	常规水力措施模拟与分析
MPwri	注水井的模拟和分析
MView	数据显示与处理
MinFrac	小型压裂数据分析
MProd	产能分析
MNpv	经济优化
MFrac-Lite	MFrac 简化模拟器
MWell	井筒水力 3D 模拟
MFast	2D 裂缝模拟
MShale	缝网压裂设计与分析(非常规油气藏如页岩、煤层)

本次压裂模拟选用 Mshale 模块，Mshale 是一个离散缝网模拟器(DFN)，用来预测裂缝和孔洞双孔介质储层中措施裂缝的形态。该三维数值模拟器用来模拟非常规油气藏层页岩气和煤层气等措施形成的多裂、丛式/复杂/簇、离散缝网特征。

(二)压裂液及支撑剂

压裂液选用滑溜水+线性胶混合压裂液，压裂液滑溜水配方为：0.1%～0.2%高效减阻剂 SRFR-1+0.3%～0.4%复合防膨剂 SRCS-2+0.1%～0.2%高效助排剂 SRCS-2+0.05%杀菌剂 Magnicide575

0.3%SRFR-CH$_3$+0.3%流变助剂+0.15%复合增效剂+0.05%黏度调节剂+0.02%消泡剂；线性胶配方为：0.3%SRFR-CH$_3$+0.3%流变助剂+0.15%复合增效剂+0.05%黏度调节剂+0.02%消泡剂；15%浓盐酸+0.1%防腐蚀剂 CL-25+0.1%铁离子控制剂 Ferrotrol-300；

支撑剂选用 100 目的预固化树脂包层陶粒支撑剂+40/70 目的预固化树脂包层陶粒支撑剂+30/50 目的可固化树脂包层陶粒支撑剂，在进行压裂加砂作业时，可以在前期选用 100 目的预固化树脂包层陶粒支撑剂，打磨孔眼，暂堵降滤，促进裂缝延伸，产生狭长的裂缝；在中期使用 40/70 目的预固化树脂包层陶粒支撑剂起到支撑裂缝的作用；后期使用 30/50 目的可固化树脂包层陶粒支撑剂作为尾追支撑剂，限制支撑剂的返排，强化支撑效果。

(三)注入方式与施工参数

泵注方式主要取决于页岩气井的地质情况和工程技术参数，选择的原则一般为：尽可能地增大进液管柱面积，以利于安全施工。由于选择混合压裂液体系，采用低砂比，大液量，大排量，为了增加裂缝延伸长度，因此，需在设备允许的情况下尽量压裂规模和排量。排量的增加，无疑将使进液管柱摩阻，进而使施工压力增加，为了降低施工压力，可通过增大进液柱面积来降低摩阻。本次压裂液注入方式为套管注入方式，施工排量 12m^3/min，施工压力 83.59MPa，平均砂比 5.08%。

(四)泵序及压裂施工

结合本区块页岩储层的基本特征参数，以水平井 A1 进行压裂模拟，在 Meyer 软件的 Mshale 模块输入储层压力与温度、支撑剂和压裂液性能、目的层的射孔情况、井身结构的情况等一些参数后，设计泵注程序，以裂缝半长 200m 为目的，优化泵注程序及施工表，满足页岩储层的压裂压裂要求。本次模拟只针对 A1 井水平段 10 段压裂中第二段 2910～3010m 进行压裂，该段分为 3 簇射孔压裂，以此为例进行压裂，泵注程序就是此次 A1 井第二段压裂模拟所输入的泵序，压裂体积 1390.5m³，100 目支撑剂使用量 24.415×10³kg，40/70 目支撑剂使用量 38.24×10³kg，30/50 目支撑剂使用量 83.18×10³kg，支撑剂平均密度 1.6g/cm³，支撑剂体积 91.15m³。

(五)压裂模拟与评价

根据 Mshale 模块进行 A1 井单段三簇压裂模拟，三维裂缝预测形态图如图 6-33 所示，缝长与缝宽剖面预测形态图如图 6-34 所示，缝宽垂直剖面预测形态图如图 6-35 所示。

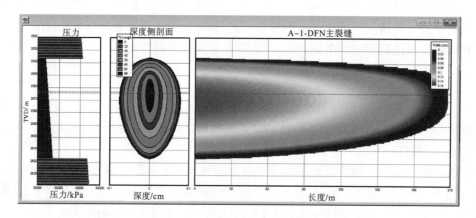

图 6-33　三维裂缝预测形态图

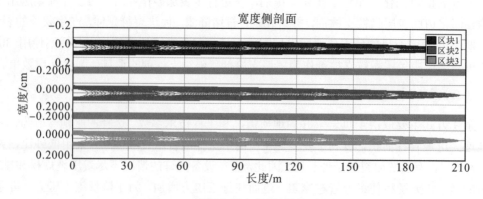

图 6-34　缝长与缝宽剖面预测形态图

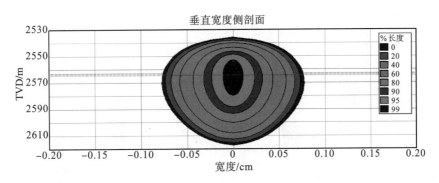

图 6-35 缝宽垂直剖面预测形态图

本次压裂模拟效果较好，A1 井第二段三簇压裂均正常，没有出现端部脱砂、充填和未压等非正常情况；三簇压裂半缝长分别为 207.8m，206.8m，206.5m，缝高 81.39m，缝宽 0.1525cm，压裂效率达到了 75.44%～75.48%，此次压裂模拟的结果能够满足半缝长 200m 的要求，并且此次压裂层位在页岩目的层中部，目的层的厚度 83～90m，缝高 81.39m 小于目的层厚度，说明压裂过程中未把上下隔层压破，也说明此次设计的压裂液和支撑剂，以及泵注程序都能够达到设计要求，因而可以使用。针对图 6-35 出现复杂缝网中部网格稀疏的情况，表明此处岩石已经粉碎性破裂，这是因为此处岩石位于压裂缝网的中部，岩石受到多次压裂后变成细小的碎块，从而出现此种情况，此情况利于页岩基块中的吸附气解吸，提高页岩气的产量。综合而言本次压裂设计达到了预定期望，可以进行施工。

五、微地震监测设计

微地震监测是以声发射学和地震学为基础，通过观测、分析生产活动中的微地震事件来监测生产活动的影响、效果和地下状态的地球物理技术。根据断裂力学理论，当外力增加到一定程度，地层应力强度因子大于地层断裂韧性时，原有裂缝的缺陷地区就会发生微观屈服或变形、裂缝扩展，从而使应力松弛，储集能量的一部分随之以弹性波(声波)的形式释放，即产生微地震事件。

微地震检测设计的目的是现场实时展示微地震事件结果，确定裂缝方位、高度、长度等空间展布特征及复杂程度、后期处理解释对压裂效果予以评价。本次微地震检测采用地面检测方式，常见的地面监测观测系统有矩形观测系统和星型观测系统，本次设计采用星型观测系统，即以压裂井口为中心，在其四周呈放射状布设测线。本次需要检测水平井 A1 井和水平井 A2 压裂后形成的裂缝，该两口井采用改进拉链式压裂技术，监测排列包括 10 条测线共计 1300 余道接收站，每站 6 只检波器，覆盖地表面积约 69km^2，采样间隔 2ms。对检测的数据进行处理，分析此次压裂形成的裂缝。

利用地质建模软件 Petrol 对水平井 YY1、YY2、YY3 和 YY4 压裂后的微地震监测数据进行分析，可以得到图 6-36，根据本图可知四口水平井以三段压裂方式进行压裂，单井水平段三种不同的颜色代表三簇；利用油藏数值模拟软件 CMG，将水平井 YY1 和 YY2 的微地震监测数据导入到 CMG 软件中，对其进行模拟，得到图 6-37 和图 6-38。

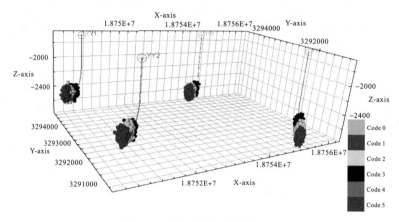

图 6-36 四口井微地震模拟图

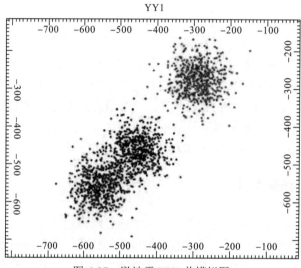

图 6-37 微地震 YY1 井模拟图

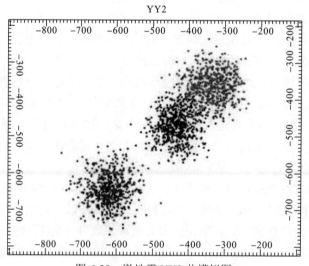

图 6-38 微地震 YY2 井模拟图

六、开发方案的设计

（一）开发层系划分

合理划分开发层系将有利于充分发挥各类气层的作用，划分开发层系也是部署井网和规划生产设施的基础。采气工艺技术也要求划分层系，以利于进行井下作业和实行措施。划分开发层系也是充分发挥各层的潜力，高速开发气田的需要。

划分开发层系应遵循以下原则：

（1）把特性相近的层系组合在一起，以保证对井网、开发方式具有共同的适应性，减少层间矛盾；特性主要是沉积条件、渗透率、分布面积、非均质程度、构造形态、气水界面、压力系统级流体性质等接近。如果各产层性质差异大，而又具有足够的能量，可划分为两个以上的层系进行开采。另外，可根据岩石致密程度采用不同的工艺制度生产，例如，可将岩性致密层和岩性疏松层严格划分开来，采用不同的工艺制度生产。

（2）一套层系应具有一定的储量和产能，能满足一定采气速度的需要，并具有较长的稳产期，达到较好的经济指标；

（3）层系控制的气层井段不能太长，气层不能太多，使各个产层都可有效动用；

（4）层系间应有稳定分布的隔层，避免严重的层间干扰或窜流影响气层发挥作用；

（5）一套层系应控制一定的主力气层厚度，因主力气层是目前的主要贡献层；

（6）在开采工艺技术所能解决的范围内，开发层系不宜划分过细，以减小建设工作量，提高经济效益。

该区块目的层龙马溪组底部页岩气层，油气显示活跃、地层压力异常，气层压力系数为 1.41～1.55，压力系数接近，压力系数大体一致。气层总厚度在 83～90m，纵向上连续，中间无隔层。其地质条件优越，各亚段在全区分布基本稳定。因此，该气藏可以采用一套开发层系进行开发。

（二）丛式井适应性分析

由于页岩气开采依赖水平井和大规模的体积压裂，致使页岩气开发成本高昂，如何降低页岩气的开发成本已经成为当今社会页岩气开发普遍追求，美国作为页岩气开发的领军者，已经从页岩气开发降低成本中获益良多，而他们采用"井工厂"模式进行开采页岩气，降低生产成本，所谓的井"工厂化"模式就是集中打井，集中压裂，集中生产，就如同在一块平地上建一座工厂一样，因而要求页岩气区块最好在平原，以方便"井工厂"作业。

丛式井技术的原则是利用最小的丛式化井场使钻井开发井网覆盖区域最大化。为后期批量化钻井作业、压裂施工奠定基础，同时使地面工程及生产管理也得到简化；多口井进行压裂及排采的统一维护，减少管理成本及地面重复建设费用；节约土地资源，有利于环境保护，大幅度降低了征地费。目前，涪陵页岩气田大力推行"丛式井"设计、"井工厂"模式施工、标准化场站设计等措施，最大限度减少征地面积。

本次页岩气藏得区块属于丘陵地带，限制了采用"井工厂"进行页岩气的开发，无疑增加了开发成本，为了节约成本，也为了方便施工处理，页岩气井设计采用四口丛式井组成一个小型的"井工厂"，虽然比不过美国的"井工厂"模式(如图 6-39 所示)，但四口水平井只需一个作业井场，而且可以同时打井，同时压裂，节约平整及搬迁井场的花费与时间，以及节约了打井和压裂作业成本，而页岩气压裂本来就需要体积压裂，形成裂缝网络，几口井同层位进行拉链压裂或者同步压裂过程中，压裂泵入的流体将促使人工流体产生应力场的叠加和干扰。应力场的叠加和干扰一方面加剧缝内净压力增加，产生应力阴影；另一方面可促使裂缝在扩展过程中储层岩石的相互挤压、滑移和破碎，形成更为复杂的裂缝网络。综合以上可以分析出，此区块的页岩气丛式水平井组也可采用同步拉链式压裂，也就是在同一井场，固井完成后，一口井进行压裂，一口井进行电缆桥塞射孔联作，两项作业交替无缝链接，节约压裂成本及时间，使生产效益最大化。

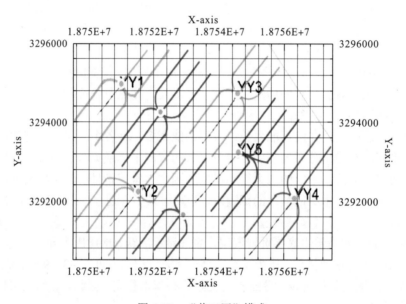

图 6-39 "井工厂"模式

(三)裂缝参数优化设计

考虑机理模型为 200×100 网格，网格大小 X×Y 为 10×10m，在机理模型基础上建立不同裂缝半长、裂缝间距及裂缝导流能力，通过模型动态模拟，模拟不同裂缝参数变化对应的产能变化。

1. 裂缝半长优化

设置裂缝半长分别为 50m、100m、150m、200 和 250m 的模拟优化方案，通过模拟计算分析，随裂缝半长增加，产气量逐渐增加，但当裂缝半长超过 200m 产气量增长几乎没有变化。依据统计学正态分布原理，裂缝半长 200m 为水力压裂最优裂缝半长，该裂缝半长最大化增加水平井的产气量。

2. 裂缝间距优化

设置裂缝间距分别为 40m、60m、80m、100m、150m 五种裂缝间距优化方案，通过模拟计算分析，裂缝间距由 40m 增大到 100m，产气量逐渐增加，当裂缝间距由 100m 增大到 150m，产气量出现一定程度的降低。说明压裂造缝过程中，压裂裂缝间距存在最优距离，否则如果裂缝间距过大，压裂形成的缝网未能充分沟通周围的天然裂缝及孔道，形成未波及区域，降低最终采收率，相反，如果压裂裂缝间距过小，会出现重复多次压裂区域，压裂施工未能经济有效，同时，重复的裂缝网络之间形成流动干扰，降低渗流效率。依据统计学正态分布原理，裂缝间距 100m 为水力压裂最优裂缝间距，该裂缝间距最大化增加水平井的产气量。

3. 裂缝导流能力优化

设置裂缝导流能力分别为 10mD·m、20mD·m、50mD·m、80mD·m 和 120mD·m，通过模拟计算分析，裂缝导流能力由 10mD·m 增大到 80mD·m，再到 120mD·m，产气量逐渐增加，说明裂缝导流能力对产气量有一定的敏感性。依据统计学正态分布原理，裂缝导流能力 120mD·m 为水力压裂最优裂缝导流能力，该裂缝导流能力最大化增加水平井的产气量。

(四)开发方案设计

对本区块地质特征进行研究，结合气藏工程相关评价方法，同时考虑到页岩压裂开发产量稳产气较短，产量递减快，以及地面工程处理设备的正常运行效率和整个区块开发的经济效益之后，确定部署以下开发方案。

1. 部署方案一

部署方案一：如表 6-7 所示分批次衰竭开发，每批次开发主要以丛式水平井 5000×800m 井网开发为主，同时结合部分水平井的衰竭式开发，开发层位为五峰-龙马溪页岩层。

表 6-7　部署方案一部署情况

	开发层系	五峰-龙马溪页岩储层
第一批方案	开发方式	衰竭式开发
	井型	丛式水平井与水平井
	增产方式	水力压裂
	井网	交错式井网，5000×800m
	井数	生产井 15 口
	生产要求	气藏单井废弃产量 522m^3/d 废弃压力 3.149MPa
	开发年限	30 年
	开发起始时间	2013 年 7 月
第二批方案	开发层系	五峰-龙马溪页岩储层
	开发方式	衰竭式开发
	井型	丛式水平井与水平井
	增产方式	水力压裂
	井网	交错式井网，5000×800m
	井数	生产井 16 口

续表

第二批方案	生产要求	气藏单井废弃产量 522m³/d 废弃压力 3.149MPa
	开发年限	30 年
	开发起始时间	2017 年 12 月
第三批方案	开发层系	五峰-龙马溪页岩储层
	开发方式	衰竭式开发
	井型	丛式水平井与水平井
	增产方式	水力压裂
	井网	交错式井网，5000×800m
	井数	生产井 14 口
	生产要求	气藏单井废弃产量 522m³/d 废弃压力 3.149MPa
	开发年限	30 年
	开发起始时间	2022 年 2 月

注：关于增产方式的说明，水力压裂造缝，裂缝半长为 200m，裂缝间距 100m，裂缝导流能力 120mD·m；关于井型的说明，丛式水平井，水平段长度为 1000m，靶前位移为 1500m；关于井数说明，第一批方案生产井 15 口、丛式水平井 10 口、水平井 5 口(其中包括 YY4、YY5)；第二批方案生产井 16 口，丛式水平井 12 口、水平井 4 口(其中包括 YY3、YY2)；第三批方案生产井 14 口，丛式水平井 10 口、水平井 4 口(其中包括 YY1)。

开发方案一预测总产气量为 144.22 亿 m³、总产水量 206.29 万 m³、预测期末采出程度 28.06%。整个研究区块的日产气如图 6-40 所示。从整个区块的日产气图可以看出，每一批井衰竭开发的初期都有较好的高产稳产期，稳产时间 2～3 年，当每一批井衰竭开发至产量较低时，开始后面批井的开发，保证这个区块的产量稳步上升维持在一个较高值，同样多批次开发保证地面工程各处理容器长时间高效运行。

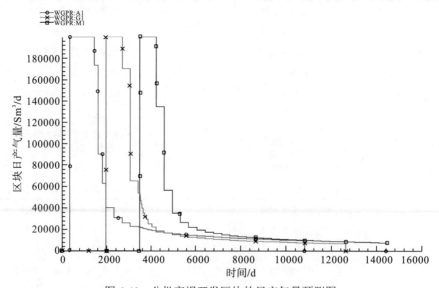

图 6-40　分批衰竭开发区块的日产气量预测图

2. 部署方案二

部署方案二：如表 6-8 所示整体衰竭开发，开发以丛式水平井 5000×800m 井网开发为主，同时结合部分水平井的衰竭式开发，开发层位为五峰-龙马溪页岩层。

表 6-8　部署方案二部署情况

	开发层系	五峰-龙马溪页岩储层
	开发方式	衰竭式开发
	井型	丛式水平井与水平井
	增产方式	水力压裂
整体开发方案	井网	交错式井网，5000×800m
	井数	生产井 45 口
	生产要求	气藏单井废弃产量 522m³/d 废弃压力 3.149MPa
	开发年限	30 年
	开发起始时间	2013 年 7 月

注：关于增产方式的说明，水力压裂造缝，裂缝半长为 200m，裂缝间距 100m，裂缝导流能力 120mD·m；关于井型的说明，丛式水平井，水平段长度为 1000m，靶前位移为 1500m；关于井数说明，整体开发方案生产井 45 口，其中丛式水平井 32 口、水平井 13 口（其中包括 YY1、YY2、YY3、YY4、YY5）。

开发方案一预测总产气量为 142.21 亿 m³、总产水量 194.12 万 m³、预测期末采出程度 27.67%。整个研究区块的日产气如图 6-41 所示。

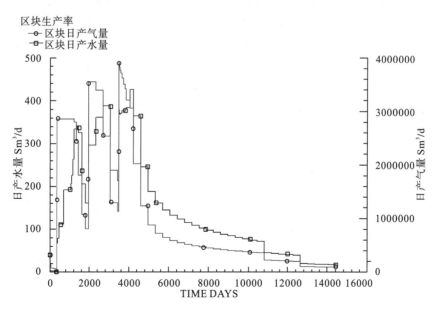

图 6-41　整体衰竭开发区块的日产气、日产水量预测图

(五)采收率确定

1. 类比法

类比法即是对比相似地质条件和开发条件且已获得采收率的相似页岩气田,从而得到本气田的采收率的一种简单的方法。该方法简单易行,但要找到与本区块地质条件相似、开发方式相近的页岩气田仍具有较大的难度。下表 6-9 是国外已开发的页岩气田的采收率汇总情况。

表 6-9　国外已开发页岩气田采收率汇总

	巴涅特 巴尼特	费耶特维尔 Fayetteville	海恩斯维尔 Haynesville	马塞勒斯 Marcllus	伍德福德页岩 Woodford
原始地质储量/亿 m³	92541	14716	202911	424500	42450
估计可采页岩气/亿 m³	5377	1415	9622	23772	2830
采收率/%	5.8	10	4.7	5.6	6.6

由于常规的页岩储层渗透率一般为 10^{-3}mD 数量级,而该研究区块的平均渗透率达到 0.25mD,如类比常规的页岩气藏采收率误差会太大,故通过类比定容致密性气藏($K<1$mD)采收率为 30%～50%,确定该研究区块的采收率大约为 20%～30%。

2. 数值模拟法

气藏数值模拟法是依据页岩气产出机理,通过建立地质模型和数学模型,应用计算机来预测储层条件下页岩气井产能以及采收率。该方法比较适合于页岩气勘探程度较高的地区,其预测结果通常比较可靠,可以指导页岩气的勘探开发部署。通过建立本区块的地质模型,采用 Eclipse 数值模拟软件进行数值模拟,计算得本研究区域的最终采收率为 28%。

第四节　致密气藏开发实例

大牛地气田是华北分公司乃至中石化的重点天然气勘探开发区,在中石化天然气战略中占有重要的位置,它是实现"气化山东"战略目标重要的天然气生产基地。大牛地气田位于陕西榆林市和内蒙古鄂尔多斯市交界地区,构造区域位于鄂尔多斯盆地北东部,其构造位置在伊陕斜坡北部,区块内构造、断裂不发育,总体为一北东高、西南低的平缓单斜,平均坡降 6～9m/km,倾角 0.3°～0.6°,局部发育鼻状隆起,未形成较大的构造圈闭。截至 2007 年 12 月底,共获探明储量 3293.04 亿 m³,其中盒二、三段探明地质储量 552.13 亿 m³,盒一段探明地质储量 1238.73 亿 m³,山二段探明地质储量 487.46 亿 m³,山一段探明地质储量 505.05 亿 m³,太二段探明地质储量 436.63 亿 m³,太一段探明地质储量 73.04 亿 m³。大牛地气田从 2003 年开发先导试验起步,2005 年完成 10 亿 m³ 产能建设。经过近两年连续增储上产,产能已跨入 200 万 t 当量的油气田规模。截至 2007 年底，华北分公司大牛地气田年产能已超过 20 亿 m^3，日供气能力超过 550 万 m^3，展现出良好的勘探开发前景。大牛地气田先天不足的低压、低渗储层条件，以单井产量低，稳产难度大，被称之为勘探开发的难题。经勘探开发实践证实，大牛地气田具有特殊的地质条件，普遍发育低渗致密储层，具有孔隙度低、渗透率低、含水饱和度高、非均质性强、低压低产等特点。

一、开发调整方案政策指标分析

（一）开发原则

根据地质研究成果，大牛地气田储层在平面与纵向上非均质性都较强，例如平面上因砂岩在气田内的展布受河流方向的限制，总体上呈现出砂岩厚薄区域化分布，或呈条带状分布；气层的展布受到沉积相、岩性、物性和孔喉结构等综合因素的控制，非均质性相对亦较强；储量丰度分布与产能系数分布不均匀。纵向上物性情况分布不均一，气井自然产能差异较大。从试气试采动态上表现出气井无自然产能，压裂后总体产能比较低、各层系产能差异大、下部层段产少量地层"残余水"或凝析水等特征。气田储层变化较大，但基本上可以叠加连片，且气藏处于同一个水动力系统中。此外，大牛地气田单井产能较低，平面上具有储量丰度相对集中的区域小、产能建设要求井网密度较大等特点，建议大牛地气田采取整体部署、规模建设产能、分步实施的滚动勘探开发策略，科学建井，优化储层压裂改造、气井排液等技术为支撑，以提高气井产能和开发效果，努力实现大牛地气田 3～4 年的稳产期，稳产期内力争采出较多的动用天然气量。根据气田的静动态特征，确定大牛地气田开发的总体原则为：

(1)效益优先原则。气田的开发应坚持整体考虑、整体开发的原则，鉴于大牛地气田是一经济边际气田，因此开发过程中，首先应保证气藏开发的经济效益。在此前提下，考虑开发技术的先进性、开发指标的合理性，充分应用先进成熟的工艺技术，优选单井产能大于经济界限的高产富集区优先投入开发。坚持少投入、多产出，努力提高开发效益。

(2)滚动发展原则。鉴于该气田非均质性强的特点，采取"边开发、边评价、逐步认识、不断完善"的滚动勘探开发方式，有利于加深对气田的认识，降低开发风险。

(3)尽可能利用已完钻井，开发井网的部署应充分考虑气藏的地质特征和勘探开发成果，对于这种非均质相对较强的气田，采用"规则井网应对高强度非均质"，滚动开发，优先开发勘探程度较高、储量较可靠、丰度较高、产能较高的区域。

(4)稳定供气原则。在确保开发效益的前提下，适当控制采气速度，努力延长气井稳产期，以满足下游工程对气田稳定供气的要求。同时，达到最佳的经济效益和社会效益。

在遵守以上开发原则的基础上，气田将依照以下开发程序进行开发：

(1)总体部署

在分层储量评价的基础上，遵循开发原则，对大牛气田已探明储量区域进行总体部署。

①优选盒 2、盒 3 段有效厚度大于 4m，单井无阻流量大于 6 万 m^3，储量丰度大于 0.6 万 m^3/km^2 的高产富集区优先投入单层开发。

②对低产层位最佳储量叠合区采用合层方式开采，以提高储量动用率和开发经济

效益。

③对目前处于经济边际的储量,优选有利区域作进一步评价和认识,部署滚动开发井,落实可开发储量。

(2)分批实施

在基础井网和评价区域内,基于目前的地质认识,针对存在的地质问题提出分批实施计划,先钻关键井,然后再钻一般开发井。

(3)及时调整

根据新钻井和其他资料重新研究,按新的认识及时调整原设计井网,提出下一批井位及实施意见。并依据滚动开发成果,提出新的储量动用计划和开发方案。

(二)开发方式

参照国内外气藏不同类型气藏的开发经验,对干气藏的开采一般采用衰竭方式开发,以降低开发投资,提高开发的经济效益,取得较好的开发效果。另外,大牛地气田具有低渗、低产、低压和正常压力系统、试采稳产期短、气层和气井产能释放缓慢等特点,根据对气藏类型的认识,采用衰竭式开采方式进行开发。

(三)开发层系划分

对于一个多层叠合的气藏,层系的合理组合是气藏合理有效开发的前提,一般来说,开发层系划分与组合要遵照以下原则:

(1)同一层系内气层展布、压力系统与流体性质接近,层间干扰小。

(2)具备一定的地质储量,能满足一定的采气速度,达到较好的经济效益。

(3)层系与层系之间有良好的隔层,以保证在开发过程中或措施过程中,层系之间不发生窜流和干扰,便于开发管理和动态分析。

(4)开发层系划分不宜过细,以减少产能建设工作量。

按照开发层系划分与组合原则,选取气田内相对产能与储量富集区内的盒2、盒3气藏作为单一一套层系开发,即划分出两个单采区。在多层(太2、山1、山2、盒1及相对低丰度区域的盒2、盒3气层)叠合的有利区,进行多层合采开发。

根据对大牛地气田的地质与开发试采的认识,重点结合三维地震解释结果,可知大牛地气田具有分层系开发的地质条件,但细分层系后,存在气藏开发所需生产井较多、投资大、储量控制程度较低、单井控制储量小、稳产期短、效益差等问题。综合考虑气藏分层系开发的优、缺点,认为宜采用气田产能的接替与产量的补给,实现全气田的稳产。

(四)废弃压力与采收率估算

1. 废弃地层压力

废弃压力是指气井具有工业开采价值的极限压力,它是计算气藏采收率或可采储量的重要参数,也是有关地面工程论证和设计的重要指标和依据,废弃地层压力由地质、开采工艺技术、输气压力及经济指标诸因素所决定。废弃压力直接影响采收率的确定,废弃压力越低,气藏最终采收率越高。废弃压力通常多以类比分析或经验公式计算;也有人利用气井某一时刻的稳定产能方程结合废弃井底流压来计算。但类比法、经验公式计算法毕竟存在一定的误差；另外，气井在初、中期与废弃时的稳定产能方程差异较大，其产能方程系数将发生变化，因此根据初、中期建立的稳定产能方程结合废弃井底流压计算的废弃地层压力误差也较大。本次研究将采用多种方法来计算气井废弃地层压力。

1)废弃压力经验取值法

国内外许多学者经过多年研究后，认为废弃地层压力是使当气藏产量递减到废弃产量时的压力，主要是由气藏埋藏深度、非均质性、渗透率决定(表 6-10)。

表 6-10　不同类型气藏废弃压力

气藏类型	适用条件	经验公式
弱水驱裂缝性		$P_a/Z_a = (0.2 \sim 0.05) P_i/Z_i$
强水驱裂缝性		$P_a/Z_a = (0.6 \sim 0.3) P_i/Z_i$
定容高渗透孔隙型	$k \geqslant 50 \times 10^{-3} \mu m^2$	$P_a/Z_a = (0.2 \sim 0.10) P_i/Z_i$
定容中渗透孔隙型	$k = (10 \sim 50) \times 10^{-3} \mu m^2$	$P_a/Z_a = (0.4 \sim 0.2) P_i/Z_i$
定容低渗透孔隙型	$k = (1 \sim 10) \times 10^{-3} \mu m^2$	$P_a/Z_a = (0.5 \sim 0.4) P_i/Z_i$
定容致密型	$k < 1 \times 10^{-3} \mu m^2$	$P_a/Z_a = (0.7 \sim 0.5) P_i/Z_i$

注：P_i、Z_i 分别为原始地层压力及其压缩系数。
　　P_a、Z_a 分别为废弃地层压力及其压缩系数。

由于大牛地气田属于低渗～致密气藏，单井产量低，生产压差大，所以首先将气藏视为定容低渗孔隙型气藏，在确定出废弃压力后，再对其进行一定的修正。对大牛地气田视废弃地层压力与视原始地层压力之间的关系满足：

$$p_a/Z_a = 0.5\, p_i/Z_i \tag{6-12}$$

通过经验取值法计算气藏废弃地层压力结果如表 6-11 所示。

表 6-11　经验取值法计算气藏废弃地层压力

层位	废弃地层压力/MPa
盒 2+3	10.809～11.746
盒 1	9.643～11.622
山 2	10.631～11.068
山 1	10.971～12.294
太 2	10.618～12.046

从上述计算结果可以看出，对大牛地气田废弃地层压力偏高，一般都高于 10MPa。

2)气藏埋深计算法

1958 年，加拿大梅克对封闭型无边底水气驱气藏提出了 6 种经验法计算废弃压力。

①废弃压力值为原始地层压力的 10%，它适用于气藏深度小于 1524m，原始地层压力

小于 12.857MPa，其公式为

$$p_a = 0.1p_i \tag{6-13}$$

②废弃压力值为气藏深度乘系数 0.05，得到压力值 psig，换算成公制单位为

$$p_a = 1.131 \times 10^{-3} D \tag{6-14}$$

式中，D——气藏深度，m

③按气藏深度，每千英尺的废弃压力是 100psig，换成公制单位后为

$$p_a = 2.262 \times 10^{-3} D \tag{6-15}$$

④气藏深度乘系数 0.095，可得最佳废弃压力，换成公制单位后为

$$p_a = 2.149 \times 10^{-3} D \tag{6-16}$$

⑤原始地层压力的 10%，再加上 100psig，作为废弃压力值，换成公制单位后为

$$p_a = 0.1p_i + 0.6894 \tag{6-17}$$

⑥一般通用计算（双 50 法）

$$p_a = 0.3447 + 1.131 \times 10^{-3} D \tag{6-18}$$

根据埋深法，对大牛地气田的废弃压力进行了计算，得到其平均废弃压力为 7.30MPa（表 6-12）。

表 6-12　大牛地气田气藏埋深计算法预测废弃压力

层位	废弃地层压力/MPa
H3	7.007
H2	7.219
H2+H3	7.113
H1	7.224
S2	7.370
S1	7.505
T2	7.643
平均	7.30

3）经济—产能方程—井底流压法

通常人们采用气井某一时刻的稳定产能方程结合废弃井底流压来计算废弃地层压力。事实上，随着地层压力的下降，与产能方程系数密切相关的气层渗透率等物性参数尽管变化很小，可认为是常数，但天然气偏差系数和黏度的变化不容忽视。因此，气田在开发初、中期与后期的稳定产能方程会产生变化。在求解气井任意时刻的二项式包括气井废弃时的稳定二项式方程时，必须以经济评价结合地面工程论证，确定气井的废弃产量和废弃井口流压，进而根据垂直管流法计算气井废弃井底流压，最终求解较可靠的废弃地层压力。

（1）经济极限产量。

符合废弃条件时的气田产量为经济极限产量。它是指气井具有经济生产价值的产量的下限，即按照现今的生产成本、费用、税收和气售价得出的收支平衡时的天然气产量。

对干气田，其经济极限产量可根据下式计算确定：

$$Q_{el} = \frac{C_l}{\eta A_g \cdot (1 - T_x)} \tag{6-19}$$

式中，Q_{el}——气田经济极限产量，$10^4 m^3/a$；

C_l——气田目前的年生产总成本和费用，10^4 元/a；

η——天然气商品率；

A_g——气价，元/m^3；

T_x——年综合税率。

对大牛地气田，取气价 0.90 元/m^3，年生产总成本和费用 38.6 万元/a，油气商品率 0.97，年综合税率 0.115。则可以计算出单井目前的经济极限产量约 0.1514 万 m^3/d。

(2)废弃时气井稳定产能方程。

气井稳定二项式产能方程表示为

$$P_i^2 - P_{wf}^2 = A q_g + B q_g^2 \tag{6-20}$$

在气井开采过程中，随着地层压力的下降，井周围气层由于受上覆地层压力的逐步压实作用，渗透率等物性参数虽有所降低，但变化非常小，与之有关的表皮污染系数 S 或地层结构参数 β 变化也不大，计算时均可看作常数；天然气相对密度也可视作常量。相对而言，天然气偏差系数 Z 和黏度 μ_g 随地层压力的变化对产能方程影响较大，不容忽视。假设气井在开发初期和废弃时的二项式系数分别为 A_l、B_l 和 A_a、B_a，对应的天然气粘度和偏差系数分别为 μ_{gl}、Z_l 和 μ_{ga}、Z_a，则：

$$\frac{A_a}{A_l} = \frac{Z_a \mu_{ga}}{Z_l \mu_{gl}} \tag{6-21}$$

$$\frac{B_a}{B_l} = \frac{Z_a}{Z_l} \tag{6-22}$$

废弃地层压力所对应的产能方程为

$$p_a^2 - p_{wfa}^2 = A_a q_{ga} + B_a q_{ga}^2 \tag{6-23}$$

(3)气井废弃井底流压及废弃地层压力的确定。

利用气井废弃产量和相应废弃井口流压，采用垂直管流法计算对应稳定的废弃井底流压，然后结合其废弃时的稳定产能方程[式(6-23)](其中二项式产能方程系数如表 6-13 所示)，便可求得该井废弃地层压力。

其中，当气井产量递减到废弃产量时，对应的最低井口流压即为废弃井口流压；自喷开采井废弃井口流压等于最低输气压力；增压开采井废弃井口流压等于增压机吸入压力。

其废弃流压的计算将牵涉到管流的计算，可采用迭代算法。

表 6-13 大牛地气田开发初期平均二项式产能方程系数

层位	二项式产能方程系数	
	A MPa$^2 \cdot$d/($10^4 m^3$)	B [MPa^2/(万 m^3/d)^2]
盒 2+3	134.067	9.868
盒 1	327.973	109.216

层位	二项式产能方程系数	
	A MPa$^2\cdot$d/$(10^4$m$^3)$	B [MPa^2/(万 m^3/d)^2]
山 2	279.262	79.035
山 1	541.007	277.189
太 2	280.185	59.620

经过计算，大牛地气田的废弃地层压力为 7.17～8.61MPa，平均 7.90MPa（表 6-14）。

表 6-14   大牛地气田气藏经济-产能方程-井底流压法预测废弃压力

层位	废弃地层压力/MPa	平均废弃地层压力/MPa
盒 2+3	7.213～7.119	7.17
盒 1	7.848～7.297	7.57
山 2	7.849～7.819	7.83
山 1	8.408～8.148	8.27
太 2	8.903～8.446	8.61
平均		7.90

4) 节点系统分析法

节点系统分析法即选取一个解节点，作气井流入与流出动态曲线，对大牛地气田废弃地层压力的确定，将解节点选在井底，结合气井产能方程作流入动态曲线即 IPR 曲线，然后结合大牛地气田气井井口天然气外输压力 4MPa 作为限制条件，利用管流动态计算法计算气井流出动态曲线，最后两曲线的交点即为协调点，其交点所对应的地层压力即为废弃地层压力。

经过计算，大牛地气田废弃地层压力 7.13～8.74MPa，平均 7.89MPa（表 6-15），这与经济-产能方程-井底流压法预测出的废弃压力值大致相同。

表 6-15   节点系统分析法预测废弃压力

层位	废弃地层压力/MPa
盒 2+3	7.13
盒 1	7.48
山 2	7.82
山 1	8.28
太 2	8.74
平均	7.89

5) 废弃压力的综合确定

通过上面的计算，可看出，不同的方法计算所得的结果有一定的差别，由于影响废弃压力确定的因素很多，气藏启动压力梯度未知，气田还处于试采阶段，动态资料缺乏，因此难以准确确定其值，参考有关规范和外输压力以及低渗透气藏的影响，以及考虑到节点系统分析法和经济-产能方程法在计算废弃地层压力时考虑的因素较多，既考虑了生产实际状况的影响(产能方程)，又考虑了经济的因素，因此，主要以经济-产能方程法计算结果($8.61\sim7.17$MPa)及节点系统分析法计算结果($8.74\sim7.13$MPa)为主要参考值，同时参考经验取值法计算结果，因对大牛地气田采用的即是该方法中的低渗-致密气藏的经验公式，较符合大牛地的实际。根据表 6-16 可以综合确定大牛地气田气藏废弃压力为 8.0MPa。

表 6-16　大牛地气田气藏废弃地层压力综合取值

层位	废弃地层压力/MPa
盒 2+3	7.15
盒 1	7.53
山 2	7.83
山 1	8.28
太 2	8.68
平均	7.89

2. 气藏采收率的标定

由于大牛地气田不含边底水，在气藏开发初期，产出水为地层中凝析水或隙间水，表现出定容封闭气藏的特性，因此按照定容封闭气藏的物质平衡原理—容积法近似地估算采收率。

根据气藏工程理论，定容封闭型气藏，其容积法计算的探明地质储量等于可采储量加上废弃时地下的残余地质储量，由此可导出地质储量：

$$G_R = 0.01Ah\varphi S_{gi}\frac{T_{sc}p_i}{Z_iTp_{sc}}\left(1 - \frac{p_a/Z_a}{p_i/Z_i}\right) \tag{6-24}$$

气藏采收率：

$$E_{RG} = 1 - \frac{p_a/Z_a}{p_i/Z_i} \tag{6-25}$$

对于无水侵气藏，由于束缚水及岩石膨胀影响较小，可近似认为气藏开发过程中含气饱和度是始终保持不变的，即 $S_{gi}\approx S_{ga}$。由以下式子计算采收率：

$$G_R = 0.01Ah\varphi S_{gi}\frac{T_{sc}p_i}{Z_iTp_{sc}}\left(1 - \frac{p_a/Z_a}{p_i/Z_i}\right) \tag{6-26}$$

$$E_R = 1 - \frac{p_a/Z_a}{p_i/Z_i} \tag{6-27}$$

式中，G_R——气藏废弃压力条件下可采储量，$10^8\mathrm{m}^3$；

　　　E_{RG}——气藏采收率。

对于大部分气藏，在开发过程中含气饱和度是变量，并非常量，原始条件下饱和度 S_{gi} 与废弃时 S_{ga} 的差异相对较大，不可忽视。因此，应对上述物质平衡方程进行一定修正。

$$G_R = 0.01Ah\varphi S_{gi}\frac{T_{sc}p_i}{Z_iTp_{sc}}\left(1-\frac{p_a/Z_a}{p_i/Z_i}\frac{S_{ga}}{S_{gi}}\right) \tag{6-28}$$

$$E_R = 1-\frac{p_a/Z_a}{p_i/Z_i}\frac{S_{ga}}{S_{gi}} \tag{6-29}$$

取大牛地气田：S_{ga}=0.1~0.2，S_{wi}=0.2~0.3，或采用经验公式计算：S_{ga}=0.483-0.68S_{wi}。

计算结果如表 6-17 所示，从计算结果来看，大牛地气田采收率较低，仅盒 2 和盒 3 气藏采收率高于 60%，其余气藏的采收率均低于 60%。若再考虑束缚水与残余气饱和度的影响，则其采收率更低，普遍低于 50%。再参考对比我国天然气储量计算规范列出的采收率：

表 6-17　大牛地气田气藏采收率计算结果

层位	采收率/%			
	不考虑束缚水与残余气饱和度影响	平均	考虑束缚水与残余气饱和度影响	平均
盒 2+3	59.74~64.42	62.08	47.80~51.54	49.67
盒 1	57.08~63.78	60.43	45.66~51.03	48.35
山 2	50.74~55.03	52.88	40.59~44.02	42.31
山 1	53.15~53.98	53.56	42.52~43.18	42.85
太 2	48.79~53.03	50.92	39.04~42.42	40.73
平均		55.97		44.78

弹性气驱气藏：80%~95%；

弹性水驱气藏：45%~60%；

致密气驱气藏：<60%；

凝析气藏：天然气 65%~85%，凝析油 40%。

与该规范罗列的采收率相比，大牛地气田采收率比弹性气驱气藏低，在致密气驱气藏的范围之内，这说明大牛地气田储层物性较差，需采取压裂改造等措施，方可提高其采收率。

加拿大学者 G.J.狄索尔斯(G.J.Desorcy)对世界不同类型气藏的采收率也进行了归纳：

弹性气驱气藏：70%~95%

弹性水驱气藏：45%~70%

致密气驱气藏：可低至 30%

与其相比，大牛地气田采收率还不算太差。最终综合标定大牛地气田盒 2 和盒 3 气藏采收率 60%，其余气藏采收率 55%。

（五）井网部署

1. 井网形式

合理地开发井网是高效开发气田的重要因素之一。对于任何一个气田，采用什么样的开发井网和多大的井网密度没有一套固定的模式，但总体上，对大牛地气田的井网布署应从以下几个方面来考虑：井网要能最有效地控制住气藏的储量；井数能保证达到一定的生产规模和一定的稳产期；要能保证尽可能高的采收率；钻井投资及工作量最小；为立体开发(西南合采区、中部合采区及其他层替补)和开发后的调整或加密留有一定余地；

尽量利用现有探井、评价井和已钻开发井(优先部署高部位、高储量丰度区)。

总结国内外气田开发实践，气藏开发的井网形式大体有均匀井网、环状井网、线状井网和不均匀井网。对于断块气藏、透镜状气藏、裂缝性气藏和多套层系气藏，一般采用不均匀井网。均匀井网大多应用在储层性质较为均匀或极不均匀气驱气藏中。

根据大牛地气田地质研究成果，大牛地气田在平面上和纵向上的非均质性强，部分区域储层有效厚度大，渗透率高，储量丰度高，而部分区域如一些构造边部位储层较薄，渗透性较差，储量丰度值低，并且由于井密度低，控制程度不够，因此应采用均匀井网进行开发。

2. 井位部署

根据 DK13 井区盒 3 和盒 2 层剩余气分布和剩余气丰度以及盒 3 和盒 2 层电阻率和属性分布，综合考虑井位部署。

二、开发调整方案设计及动态预测

(一)开发调整方案描述

在已开发区开发效果评价的基础上，从井网调整、增压开采、分层合层分批开采、直井和水平井组合等多方面进行开发调整方案设计，共设计 6 套开发调整方案，基础方案为F1。方案描述如下：

方案 F1：基础方案，保持现有生产规模不变，井底流压 8.0MPa，年产规模为 6.93 亿 m^3，模拟计算 20 年。

方案 F2：在方案 F1 的基础上布 48 口直井，盒 2、盒 3 同时生产。配产 81.3 万 m^3/d，年产规模为 9.61 亿 m^3，分两批投产。第一年投产 16 口直井，配产 25.6 万 m^3/d；第二年投产 32 口井，配产 55.7 万 m^3/d。模拟计算 20 年。

方案 F3：在方案 F2 的基础上，对 48 口井分层生产。配产 80.3 万 m^3/d，年产规模为9.57 亿 m^3，分两批投产。第一年投产 16 口直井，配产 25.3 万 m^3/d；第二年部署 32 口直井，配产 55 万 m^3/d。模拟计算 20 年。

方案 F4：在 F2 的基础上，用水平井替代一部分直井。直井采用盒 2、盒 3 同时生产的方式，水平井水平段长度 800m。配产 83.2 万 m^3/d，年产规模为 9.67 亿 m^3。第一年投产 14 口直井以及 7 口水平井，配产 41.9 万 m^3/d；第二年投产 24 口直井，配产 41.3 万 m^3/d。模拟计算 20 年。

方案 F5：在方案 F4 的基础上，对直井进行分层开采。配产 82.5 万 m^3/d，年产规模为 9.65 亿 m^3。第一年投产 14 口直井以及 7 口水平井，配产 41.6 万 m^3/d；第二年投产 24口直井，配产 40.9 万 m^3/d。模拟计算 20 年。

方案 F6: 在方案 F5 的基础上增压开采,井底流压 5.0MPa,年产规模为 9.65 亿 m^3。模拟计算 20 年。

通过模拟计算,当水平段长度超过 800m 后,累产气量、累产凝析油以及天然气采出程度增大幅度不明显,因此优选确定出水平井段最优长度为 800m。

模拟计算结果表明,当产层打开程度超过 70%后,累产气量、累产凝析油以及天然气采出程度增大幅度不明显。因此建议产层打开程度不超过 70%。

(二)开发调整方案模拟对比及方案优选

通过模拟计算,6 种方案日产气量、累产气量、日产凝析油量、累产凝析油量、地层压力、日产水量、累产水量等开发指标分别见表 6-18~表 6-23,计算中以 330 天为一个生产年。

方案 F1: 稳产 4.1 年,日产气量逐渐降低,稳产期日产水量逐渐升高,稳产期后日产水量、日产油量逐渐降低,平均地层压力也逐渐降低,稳产期累计产气量升高较快,稳产期后累计产气量升高变缓,累积产水量、累产凝析油产量逐渐升高;稳产末期地层压力为 18.9MPa,全气藏采出程度为 13.1%;计算期末日产气量为 34.2 万 m^3/d,地层压力为 14.4MPa,累计产气量为 65.54 亿 m^3,全气藏采出程度为 30.9%。

方案 F2: 稳产 3.4 年,日产气量逐渐降低,稳产期日产水量逐渐升高,稳产期后日产水量、日产油量逐渐降低,平均地层压力也逐渐降低,稳产期累计产气量升高较快,稳产期后累计产气量升高变缓,累积产水量、累产凝析油产量逐渐升高;稳产末期地层压力为 17.7MPa,全气藏采出程度为 17.1%;计算期末日产气量为 28.1 万 m^3/d,地层压力为 11.4MPa,累计产气量为 91.4 亿 m^3,全气藏采出程度为 43.04%。

方案 F3: 稳产 3.2 年,日产气量逐渐降低,稳产期日产水量逐渐升高,稳产期后日产水量、日产油量逐渐降低,平均地层压力也逐渐降低,稳产期累计产气量升高较快,稳产期后累计产气量升高变缓,累积产水量、累产凝析油产量逐渐升高;稳产末期地层压力为 18.9MPa,全气藏采出程度为 12.6%;计算期末日产气量为 28.4 万 m^3/d,地层压力为 11.4MPa,累计产气量为 91.4 亿 m^3,全气藏采出程度为 43.04%。

方案 F4: 稳产 3.5 年,日产气量逐渐降低,稳产期日产水量逐渐升高,稳产期后日产水量、日产油量逐渐降低,平均地层压力也逐渐降低,稳产期累计产气量升高较快,稳产期后累计产气量升高变缓,累积产水量、累产凝析油产量逐渐升高;稳产末期地层压力为 17.6MPa,全气藏采出程度为 17.59%;计算期末日产气量为 26.8 万 m^3/d,地层压力为 11.3MPa,累计产气量为 92.6 亿 m^3,全气藏采出程度为 43.6%。

方案 F5: 稳产 2.9 年,日产气量逐渐降低,稳产期日产水量逐渐升高,稳产期后日产水量、日产油量逐渐降低,平均地层压力也逐渐降低,稳产期累计产气量升高较快,稳产期后累计产气量升高变缓,累积产水量、累产凝析油产量逐渐升高;稳产末期地层压力为 17.7MPa,全气藏采出程度为 17.5%;计算期末日产气量为 27.5 万 m^3/d,地层压力为 11.4MPa,累计产气量为 92.1 亿 m^3,全气藏采出程度为 43.36%。

方案 F6: 稳产 3.9 年,日产气量逐渐降低,稳产期日产水量逐渐升高,稳产期后日产水量、日产油量逐渐降低,平均地层压力也逐渐降低,稳产期累计产气量升高较快,稳产期后累计产气量升高变缓，累积产水量、累产凝析油产量逐渐升高；稳产末期地层压力为16.6MPa，全气藏采出程度为 22.05％；计算期末日产气量为 35.2 万 m³/d，地层压力为9.4MPa，累计产气量为 109 亿 m³，全气藏采出程度为51.37％，增压开采比未增压开采采出程度提高 8.01％。

综合对比各方案稳产时间，计算期末日产水平，地层压力保持水平，气藏采出程度等指标，方案 F6 较优，即：在现有井网基础上，采用水平井与直井组合方式增压开采。第一年投产 14 口直井以及 7 口水平井，配产 41.6 万 m³/d，直井采用盒2、盒 3 分层开采，水平井水平段长度 800m；第二年投产 24 口直井，配产 40.9 万 m³/d。模拟计算 20 年，计算期末累计产气量 109 亿 m³，全气藏采出程度 51.37％。

从开发指标可以看出，目前井网开发具有一定的适应性，但按照 F6 调整后，气田井网区域开发效果将更加良好。

表 6-18　大牛地气藏开发调整方案指标预测表(F1)

年限	日产气量 /(万 m³/d)	日产油量 /(t/d)	日产水量 /(m³/d)	累计气量 /(亿 m³)	累产油量 /(万 t)	累产水量 /(万 m³)	年产气量 /(亿 m³)	地层压力 /MPa	水气比 /(m³/万 m³)	采出程度/%
0	210.00	6.59	33.56	0.02	0.00	0.00	/	22.18	0.24	0.01
1	210.00	6.59	40.00	6.95	0.22	1.19	6.93	21.34	0.18	3.28
2	210.00	6.59	49.28	13.88	0.44	2.63	6.93	20.52	0.23	6.55
3	210.00	6.59	58.21	20.81	0.65	4.39	6.93	19.71	0.27	9.82
4	210.00	6.59	72.17	27.74	0.87	6.53	6.93	18.91	0.34	13.09
5	170.95	5.36	65.64	34.16	1.07	8.89	6.42	18.16	0.38	16.11
6	132.91	4.17	54.38	39.26	1.23	10.89	5.1	17.57	0.40	18.52
7	104.90	3.29	46.66	43.22	1.36	12.57	3.96	17.11	0.44	20.39
8	85.77	2.69	40.70	46.42	1.46	14.02	3.2	16.73	0.47	21.89
9	68.67	2.15	36.70	49.00	1.54	15.31	2.58	16.42	0.53	23.11
10	57.84	1.81	33.60	51.09	1.60	16.47	2.09	16.17	0.57	24.10
11	53.28	1.67	31.91	52.93	1.66	17.55	1.84	15.95	0.59	24.97
12	49.93	1.57	30.26	54.63	1.71	18.57	1.7	15.74	0.61	25.77
13	46.73	1.47	28.76	56.23	1.76	19.55	1.6	15.55	0.61	26.52
14	44.61	1.40	27.92	57.74	1.81	20.49	1.51	15.37	0.62	27.24
15	42.71	1.34	27.05	59.19	1.86	21.40	1.45	15.19	0.63	27.92
16	40.89	1.28	26.22	60.57	1.90	22.28	1.38	15.02	0.64	28.57
17	39.18	1.23	25.04	61.90	1.94	23.13	1.33	14.86	0.64	29.20
18	37.52	1.18	23.93	63.17	1.98	23.94	1.27	14.71	0.64	29.80
19	35.72	1.12	22.93	64.38	2.02	24.72	1.21	14.56	0.64	30.37
20	34.29	1.08	22.14	65.54	2.06	25.46	1.16	14.42	0.65	30.91

表 6-19　大牛地气藏开发调整方案指标预测表(F2)

年限	日产气量 /(万 m³/d)	日产油量 /(t/d)	日产水量 /(m³/d)	累产气量 /(亿 m³)	累产油量 /(万 t)	累产水量 /(万 m³)	年产气量 /(亿 m³)	地层压力 /MPa	水气比 /(m³/万 m³)	采出程度/%
0	233.50	7.32	43.06	0.02	0.00	0.00	7.71	22.18	0.24	0.01
1	289.23	9.07	61.18	7.73	0.24	1.49	9.54	21.22	0.21	3.64
2	289.08	9.07	69.21	17.27	0.54	3.63	9.54	20.05	0.24	8.14
3	289.08	9.07	76.73	26.81	0.84	6.01	9.54	18.90	0.26	12.63
4	289.08	9.07	84.97	36.35	1.14	8.66	9.54	17.78	0.29	17.12
5	284.92	8.94	91.56	45.85	1.44	11.59	9.40	16.68	0.32	21.60
6	261.90	8.21	89.10	55.02	1.73	14.63	8.64	15.63	0.34	25.91
7	216.34	6.78	78.70	63.09	1.98	17.43	7.14	14.71	0.36	29.72
8	150.60	4.72	59.44	69.41	2.18	19.80	4.97	13.98	0.39	32.70
9	102.53	3.22	45.06	73.57	2.31	21.53	3.38	13.50	0.43	34.65
10	77.59	2.43	37.79	76.53	2.40	22.90	2.56	13.16	0.48	36.05
11	63.81	2.00	32.70	78.86	2.47	24.07	2.11	12.88	0.51	37.14
12	55.80	1.75	29.68	80.84	2.54	25.10	1.84	12.65	0.53	38.08
13	49.67	1.56	27.24	82.59	2.59	26.05	1.64	12.45	0.55	38.90
14	45.23	1.42	25.02	84.17	2.64	26.92	1.49	12.27	0.55	39.65
15	41.82	1.31	23.88	85.61	2.68	27.73	1.38	12.10	0.57	40.33
16	38.58	1.21	22.74	86.94	2.73	28.50	1.27	11.94	0.59	40.95
17	35.61	1.12	21.18	88.17	2.77	29.23	1.18	11.80	0.59	41.53
18	33.59	1.05	20.42	89.32	2.80	29.91	1.11	11.67	0.60	42.07
19	30.87	0.97	19.65	90.39	2.83	30.57	1.02	11.54	0.64	42.58
20	28.10	0.88	19.04	91.37	2.87	31.21	0.93	11.43	0.67	43.04

表 6-20　大牛地气藏开发调整方案指标预测表(F3)

年限	日产气量 /(万 m³/d)	日产油量 /(t/d)	日产水量 /(m³/d)	累产气量 /(亿 m³)	累产油量 /(万 t)	累产水量 /(万 m³)	年产气量 /(亿 m³)	地层压力 /MPa	水气比 /(m³/万 m³)	采出程度/%
0	234.25	7.35	46.17	0.02	0.00	0.00	7.73	22.18	0.24	0.01
1	289.47	9.08	56.11	7.77	0.24	1.51	9.55	21.22	0.21	3.66
2	289.27	9.07	64.31	17.32	0.54	3.49	9.55	20.04	0.22	8.16
3	289.17	9.07	71.57	26.86	0.84	5.70	9.54	18.90	0.24	12.65
4	288.67	9.05	79.07	36.40	1.14	8.17	9.53	17.78	0.27	17.15
5	284.00	8.91	85.97	45.89	1.44	10.91	9.37	16.68	0.30	21.61
6	258.57	8.11	83.76	54.96	1.72	13.77	8.53	15.64	0.32	25.89
7	215.01	6.74	74.54	62.96	1.97	16.41	7.10	14.72	0.34	29.65
8	151.47	4.75	56.76	69.28	2.17	18.66	5.00	14.00	0.37	32.63
9	100.85	3.16	41.42	73.45	2.30	20.30	3.33	13.51	0.40	34.60
10	78.42	2.46	35.30	76.42	2.40	21.57	2.59	13.17	0.45	35.99
11	64.85	2.03	30.20	78.77	2.47	22.66	2.14	12.89	0.46	37.10
12	55.88	1.75	26.62	80.77	2.53	23.59	1.84	12.66	0.47	38.04
13	49.97	1.57	24.53	82.52	2.59	24.44	1.65	12.46	0.49	38.87
14	45.47	1.43	22.68	84.11	2.64	25.23	1.50	12.27	0.50	39.62
15	42.12	1.32	21.61	85.56	2.68	25.96	1.39	12.10	0.51	40.30

续表

年限	日产气量/(万 m³/d)	日产油量/(t/d)	日产水量/(m³/d)	累产气量/(亿 m³)	累产油量/(万 t)	累产水量/(万 m³)	年产气量/(亿 m³)	地层压力/MPa	水气比/(m³/万 m³)	采出程度/%
16	38.95	1.22	20.58	86.90	2.73	26.66	1.29	11.95	0.53	40.93
17	36.06	1.13	19.24	88.14	2.76	27.32	1.19	11.81	0.53	41.52
18	33.94	1.06	18.60	89.30	2.80	27.94	1.12	11.67	0.54	42.06
19	31.33	0.98	18.03	90.39	2.83	28.55	1.03	11.55	0.58	42.57
20	28.45	0.89	17.49	91.38	2.87	29.14	0.94	11.43	0.61	43.04

表 6-21　大牛地气藏开发调整方案指标预测表（F4）

年限	日产气量/(万 m³/d)	日产油量/(t/d)	日产水量/(m³/d)	累产气量/(亿 m³)	累产油量/(万 t)	累产水量/(万 m³)	年产气量/(亿 m³)	地层压力/MPa	水气比/(m³/万 m³)	采出程度/%
0	251.90	7.90	46.47	0.03	0.00	0.00	8.31	22.19	0.26	0.01
1	293.21	9.20	64.52	8.34	0.26	1.62	9.68	21.15	0.21	3.93
2	293.06	9.19	69.51	18.01	0.56	3.80	9.67	19.96	0.23	8.48
3	293.06	9.19	76.93	27.68	0.87	6.19	9.67	18.80	0.26	13.04
4	292.54	9.17	86.30	37.35	1.17	8.85	9.65	17.66	0.29	17.59
5	286.99	9.00	91.75	46.96	1.47	11.80	9.47	16.55	0.32	22.12
6	265.35	8.32	88.48	56.19	1.76	14.83	8.76	15.49	0.33	26.47
7	221.81	6.96	77.66	64.47	2.02	17.63	7.32	14.55	0.35	30.37
8	156.38	4.90	59.04	70.89	2.22	19.94	5.16	13.81	0.37	33.39
9	103.38	3.24	43.31	75.09	2.35	21.62	3.41	13.33	0.41	35.37
10	76.26	2.39	35.28	78.06	2.45	22.92	2.52	12.98	0.46	36.77
11	62.86	1.97	30.60	80.37	2.52	24.01	2.07	12.71	0.48	37.86
12	54.54	1.71	27.83	82.32	2.58	24.98	1.80	12.49	0.51	38.77
13	48.84	1.53	25.66	84.04	2.64	25.87	1.61	12.29	0.52	39.58
14	43.79	1.37	23.67	85.58	2.68	26.69	1.44	12.11	0.54	40.31
15	40.60	1.27	22.41	86.98	2.73	27.45	1.34	11.95	0.55	40.97
16	37.60	1.18	21.42	88.27	2.77	28.18	1.24	11.80	0.57	41.58
17	34.88	1.09	20.05	89.47	2.81	28.86	1.15	11.66	0.57	42.14
18	32.38	1.02	18.93	90.58	2.84	29.51	1.07	11.53	0.58	42.67
19	29.85	0.94	18.49	91.62	2.87	30.12	0.98	11.41	0.61	43.15
20	26.87	0.84	17.85	92.56	2.90	30.72	0.89	11.30	0.65	43.60

表 6-22　大牛地气藏开发调整方案指标预测表（F5）

年限	日产气量/(万 m³/d)	日产油量/(t/d)	日产水量/(m³/d)	累产气量/(亿 m³)	累产油量/(万 t)	累产水量/(万 m³)	年产气量/(亿 m³)	地层压力/MPa	水气比/(m³/万 m³)	采出程度/%
0	250.55	7.86	47.87	0.03	0.00	0.00	8.27	22.18	0.24	0.01
1	291.65	9.15	57.57	8.31	0.26	1.57	9.62	21.14	0.20	3.91
2	291.45	9.14	64.07	17.93	0.56	3.56	9.62	19.96	0.22	8.45
3	291.35	9.14	71.19	27.55	0.86	5.77	9.61	18.81	0.24	12.98
4	290.40	9.11	79.42	37.15	1.17	8.23	9.58	17.69	0.27	17.50
5	283.95	8.90	86.00	46.68	1.46	10.98	9.37	16.58	0.30	21.99

续表

年限	日产气量 /(万 m³/d)	日产油量 /(t/d)	日产水量 /(m³/d)	累产气量 /(亿 m³)	累产油量 /(万 t)	累产水量 /(万 m³)	年产气量 /(亿 m³)	地层压力 /MPa	水气比 /(m³/万 m³)	采出程度/%
6	262.19	8.22	83.30	55.80	1.75	13.80	8.65	15.54	0.32	26.28
7	219.56	6.89	73.41	63.97	2.01	16.43	7.25	14.60	0.33	30.13
8	151.23	4.74	54.31	70.33	2.21	18.62	4.99	13.88	0.35	33.13
9	100.78	3.16	39.74	74.51	2.34	20.18	3.33	13.39	0.38	35.10
10	76.36	2.39	33.13	77.46	2.43	21.38	2.52	13.05	0.43	36.49
11	63.30	1.99	27.97	79.78	2.50	22.39	2.09	12.78	0.44	37.58
12	54.60	1.71	25.12	81.74	2.56	23.27	1.80	12.55	0.46	38.50
13	48.85	1.53	23.14	83.46	2.62	24.07	1.61	12.35	0.47	39.31
14	44.27	1.39	21.38	85.01	2.67	24.81	1.46	12.17	0.48	40.04
15	40.87	1.28	20.41	86.42	2.71	25.50	1.35	12.01	0.50	40.70
16	37.77	1.18	19.36	87.72	2.75	26.16	1.25	11.86	0.51	41.32
17	35.11	1.10	18.15	88.92	2.79	26.78	1.16	11.72	0.52	41.89
18	32.81	1.03	17.59	90.05	2.82	27.37	1.08	11.59	0.53	42.42
19	30.23	0.95	17.18	91.10	2.86	27.95	1.00	11.47	0.57	42.91
20	27.57	0.86	16.73	92.06	2.89	28.51	0.91	11.36	0.61	43.36

表 6-23　大牛地气藏开发调整方案指标预测表(F6)

年限	日产气量 /(万 m³/d)	日产油量 /(t/d)	日产水量 /(m³/d)	累产气量 /(亿 m³)	累产油量 /(万 t)	累产水量 /(万 m³)	年产气量 /(亿 m³)	地层压力 /MPa	水气比 /(m³/万 m³)	采出程度/%
0	250.74	7.86	47.95	0.03	0.00	0.00	8.27	22.18	0.24	0.01
1	291.98	9.16	57.58	8.32	0.26	1.57	9.64	21.14	0.20	3.92
2	291.77	9.15	63.43	17.95	0.56	3.56	9.63	19.96	0.22	8.45
3	291.66	9.15	70.31	27.58	0.86	5.76	9.62	18.81	0.24	12.99
4	291.43	9.14	80.58	37.20	1.17	8.23	9.62	17.68	0.27	17.52
5	290.75	9.12	92.32	46.81	1.47	11.04	9.59	16.57	0.31	22.05
6	287.23	9.01	105.39	56.37	1.77	14.29	9.48	15.47	0.36	26.55
7	273.69	8.58	110.16	65.66	2.06	17.86	9.03	14.41	0.40	30.93
8	246.71	7.74	105.27	74.33	2.33	21.42	8.14	13.43	0.42	35.01
9	204.79	6.42	97.55	81.92	2.57	24.80	6.76	12.56	0.47	38.59
10	156.63	4.91	78.65	88.07	2.76	27.82	5.17	11.85	0.50	41.48
11	111.62	3.50	57.38	92.55	2.90	30.10	3.68	11.34	0.51	43.60
12	82.72	2.59	44.29	95.77	3.00	31.77	2.73	10.96	0.53	45.11
13	67.33	2.11	37.71	98.26	3.08	33.14	2.22	10.68	0.56	46.28
14	56.86	1.78	32.77	100.32	3.15	34.31	1.88	10.44	0.58	47.26
15	51.00	1.60	29.85	102.11	3.20	35.35	1.68	10.23	0.58	48.10
16	46.83	1.47	28.07	103.73	3.25	36.31	1.55	10.04	0.60	48.86
17	42.95	1.35	25.84	105.22	3.30	37.20	1.42	9.87	0.61	49.56
18	40.01	1.25	24.86	106.59	3.34	38.04	1.32	9.71	0.62	50.21
19	37.35	1.17	23.74	107.87	3.38	38.84	1.23	9.57	0.63	50.81
20	35.23	1.10	22.67	109.07	3.42	39.61	1.16	9.43	0.64	51.38

参 考 文 献

白兆华, 时保宏, 左学敏. 2011. 页岩气及其聚集机理研究[J]. 天然气与石油, 29(3): 54-57.

陈更生, 董大忠, 王世谦, 等. 2009. 页岩气藏形成机理与富集规律初探[J]. 天然气工业, 29(5): 17-21.

程远方, 董丙响, 时贤, 等. 2012. 页岩气藏三孔双渗模型的渗流机理[J]. 天然气工业, 32(9): 44-47.

程远方, 李友志, 时贤., 等. 2013. 页岩气体积压裂缝网模型分析及应用[J]. 天然气工业, 33(9): 53-59.

杜保健. 2014. 致密油藏体积压裂水平井耦合渗流机理与分区渗流模型[D]. 北京: 中国石油大学.

段永刚, 李建秋. 2010. 页岩气无限导流压裂井压力动态分析[J]. 天然气工业, 30(10): 26-29.

段永刚, 魏明强, 李建秋, 等. 2011. 页岩气藏渗流机理及压裂井产能评价[J]. 重庆大学学报, 34(4): 62-66.

付玉. 2004. 煤层气储层数值模拟研究[D]. 成都: 西南石油大学.

付玉, 郭肖. 2003. 煤层气储层压裂水平井产能计算[J]. 西南石油学院学报, 6, 25(3): 44-46

郭建春, 赵金洲, 阳雪飞. 1999. 压裂气井非达西流动模拟研究[J]. 西南石油学院学报, 21(4): 7-10.

郭晶晶. 2013. 基于多重运移机制的页岩气渗流机理及试井分析理论研究[D]. 成都: 西南石油大学.

郭为, 熊伟, 高树生, 等. 2012. 页岩纳米级孔隙气体流动特征[J]. 石油钻采工艺, 34(6): 57-60.

郭为, 熊伟, 高树生, 等. 2013a. 温度对页岩等温吸附/解吸特征影响[J]. 石油勘探与开发, 40(4): 481-485.

郭为, 熊伟, 高树生, 等. 2013b. 页岩气等温吸附解吸特征[J]. 中南大学学报, 44(7): 2836-2840.

郭肖. 2016. 页岩气渗流机理及数值模拟[M]. 北京: 科学出版社。

郭肖, 黄婷. 2017. 页岩气藏压裂井流动规律研究[M]. 北京: 科学出版社.

郭肖, 任影, 吴红琴. 2015. 考虑应力敏感和吸附的页岩表观渗透率模型[J]. 岩性油气藏 27(04): 109-112+118.

郭肖, 伍勇. 2007. 启动压力梯度和应力敏感效应对低渗透气藏水平井产能的影响[J]. 石油与天然气地质, (04): 539-543.

韩宝山. 2002. 欠平衡钻井技术与煤层气开发[J]. 煤田地质与勘探, 30(4): 62-63.

韩大匡, 陈钦雷. 1993. 油藏数值模拟基础[M]. 北京: 石油工业出版社.

贺伟, 冯曦, 钟孚勋. 2002. 低渗储层特殊渗流机理和低渗透气井动态特征探讨[J]. 天然气工业, 22(增刊): 91-94.

胡爱军, 潘一山, 唐巨鹏, 等. 2007. 型煤的甲烷吸附以及NMR试验研究[J]. 洁净煤技术, 13(3): 37-40.

胡文瑄, 符琦, 陆现彩, 等. 1996. 含(油)气流体体系压力及相变规律初步研究[J]. 高效地质学报, 2(4): 458-465.

黄凯, 李闽, 李道轩, 等. 2006. 纯107块低渗透油藏注气开采数值模拟研究[J]. 海洋石油, (4): 62-65+73.

黄孝波, 赵佩, 董泽亮, 等. 2014. 沁水盆地煤层气成藏主控因素与成藏模式分析[J]. 中国煤炭地质, 26(02): 12-17.

黄延章. 1998. 低渗透油层渗流机理[M]. 北京: 石油工业出版社.

江楠, 姚逸风, 徐驰, 等. 2015. 页岩气吸附模型的研究进展[J]. 化工技术与开发, 44(6): 51-54.

姜文斌, 陈永进, 李敏. 2011. 页岩气成藏特征研究[J]. 复杂油气藏, 4(3): 1-5.

蒋廷学, 单文文, 杨艳丽. 2001. 垂直裂缝井稳态产能的计算[J]. 石油勘探与开发, 28(2): 61-63.

蒋裕强, 董大忠, 漆麟, 等. 2010. 页岩气储层的基本特征及其评价[J]. 天然气工业, 30(10): 7-12.

康园园, 邵先杰, 石磊, 等. 2010. 煤层气开发技术综述[J]. 中国煤炭地质, 22(S1): 43-46+177.

孔德涛, 宁正福, 杨峰, 等. 2013. 页岩气吸附特征及影响因素[J]. 石油化工应用, 32(9): 1-4.

雷光伦, 李姿, 姚传进. 等. 2017. 油页岩注蒸汽原位开采数值模拟[J]. 中国石油大学学报(自然科学版), 41(02): 100-107.

雷群, 胥云, 蒋廷学. 等. 2009. 用于提高低—特低渗透油气藏改造效果的缝网压裂技术[J]. 石油学报, 30(2): 237-241.

李道轩. 2007. 低渗透油藏渗流实验与数值模拟研究[D]. 成都: 西南石油大学.

李登华, 李建忠, 王社教. 等. 2009. 页岩气藏形成条件分析[J]. 天然气工业, 29(5): 22-26.

李建秋, 段永刚. 2011. 页岩气藏水平井压力动态特征[J]. 渗流力学与工程的创新与实践—第十一届全国渗流力学学术大会论文集.

李闽, 肖文联. 2008. 低渗砂岩储层渗透率有效应力定律试验研究[J]. 岩石力学与工程学报, (S2): 3535-3540.

李淑霞. 2009. 油藏数值模拟基础[M]. 山东: 中国石油大学出版社.

李武广, 杨胜来, 陈峰, 等. 2012. 温度对页岩吸附解吸的敏感性研究[J]. 矿物岩石, 32(2): 115-120.

李允. 1999. 油藏模拟[M]. 北京: 石油工业出版社.

李治平, 李智锋. 2012. 页岩气纳米级孔隙渗流动态特征[J]. 天然气工业, 32(4): 50-53.

林腊梅, 张金川, 韩双彪, 等. 2012. 泥页岩储层等温吸附测试异常探讨[J]. 油气地质与采收率, 19(6): 31-41.

林森虎, 邹才能, 袁选俊, 等. 2011. 美国致密油开发现状及启示[J]. 岩性油气藏, 23(4): 25-30+64.

刘贻军, 娄建青. 2004. 中国煤层气储层特征及开发技术探讨[J]. 天然气工业, (1): 68-71.

刘振武, 撒利明, 巫芙蓉, 等. 2013. 中国石油集团非常规油气微地震监测技术现状及发展方向. 石油地球物理勘探, 48(5): 843-853.

吕立华, 李明华, 苏岳丽. 2005. 稠油开采方法综述[J]. 内蒙古石油化工, 31(3): 110-112.

罗蓉, 李青. 2011. 页岩气测井评价及地震预测、监测技术探讨[J]. 天然气工业, 31(4): 34-39.

罗瑞兰, 冯金德, 唐明龙, 等. 2008. 低渗储层应力敏感评价方法探讨[J]. 西南石油大学学报(自然科学版), (5): 161-164+2.

米华英, 胡明, 冯振东, 等. 2010. 我国页岩气资源现状及勘探前景[J]. 复杂油气藏, 3(4): 10-13.

潘仁芳, 陈亮, 刘朋丞. 2011. 页岩气资源量分类评价方法探讨[J]. 石油天然气学报, 33(05): 172-174.

钱凯, 赵庆波, 汪泽成. 1996. 煤层甲烷气勘探开发理论与实验测试技术[M]. 北京: 石油工业出版社.

屈策计, 李江山, 刘玉博. 2013. 页岩气赋存机理研究[J]. 中国石油和化工标准与质量, 33(15): 157.

任晓娟, 阎庆来, 何秋轩, 等. 1997. 低渗气层气体的渗流特征实验研究[J]. 西安石油学院学报, 12(3): 22-25.

石广仁. 1994. 油气盆地数值模拟方法[M]. 北京: 石油工业出版社.

汪金伟, 吴巧生. 2016. 中美页岩气开发利用现状的文献分析与展望[J]. 中国矿业, 25(6): 49-53.

汪永利, 蒋廷学, 曾斌. 2003. 气井压裂后稳态产能的计算[J]. 石油学报, 24(4): 65-68.

王道成. 2006. 低渗透油藏渗流特征实验及理论研究[D]. 成都: 西南石油大学.

王飞宇, 贺志勇, 孟晓辉, 等. 2011. 页岩气赋存形式和初始原地气量(OGIP)预测技术[J]. 天然气地球科学, 6(7): 123-127.

王光兰, 李允. 2000. 非达西效应对温八区块凝析气藏开发效果的影响[J]. 西南石油大学学报, 22(4): 30-32.

王君, 范毅. 2006. 稠油油藏的开采技术和方法[J]. 西部探矿工程, 18(7): 84-85.

王坤, 张烈辉, 陈飞飞. 2012. 页岩气藏中两条互相垂直裂缝井产能分析[J]. 特种油气藏, 19(4): 130-134.

王素兵, 叶登胜, 尹丛彬, 等. 2012. 非常规气藏增产改造与监测技术实践[J]. 天然气工业, 32(7): 38-42+103-104.

王伟锋, 刘鹏, 陈晨, 等. 2013. 页岩气成藏理论及资源评价方法[J]. 天然气地球科学, 24(3): 429-438.

王新民, 傅长生, 石璟, 等. 1998. 国外煤层气勘探开发研究实例[M]. 北京: 中国矿业大学出版社.

王志平. 2007. 低渗透油藏整体压裂开发非达西渗流理论研究[D]. 北京: 北京科技大学.

翁定为, 雷群, 胥云, 等. 2011. 缝网压裂技术及其现场应用[J]. 石油学报, 32(2): 281-284.

吴传芝, 赵克斌, 孙长青, 等. 2016. 天然气水合物开采技术研究进展[J]. 地质科技情报, 2016, 35(06): 243-250.

吴奇, 胥云, 刘玉章, 等. 2011. 美国页岩气体积改造技术现状及对我国的启示[J]. 石油钻采工艺, 33(2): 1-7.

吴奇, 胥云, 王腾飞, 等. 2011. 增产改造理念的重大变革: 体积改造技术概论[J]. 天然气工业, 31(4): 7-12.

吴奇, 胥云, 王晓泉, 等. 2012. 非常规油气藏体积改造技术—内涵、优化设计与实现[J]. 石油勘探与开发, 3: 352-358.

谢小国, 杨筱. 2013. 页岩气储层特征及测井评价方法[J]. 煤田地质与勘探, 41(6): 27-30.

熊健, 刘向君, 梁利喜. 2015. 页岩中超临界甲烷等温吸附模型研究[J]. 石油钻探技术, 43(3): 97-101.

徐国盛. 2011. 页岩气研究现状及发展趋势[J]. 成都理工大学学报(自然科学版), 38(6): 603-610.

徐国盛, 徐志星, 段亮, 等. 2011. 页岩气研究现状及发展趋势[J]. 成都理工大学学报(自然科学版), 38(6): 603-610.

许长春. 2012. 国内页岩气地质理论研究进展[J]. 特种油气藏, 19(1): 9-16.

许满贯, 马正恒, 陈甲, 等. 2009. 煤对甲烷吸附性能影响因素的实验研究[J]. 矿业工程研究, 24(2): 51-54.

薛会, 张金川, 刘丽芳, 等. 2006. 天然气机理类型及其分布[J]. 地球科学与环境学报, 28(2): 53-57.

阎庆来. 1993. 低渗透油层渗流机理研究, 低渗透油田开发技术[M]. 北京: 石油工业出版社.

阎庆来. 1994. 低渗透多孔介质中气体渗流的非达西特征、力学研究与实践[M]. 西安: 西北工业大学出版社.

阎庆来, 何秋轩. 1993. 低渗透储层中油水渗流规律的研究, 低渗透油气藏勘探开发技术[M]. 北京: 石油工业出版社.

阎庆来, 何秋轩, 尉立岗, 等. 1990. 低渗透油田中单相液体渗流特征的试验研究[M]. 西安石油学院学报, 5(2): 1-6.

杨峰, 宁正福, 孔德涛, 等. 2013a. 页岩甲烷吸附等温拟合模型对比分析[J]. 煤炭技术, 41(11): 86-89.

杨峰, 宁正福, 张世栋, 等. 2013b. 基于氮气吸附实验的页岩孔隙结构表征[J]. 天然气工业, 33(4): 135-140.

杨恒林, 申瑞臣, 付利. 2013. 含气页岩组分构成与岩石力学特性[J]. 石油钻探技术, 41(5): 31-35.

叶建平, 彭小妹, 张小朋. 2009. 山西沁水盆地煤层气勘探方向和开发建议[J]. 中国煤层气, 6(03): 7-11.

油气藏地质及开发工程国家重点实验室. 2006. 大牛地气田 DK13 井区 H3、H2 气藏精细描述[R]. 成都: 西南石油大学(油气藏地质及开发工程国家重点实验室).

于炳松. 2012. 页岩气储层的特殊性及其评价思路和内容[J]. 地学前缘, 19(3): 252-258.

于洪观, 范维唐, 孙茂远, 等. 2004. 煤中甲烷等温吸附模型的研究[J]. 煤炭学报, 29(4): 463-467.

于荣泽, 张晓伟, 卞亚南, 等. 2012. 页岩气藏流动机理与产能影响因素分析[J]. 天然气工业, 32(9): 10-15.

宇馥玮, 苏航. 2015. 页岩气吸附模型比较研究[J]. 科技创新导报, 17(1): 50-51.

袁奕群, 袁庆峰. 1995. 黑油模型在油田开发中的应用[M]. 北京: 石油工业出版社.

张辉, Ganesh Narayanawamy, 杨鼎源. 2000. 非均质性对非达西流动系数的影响[J]. 海洋石油, 20(2): 32-44.

张金川, 聂海宽, 徐波, 等. 2008a. 四川盆地页岩气成藏地质条件[J]. 天然气工业, 28(2): 151-156.

张金川, 徐波, 聂海宽, 等. 2008b. 中国页岩气资源勘探潜力[J]. 天然气工业, 28(6): 136-140.

张金川, 薛会, 张德明, 等. 2003. 页岩气及其成藏机理[J]. 现代地质, 17(4): 466-470.

张林晔, 李政, 朱日房. 2009. 页岩气的形成与开发[J]. 天然气工业, 29(1): 1-5.

张明波. 2016. 煤层气开发现状研究[J]. 科技传播, 8(17): 135-187.

张群. 2003. 煤层气储层数值模拟模型及应用的研究[D]. 西安: 煤炭科学研究总院西安分院.

张睿, 宁正福, 杨峰, 等. 2014. 微-隙结构对页岩应力敏感影响的实验研究[J]. 天然气地球科学, , 08: 1284-1289.

张田, 张建培, 张绍亮, 等. 2012. 页岩气勘探现状与成藏机理[J]. 海洋地质前言, 29(5): 28-35.

张亚蒲, 杨正明, 鲜保安. 2006. 煤层气增产技术[J]. 特种油气藏, 13(1): 95-98.

张洋, 李广雪, 刘芳. 2016. 天然气水合物开采技术现状[J]. 海洋地质前沿, 32(4): 63-68.

张志英, 杨盛波. 2012. 页岩气吸附解吸规律研究[J]. 实验力学, 27(4): 492-496.

赵天逸, 宁正福, 何斌, 等. 2014. 页岩等温吸附模型对比分析[J]. 重庆科技学院学报, 16(6): 55-58.

赵天逸, 宁正福, 曾彦. 2014. 页岩与煤岩等温吸附模型对比分析[J]. 新疆石油地质, 35(3): 319-322.

赵贤正, 杨延辉, 孙粉锦, 等. 2016. 沁水盆地南部高阶煤层气成藏规律与勘探开发技术[J]. 石油勘探与开发, 43(02): 303-309.

赵玉龙. 2015. 基于复杂渗流机理的页岩气藏压裂井多尺度不稳定渗流理论研究[D]. 成都: 西南石油大学.

郑德温, 方朝合, 李剑, 等. 2008. 油砂开采技术和方法综述[J]. 西南石油大学学报(自然科学版), 30(6): 105-108+212.

中国石油天然气股份有限公司. 致密油开发的关键技术[EB/OL]. http://www.cnpc.com.cn/syzs/ktkf/201411/7eca2ad410e944f

2ad1cbe2537455552. Shtml.

钟玲文, 张慧, 员争荣, 等. 2002. 煤的比表面积孔体积及其对煤吸附能力的影响[J]. 煤田地质与勘探, 30(3): 26-28.

周枫. 2014. 沁水盆地煤层气储层岩石物理及物理模拟研究[D]. 南京: 南京大学.

周秦, 田辉, 陈桂华, 等. 2013. 页岩孔隙水中溶解气的主控因素与地质模型[J]. 煤炭学报, 38(05): 800-804.

周涌沂, 李阳. 2002. 低渗透复杂介质中的渗流描述方法研究[J]. 油气地质与采收率, 9(2): 14-16.

朱宏丰. 2013. 油页岩开采技术的现状及分析[J]. 中国化工贸易, 5(3): 4-4.

朱彤, 曹艳, 张快. 2014. 美国典型页岩气藏类型及勘探开发启示[J]. 石油实验地质, 36(6): 718-724.

邹才能, 董大忠, 王社教, 等. 2010. 中国页岩气形成机理、地质特征及资源潜力[J]. 石油勘探与开发, 37(6): 641-653.

邹才能, 董大忠, 杨桦, 等. 2011. 中国页岩气形成条件及勘探实践[J]. 天然气工业, 31(12): 26-39.

邹才能, 翟光明, 张光亚, 等. 2015. 全球常规-非常规油气形成分布、资源潜力及趋势预测[J]. 石油勘探与开发, 42(1): 13-25.

邹建波. 2007. 大牛地气藏低速渗流特征实验与单井数值模拟研究[D]. 成都: 西南石油大学.

Al-Ahmadi H A, Wattenbarger R A. 2011. Triple-porosity models: one further step towards capturing fractured reservoirs heterogeneity[C]. SPE 149054, presented at Saudi Arabia Section Technical Symposium and Exhibition, Al-Khobar, Saudi Arabia.

Al-Ghamdi A, Chen B, Behmanesh H, et al. 2011. An improved triple-porosity model for evaluation of naturally fractured reservoirs[J]. SPE Reserv. Eval. Eng., 14(4): 397-404.

Alharthy N, Al- Kobaisi M, Torcuk MA, et al. 2012. Physics and modeling of gas flow in shale reservoirs[C]. SPE 161893, presented at the Abu Dhabi International Petroleum Exhibition & Conference, Abu Dhabi, UAE.

Apaydin O G, Ozkan E, Raghavan R. 2012. Effect of discontinuous microfractures on ultratight matrix permeability of a dual-porosity medium[J]. SPE Reserv. Eval. Eng, 15(4): 473-485.

Arkilic E B, Schmidt M A, Breuer K S. 1976. Gaseous slip flow in long microchannels[J]. Journal of Microelectromechanical Systems, 6(2): 167-178.

Bai M, Roegiers J C. 1997. Triple-porosity analysis of solute transport[J]. J. Contam. Hydrol, 28(3): 1 247-266.

Bello R O, Wattenbarger R A. 2010. Multi-stage hydraulically fractured shale gas rate transient analysis[C]. SPE 126754, Presented at the SPE North Africa Technical Conference and Exhibition, Cairo, Egypt.

Beskok A, Karniadakis G E, Trimmer W. 1996. Rarefaction and compressibility effects in gas microflows[J]. Journal of Fluids Engineering, 118(3): 448-456.

Beskok A, Karniadakis G E. 1999. A model for flows in channels, pipes, and ducts atmicro and nano scales[J]. Microscale Thermophysical Engineering, 3(1): 43-77.

Bijeljic B R, A Muggeridge, M Blunt, et al. 2002. Effect of composition on waterblocking for multicomponent gasfloods[C]. paper SPE 77697 presented at the SPE Annual Technical Conference and Exhibition held in San Antonio, Texas.

Brunauer S. 1945. The Physical Adsorption of Gases and Vapors[M]. London: Oxford Univ. Press.

Carlson E S, Mercer J C. 1991. Devonian shale gas production: mechanisms and simple models[J]. Journal of Petroleum technology, 43(4): 476-482.

Casse F S, Ramey H J. 1979. The Effect of temperature and confining pressure on single phase flow in consolidated rocks[J]. J. Pet. Tech., 31(8): 1051-1059.

Chalmers G R L, Bustin R M. 2007a. The organic matter distribution and methance capacity of the Lower Cretaceous strata of Northeastern British Columbia, Canada [J]. International Journal of Coal Geology, 70(113): 223-239.

Chalmers G R L, Bustin R M. 2007b. On the effects of petrographic composition on coalbed methane sorption[J]. International

Journal of Coal Geology, 69(4): 288-304.

Chong K K, Grieser B, Jaripatke O, et al. 2010. A completions roadmap to shale-play development: A review of successful approaches toward shale-play stimulation in the last two decades[R]. SPE 130369.

Cipolla C L, Lolon E P, Dzubin B. 2009. Evaluating stimulation effectiveness in unconventional gas reservoirs [J]. SPE124843.

Cipolla C L, Lolon E, Mayerhofer M J, et al. 2009. Reservoir modeling and production evaluation in shale-gas reservoirs[C]. International Petroleum Technology Conference, IPTC 13185, 1-15.

Cipolla C L, Warpinski N R, Mayerhofer M J, et al. 2008. The relationship between fracture complexity, reservoir properties, and fracture-treatment design[R]. SPE 115769.

Cornell D, Katz D L. 1953. Flow of gases through consolidated porous media[J]. Ind. and Eng. Chem., 45(2): 145.

Curtis J B. 2002. Fractured shale-gas systems[J]. AAPG Bulletin, 86(11): 1921-1938.

de Swaan O A. 1976. Analytic solutions for determining naturally fractured reservoir properties by well testing[J]. SPE J, 16 (3): 117-122.

Dehghanpour H, Shirdel M. 2011. A triple porosity model for shale gas reservoirs[C]. SPE 149501, presented at the Canadian Unconventional Resources Conference, Calgary, Alberta, Canada.

Deng J, Zhu W, Ma Q. 2014. A new seepage model for shale gas reservoir and productivity analysis of fractured well[J]. Fuel, 124: 232-240.

Dranchuk M P, Flores J. 1975. Non-darcy transient radial gas flow through porous media[J] . J. Pet. Tech., 15(2): 129-139.

DZ/T0254-2014. 页岩气资源/储量计算与评价技术规范.

Elenbas J R , Katz D L. 1948. A radial turbulent flow formula[J]. Trans, AIME, 174(1): 25-40.

Ergun S. 1952. Fluid flow through packed columns[J]. Chem. Eng. Prog., 48(2): 89-94.

Firoozabadi A, Katz D L. 1979. An analysis of high velocity gas flow through porous media[J]. J. Pet. Tech., 211-216.

Frederick D C, Graves R M. 1994. New correlations to predict non-darcy flow coefficients at immobile and mobile water saturation[C]. paper SPE 28451 presented at the SPE 69th Annual Technical Conference and Exhibition held in New Orleans, LA, USA., 25-28 .

Geertsma J. 1974. Estimating the coefficient of inertial resistance in fluid flow through porous media[J]. SPE J., 14 (14): 445-450.

Gewers C W W, Nichol L R. 1969. Gas Turbulence Factor in a microvugular carbonate[J]. J. Can. Pet. Tech., 8 (2): 51-36.

Givan F. 2010. Effiective correlation of apparent gas permeability in tight porous media [J]. Transport in Porous Media, 82(2): 375-384.

Green L, Duwez P. 1951. Fluid flow through porous metals[J]. J. Appl. Mech. (Mar. 1951), 18 (1): 39-45 .

Grieser B, Shelley B, Soliman M, et al. 2009. Predicting production outcome from multi-stage , horizontal Barnett completions [C] . SPE Production and Operations Symposium. Oklahoma: SPE, 259-268.

Guggenheim E A. 1960. Elements of the Kinetic Theory of Gases[M]. Oxford: Pergamon Press.

Gunther J. 1968. Investigation of the gas-coal bont[J]. REV. Ind. Min., 47: 693-708.

Guo J, Zhang L, Wang H, et al. 2012. Pressure transient analysis for multi-stage fractured horizontal wells in shale gas reservoirs[J]. Transport in porous media, 93(3): 635-653.

Guo x, Du Z M. 2004. High frequency vibration recovery enhancement technology in the heavy oil fields of China[R]. SPE 86956

Guo x, Du Z M. 2005. Effect of formation damage to production performance in heavy oil reservoir via steam-injection after water-flooding[R]. SPE 97869.

Hill D G, Nelson C R. 2000. Gas productive fractured shales: an overview and update[J]. Gas Tips, 6 (3): 4-13.

Hill D G, Lombardi T E, 2004. Fractured gas shale potential in New York [J]. Northeastern Geology and Environmental Science, 26(8): 1-49.

Hossain M M, Rahman M K, Rahman S S. 2000. Volumetric growth and hydraulic conductivity of naturally fractured reservoirs during hydraulic fracturing: A case study using Australian conditions[R]. SPE 63173.

Houpeurt A. 1959. On the flow of gases in porous media[J] . Revue de 1' Institut Francais du Petrole, 11: 1468-1684.

Howard J J. 1991. Porosimetry measurement of shale fabric and its relationship to illite/smectite diagenesis[J]. Clays Clay Miner, 39 (4): 355-361.

Hubbert M. 1956. Darcy's law and the field equation of flow of underground fluids [J]. Trans, AIME, 207: 222-239.

Huntgen H. 1990. Research for future in situ conversion of coal[J]. FUEL, 66: 443.

Javadpour F. 2009. Nanopores and apparent permeability of gas flow in mudrocks (shales and siltstone)[J]. J. Can. Pet. Technol, 48 (8): 16-21.

Javadpour F, Fisher D, Unsworth M. 2007. Nanoscale gas flow in shale gas sediments[J]. J. Can. Petroleum Technol, 46(10): 55-61.

Jia Y, Fan X, Nie R, et al. 2013. Flow modeling of well test analysis for porous-vuggy carbonate reservoirs[J]. Transp. Porous Media, 97 (2): 253-279.

Johnson T W, Taliaferro D B. 1938. Flow of air and natural gas through porous media[J]. Transactions of the Aime, 98(1): 375-400

Kang S M, Fathi E. 2001. Carbon dioxide storage capacity of organic-rich shales[J]. SPE, 16(4): 842-855.

Katz D L, Coats K H. 1968. Underground Storage of Fluids[M]. Ann Arbor: Ulrich's Books, Inc.

Katz D L, Cornell D, Kobayashi R, et al. 1959. Handbook of Uatural Gas Engineering[M]. New York: McGraw- Hill Book Co., Inc.

Kewen L, Horne R N. 2001. Gas slippage in two-phase flow and the effect of temperature[C]. paper SPE 68778 presented at the SPE Western Regional Meeting held in Bakersfield, California, 26-30, March 2001.

Klinkenberg L J. 1941. The permeability of porous media to liquids and gases[J]. API Drilling and Production Practices, 2(2): 200-213.

Knudsen M. 1909. The law of the molecular flow and viscosity of gases moving through tubes[J]. Annals of Physics, 28(1): 75-130.

Langmuir I. 1918. The constitution and found mental properties of solids and liquids[J]. Journal of the American Chemical Society, 38: 2221-2295.

Levine J R. 1996. Model study of the influence of matrix shrinkage on absolute permeability of coal bed reservoir[J]. Geological Society Publication, 109(1): 197-212.

Ma H P, Ruth D W. 1993. Physical explanations of non-darcy effects for fluid flow in porous media[C]. paper SPE 26150 presented at the SPE Gas Technology Symposium held in Galgary, Alberta, Canada, 28-30.

Martini A M, Walter L M, Budai J M, et al. 1998. Genetic and temporal relations between formation waters and biogenic methane-Upper Devonian Antrim Shale, Michigan Basin, USA [J]. Geochemica Et Cosmochimica Acta, 62(10): 1699-1720 .

McKee C R, Bumb A C, Horner D M. 1988. Use of barometric pressure to obtain in-situ compressibility of a coalbed methane reservoir[C]. paper SPE 17725 presented at the SPE Gas Technology Symposium, Dallas, TX, 13-15.

Meyer Y R, Bazan I W, Jacot R H, et al. 2009. Optimization of multiple transverse hydraulic fractures in horizontal wellbores[C]. paper 131732-MS presented at the SPE Unconventional Gas Conference, 23-25 February 2010, Pittsburgh, Pennsylvania, USA. New York; SPE.

Mi L, Jiang H, Li J. 2014. The impact of diffusion type on multiscale discrete fracture model numerical simulation for shale gas[J]. J. Nat. Gas Sci. Eng, 20: 74-81.

Michel G G, Sigal R F, Civan F, et al. 2011. Parametric investigation of shale gas production considering nanoscale pore size distribution, formation factor, and non-darcy flow mechanisms[C]. SPE 147438, presented in Proceedings of the SPE Annual Technical Conference and Exhibition, Denver, Colo, USA.

Moffat D H, Weale K E. 1955. Sorption by coal of methane at high pressure[J]. FUEL, 34: 449.

Moghanloo R G, Javadpour F, Davudov D. 2013. Contribution of methane molecular diffusion in kerogen to gas-in-place and production[C]. SPE 165376, presented at the SPE Western Regional & AAPG Pacific Section Meeting, Monterey, California, USA.

Nelson P H. 2009. Pore-throat sizes in sandstones, tight sandstones, and shales[J]. AAPG bulletin, 93(3): 329-340

Nie R, Meng Y, Guo J, 2011. Modeling transient flow behavior of a horizontal well in a coal seam[J]. Int. J. Coal Geol, 92: 54-68.

Nie R, Meng Y, Jia Y, et al. 2012. Dual porosity and dual permeability modeling of horizontal well in naturally fractured reservoir[J]. Transp. Porous Media, 92 (1): 213-235.

Ozkan E, Raghavan R S, Apaydin O G. 2010. Modeling of fluid transfer from shale matrix to fracture network[C]. SPE 134830, presented at SPE Annual Technical Conference and Exhibition, Florence, Italy.

Ozkan E, Raghavan R. 1991. New solutions for well-test-analysis problems: Part 1-analytical considerations (includes associated papers 28666 and 29213)[J]. SPE Formation Evaluation, 6(3): 359-368.

Ozkan E. 1988. Performance of horizontal wells[R]. Tulsa Univ.

Palmer I, Mansoori J. 1996. How Permeability depends on stress and pore pressure in coalbed: a new model[C]. paper SPE52607 presented at the 1996 SPE Annual Technical Conference and Exhibition hole in Denver, Colorado, U. S. A. 6-9, October 1996.

Peaceman D W. 1983. Interpretation of well-block pressures in numerical reservoir simulation with nonsquare grid blocks and anisotropic permeability[J]. SPE J., 18(3): 183-194.

Recroft P J, Patel H. 1986. Gas-induced swelling in Coal[J]. Fuel, 65(6): 816-820.

Reiss L H. 1980. The reservoir engineering aspects of fractured formations[C]. Gulf Publishing Company.

Reznik A A, Lien C L, Fulton P F. 1978. Permeability characteristics of coal seams[C]. Proceedings of the Fourth Underground Coal Conversion Symposium, Springs, CO, July 17-20.

Ross D J K, Bustin R M. 2009. The importance of shale composition and pore structure upon gas storage potential of shale gas reservoirs[J]. Marine and Petroleum Geology, 26: 916-927.

Rowan G, Clegg M W. 1964. An approximate method for non-darcy radial gas flow[J]. Trans., AIME, 4(2): 96 -114.

Roy S, Raju R. 2003. Modeling gas flow through microchannels and nanopores[J]. J. Appl. Phys, 93 (8): 4870-4879.

Sampath K, Keighin C W. 1982. Factors affecting gas slippage in tight sandstones of Cretaceous age in the Uinta Basin [J]. Journal of Petroleum Technology, 34(11): 2715-2720.

Sawyer W K, Paul G W, Schraufnagle R A. 1990. Development and application of 3D coalbed simulator[C]. Paper CIM/SPE 90-119, Proceedings of the Petroleum Society CIM, Calgary.

Schamel S. 2005. Shale gas reservoirs of Utah: survey of an unexploited potential energy resource[R]. Utah Geological Survey, Open-File Report 461.

Seidle J P, Huitt L G. 1995. Experimental measurement of coal matrix shrinkage due to gas desorption and implications for cleat permeability increases[C]. Paper SPE 30010, Proceedings of the International Meeting on Petroleum Engineering, Beijing, China, 575.

Shabro V, Torres-Verdin C, Javadpour F. 2011. Numerical simulation of shale-gas production: from pore-scale modeling of slip-flow, Knudsen diffusion and Langmuir desorption to reservoir modeling of compressible fluid[C]. SPE 144355, Presented at the SPE North American Unconventional Gas Conference and Exhibition, Woodlands, Texas, USA.

Shabro V, Torres-Verdin C, Sepehrnoori K. 2012. Forecasting gas production in organic shale with the combined numerical simulation of gas diffusion in kerogen, langmuir desorption from kerogen surfaces, and advection in nanopores[C]. SPE 159250, presented at the Annual Technical Conference and Exhibition, San Antonio, Texas, USA.

Somerton W H, Söylemezoğlu I M, Dudley R C. 1990. Effect of stress on permeability of coal[J]. J. Rock. Mech. Min. Sci. and

Geomech. Abstr. 12(5-6): 129-145.

Song H, Liu Q, Yang D, et al. 2014. Productivity equation of fractured horizontal well in a water-bearing tight gas reservoir with low-velocity non-Darcy flow[J]. Journal of Natural Gas Science and Engineering, 18: 467-473.

Stehfest H. 1970. Algorithm 368: numerical inversion of Laplace transforms[J]. Commun. ACM, 13(1): 47-49.

Swami V, Settari A. 2012. A pore scale gas flow model for shale gas reservoir[C]. SPE 155756, presented at the Americas Unconventional Resources Conference, Pittsburgh, Pennsylvania, USA.

SY/T6276—2010. 石油天然气工业健康、安全与环境管理体系.

Thomas M M, Clouse J A. 1990. Primary migration by diffusion through kerogen: II. Hydrocarbon diffusivities in kerogen[J]. Geochimica et Cosmochimica Acta, 54(10): 2781-2792.

Tivayanonda V, Wattenbarger R A. 2012. Alternative interpretations of shale gas/oil rate behavior using a triple porosity model[C]. SPE 159703, presented at the SPE Annual Confe4rence and Exhibition, San Antonio, Texas, USA.

Van Everdingen A F, 1949. Hurst, W. The application of the Laplace transformation to flow problems in reservoirs[J]. Trans. AIME, 186(305): 97-104.

Vinokurova E B. 1978. The significance of sorption studies for practical coal mining[J]. Solid Fuel Chem, 12: 107.

Wang F H L. 1988. Effect of wettability alteration on water/oil relative permeability, dispersion, and flowable saturation in porous media[J]. SPERE, 3(2): 617-628.

Wang H T. 2014. Performance of multiple fractured horizontal wells in shale gas reservoirs with consideration of multiple mechanisms[J]. Journal of Hydrology, 510: 299-312.

Wong S W. 1970. Effect of liquid saturation on turbulence factors for gas-liquid systems[J]. J. Can. Pet. Tech., 9(24): 274.

Wright D E. 1968. Nonlinear flow through granular media[J]. J. Hydraul. Div. Amer. SOC. Civ. Eng. Proc., 94(4): 851-872.

Wubben P, Seewald H, Jurgen K. 1986. Permeation and sorption behavior of gas and water in coal[J]. Proceedings of the Twelfth Annual Underground Coal Gasification Symposium. 24-28.

Xu W X, Thiercelin M, Calvez J L, et al. 2010. Fracture network development and proppant placement during slickwater fracturing treatment of Barnett Shale laterals [C]. Paper 135488-MS Presented at the SPE Annual Technical Conference and Exhibition, 19-22 September 2010, Florence, ltaly. New York; SPE.

Xu W X, Thiercelin M, Uanuuly U. 2010. Wiremesh: A novel shale fracturing simulator[C]. Paper 140514-MS Presented at the CPS/SPE International Oil & Gas Conference and Exhibition, 8-10 June 2010, Beijing, China. New York; SPE.

Xu W X, Thiercelin M, Walton L. 2009. Characterization of hydraulically-induced shale fracture network using an analytical/semi-analytical model[C]. Paper 124697-MS Presented at the SPE Annual Technical Conference and Exhibition, }1-7 October 2009, New Orleans, Louisiana, USA. New York; SPE.

Xue S, Thomas L J. 1991. The permeability of coal under various confining stresses[C]. Gas in Australian Coals, Geological Society of Australia Symposium, University on New south Wales, February 4-5.

Zhang D, Zhang L, Guo J, et al. 2015. Research on the production performance of multistage fractured horizontal well in shale gas reservoir[J]. Journal of Natural Gas Science and Engineering, 26: 279-289.

Zhao Y L, Zhang L H, Liu Y, et al. 2015. Transient pressure analysis of fractured well in bi-zonal gas reservoirs[J]. Journal of Hydrology, 524(3): 89-99.

Zhao Y, Zhang L, Zhao J, et al. 2013. "Triple porosity" modeling of transient well test and rate decline analysis for multi-fractured horizontal well in shale gas reservoirs[J]. J. Petroleum Sci. Eng., 110: 253-261.